博雅文学译丛

Richard Shusterman

Thinking through the Body

Essays in Somaesthetics

通过身体来思考

身体美学文集

〔美〕理查德·舒斯特曼 著

张宝贵 译

著作权合同登记号 图字：01-2019-5163

图书在版编目 (CIP) 数据

通过身体来思考：身体美学文集 /（美）理查德·舒斯特曼（Richard Shusterman）著；张宝贵译. —北京：北京大学出版社，2020.8

（博雅文学译丛）

ISBN 978-7-301-31432-6

Ⅰ.①通… Ⅱ.①理… ②张… Ⅲ.①人体美—文集 Ⅳ.① B834.3-53

中国版本图书馆 CIP 数据核字（2020）第 117053 号

Thinking through the Body: Essays in Somaesthetics by Richard Shusterman
ISBN：978-1-107-01906-5

书 名 通过身体来思考：身体美学文集
TONGGUO SHENTI LAI SIKAO：SHENTI MEIXUE WENJI
著作责任者 理查德·舒斯特曼（Richard Shusterman）著 张宝贵 译
责任编辑 张文礼
标准书号 ISBN 978-7-301-31432-6
出版发行 北京大学出版社
地 址 北京市海淀区成府路 205 号 100871
网 址 http://www.pup.cn 新浪微博：@ 北京大学出版社
电子信箱 pkuwsz@126.com
电 话 邮购部 010-62752015 发行部 010-62750672
编辑部 010-62767315
印 刷 者 大厂回族自治县彩虹印刷有限公司
经 销 者 新华书店
650 毫米 ×980 毫米 16 开本 25.5 印张 412 千字
2020 年 8 月第 1 版 2022 年 8 月第 2 次印刷
定 价 79.00 元

目　录

第三部分　艺术与生活艺术

中译者前言：生活成为艺术的可能性

——从马克思到舒斯特曼

就我的印象，理查德·舒斯特曼先生是位十分温厚的思想家。记得还是 2013 年年初的时候，从朋友那里要来他的联系方式，给他写了封信，介绍了自己的约翰·杜威研究并代学科点邀请他来复旦讲座。舒斯特曼是位蜚声世界的一流学者，没想到很快得到了他热情的反馈，这令我意外之余也很欣喜。其实邀请他还是颇有私心的。除了他的名望，他的思想更令我好奇。武汉大学刘纲纪先生在新世纪初，曾建议我多注意下新实用主义，说里面的思想还是很有趣的，但我迟迟没有转过头去，他若能来，也是逼着自己多了解下新实用主义的思想。这样信来信往，2014 年舒斯特曼终于来到复旦，我也接下了翻译《通过身体来思考》这本书的任务。2017 年他还应邀于百忙中来复旦，为研究生同学做了为期一个多月的高峰论坛系列讲座，其间一起去上海 M50 艺术园区，去浦东当代艺术博物馆，和朱立元先生等人一起座谈，等等，让我不仅对他的新实用主义身体美学思想有了些了解，也感受到他宽容、谦厚、充满活力的人格魅力。这些对翻译此书都颇有助益。

《通过身体来思考》是舒斯特曼先生的一本论文集。说是论文集，但就我读完此书的感觉来看，它可以说是舒斯特曼身体美学整体思想的集成之作，无论是框架结构，还是思想分布，基本反映出他身体美学思想的要点和最新取向。从身体美学思想的由来、整体思想结构，到身体承担的人文学科使命、跨学科性质、日常生活的指向，既有对传统哲学的延承，更有自己独特而深邃的思考；既有对理论清晰而缜密的辨析、阐述，更有打通理论进入生活孔道的现实关切。这是一位身体力行自己哲学思想的思想家之作，不仅对我本人的生活美学探索颇有助益，相信对中国当代美学理论的建设、对新美育思想的重塑、对建设新时代美好生活，也具有很高的借鉴价值。本书各章节的概要内容及一些新的想法，舒斯特曼先生在“导论”和“中译版序言”中已有说明，所以我的译者前言就不再重复。接下来我只是结合当代中国美学的语境，主要就本书第三部分所涉话题，谈谈身体美学与马克思美学学理上或能融通的部分，希望借此视角，让生活注入些美学的温度。

照理说，无论从其分析哲学、实用主义的思想血统，还是从相隔的时间跨度来看，舒斯特曼似乎都很难同卡尔·马克思产生交集。事实上，舒斯特曼也在信中同我讲过，他对马克思没有研究，说了解，也仅仅是间接通过阿多诺和布迪厄这样的欧洲马克思主义者。尽管如此，考虑到半个多世纪以来马克思主义与实用主义在中国碰撞、对立乃至包容的特殊历史语境，对两个学派不同时期代表人物做出思想比照，应该有其学术价值。当然，这里的比照并不全面，我只是从美学视角管中窥豹，觉得二人由各自哲学基础出发，都非常重视现实生活的审美属性，探讨了生活成为艺术的可能性及其现实途径。虽说在一些具体问题上二者的思路不尽相同，比如在生活成为艺术的可能性问题上，马克思更重视物质生产实践，舒斯特曼则青睐身体训练，但出发点均出自对人生存状态的关切。对今天建设美好生活的诉求而言，其中同与不同，见仁见智，均可考辨参鉴。

一、观念具身化

西方哲学史上有个非常强悍的传统，那就是将观念意识神圣化。神圣化的意思是说，人的观念及其产品是决定一切的东西，一切东西均由之所出，生之于斯，归之于斯。柏拉图、黑格尔是这样看的，也少有人不这么看；假若不这么看，如普罗泰戈拉等，重则焚书于堂下，轻则鄙之为齐东野语，这类事情在历史上发生过，今天也不能说完全没有。朝野齐赞，必有其可赞之处。说人的意识、观念、思想、理论、语言很重要，本无不妥，它们作为认识自然、控制自然的表现与成果，在人成为人的历史上，是非常关键的一步，有西哲称人为逻辑人、语言人等，道理也尽在于此。问题是，能不能就此一刀下去，说观念之外的感性生活乃至肉身均为假象、现象甚或不洁之渊薮，或者至多高看一眼，说它们是观念纯化的工具呢？其实，观念神圣化的过程和感性坠落本就一体两面，所谓本质主义、基础主义、二元论等，主要指的就是这种观念切割，将观念中的重要性当作现实中的实在性，把想象的东西当作现实的东西。这就是问题。

马克思和舒斯特曼不但在不同时代发现了这个问题，更重要的是，他们都将观念从天上拉下来，让人的现实生活成为决定一切的东西。在这样做的时候，两人都采取了于破中立的思想方式，喜欢在对其他思想的批判中表露自己的想法。在一篇谈建筑的文章中，舒斯特曼甚至还注意到了马克思的这种思想偏好，这恐怕是他第一次也是唯一一次直接提到马克思。不同的是，马克思对“批判”术语的偏好很有可能来自康德、黑格尔特别是青年黑格尔派[1]，而舒斯特曼的“批判”则明确取自实用主义，特别是杜威“兼容并包”的多元论传统，[2]且其锋芒要温和得多，在汉语中译成“批评”似乎更为合适。当然，批判风格的差异可能也与二人的个性有关。恩格斯未认识马克思之前，曾在一首诗中这样描绘马克思：

> 谁跟随在他（指青年黑格尔派主将之一布鲁诺·鲍威尔——引者注）身后，风暴似地疾行？
>
> 是面色黝黑的特利尔之子，他有一颗暴烈的心。
>
> 他不是在走，不是在跑，而是在风驰电掣地飞奔。

[1] ［英］戴维·麦克莱伦：《卡尔·马克思传》（第3版），王珍译，北京：中国人民大学出版社2005年版，第65页。

[2] Richard Shusterman, *Thinking Through the Body: Essays in Somaesthetics*, Cambridge, New York: Cambridge University Press, 2012, p.228, note 16, p.229, note 18.

鹰隼般的眸子，大胆无谓地闪烁，
紧攒拳头的双手，愤怒地向上伸，
好像要把苍穹扯下埃尘。
不知疲倦的力士一味猛冲，
好一似恶魔缠了身！[1]

这无疑是一位爱憎分明、坚定狂放、毫不妥协甚或专横的思想斗士的形象，笔调虽有夸张，但参照一下马克思身边同事、亲人的描述，基本上还是符合马克思本人的个性。舒斯特曼则明显不同，尽管在思想观点的守护上同样毫不妥协，哪怕是针对他心目中的实用主义英雄约翰·杜威，对其有过重要影响且关爱有加的理查德·罗蒂，他该批评的时候也从不退让，[2] 可在个性气质上，舒斯特曼却是位谦和、耐心、彬彬有礼的绅士，除先天个性的因素外，这很可能与他在英国牛津大学受过教育，与他受维特根斯坦、爱默生、梭罗等人的“缓慢”（slowness）原则的影响及其个人思想特点有关。[3]

除了采取相似的批判风格，两人也有一致的批判对象：观念与生活实践的分离。对马克思而言，用生活现实要求观念，无疑经历过一段长期而痛苦的过程。父亲对其浪漫狂放做法的劝诫，未婚妻燕妮让他关注生活和现实的劝告，应该起过作用，[4] 但仅就思想本身来讲，费尔巴哈的影响最为关键。后者在 1842 年的《关于哲学改造的临时纲要》中讲过：“思维与存在的真正关系只是这样的：存在是主体，思维是宾词。

[1] ［德］恩格斯：《基督教英雄叙事诗》，转引自［德］弗·梅林：《马克思传》，樊集译，北京：生活·读书·新知三联书店 1965 年版，第 122 页。

[2] Richard Shusterman, *Thinking Through the Body: Essays in Somaesthetics*, Cambridge, New York: Cambridge University Press, 2012, chapter 8.

[3] Richard Shusterman, *Thinking Through the Body: Essays in Somaesthetics*, Cambridge, New York: Cambridge University Press, 2012, pp.297–300.

[4] ［英］戴维·麦克莱伦：《卡尔·马克思传》（第 3 版），王珍译，北京：中国人民大学出版社 2005 年版，第 20 页。

思维是从存在而来的，然而存在并不来自思维。”[1] 利用这种看法，马克思不但戳穿了宗教的虚幻性，说“人们一直用迷信来说明历史，而我们现在是用历史来说明迷信”[2]，说宗教是“一种颠倒的世界意识……是人的本质在幻想中的实现……是人民的鸦片”，而且也借此完成了对黑格尔哲学的颠倒，由“对天国的批判变成对尘世的批判，对宗教的批判变成对法的批判，对神学的批判变成对政治的批判”。于是，不单是黑格尔，甚至给他批判武器的费尔巴哈也成为马克思的批判对象，目的就是“确立此岸世界的真理”。[3] 其实早在 1839—1841 年博士论文写作时期，马克思在对伊壁鸠鲁尘世精神的赞赏中，就已透露过这种真理观的萌芽，说“世界的哲学化同时也就是哲学的世界化，哲学的实现同时也就是它的丧失”[4]。但仅从表述中就可看出，此时他还并未摆脱黑格尔精神外化于现实的影子。而到了 1842 年后，在批判费尔巴哈，特别是在《〈黑格尔法哲学批判〉导言》和《关于费尔巴哈的提纲》这两篇天才横溢的作品中，马克思用他一贯钟爱的格言风格，流畅、有力地表达了此后从未背弃的真理信条：

> 德国的实践政治派要求对哲学的否定是正当的。该派的错误不在于提出了这个要求，而在于停留于这个要求——没有认真实现它，也不可能实现它。……你们要求人们必须从现实的生活胚芽出发，可是你们忘记了德国人民现实生活的胚芽一向都只是在他们的脑壳里萌生的。一句话，你们不使哲学成为现实，就不能够消灭哲学。[5]

---

[1] [德] 费尔巴哈：《关于哲学改造的临时纲要》，洪潜译，北京：生活·读书·新知三联书店 1958 年版，第 15 页。

[2] [德] 马克思：《论犹太人问题》，见《马克思恩格斯全集》第 3 卷，北京：人民出版社 2002 年版，第 169 页。

[3] [德] 马克思：《〈黑格尔法哲学批判〉导言》，见《马克思恩格斯全集》第 3 卷，北京：人民出版社 2002 年版，第 199—200 页。

[4] [德] 马克思：《德谟克利特的自然哲学和伊壁鸠鲁的自然哲学的差别》，见《马克思恩格斯全集》第 1 卷，北京：人民出版社 1995 年版，第 76 页。

[5] [德] 马克思：《〈黑格尔法哲学批判〉导言》，见《马克思恩格斯全集》第 3 卷，北京：人民出版社 2002 年版，第 206 页。

> 人的思维是否具有客观的 [gegenständliche] 真理性，这不是一个理论的问题，而是一个实践的问题。人应该在实践中证明自己思维的真理性，即自己思维的现实性和力量，自己思维的此岸性。……全部社会生活在本质上是实践的……哲学家们只是用不同的方式解释世界，问题在于改变世界。[1]

思想停留在观念中绝不是真理，除非化身于感性生活实践，在消灭自身的同时才能真正实现自己。此即为马克思的此岸真理观。

20 世纪末，在罗蒂的吸引、感召下，当舒斯特曼以异乎寻常的勇气离开当红的英国牛津一系分析哲学，投向美国实用主义的怀抱时，纵然他很清楚，自己是在批判一个旧世界，建设一个新世界，我相信他也绝未意识到，自己和马克思走的是同一条路途。然而，只要是一个实用主义者，这一点就无可避免。因为经典实用主义有个基本信条，不能将观念中“道德上的兴趣”，当作现实中真实的东西，所以杜威说哲学即“批判的批判”，[2] 批判的即是马克思所讲的观念自律性，而且同样要求观念服务于改变世界。舒斯特曼身处后现代语境之下，尽管不同意杜威对经验（生活）“统一性”的强烈诉求，[3] 却也直言对此“精神”的坚守，并和杜威一样，认为一切观念无非是引导性的假设，而并非目空一切自诩掌握普遍性实在的知识。[4] 如其所言，在他最初倡导身体美学的时候，强调的就是“身体在直接、非推断性的理解和愉悦方面的功能，目的是挑战解释学的霸权地位”[5]。后来又何止是解释学，从苏格拉底、柏拉

---

[1] ［德］马克思：《关于费尔巴哈的提纲》，见《马克思恩格斯文集》第 1 卷，北京：人民出版社 2009 年版，第 500、501、502 页。

[2] John Dewey, *Experience and Nature*, Illinois: Open Court Publishing Company, 1994, pp.26, 322.

[3] ［美］舒斯特曼：《审美经验：从分析到情色》，张宝贵译，《汉语言文学研究》2013 年第 3 期，第 103 页。

[4] Richard Shusterman, *Thinking Through the Body: Essays in Somaesthetics*, Cambridge, New York: Cambridge University Press, 2012, pp.171, 183.

[5] Richard Shusterman, *Thinking Through the Body: Essays in Somaesthetics*, Cambridge, New York: Cambridge University Press, 2012, p.14.

图、康德到分析哲学，只要是历史上一切脱离开感性生存的观念独立现象，均为其分析、辨别、批判的对象；其身体美学“最具理论性和描述性的分支”，即“分析性身体美学”（Analytic somaesthetics）部分，[1] 几乎也尽由这种批判构成。批判的目的是想说明，观念的全部存在意义，不在于“机械反映既存现实与价值”，而在于“改变现实”，甚至还说“伟大的哲学家之所以不同于纯粹的学者或哲学史家，就是因为他们是预见性的行动主义思想者”[2]。话里的意思，和马克思如出一辙。

理论的意义不在解释世界，而是改变世界，此即为观念具身化（embodiment）。所谓观念具身化，按舒斯特曼的理解，也就是“将理论与实践结合起来”，让人的观念化身于人的生活实践当中，并促成生活的改造。[3] 马克思虽然没用过具身化这个词，但在哲学“消灭”于感性“现实”这层意思上理解，也应该说得过去。不过，马克思与舒斯特曼在不同时空语境下所得出的相同结论，至少还存在两点值得注意之处。

第一，虽说二者都承认现实生活的决定性，但这个决定，并不是认识论意义上的决定。或者说，认识、解释这个世界并不是目的，它们只是手段和工具，所以一切再现论、模仿论、反映论等，对二人而言均为错解，因为在将生活实践作为观念根基的时候，这个根基本身并非传统形而上学意义上固定不变的实体，而是变动不居的生活之流，在观念介入后还会发生进一步变化，根本再现不来，也不是给人再现的。

第二，改变世界，必然涉及往什么方向改，向什么样子变，涉及思想的价值选择层面。在此问题上，马克思和舒斯特曼给出的总体方向也基本一致。前者“要求人民的现实幸福”[4]，后者也是让人“生活得更

[1] Richard Shusterman, *Thinking Through the Body: Essays in Somaesthetics*, Cambridge, New York: Cambridge University Press, 2012, p.42.

[2] Richard Shusterman, “Pierre Bourdieu and Pragmatist Aesthetics: Between Practice and Experience,” *New Literary History*, 2015, 46: 444, 446.

[3] Richard Shusterman, *Thinking Through the Body: Essays in Somaesthetics*, Cambridge, New York: Cambridge University Press, 2012, p.3.

[4] ［德］马克思：《〈黑格尔法哲学批判〉导言》，见《马克思恩格斯全集》第3卷，北京：人民出版社2002年版，第200页。

美好”[1]。但对美好的认识、实现美好的途径等问题上，却也显示出不同的思路。

二、生活本身成为艺术

在马克思和舒斯特曼世界改造的设想中，无论“现实幸福”抑或“美好生活”，指的都是美的生活，他们的目的都是让生活本身成为艺术。生活不但是观念生之于斯、归之于斯、成之于斯的母体，更是观念的价值所在。然而，在观念回归生活之后，它应该占据一个怎样的位置，才能发挥出自己的价值，将世界改造成美的生活，让生活成为艺术呢？在给出二人的答案之前，有必要先看看生活本身意味着什么。

按阿甘本的考查，英文的“生活”（life）在古希腊并没有一个单独对应的词，而是分别用词义和词形均颇为不同的 *zoē* 和 *bios* 来表示。*zoē* 表示所有生命存在（动物、人或神）共有的生存事实，*bios* 则指个人或群体的生活方式。[2] 前者相当于“活着”，更多牵连到肉身；后者相当于“如何活”，主要关乎价值选择。活着与如何活在现实中本为一体，无论一个人选择怎样的生活方式，必然是肉身的人的生活方式，二者的分别也只存在于观念当中。但至少从柏拉图和亚里士多德时期开始，特别是后者区分开哲学家静观生活、制作生活和政治伦理生活时，用的都是 *bios* 一词，精神生存已经开始同肉身生存脱离，逐渐演变为生活的全部含义。正是在这一点上，马克思和舒斯特曼展开了对黑格尔、对哲学史的批判，并在将观念拉回到感性生活本身之后，分别从各自理解出发，力图恢复生活的完整性，由之给出美即生活的答案。

马克思的答案主要在《1844 年经济学哲学手稿》中。手稿首先分析的是人的生活结构：对象化活动。按马克思的意思，不管人活得幸不幸

[1] Richard Shusterman, *Thinking Through the Body: Essays in Somaesthetics*, Cambridge, New York: Cambridge University Press, 2012, p.26.

[2] Agamben, *Homer Sacer: Sovereign Power and Bare Life*, Stanford: Stanford University Press, 1998, p. 1.

福、美不美，哪怕处于异化状态的人，其生活也是一种对象化活动。此后他做出一个重要结论：只要是“真正人”的劳动、生活即对象化活动，就必然是“按照美的规律来构造”。[1] 由这两点推出美即生活的结论，应该说还是无违马克思原意。但这里关心的主要不是这个结论，而是观念在此生活中的位置，是像柏拉图、黑格尔那样意味着生活的全部，还是和人“活着”的肉身层面共同构成了生活整体。

从“美的规律”的说明中可以发现，马克思同样非常重视生活的观念部分。他说，“一个种的整体特性、种的类特性就在于生命活动的性质，而自由的有意识的活动恰恰就是人的类特性”[2]。按我的理解，这里的“有意识”，指的是人可以把任何东西都当作自己的对象，在观念中把握它们，为自己的生活服务；“自由”指的则是人有目的选择的自由，指人能够按照自己的个性和意愿来生活。构成真正人“类特性”的这两个要点，规定了美的规律的两个尺度，决定了生活之美的基本条件。但这两个条件一个是认知理性，一个价值理性，都是观念形态的东西。说明在这里，马克思仍是在“如何活”的精神层面来看待美和生活。

但就此说马克思忽视或否定了生活的肉身一面，那就完全错了。在手稿的后半部分，特别是谈到对象化活动的“占有”问题时，马克思讲道：

> 人以一种全面的方式，就是说，作为一个完整的人，占有自己的全面的本质。人对世界的任何一种人的关系——视觉、听觉、嗅觉、味觉、触觉、思维、直观、情感、愿望、活动、爱，——总之，他的个体的一切器官，正像在形式上直接是社会的器官的那些器官一样，是通过自己的对象性关系，即通过自己同对象的关系而对对

[1] ［德］马克思：《1844 年经济学哲学手稿》，见《马克思恩格斯文集》第 1 卷，北京：人民出版社 2009 年版，第 163 页。

[2] ［德］马克思：《1844 年经济学哲学手稿》，见《马克思恩格斯文集》第 1 卷，北京：人民出版社 2009 年版，第 162 页。

> 象的占有，对人的现实的占有；这些器官同对象的关系，是人的现实的实现。

“完整的人”显然包括感性肉身的人，而不仅仅是前面提到的观念性的人。马克思之所以强调人的观念性“类特性”，恐怕担心的是在当时社会异化状态下，人们会把物质、肉体的满足，当作真正人的全部需求；担心“一切肉体的和精神的感觉都被这一切感觉的单纯异化即拥有的感觉所代替”。而一旦五官感觉都成为人的，问题就不存在了，完整的人自然包括人的肉身和人的精神。而且二者也并非在现实中可以分割开的东西，是可以交融在一起，也必须交融在一起，所谓“感觉在自己的实践中直接成为理论家”。理论化身为感觉，感觉孕育出理论，从而让这种交融的感觉引导并改造人的生活，正是马克思理想中真正的人的样子；这样的生活也才是完整的生活，即美的生活。马克思肯定感觉、激情也是人的本质力量，谈货币时还着意强调了“人的激情的本体论”，[1]我想，在这层意思上来理解应该还是合适的，也只有这样才能理解，马克思在呼吁向德国制度开火时，为什么说“批判不是头脑的激情，它是激情的头脑”[2]。因为这就是美成为生活，生活成为艺术时，观念和肉身应当呈现的样子。

虽然在生活成为艺术的总体设想上同马克思一致，但舒斯特曼对完整生活肉身的一面强调得更重，这或许也是他创立身体美学的理由。如其所讲：

> 实用主义美学不同意康德将审美与实用（the practical）对立起来的基本看法，坚称艺术和审美经验尽可以服务于生活的利益需求，而不致丧失自己的地位与尊严，据此它也反对黑格尔理想化的唯科

[1] [德]马克思：《1844年经济学哲学手稿》，见《马克思恩格斯文集》第1卷，北京：人民出版社2009年版，第189、190、218、242页。

[2] [德]马克思：《〈黑格尔法哲学批判〉导言》，见《马克思恩格斯全集》第3卷，北京：人民出版社2002年版，第202页。

> 学主义，推重直接享受和身体核心的价值，认为以此为核心，生活的功利诉求、生活的乐趣及实用目的均可以满足。如果实用主义美学同样反对传统的审美距离、非功利性静观（contemplation）的说法，倡导一种积极参与、创造性的行为美学，那么它就该认识到，所有的行为（不管是艺术还是政治的）都离不开身体，身体是我们工具的工具。

由于把身体看作是"工具的工具"，生活肉身的一面才第一次以尊贵的轴心方式立于生活殿堂，并为生活成为艺术铺平了道路，尽管舒斯特曼谦逊地借用威廉·詹姆斯的表述，将身体美学视作"某些古老思想方式的一个新名称"。不过与马克思相比，舒斯特曼对生活即美缺少结构性的论证，就像前者对美的规律的分析那样，或许是他担心这样做，会落入他所反对的本质主义或基础论的窠臼，再则也是因为身体美学的跨学科性质。但从他的众多表述中依然可以清晰地看出这种想法。在近期的一本书中他就明确讲过，"哲学是一门生活艺术，目的是借助创造性智慧和批判性反思（涉及审美与道德两方面的感受力）来领悟美"[1]。当然这里讲的只是众多生活方式中的哲学生活。而在他另外一本书的中译本前言里，在解释书名"performing live"时说得就明确了一些："它既表达人们欣赏艺术表演时的直接和生动的经验的意思，也含有生活本身就是一种要求艺术性地塑造和可以从审美上来享受的表演的意思。"又说，"近年来最能巩固我对将生活与艺术结成一体的观念的信念的，不只是希腊，而且是中国的儒家传统，它让我确信将生活变得更有审美魅力的目标并不必然地是西方的、自恋的个人主义的。……的确，事实上在任何行为领域中都能获得审美经验"[2]。这样，他的意思就明白了，是各种生活方式都可以成为艺术。甚至在《亚洲情色艺术与性美学问题》一

[1] Richard Shusterman, *Thinking Through the Body: Essays in Somaesthetics*, Cambridge, New York: Cambridge University Press, 2012, pp.ix, 5, 2.

[2] ［美］理查德·舒斯特曼：《生活即审美：审美经验和生活艺术》，彭锋等译，北京：北京大学出版社 2007 年版，第 xv、xvii-xviii、28 页。

文中，他还试图在性这一敏感生活方式上探索其艺术性的可能性，[1]一次聚会时还说，以后还会做这方面的专门研究。

如果说马克思更侧重在生活的价值观念层面，说明生活成为艺术的可能性，并在人的感觉、激情那里找到了观念进入生活的拐点，那么，舒斯特曼则是从生活的肉身层面出发，在观念与身体反应之间搭起了一座实践桥梁。前面已经提到过，舒斯特曼最初倡导身体美学，更关注的是人在生活中不假思索的（unreflective）身体行为。比如一位法官，职业要求他必须要理智、威严、果决、明断，久而久之就形成了自己的身体习惯，在断案时，也就无须每次都要提醒自己的合适姿态和神情是什么样的，效率自然会很高。但后来有人误解身体美学只沉迷于肉体快乐，投合商业化需要，舒斯特曼于是"开始强调身体美学的反思和认知维度，强调它关心的是具有极其敏锐判断力的身体知觉，关心的是对那些美妙内在感觉的冥想体验。……身体美学承认身体行为中反思与非反思、认知与感受维度的存在，并认为它们之间存在着非常紧密的联系"。这种联系就像马克思所讲的那样，"有意识"的人也可以把自己当作对象，用清晰的反思意识审查、调整自己非反思的生活习惯，这样，"经过改良的反思性身体意识，是修正这些坏习惯、达成更好的自我控制必不可少的条件"，借以达到"改善我们经验质量"的目的。如同那位法官，自己的职业习惯在工作上是高效的，但若是带到家里来就麻烦了，家人会受不了他那种严正冰冷乃至颐指气使的做派。这时就需要他意识到这点，至少在家里改变这种职业习惯，要"有意识"地专注于自己的言行身姿，达到家庭习惯的要求。[2]观念意识便如此发挥着"改造世界"的功能，所以很清楚，观念意识在舒斯特曼那里，最终还是要转化为自发的身体行为，借此才能发挥自己的生活功用。

观念与感性肉身的统一，只是生活成为美和艺术的一个条件。法官

---

[1] Richard Shusterman, *Thinking Through the Body: Essays in Somaesthetics*, Cambridge, New York: Cambridge University Press, 2012, pp.262–287.

[2] Richard Shusterman, *Thinking Through the Body: Essays in Somaesthetics*, Cambridge, New York: Cambridge University Press, 2012, pp.14, 199–200, 107.

养成了家庭生活的身体习惯，但他的家庭生活不必然是美的，如果他觉得这样做很委屈呢？因此，完整的生活也涉及目的和手段统一的问题。马克思谈“美的规律”两个基本条件时，其中的“有意识”，讲的就是手段。认识对象并不是为了求得真理，而是用认识的结果服务于某个目的；但这个目的必定是“自由”选择的结果，是人自己愿意做、想要做的。在这个意思上讲，美的规律就是手段与目的的统一，统一在一个具体的生活行为当中。马克思为什么说异化劳动是反美的？原因可以从多方面看，但其中最根本的，是“生活本身仅仅表现为生活的手段”。[1]做一件事情本该自身就是目的，因为它是我自主的选择；结果这个目的却成了劳动之外维持肉体生存的手段，画画只是为了赚钱，上班只是为了糊口，这就是目的和手段的分离，是劳动之所以异化的根由。所以马克思才会说，“作者当然必须挣钱才能生活，写作，但是他决不应该为了挣钱而生活，写作……诗一旦变成诗人的手段，诗人就不成其为诗人了。作者绝不把自己的作品看作手段。作品就是目的本身”[2]。至于写作或生活行为一切观念认识，也尽是为写作或生活行为本身服务，目的与手段的统一，也只能是这种意义上的统一；也只有这样的统一，生活才能表现为美，表现为艺术。

手段与目的的统一，本也是经典实用主义对生活的基本要求。杜威在《经验与自然》中说得很明白，“把工作、生产活动当作是为了单纯外在目的而进行的活动的观念……标志着活动与意义的分离……我们的话题不知不觉间转到了手段与结果、过程与产品、工具与完满终结的关系上来。如果活动同时是这两方面，既非二择其一，亦非相互替代，那么，这种活动就是艺术”[3]。这和马克思的看法并无不同。而作为杜威实用主义的继承人，舒斯特曼谈及同一问题时也持有相同的看法，并应

---

[1] ［德］马克思：《1844年经济学哲学手稿》，见《马克思恩格斯文集》第1卷，北京：人民出版社2009年版，第162页。

[2] ［德］马克思：《第六届莱茵省议会的辩论》（第一篇论文），见《马克思恩格斯全集》第1卷，北京：人民出版社1995年版，第192页。

[3] John Dewey, *Experience and Nature*, Illinois: Open Court Publishing Company, 1994, pp.292–293.

用到身体活动当中：

> 用来达成某种目的的手段或工具，并不见得一定要在所服务的目的之外，而完全可以是目的不可分割的组成部分。颜料、画布、再现形象以及艺术家娴熟的笔触等，均属绘画手段，然而，它们（与其他辅助性原因不同，比如让艺术家站立的地板）也是最终作品或艺术对象的一部分，正如它们是我们欣赏绘画时所获审美体验的一部分一样。……若没有身体体验到的渴求与情感满足，一份爱无论宣称是多么的纯洁或者超凡脱俗，其快乐又从何谈起呢？若意识不到思维的身体层面——随激情洋溢的沉思而来的活力四射、精神振奋、血脉偾张等，我们又如何能体会到思想的快乐呢？

舒斯特曼还曾用自己在日本祥云寺的经历，说明目的、手段交汇一体的生活艺术。他说一次在山上冥想濑户内海完毕，眼前两只平时觉得丑陋的铁桶突然打动了自己，吸引住他全部的注意力，其美在专注之下，甚至令他眼中的大海“也相形见绌”。[1] 舒斯特曼是想用这次经历说明清醒的专注非常重要，其实这种专注正是由于铁桶自身成为意识的目的，而超脱出日常的凡物，凡物才有了发展为艺术的可能。

三、生活生成艺术的不同途径

让观念从天上下来融入大地肉身，以生活本身为目的，投入而专注地活着，应该是马克思和舒斯特曼共同的想法，在我看来，也的确抓住了生活成为艺术的两个基本条件。当然，两人毕竟处于不同时代，分属不同思想体系，在生活成为艺术的途径问题上，着眼点自然也有着明显不同的指向。前者更看重人们生活的解放，后者则更关心生活的改良。

关于马克思的思想体系，历史上人们一直存在争论，其中一个争论

[1] Richard Shusterman, *Thinking Through the Body: Essays in Somaesthetics*, Cambridge, New York: Cambridge University Press, 2012, pp.45–46, 308–309.

是要不要把前后期分开。比如阿尔都塞，就以1845年为界，称这一年是马克思思想的“断裂”时期，之前特别是《1844年经济学哲学手稿》，“可以比作黎明前黑暗的著作偏偏是离即将升起的太阳最远的著作”，[1]这自然是看重马克思后来的“成熟”思想。亨·德曼以及马尔库塞正好相反，前者就认为，“马克思的成就的顶峰是在1843年和1848年之间……著作中揭示了价值感觉和价值判断，而这二者是他后来的全部工作——也包括他的科学工作——的基础，并且也使他后来的全部工作有了真正的意义”。作思想分期本来没什么，可以让人看清一个人的思想发展历程。但阿尔都塞把前后期截然分开我觉得并不恰当。不是说没有思想家前后期思想会发生断裂乃至出现对立的情况，可这种情况放在马克思身上恐怕并非事实。至少他中学时代就滋生的为人类谋福利的思想就一直延续到他生命的最后，就不用说博士论文、《莱茵报》时期对人类自由的持续追求了。阿尔都塞将成熟期的马克思思想概括为历史唯物主义和辩证唯物主义自然可以，但前期的人本主义就不是马克思的思想了吗？两种唯物主义和他的人本主义就一定要势同水火吗？似乎很难这样说，甚至我很赞同亨·德曼后面的提法，人本主义应该是马克思思想中最为基础的部分，体现在以人的生活实践为核心的本体论哲学思想中。至于后来的政治理论、经济学理论，均为此本体论思想的深入展开形式。所以我也很不同意亨·德曼说马克思后期创作力“衰退和削弱”的意见，[2]却赞成他后面的说法。

强调马克思思想是一个过程，我的意思无非是说，在马克思的总体思想中，生活是最为基本的一个概念，至于其经济学、政治学等理论，无非是改造世界、让生活变得更美好的关键域研究。甚至“实践”一词也和“科学技术”一样，同属关键域，是马克思“改造世界”蓝图中，自己在生活中找到的关键元素，而且一般也是作为“观念”“理论”“意

---

[1] ［法］路易·阿尔都塞：《保卫马克思》，顾良译，北京：商务印书馆1984年版，第17页。

[2] ［德］亨·德曼：《新发现的马克思》，见《〈1844年经济学哲学手稿〉研究》，长沙：湖南人民出版社1983年版，第374页。

识”的对应形式，隶属生活方式的一种，主要意指物质生产实践。[1] 所以，无论将“实践”作为马克思哲学的基本范畴，还是作为其美学的哲学基础，我觉得都是在和观念对应的意义上，也就是在认识论意义上对马克思的理解，至少容易导致这样的理解；一旦这样理解，等于在观念中将生活分解开，就像猴体解剖剥出心脏，可以让人更清楚看出猴体中什么最重要，但已不是活生生的机体心脏；或者说，这时的心脏只有抽象的意义，而非实存（existence）；实存的只是活生生的生活。

但马克思选择的“实践”确实非常重要，也正因这种选择，决定了他眼中的世界改造是人的生活解放。“实践”（praxis）在亚里士多德那里，本是指一种政治伦理生活，与代表智慧的哲学理论（theoria）生活、代表愉悦的制作（poesis）生活均不相同。但马克思却在《1844年经济学哲学手稿》里改造了实践这个词，主要指物质生产实践，同时也包含着原有的政治伦理意义。正是在物质生产这种特殊的对象化活动当中，马克思找到了当时工人异化的表现与秘密，找到了私有财产的根源，并顺理成章地将物质生产意义上的实践，转换为其原有的政治伦理意义，亦即通过阶级斗争的革命途径扬弃私有财产，从而实现人类的解放。

> 共产主义是对私有财产即人的自我异化的积极的扬弃，因而是通过人并且为了人而对人的本质的真正占有；因此，它是人向自身、也就是向社会的即合乎人性的人的复归……它是人和自然界之间、人和人之间的矛盾的真正解决，是存在和本质、对象化和自我确证、自由和必然、个体和类之间的斗争的真正解决。它是历史之谜的解答，而且知道自己就是这种解答。[2]

生活艺术于是便成为革命的艺术，苏联、中国等国家的现代革命实践，

[1] 参见拙文《〈1844年经济学哲学手稿〉中的本体论生活美学思想初探》，《中国人民大学学报》2018年第2期，第20—21页。

[2] ［德］马克思：《1844年经济学哲学手稿》，见《马克思恩格斯文集》第1卷，北京：人民出版社2009年版，第185—186页。

展示的就是这种艺术。

舒斯特曼同样做的是世界改造的工作，同样是对大量不同“生活经验进行审美塑造和美化”[1]，但他在生活中选择的关键元素却是“身体”(soma)。为什么是身体而不是其他？舒斯特曼和马克思选择实践一样，都是从生存角度给出了理由。

> 身体美学研究，是我提倡实用主义的美学及哲学生活的必然结果。既然离开我们的身体官能、身体行为与身体体验，就无所谓艺术创造与欣赏，那么，身体即是我们生活中无可避讳的生存要素。我们若想改善自己的生活质量（不能仅仅靠改善那些丰富我们生活的艺术与审美体验），一个重要的途径即是改善我们对身体的理解与掌控，因为身体是我们生存在这个世界上最为基本，最不可或缺的工具或手段，没有了身体，我们就无法知觉和行动，就难以存活下去。[2]

没有身体就不能“活着”，这理由似乎比马克思选取的物质生产实践来得更加基本，因为没有物质生产实践人仍可以活着，比如精神生活。没有身体却必然意味着死亡，生产实践包括任何其他生活行为也不可能进行。分歧就出现在这里。马克思选择的实践，里面其实包含相当明显的价值维度。当他赞同黑格尔“把劳动看做人的本质”，并批评他没有看到劳动的“消极方面”时，[3]就意味着劳动实践本身就已经包含着“积极”和“消极”两种截然相反的可能指向，积极方面指向真正人的生活，消极方面指向异化人的生活；既然截至当时的人类社会消极方面的私有财产决定了人们生活的异化，那么，通过阶级斗争的方式，扬弃私

[1] ［美］理查德·舒斯特曼：《实用主义美学》，彭锋译，北京：商务印书馆2002年版，第86页。

[2] Richard Shusterman, *Thinking Through the Body: Essays in Somaesthetics*, Cambridge, New York: Cambridge University Press, 2012, p.ix-x.

[3] ［德］马克思：《1844年经济学哲学手稿》，见《马克思恩格斯文集》第1卷，北京：人民出版社2009年版，第205页。

有财产的暴力革命手段，[1]就成了人的生活走向解放的必要途径。

舒斯特曼的“身体”概念则不同，其本身并不包含价值维度。如果说马克思实践概念预设了异化人的生活事实和真正人的解放目标，舒斯特曼眼中则根本没有这样一个世界，无论生活还是人身上的缺憾抑或优点，都是人的缺憾和优点，都有进一步改造的可能性，而且并没有一个终极的目标。这就决定了他的身体美学必然延续了实用主义的“社会向善论”(meliorism)，[2]生活向艺术的生成也必然就是一个改良的过程，从异化人到真正人的飞跃式革命，他那里是不存在的。

正因如此，从具体个人出发的身体训练，就成为舒斯特曼生活改良途径的重要手段。这种训练从哲学课堂、伦理教诲、摄影行为、坐禅、性行为到个人风格塑造，均可让普通的日常行为发展为生活艺术；总体原则是通过自觉的身体意识反省，改变不良的身体行为习惯，进而培养出高效的身体自发性。当然，舒斯特曼如此重视个人身体训练，并不意味他不关心社会生活的改善，这从他对罗蒂的批评意见中可以明显看出来。只不过他相信，“照料好自己的身体功效，是有效照料别人的必要条件”[3]。但如马克思那般的社会阶层、阶级区分，再从这种区分出发谋求社会变革，恐怕并不是舒斯特曼想要做的，甚至正是他反对的，一则他可能将进行社会事实分析的马克思看作布迪厄那般的“无为主义”(quietism)者，只关注理智主义的客观分析；[4]再则他也可能将应用理论改变世界的马克思视作本质主义者，力图让社会生活按理论的轨迹来运行。

这两种可能在我看来很有可能发生，原因就在于马克思的“实践”

---

[1] [德]马克思、恩格斯:《共产党宣言》，见《马克思恩格斯文集》第2卷，北京：人民出版社2009年版，第43页。

[2] Richard Shusterman, *Thinking Through the Body: Essays in Somaesthetics*, Cambridge, New York: Cambridge University Press, 2012, p. 182.

[3] Richard Shusterman, *Thinking Through the Body: Essays in Somaesthetics*, Cambridge, New York: Cambridge University Press, 2012, pp. 172–196, 190.

[4] Richard Shusterman, “Pierre Bourdieu and Pragmatist Aesthetics: Between Practice and Experience”, *New Literary History*, 2015, 46: 443.

概念中固有的价值维度。正是这个维度高屋建瓴的明确指向性，才让马克思的生活艺术化理论有了排山倒海般的社会群体性，而不满足于纯粹个人的生活美化，才让他对社会生活的判断具有了普罗米修斯般的决断色彩。然而，舒斯特曼显然会拒绝这样的决断，他明确强调自己是个多元论者，更愿意给不同的声音以存在的权利，[1]尽管像前面提到的那样，他也有对个人权利及观念的坚守。

问题是，两人在生活成为艺术的共同目标下，这种关键因素选择上的不同，必然是水火难容的矛盾吗？我看未必。正如马克思决断的此岸"真理"也要接受生活现实的检验而非彼岸独立的观念教条，舒斯特曼多元的此岸"意见"也愿意向社会公众蔓延，二者的不同更多应该是种互补而非对立。因为真实的生活既然有社会群体性的一面，就必然需要决断的声音，否则生活就是一盘散沙，人群的生活就不成其为社会；真实的生活社会既然同时有其个体性的一面，也必然需要个人的独立风格与权利，否则生活齐整划一，万众一面，那也只能是幻影。马克思说，"每一滴露水在太阳的照耀下都闪现着无穷无尽的色彩"[2]，讲的就是生活艺术的常态，所谓万紫千红方有春光满园。

本书的翻译从 2014 年接手一直到今年，拖拖拉拉持续了四年之久，内心对舒斯特曼先生是十分愧疚的。好在开始时他还催我，后来就任我来了，我跟我们共同的朋友说，他一定是麻木了。这也好，后来的译书反倒快了许多，或许是他的无言之言效果更好的缘故吧。

这本著作的中译及出版自然是要感谢舒斯特曼本人，他不但把中译本的版权给我，翻译中一些语汇和背景也都及时给我解释，还多次问询我的身体状况，并戏谑地跟我说，等我译完，我的头痛症自然会好，这都是很大的支持。中国社会科学院文学研究所的高砚平博士也是我要特

[1] Richard Shusterman, *Thinking Through the Body: Essays in Somaesthetics*, Cambridge, New York: Cambridge University Press, 2012, pp. 166–167.

[2] ［德］马克思：《评普鲁士最近的书报检查令》，见《马克思恩格斯全集》第 1 卷，北京：人民出版社 1995 年版，第 111 页。

别感谢的，翻译期间她就看了我的部分译稿，最后也认真审校了全部译稿；她对身体美学的识见，对文字的敏感，包括指出的中译问题和慷慨的鼓励，令译本增色不少。我的学生王佳星自己写身体美学硕士论文期间，还翻译了本书第十四章，看了我译的全稿；王婷帮我解决了部分德文问题；我的韩国学生崔有美帮我解决了部分韩文问题；我校外文学院的同事袁莉女士百忙中帮我解决了部分法文问题，在此也深表谢意！

最后也非常感谢北京大学出版社，感谢本学科点朱立元先生的引荐，感谢出版社张凤珠女士及张文礼先生对此译本的慷慨支持及建议，特别是张文礼先生，他对译稿风格统一及注释等方面的具体意见均切中肯綮，这些都是此书得以刊行的保障。译者受水平所限，尽管十分努力，译文中恐怕还会存在些瑕疵和疏漏，请读者诸君多加批评斧正。

张宝贵

2018 年 6 月 8 日于复旦光华楼

中译版序言

算上英文版原来的序言与导论，本书已经很长，所以这篇专门写给中国读者的序言只简单谈几点。首先我该指出的是，《通过身体来思考》同我早前的著作有着连续性，同时也提出了一些新的看法。它延续了我最初在《实用主义美学》及《生活行为》《身体意识》中对身体美学的哲学阐释。不过，本书在先前一些章节做过较为理论化、哲学化的分析之后，也开辟出一个新的方向，利用身体美学对艺术做了较为具体的分析。读者们会发现，书中对建筑、摄影、表演艺术、戏剧与舞蹈、日常生活中自我塑型艺术进行了深入探讨，甚至其中一章还谈到了性爱艺术。我知道，性在学术话语中是个敏感话题，特别是在中国。可和吃、喝（第十三章对此做了美学讨论）一样，性爱一直是人类借繁衍之力以维系生命的基本活动。性、吃、喝，不仅仅是人类不可或缺的活动，且明显与身体行为相关。因而，身体美学有责任严肃对待这个话题，尽管对它们的负面联想难辞其咎，是传统唯心论哲学鄙薄身体的部分原因。我希望中国读者们会理解身体美学的唯物论维度，不致因吃、喝、性被视作生活美学的有机成分，而责备此书有违道德或微不足道。

在此中译版序言中需指明的第二点，是此书与亚洲思想的渊源。很久以来，中国古典思想就在启发我的哲学思考，这种启发至少自 2002 年与中国的初次邂逅就已开始。我早前的著作绝大多数得益于儒家文本，尤其是孟子、荀子及孔子本人的思想。道家几乎没有引起我的注意。《通过身体来思考》力图修正这种疏忽，更多论及道家传统，不仅语涉《老子》《庄子》及《列子》这样的经典，更关乎道家着眼“养生”的性实践著作。正是借助道家思想，我探究了自发（自然）与反思之间迷人的身体感受辩证法。在我视之为道家精神延续的禅宗佛教那里，本书进一步展开了这类话题。对禅宗佛教的讨论，从对日本中古时代能剧大师世阿弥的分析，一直到对我本人禅宗实践体验的翔实研究，那次体验发生在日本广岛附近的道场，2003 年我追随禅宗大师井上城训练期间。

我想为此中译版说明的第三点，是其与上海，特别是与复旦大学的特殊联系。此前我与中国的学术际会是北京和山东的几所大学。不过在 2014 年，我受张宝贵教授之邀，在复旦做了一系列讲演，并于一次有关身体美学的国际会议上做了主题发言。也正是在那段时间，由张教授安排了《通过身体来思考》的中译事宜。他花费四年多的时间翻译此书，从在此期间他提的许多问题中我看得出来，他做得很是用心。我希望中国的读者和我一样感谢他的付出。2017 年，他和朱立元教授（同样来自复旦大学中文系）为我在复旦安排了另一次系列讲座（有关实用主义与身体美学），同时也举办了一次身体美学国际会议。他们还将基于这次讲座的内容汇总成一本书出版，即《情感与行动：实用主义之道》，译者是高砚平博士（来自中国社会科学院），出版方是商务印书馆（2018 年）。通过这些讲座和会议，我还结识了复旦的陆扬教授，他非常谦和地提议来翻译我最近的一本书：《金衣人历险记》，这是一本图鉴之作，读者们可以进一步发现我在行为艺术方面的实验，这在《通过身体来思考》有关摄影一章中有过简明介绍。除了感谢上述三位谦和有礼的东道主，我也很愿意提到复旦大学李钧、陈佳、王佳星这三位的名字，他们在我拜访中文系、哲学系期间给予了我无微不至的关照。同时我也该将谢意献给华东师范大学的朋友，特别是朱国华和王峰，他们丰富了我造访上海的经历，并建立了身体美学中心。

实际上，我对所有的中国学者均抱有感激之情，他们不但支持我在身体美学方面的工作，且颇具创造性地将其应用于自己的研究当中，极大丰富了身体美学。我希望此书能推动身体美学思想与实践在中国的进一步发展，不只是在学术研究领域，而且也表现于日常生活行为上，借以提升我们在都市、自然与社会环境下的多样化体验。

理查德·舒斯特曼

2018 年 6 月 14 日

序　言

自降生伊始，人体之美带来的快乐就伴随左右。慈爱的身体养育并 ix 呵护着我们，每念及此，令人愉快乃至迷醉的美妙情感便油然而生，并为我们身体的其他感官及其内在体验所享受。我相信，我对身体美学的兴趣就来自这般的童年时期，来自身体魅力产生的强烈狂喜，来自身体展示出的极大成就感，正是这些，促使我于身、心之别一无所知之前，就有了对美的不倦渴求。不管传统上哲学多么敌视身体，也不管当代文化中，身体的美与欲求如何令人烦扰地被人曲解、利用及滥用，这种渴求一直以来都在激励着我的梦想和研究。特别是近些年来，身体之美的这种动人的魔力——尽管通常只是以高雅的形式——在我探索其他哲学问题时也总是萦绕在脑际，直到写作《实用主义美学：生活之美，艺术之思》（1992 年）最后几章的时候，终于形成了一个明确的主题，并结合对舞蹈之美的重新思考，也由于本人向身体、经验维度、改良性实用主义的哲学转向，对此才有了一个充分而清醒的认识。

我将实用主义作为新的哲学研究方向，是想重新探索迫切的存在问题。这既是我早先选择哲学的初衷，也是古代哲学最初的研究对象：人该怎样活着的问题。哲学是一门生活艺术，目的是借助创造性智慧和批判性反思（涉及审美与道德两方面的感受力）来领悟美，这种想法正是我接下来一本书《哲学实践：实用主义与哲学生活》（1997 年）所展开的话题，也正是在其最初的英文版本中，我提出了身体美学这个概念。身体美学研究，是我提倡实用主义的美学及哲学生活的必然结果。既然离开我们 x 的身体官能、身体行为与身体体验，就无所谓艺术创造与欣赏，那么，身体即是我们生活中无可避讳的生存要素。我们如若想改善自己的生活质量（不能仅仅靠改善那些丰富我们生活的艺术与审美体验），一个重要的途径即是改善我们对身体的理解与掌控，因为身体是我们生存在这个世界上最为基本，最不可或缺的工具或手段，没有了身体，我们就无法知觉和行动，就难以存活下去。在促进与改善身体理解和掌控方面，似乎尚未有一个足够清晰而系统的学科来做这项工作，所以对我而言，身体美学的探索就显得尤为重要，值得为此付出大量心血。

我很清楚，传统哲学等领域可能会认为，建立以身体为中心的新学科，这种动议未免妄自尊大，理应受到责备。所以在德语著作《阐释之前》（1996年）中，我首先尝试介绍了身体美学这个概念，说明为什么要改善身体，为什么要了解身体在理论阐释之外那种非话语性（nondiscursive）领悟的作用。虽说身体美学很快引起《法兰克福汇报》（1996年11月28日）这家颇具影响力的日报的注意，却有评论家粗暴无礼地嘲笑这项研究。出于文本中心主义哲学的典型偏见，这位评论家将身体美学歪曲成某种单纯的阅读方法，“就像鞭笞自己一样去读康德，如攀岩般读尼采，像练气功那样读海德格尔”。这种荒唐而伤人的嘲讽成了一种动力，激励我更加清晰而详尽地阐述身体美学项目，以与其抗争。

令人欣慰的是，相比于最初莫名其妙的评论，后来对身体美学的回应显然更具思想性与建设性。许多领域的杰出学者，在哲学内外以各种妙想天开且十分有益的方式，或是进行鞭辟入里的批评，或是极具想象力地展开多学科领域的应用，从而推动了身体美学项目的发展。那些文献数量太多，这里不便一一列举，我都放在 http://www.fau.edu/humanitieschair/Somaesthetics_Bibliography_Others.php 网站，列于有关身体美学的参考文献里。

对身体美学的首次报纸评论所带来的伤害，给了我一个很大教训：在国际场合用外语来试验某种颇具风险的思想很有必要，因为这时一个人的错误、过失或尴尬就不致完全暴露在国内公众面前，后者对其工作持续的支持与尊重尤为关键。这也是为什么最初我将实践身体美学的讲习班放在欧洲，而没设在英美学术圈的原因，尽管这是我喜爱的故乡。

在一个遥远的地方，用外语来试验自己的思想有较多自由，这在身体美学意义上，和人体很是类似。人移动远端的肢体部位显然更容易，范围也大；就像我们支配自己的髋部和躯干，远不及手脚来得灵活。 xi

用外语进行探索试验，高明的翻译不可或缺。所以对许多翻译我身体美学著述的杰出学者，我这里要表达由衷的谢意，从他们那些敏锐的问题和睿智的评论当中，我学到了很多东西。借此我特别要感谢简 - 皮埃尔·卡莫迪（Jean-Pierre Cometti）、彭锋、沃依切赫·马莱茨基（Wojciech Malecki）、海蒂·萨拉维利亚（Heidi Salaverria）、尼古拉斯·威莱斯卡斯（Nicolas Viellescazes）、金镇烨（Kim Jinyup）、程相占、李熙真（Lee Hyijin）、罗宾·凯利凯茨（Robin Celikates）、福井大工（Higuchi Satoshi）、乔瓦尼·马泰乌奇（Giovanni Matteucci）、芭芭拉·福密斯（Barbara Formis）、托马斯·蒙德莫（Thomas Mondémé）、克里斯托弗·汉纳（Christophe Hanna）、克里斯蒂娜·威尔考茨维斯卡（Krystyna Wilkoszewska）、艾琳娜·密泰克（Alina Mitek）、青木孝夫（Aoki Takao）、塞巴斯蒂安·斯坦基耶维奇（Sebastian Stankiewicz）、埃米尔·维斯诺夫斯基（Emil Visnovsky）、大石昌史（Oishi Masashi）以及利利亚娜·科蒂尼奥（Liliana Coutinho）。

国外学术机构对身体美学这种新思想，表现出极好的包容态度。其中特别令我难忘的是 2005—2011 年间，邀请我做访问学者的那些大学，这本书的内容即是我在此期间完成的，包括巴黎大学（第一和第三）、里昂大学、奥斯陆大学、罗马大学、维也纳科技大学、中国人民大学以及山东大学。我尤其要感谢的是罗奥蒙特基金会的舞蹈研究项目（“改造”，由米丽安·古尔芬克 Myriam Gourfink 编导），感谢日勒拉帕（Rillieux-la-Pape）国家舞蹈中心玛吉·莫兰（Maguy Morin）的舞蹈训练项目，感谢它们邀请我做三天身体美学方面的实践讲习；同时我也要感谢巴黎第一大学的邀请，为视觉艺术方面的研究生和教员举办此讲习班，并允许我对其内容做出调整。芬兰西贝柳斯音乐学院（Sibelius Academy）和哥本哈根大学（人体运动学）也非常友好地安排了身体美学短期讲习班；我尤其不能忘怀的是巴黎高等师范学院以及北京大学美学与美育研究中心，它们非常热忱地主办了身体美学方面的学术会议，分别由马蒂耶斯·吉尔（Mathias

Girel）和彭锋负责组织（2011年2月和7月）。

本书中的几篇文章，源自我在其他几个会议上的特约主题讲演。《自我认知及其不满》一文的前身，是2007年我在哲学与教育学会奈勒讲座上所做的讲演，也是我在北欧美学学会年会（奥尔胡斯，2007年）开幕式上以《身体美学的疆界》为题做的演讲。晚近一些的《身体美学与建筑：一种批判的选择》一文，最初来自我在包豪斯第十一届国际研讨会（魏玛，2009年）上的主题讲座；与此类似，《肌肉记忆与日常生活中的身体感觉病状》一文最初则是我在波兰理疗学会年会（弗罗茨瓦夫，2010年）上的讲演；《身体风格》同样出自其间的两次学术会议：一是国际美学学会第十八届代表大会（北京，2010年），一是庆熙大学和平酒吧（Bar）节（首尔，2010年）。与本书同名的那篇文章，在我的学术生涯中有着特别重要的意义，它是我在佛罗里达亚特兰大大学应聘桃乐茜·弗·施密特人文科学杰出学者职位时所准备的就职演说。这是个专门设立的跨学科教职，得到施密特家族异常慷慨的资助，为我进行身体美学研究，促进其他人在佛罗里达亚特兰大大学“身体、心灵与文化研究中心”（由我主持）的相关研究，提供了极好的资源。借此机会，我要对迪克（Dick）和芭芭拉·施密特（Barbara Schmidt）致以真切的谢意，谢谢他们的慷慨与远见！

xii

导　论

一

1

最初考虑身体美学时，本是想将它当作哲学学科内美学的一个分支，试图从我的实用主义思想出发，重新改造这两个学科领域。可是，它却变成了一项真正跨学科的事业。许多不同学科领域的杰出学者参与进来，以各种富有成效且引人入胜的方式推动了这项事业的发展。所以在介绍这本文集的篇章之前，本该谈谈对上述发展的看法，包括身体美学遇到的一些主要批评及将来需面对的挑战。不过，我首先还是要简单概述一下身体美学在美学与哲学学科领域的独特定位。本书接下来的章节会非常详尽地充实概述中的内容。

艺术极为丰富的感觉特性令我们心醉神迷，我们通过身体官能察觉到这种特性，也通过身体感受享受着它们。可是在很大程度上，哲学美学却忽视了身体在审美鉴赏中所起到的作用。诚然，没有理论家会对绘画与雕塑中常见的美妙身体熟视无睹，也没有理论家会否认艺术品依赖身体操作与身体技巧这个明显事实；可哲学家们却往往无视身体在审美中显而易见的重要地位，只把身体当作艺术再现（representation）的物理对象，或者当作艺术生产的工具。即便到了18世纪中叶，在亚历山大・鲍姆加登（Alexander Baumgarten）首次将现代美学清楚定义为感性知觉（sensory perception，名称源自希腊语的“知觉”[αισθησιζ]）科学的时候，其理论中也没有身体的位置，丝毫未曾顾及我们感官的身体特性。康德（Immanuel Kant）谈论审美鉴赏时，尽管继续使用了诸如“鉴赏判断”“情

2 感愉悦”这类感性范畴，但身体仍然被排除在形式这个决定性的“先验根据”之外。审美鉴赏判断完全不同于“感觉判断”，因为它们“无涉于感觉满足，只关乎形式本身带来的愉悦”，并由此同身体感受、魅力、激情这类“纯粹经验性的愉悦”撇清了关系。[1]

黑格尔理想主义的观念论转向，从根本上奠定了后来现代美学的发展方向，但身体依然不在考虑之列，因为对感知、愉悦和判断力的兴趣已转移到给美的艺术下定义上面。他认为，美的艺术不该“自降身段”去满足“愉悦的目的”，而应通过展示和传达精神性的真理，特别是“最全面的精神性真理”，来实现自身的自由（自相矛盾）。美学由此不再是鲍姆加登的知觉科学，而摇身一变为“关于艺术的科学”，不是为了增加“我们的直接享受”，或“促进艺术生产，而是想从科学角度弄清艺术到底是什么”。[2] 今天，即便是靠批判黑格尔起家的分析哲学，长期以来也从艺术定义这一关键问题入手来定义美学。一些分析美学家将这项工作与康德的思想会同一体，认为艺术是无利害感（disinterested）、非实用的审美经验[3]和审美判断，只关乎愉悦与美的形式；另外一些人则持反对意见，认为康德所讲的美和愉悦对艺术而言并非不可或缺。[4]

实用主义美学不同意康德将审美与实用（the practical）对立起来的基本看法，坚称艺术和审美经验尽可以服务于生活的利益需求，而不致丧失自己的地位与尊严，据此它也反对黑格尔理想化的唯科学主义，推重直接享受和身体核心的价值，认为以此为核心，生活的功利诉求、生活

---

[1] Immanuel Kant, *The Critique of Judgment*, trans. J.C. Meredith(Oxford: Oxford University Press, 1986), 57, 63, 65, 67.

[2] G.W.F. Hegel, *Introductory Lectures in Aesthetics*, trans. Bernard Bosanquet (London: Penguin, 1993), 9, 13.

[3] aesthetic experience，通译为“审美经验”，但也可译成“审美体验”。前种译法侧重过程性，约翰·杜威多在此意义上使用该术语；后种译法则强调身体的感受性，理查德·舒斯特曼更注重后一层意思。——译注

[4] 情形也不总是这样，相反，早期分析美学家考虑到艺术丰富的多样性及开放、动态特征，往往非常抵触给艺术下定义。有关这种观念转变更多的细节，见 Richard Shusterman, “On Analytic Aesthetics: From Empiricism to Metaphysics,” in *Surface and Depth: Dialects of Criticism and Culture* (Ithaca: Cornell University Press, 2002), 15–33。

的乐趣及实用目的均可以满足。如果实用主义美学同样反对传统的审美距离、非功利性静观的说法，倡导一种积极参与、创造性的行为美学，那么它就该认识到，所有的行为（不管是艺术还是政治的）都离不开身体，身体是我们工具的工具。[1] 身体美学接受实用主义以身体为艺术创造与欣赏核心的主张，并以此为出发点，探索并强调身体——有生命、有感知能力、有目的性的身体——是所有知觉不可或缺的工具。

因此，身体美学让美学重新回到知觉、意识、情感这类核心问题上来，这些问题也体现在美学一词的词根含义“感知”（aesthetic）与其常见反义词“麻木”（anaesthetic）的对比上。美学研究自打从语言哲学和形而上学——专注于框定美的艺术领域，描述其对象或作品的本体——的束缚中解脱出来后，凭借身体美学为心灵哲学新开辟出的探索方向，而得以充实和发展。所以，充分领会那些得到活跃而完美体现的基本知觉经验形式，把握好这个基础方面，就能理解这种特殊意义上的艺术审美经验。艺术和审美经验如果在吸引我们的注意、统一我们的意识、调动我们的情感这些强烈的满足方式上独具特色，那么，通过更好地控制身体资源，使我们的觉察力、专注力、感受力得以提升，也同样会让我们有越来越多的经验并从中受益。这个意识提高过程不仅能强化艺术的创造与欣赏，而且在充分领悟日常生活行为的审美意义、审美情感及审美潜能的基础上，也必将引人注目地促进我们的生活向生活艺术的转变。

除了对美学研究的重新定位，身体美学也试图从更为根本的意义上改造哲学。它通过身体训练的方式将理论与实践结合起来，从实用主义社会向善论（meliorist）的角度理解哲学，复苏了古代的哲学思想，将哲学视为一种具身化的生活方式，而非抽象的理论玄思。随着具身化逐渐成为学界的流行主题，具身化哲学思想也日趋获得人们的认可，可即便如此，这种哲学依然尚存含混之处。从最基本的层面来讲，它（这一点很不同于理念论）是一种非常重视物质性身体的哲学，并视之为人类经验

[1] 实用主义所持的立场包括：承认在建构艺术的审美经验，增强艺术的社会与政治洞察力方面，社会力量具有决定性作用，同时也承认，艺术反过来也能促进社会政治变革。

和知识的一个重要维度。具身化哲学意味着莫里斯·梅洛-庞蒂（Maurice Merleau-Ponty）那种现象学中给人印象深刻的东西，身体是其中最核心的视点，不但据此构建出哲学体系，且被尊作一种能感知、有智慧、目的性强、有技能的主体，这个主体以同样方式构建的是一个世界，而不仅仅是此世界中的一个纯粹的物理对象。

4

我的身体美学与这种现象学之间存在诸多不同。第一，我不会试图揭示某种所谓原生、基础和普遍的具身化意识，即那种（用梅洛-庞蒂的话来说）"永恒持续、确定不移"又为所有族群文化和时代"众所周知"的意识，而是认为，身体意识总是会随文化，因而也会随对不同文化形式（或相同文化中不同的主体立场）的包容吸纳而做出调整。[1] 第二，身体美学的兴趣点，不单单在于描述已由我们的文化塑形的身体意识形式以及身体实践模式，它也会去改善它们。第三，为达成这种改良目的，身体美学还纳入了身体训练实际操作这一环节，而不只是进行哲学说教。[2]

简言之，在身体美学看来，具身化哲学不仅仅从理论上认可并说明了身体在整个知觉、行为及思想中的决定性作用；也不仅仅用读、写、讨论文章时为人熟知的思辨方式，详尽阐述了身体主题。具身化哲学同时也意味着通过身体风格和身体行为，真正实现思想的具身，意味着以一个人自己身体实例，演示他的哲学，以一个人的生活方式，表现他的哲学。用比较通俗的俚语来说，具身化哲学意味着言出身随；真正做到言出必行。基于实用主义的思考及古代哲学传统（不仅是西方，还包括东方），身体美学提倡身体训练，视之为哲学修养与哲学表达的重要方式。孔子明确主张，哲学教育一个至关重要的方面就是身体修养，他曾教诲弟子说，他欲无言，试图像不说话的天一般，以自己的身体举止具体表

---

[1] See Maurice Merleau-Ponty, *Phenomenology of Perception*, trans. Colin Smith (London: Routledge, 1962), xiv; and Maurice Merleau-Ponty, *In Praise of Philosophy and Other Essays*, trans. John Wild, James Edie, and John O'Neill (Evanston: Northwestern University Press,1970), 63.

[2] 究竟怎样才算是改善？并没有一个单一、普遍有效的权威答案。不同的语境与不同的问题，均需不同的解决办法。更何况身体美学每一项探究，在最后如何理解特定语境下身体规范、身体方式与身体价值的改善方面，总会存在不同意见。

现自己的哲学，施以素朴教育。古希腊罗马思想家往往也推崇这种境界，不时会在真正的哲学家和其他哲学家之间做出对比，认为前者身体力行自己的哲学，后者只写作自己的哲学，并由此被贬损为纯粹的“语法学家”。[1] 在爱默生（Ralph Waldo Emerson）、梭罗（Henry David Thoreau）这样的美国思想家那里，将哲学当作一种具身化生活艺术的想法得以复兴，他们是实用主义和身体美学的先行者，强调在纯粹的“哲学教授”和真正体现或履行其思想的哲学家之间，理应有所区分。[2]

5

受这些古典传统思想的启发，我将身体美学视为“某些古老思想方式的一个新名称”，这个机敏的表述是我从威廉·詹姆斯那里借用来的，他过去就用这个表述作为他第一本实用主义著作的副标题。我之所以为我设想的身体哲学研究起个新名字，一方面是因为新名字有助于激发新的思考，另一方面也是考虑到这样有益于再造那些古老的思想精粹，令其重新焕发生机。诸如“身体的美学”（aesthetics of the body）或“身体的哲学”（philosophy of the body）这般既定的术语太过泛化，由其引发的联想颇成问题，容易招致误解。首先，对我们这里所讲的具身化来说，这些表述中的定冠词暗示了某种危险的本质主义或者均质化（uniformity）倾向，似乎我们考虑的只有一个东西——“身体”，而没有公正地顾及我们身体的多样性（比如性别、性别和种族）及其不同的体验方式。其次，尽管我本人很想让审美经验在身体形式方面变得更加丰富多彩，但“身体的美学”（body aesthetics）这类习以为常的表述，只会让我们在文化上固守身体之美表层上的老套陈规（我们的不幸在于为某些身体规范所控制，这些规范或是只关注于身体外貌，或是取自超级名模、选美大赛的冠军小姐以及健美运动员）。最后，由于我们已在身/心二元论文化沼泽中泥足深陷，身体这个概念只是意味着肉体物质和乏思少智，似乎“身体哲学”只是心灵哲学的对

[1] 有关这个话题的更多内容，参见 Richard Shusterman, *Practicing Philosophy: Pragmatism and the Philosophical Life*(London: Routledge, 1997); and “Pragmatism and East-Asian Thought,” in Richard Shusterman (ed.), *The Range of Pragmatism and the Limits of Philosophy*(Oxford: Blackwell, 2004), 13–42。

[2] Henry David Thoreau, *Walden*, in Brooks Atkinson (ed.), *Walden and Other writings* (New York: Modern Library, 2000), 14.

照物。而我却认为，身体是一个活跃的知觉和主体性场所，并以此来反击上述二元论。

就我的感觉，用“Soma”（一个不大为人熟知的词语，源于古希腊语的身体一词）这个术语来命名具身化是一种很好的办法，完全可以避免由“身体”（body）或“肉体”（flesh）这类字眼带来的歧义联想。我选择这个词是想申明，我的研究关心的是有感知能力、有生命的身体，而不只是一具肉体。[1] 因而它能将身体的主体性及知觉力的多个维度统合一体，这些维度无论是对具身化美学，还是对一般而言的审美经验（因为至少对我们人类而言，一切经验都是具身化的）都至关重要。因此，“身体美学”（“soma”和“aesthetics”的一种简单拼接）应该是我这项新研究的恰切名称，此项研究试图给予身体更为密切的审美关注，不仅把身体当作对外展示美、崇高、优雅及其他审美特质（aesthetic qualities）[2] 的对象，而且也视之为能知觉到这些特质，并能以身体来体验伴特质而生的审美愉悦的某种主体。

当然要承认，身体美学这个术语也并非没有问题。它缺少“洗衣板式的腹肌”或“钢铁般的臀部”那般形象化的意象；发音也不悦耳，听上去很丑，字体也显得陌生，容易带来麻烦（我在北美洲之外第一次用“身体美学”这个题目做特邀讲演时，会议组织者们就读错了我的手写传真稿，发布议程时把讲稿题目读成了“一些美学［Some Aesthetics］”）。不过总体而言，一旦同具身化美学（包括具身化知觉）联系在一起，这个术语还算容易理解，而且我非常欣慰的是，许多不同领域的学者都接受了这个提法。当然也有一些批评家担心，“身体”（Soma）会让人隐约想到吠陀传统里（the Vedic tradition）某种神圣仪式的用酒，或者指的是20世纪小说中某种致幻、

[1] 除了荷马（Homer），其他古希腊人都用 σωμα 来指称尸体，用 δέμας（躯体）来表示一个人活生生的身体。更多细节参见 H. G. Liddell and Robert Scott(eds.), *A Greek-English Lexicon* (Oxford: Clarendon Press, 1966),378。

[2] Quality 是实用主义美学的一个重要术语，虽指对象的属性，却是某种主体感受到的属性，或者说是主客体相互作用情形下在主体感受中呈现出的对象属性，与传统英国经验主义和人们通常的理解均有区别，所以本书在实用主义语境下一般译作“特质”。参见约翰·杜威艺术哲学著作 *Art as Experience* 第三章及“Qualitative Thought”一文。——译注

用以产生至乐的药剂。[1] 在我看来，比起今天“身体”常常用作治疗腰酸背痛的那种易上瘾、麻醉性的肌肉松弛剂商标的商业用途，这些精神和文学联想所带来的麻烦要小得多。像这样的肌肉骨骼疾病，我还是建议采用身体美学的训练方法，以增强身体意识与身体控制。

不时有语言学家抱怨说，“身体美学”这个词从语言形态学上看，是个结构混乱的复合体，正确的构词方式应该是“体感美学”(Somatoaesthetics，属于躯体感觉系统)。然而，经由神经心理学方面对其既定用法的考查，我完全可以指出这个词形结构的合理性，因为在指称躯体感觉的时候它通常并没有“a”(而是写成“Somesthetic”)这个字母。在神经科学那里，身体感觉系统（somaesthetic system）通常特指的是躯体而非视、听、嗅以及口舌的感觉；这也就是说，它指的是皮肤感觉(触觉)、本体感受（proprioception）、动觉（kinaesthesia）、体温感觉、平衡感和疼感等。其实，在选择“身体美学”这个术语来概括我的研究领域之前，我并不清楚它在神经学里的用法，只是此用法让我很是振奋，因为它暗示出身体美学如何同神经科学及心灵哲学高效地交叉在一起，探索共同关心的身体知觉领域。同时它也表明了身体美学的跨学科性质，这基于我的一个主张，即与其他学科协同合作，比一个纯粹主义者严守学科壁垒更能让哲学思考通达繁盛。虽说我本人的身体美学理论侧重点在哲学方面(出于我的学术训练背景)，但在人文科学、艺术、社会与自然科学领域，也完全可以进行身体美学的探索。

我必须承认，之所以选择“身体美学”这个术语，是因为它以简明的方式缓解了长期困扰我的一个字母拼写问题：鲍姆加登创立的美学学科，在英语里该译作“aesthetics”，还是更简单些译作“esthetics”？这个问题表面上看似乎没有多大意义，但它却像这个术语（以及它的同源词）在书面上的大量使用一样，始终无处不在，避无可避。特别是对我而言，它还构成了一些更深层次的认同问题。我在耶路撒冷和牛津大学

[1] Kathleen Higgens, “Living and Feeling at Home: Shusterman’s Performing Live,” *Journal of Aesthetic Education*, 36 (2002): 84–92.

受到的分析哲学教育告诉我，要使用更为古雅、希腊风格的复合元音“ae”，以前这是英国文学中的标准用法，现在正为美国实用主义提倡。可是，我就不能像约翰·杜威（John Dewey）坚持做的那样，更简单、高效地拼为“esthetics”吗？“ae”较为人熟知，也显得文雅，但平白的“e”显然更简单，用起来也经济，因而同实用主义也更为契合。

“ae-对-e”的困境，是索尔·斯坦伯格（Saul Steinberg）[1]为美国美学学会创立五十周年海报所作的一幅漫画的主题。画里面一个厚重、巨大的“E”字坚实地伫立在大地之上，远高于周围的树木，它将自己想象成一个修长、优雅的“AE”，置于顶部，包裹在一团飘逸、云絮般的卡通气泡里。讨论斯坦伯格这张海报的时候，阿瑟·丹托（Arthur Danto）认为，“aesthetics”/“esthetics”的不同无非是“字形”和视觉表面上的差异，无关乎语音或语义。[2]在重要程度上，虽说字母的不同确实要超过字形的不同，但丹托讲的还是对的，“aesthetics”中的“a”的确与语义或语音无关，“aesthetics”和“esthetics”无论在发音还是意义方面都是一样。那么，作为哲学运思，特别是作为实用主义首要原则的功能经济学原理，就该会让实用主义者放弃既无必要，也没什么用途的“a”，正如杜威所做的那样。尽管如此，我对看上去更为优雅的双元音依然保留着一份痴迷，“somaesthetics”这个术语最终解决了这种纠结，它将“a”用在“soma”中，从而具备了一种真正的语义功能，同时也保留下双元音的视觉形式，以及在一个较长语汇表述内“aesthetics”的发音，而且，通过突出艺术及其他审美经验对象的创造、知觉和欣赏当中生机勃勃的身体维度，它也极大拓展了美学的研究领域。

8

---

[1] 索尔·斯坦伯格（1914—1999），是一位出生于罗马尼亚的美国籍漫画家和插图家，至简图形大师，其画作以线条的灵动与穿透力著称。——译注

[2] Arthur Danto, “Minding His A’s and E’s,” *Art News* (November 2006): 112, 114; quote on 114.

二

由于建构或改善身体经验，会涉及各种各样的知识形式与学科，所以身体美学就相当于一个平台体系，据此，可以促进并整合与身体知觉、行为、展示相关的各种不同领域的理论、经验研究及改良性的实际训练。尽管最初源自我的哲学研究，但身体美学并不是由哪位哲学家提出并专享的理论或方法，而是一个开放的合作、跨学科、跨文化的研究领域，其应用范围已超出哲学，延展到一系列宽广的话题，从艺术、产品设计、政治到时装、健康、体育、武术以及教育中致幻药剂的使用等。[1] 从目前情况来看，身体美学在三个领域的发展最为显著，即艺术、政治与设计工艺。

舞蹈尽管是最具代表性的身体艺术，但在分析舞台上演员动作与姿态的身体风格时，身体美学已经在戏剧中得以应用。[2] 在我分析（见第九章）

---

[1] 例如，可参见，Titti Kallio, "Why we choose the more attractive looking objects: somatic markers and somaesthetics in user experience," *Proceedings of the 2003 International Conference on Designing Pleasurable Products and Interfaces*(New York: ACM, 2003), 142–143; N.W. Loland, "The Art of Concealment in a Culture of Display: Aerobicizing Women's and Men's Experience and Use of Their Own Bodies," *Sociology of sport Journal*, 17 (2000): 111–129; J.G. Forry, "Somaesthetics and Philosophical Cultivation: An Intersection of Philosophy and Sport," *Acta Universitatis Palackianae Olomucensis. Gymnica*, 36 (2006): 25–28; Michael Surbaugh, " 'Somaesthetics,' Education, and Disabilty," *Philosophy of Education*, (2009): 417–424; S.J. Smith and R.J. Lloyd "Promoting Vitality in Health and Physical Education," *Qualitative Health Reseach*, 16 (2006): 249–267; Ken Tupper, "Entheogens and Education," *Journal of Drug Education and Awareness*, 1 (2003): 145–161。

[2] 例如，在舞蹈方面的应用可参见 Peter Arnold, "Somaesthetics, Education, and the Art of Dance," *Journal of Aesthetic Education*, 39 (2005): 48– 64; Lis Engel, "The Somaesthetic Dimension of Dance Art and Education - a Phenomenological and Aesthetic Analysis of the Problem of Creativity in Dance," in E. Anttila, S. Hämäläinen, T.LÖytÖnen & L. Rouhiainen (eds.), *Ethics and Politics Embodied in Dance: Proceedings of the International Dance Conference*, December 9–12 , 2004 (Helsinki: Theatre Academy, 2005), 50–58; Patricia Vertinsky, "Transatlantic Traffic in Expressive Movement: From Delsarte and Dalcroze to Margaret H'Doubler an Rudolf Laban," *The International Journal of the History of Sport*, 26 (2009): 2031–2051; and Isabelle Ginot, "From Shusterman's Somaesthetics to a Radical Epistemology of Somatics," *Dance Rearch Journal*, 42 (2010): 12-29。至于在表演方面的应用，参见 Eric Mullis, "Performative Somaesthetics: Principles and Scope," *Journal of Aesthetic Education*, 40 (2006): 104-117。

日本能剧（Nō theatre）中身体感觉训练及动作与姿态范例时，埃里克·穆利斯（Eric Mullis）就已结合某些西方表演理论在做这方面的工作。音乐欣赏及音乐教育中，身体美学的概念和理论采用甚广，[1]而且在概念和理论之外，用以提高身体意识的实际身体美学训练，亦可在表演艺术特别是音乐与舞蹈教育[2]那里发现踪影。

至于视觉艺术，身体美学不仅用来解释艺术家创作时如何使用自己的身体，而且也可说明欣赏者知觉作品时的身体表现。许多视觉艺术品（不管是绘画、雕塑、摄影还是装置）会预先考虑欣赏者的身体反应，哪怕作品的表现未及身体，身体亦会成为重中之重。[3]如我在第十章所讲，在建筑设计及建筑体验过程中，身体（及其在空间中的多重感觉与动作）具有构成性功能。在行为艺术（Performance art）那里，情形则完全不同，身体不仅仅是创作的工具和知觉的手段，同时也是表现媒介、最终的视觉成果或艺术对象。马丁·杰伊（Martin Jay）从我的身体美学理论出发，认为以身体为中心的行为艺术自有其政治价值，是对主流身体形式规范及其相应的社会政治统治秩序的挑战。我曾分析过把身体表现力与政治抗议完美结合在一起的嘻哈艺术[4]，循此，杰伊又颇具建设性地发挥了这项工作，将杜威民主主义思想应用到隶属高雅文化的视觉艺术分析上（尽管有时它也会利用某种低俗的形式成为其批判、煽动性目的的一部分）。[5]

身体美学的影响不仅在于视觉艺术的分析，也波及其实践。2011

---

[1] 参见 *Action, Criticism, and Theory for Music Education* 9 (2010) 杂志身体美学专号（专门讨论我的《身体意识》一书）。另见：http://act.maydaygroup.org/php/ archives_v9. php#9-1。

[2] 我曾在法国为舞蹈编导、舞蹈家（属于若约芒的米里安·高芬克和里昂的玛吉·莫林培训项目），在芬兰为音乐家举办过身体美学实践讲习班。若约芒讲习班的部分影像参见身体美学网站：https:/ /sites.google.com/site/somaesthetics/。

[3] 例如，可参见，David Zerbib, "Soma-esthétique du corps absent," in Barbara Formis (ed.), *Penser en corps: Soma-esthetique, art et philosophie* (Paris: L'Harmattan, 2009), 133–159; Aline Caillet, "Emanciper le corps: sur quelques applications du concept de la soma-esthétique en art," in Formis (ed.), *Penser en corps*, 99–112。

[4] 嘻哈艺术（Hip Hop）一般认为是 20 世纪 60 年代源自美国纽约的街头文化，主要包括说唱（m-cing，后发展成 rap）、街舞（Eboying）、玩唱片（dj-ing）、涂鸦（graffiti writing）四种，后来又衍生出嘻哈时装、嘻哈语、街头篮球（b-box）等亚文化形式。——译注

[5] See Martin Jay, *Refractions of Violence* (NewYork: Routledge, 2003), 163–176.

年，彭锋为威尼斯双年展中国馆所做的策划方案，即是这种实践应用的突出例证。这组主题为弥漫的展品由五件装置艺术构成（包括伴随着茶香的浮云；滴落中国白酒的橡皮管；泛着中药香气的小陶罐；散发藏香的雾；还有荷香飘逸的融雪），着重要表明的是，我们对视觉艺术的欣赏绝不仅限于视觉，身体作为多重知觉主体功能之一，在引发其他官能愉悦方面也不可或缺。[1] 在和我密切合作期间，巴黎艺术家扬·托马（Yann Toma）也通过一系列的影像作品证明，身体美学完全可以成为它们的创造性核心理念。当时我就在想，行为艺术家身着金色的乳胶紧身连衣裤，这样的角色从身体层面重塑了艺术家的形象及广阔的世界，也是我第一次同镜头的结缘。如果说这一系列艺术性的身体通量（*SOMAFLUX*）具体体现了身体美学在当代艺术中所起到的特定作用，那么，通过让哲学家——亲身——介入活生生的艺术实践，也披示出实用主义美学拉紧理论与实践、哲学与艺术之间裂隙的总体目的。在本书第十一章讨论摄影行为过程时，我详尽介绍了从这次创造性经历中得到的部分理论体会。[2]

在身体美学诸多的政治应用方面，女权主义者的介入问题日渐凸显。当然这不足为奇，因为传统上女性总是和身体联系在一起，有否定意味，与我们的文化中掌握心灵要义的男性优越地位截然不同。正如香农·沙利文（Shannon Sullivan）运用身体美学思想对贬低女性身体实践的批评，他坚持认为（借助身体美学的训导、护理及对话观念），身体运行绝不只涉个人，与社会无关，由此，克里斯达·海耶斯（Cressida Heyes）以身体美学为模板，对那些束缚男女的“标准化身体规范从政治方面加以抵制”。同性别一样，由于人们总是从身体外观上来理解种族，种族主义

11

[1] 这次展览的简明介绍及其与身体美学的关系，参见我和策展人彭锋的对话，载于 *Art Press* 379 (June 2011): Venice Biennale Supplement, 24–25。

[2] 有关这次体验（包括图像）更为个性化的生动说明，可以参见 Richard Shusterman, “A Philosopher in Darkness and in Light: Practical Somaesthetics and Photographic Art,” in Anne-Marie Ninacs (ed.), *Lucidité. Vues de l'intérieu/Lucidity. Inward Views: Le Mois de la Photo à Montréal 2011* (Montréal: Le Mois de la Photo à Montréal, 2011), 280–287。

作为又一种政治问题，身体美学在此就成为某种阐释方略及疗治手段。[1]

最令人惊叹不已的是，身体美学也被应用到了高新科技设计领域。在我看来，这并非出自对此领域本身的兴趣，因为身体美学主要发端于古代具身化的哲学生活观念，发端于亚洲传统身体实践（比如瑜伽与坐禅），或者是西方当代身体实践（比如亚历山大疗法或费尔登克拉斯肢体放松法）[2]，它们都不把身体当作电子装置来看待，具有相似的有机性。虽说我这里称其为新媒体对具身化的挑战，但我的目的无非是探讨两个关键的问题。第一，没有任何虚拟世界的技术创新，可以无视身体作为情感及知觉经验核心的重要地位，我们毕竟要据此知觉并介入这个世界。第二，充分培养身体意识功能，可以极大提高专注力，帮助我们克服由新媒体信息过剩及刺激过度造成的分心和精神压力问题。不过，在最新科技重塑我们的身体经验途径问题上，我目前尚未看到明确的方向。比如，未来在基因工程、纳米技术、机器人技术和实验性药方面的发展，如何通过改变自然赋予我们的身体，或者利用身体修复或增强性的化学药品，显著提升身体的知觉、认知及神经运动能力，从而使我们的身体机能发生重大变化？身体美学如何应对这些变化，应对身体在自我修养、自我风格塑造及社会干预方面随之而来的新兴能力？

12

对此悬疑，哲学家杰罗德·艾布拉姆斯（Jerrold Abrams）探究了或许

[1] See Shannon Sullivan, "Transactional Somaesthetics: Nietzsche, Women, and the Transformation of Bodily Experience," in *Living Across and Through Skins: Transactional Bodies, Pragmatism, and Feminism* (Bloomington: University of Indiana Press, 2001), 111–13 2 ;Cressida Heyes, "Somaesthetics for the Normalized Body," in *Self- Transformation: Foucault, Ethics, and Normalized Bodies*(Oxford : Oxford University Press, 2007), 111-132, quotation p. 124; David Granger, "Somaesthetics and Racism: Toward an Embodied Pedagogy of Difference," *Journal of Aesthetic Education* 44 (2010): 69-81. 有关这些身体美学方略的一些有益讨论，参见 Wojciech Malecki, *Embodying Pragmatism: Richard Shusterman' Philosophy and Litcrary Theory* (Frankfurt: Peter Lang, 2010), ch.4。

[2] 亚历山大疗法（Alexander Technique），是以弗雷德里克·马蒂亚斯·亚历山大（Frederick Matthias Alexander，1869—1955）命名的一种身心疗法，主要教导人如何养成一种健康的身体使用方式，治疗并促进身体健康。费尔登克拉斯肢体放松法（Feldenkrais Method），是由摩舍·费尔登克拉斯（Moshé Feldenkrais,1904—1984）发明的一种肢体运动疗法，致力于调整和协调大脑与身体的联系，以改善身体动作和心理健康。——译注

可称之为后人类身体美学的未来问题，从而做出有益回应。[1]虽说人的身体（重大的进化成果）似乎具有极强的可塑性，足以承受重大调整及假肢而不至丧失其人类身份，但有关人身体的界限，要不要以及怎么表述非人身体？这些的确是有趣的身体美学分析话题。这里我尚没有足够把握处理这些问题，随着科技在未来的急速发展，或许它们本就是无法回答的问题。[2]目前令我倍感欣慰的是，一些计算机技术研究者，正在用身体美学思想来解决人机交互（HCI）及设计中的实际问题。此项探索包括理论模型建构及更为具体的产品制作两个方面。其中令人瞩目的理论成果（由林润京 [Youn-Kyung Lim] 和埃里克·斯托尔特曼 [Erik Stolterman] 所取得）是提出了一个模型，将计算机用户基本的知觉与情感体验，同人机交互作用中所用工具的物理属性联系在一起，之后再解释这些包括其他因素，是如何创造出属于总体交互情境或体验的高阶、突创性、交互式审美完形效果。[3]格外有趣的是塞克拉·施普霍斯特（Thecla Schiphorst）的人机交互作用研究，她“认为用身体美学的方法研究设计策略很有价值”，它靠的不仅仅是理论，也是基于触碰、呼吸之类的感性交互作用，设计出一系列交互式的网络艺术品。其中一些艺术品是“交互式可穿戴艺术（wearable art）”，这些衣服除了会对穿衣者的动作或呼吸作出反应，还对通过电脑网络（包括苹果手机）互动的其他参与者的触摸或呼吸作出

---

[1] J. J. Abrams, “Pragmatism, Artificial Intelligence and Posthuuman Bioethics: Shusterman, Rorty, and Foucault,” *Human Studies* 27 (2004): 241–258; and “Shusterman and the Paradoxes of Posthuman Self-Styling,” in Dorota Koczanowicz and Wojciech Malecki (eds.), *Shusterman's Pragmatism: Between Literature and Somaesthetics* (Armsterdam: Rodopi,2012), 145–61.

[2] 关于非人的动物，我坚持认为高级动物虽有身体，却无自我或人的属性。这些看法的详细表述参见 Richard Shusterman, “Soma and Psyche,” *Journal of Speculative Philosophy* 24(2010): 205–223。

[3] Youn-Kyung Lim et al., “Interaction Gestalt and the Design of Aesthetic Interactions,” *Proceedings of the 2007 Conference on Designing Pleasurable Produts and Interfaces* (New York: ACM, 2007), 239–254. See also P. Sundström, K. Höök, et al., “Experiential Artifacts as a Design Method for Somaesthetic Service Development,” *Proceedings of the 2011 ACM Symposium on the Role of UbiComp Research* (NewYork: ACM, 2011), 33–36.

反应。[1]

三

13 如果说身体美学广泛的多元倾向成就了它的繁荣发展，那它同时也是不断招致质疑与批评的渊薮。作为一般性的研究领域，身体美学从事的是身体知觉、身体功能及身体自我风格塑造方面的理论研究，此外还包括分析、比较批评以及促进我们身体体验与身体行为（performance）[2]的身体训练实践。我的身体美学主张有时遭到误解，被认为是不加鉴别地把特定的身体行为，施加给所有属于一般研究领域的不同身体实践，甚至包括我批评过而非赞同的实践（及其相应的意识形式）。其实真正了解了我的想法，了解了此领域理论与实践部分的差异之后，误解还是很容易就能消除的。道同此理，招致质疑的问题不唯独限于身体美学，但凡涉及比较性理论批评和现实实践，问题都会同样存在。我们可以在倡导哲学实践的同时，批评许多在理论上激赏或处于具体实践中的哲学，也可以维护宗教研究的价值，而不见得一定赞同所研究宗教的具体实践。

与此相应的一个质疑，源于身体美学领域太过复杂多样，一种概要性的研究难免挂一漏万；它需要的是对不同目的、不同探究语境下的不同层面做细节分析。由于我的具体论述往往集中在某些细节方面而非其他，批评家有时难免就此判定，我的身体美学研究较其应有的样子远为狭窄。因此，那些对身体美学颇为友好的批评家，有时也会因为我片面

---

[1] Thecla Schiphorst, "soft(n): Toward a Somaesthetics of Touch," *Proceedings of the 27th International Conference on Human Factors in Computing Systems* (New York: ACM, 2009), 2427–2438, quotation p. 2427; and Thecla Schiphorst, Jinsil Seo, and Norman Jaffe, "Exploring Touch and Breath in Networked Wearable Installation Design," *Proceedings of the International Conference on Multimedia* (NewYork: ACM, 2010), 1399–1400, quotation p. 1399. 关于身体美学在电脑游戏中的应用研究，也请参见 H.S. Nielsen, "The Computer Game as a Somatic Experience," *Eladamus. Journal of Computer Game Culture* 4 (2010): 25–40。

[2] performance 也有“表演”的意思，舒斯特曼也的确在戏剧、舞蹈等传统艺术语境下使用这层意思。不过，考虑到他主张的身体实践不限于传统艺术领域，故在其他语境下本书译成“行为”“活动”等。——译注

地忽视身体美学的其他方面或实践而责备我，他们（正确地）认为，那些被我忽视的方面或实践理应得到同样的重视。对这样的批评我自然是欢迎的，我也反复强调过，身体美学其实本身就包含着多样性，对此也一再有所证明。只是出于分析的清晰、效率及深度方面的考虑，每个具体的研究若集中于广阔的身体美学领域的某一特定部分，似乎更能取得价值最大化的效果；正如一次全面的心理身体扫描（mental body scan），仅需同一时间连续专注于身体的一个部分一样，不能指望一下子就掌握整体。

14

最初倡导关于身体的美学的时候，我更强调身体在直接、非推断性的理解和愉悦方面的功能，目的是挑战解释学的霸权地位，它只承认理智阐释在审美欣赏中的合法地位。所以后来在介绍身体美学项目时，最先遇到的批评是说它沉迷于盲目的肉体快乐，沉迷于老套、浅薄的美丽容颜，反映了商业化的趋向，并通过理论支援加剧了这个大成问题的趋向。迫不得已之下，我开始强调身体美学的反思和认知维度，强调它关心的是具有极其敏锐判断力的身体知觉，关心的是对那些美妙内在感觉的冥想体验。这种反思、内倾的转向结果让另外一些批评家开始担心，身体美学研究太过理智冷漠，对身体的自发性、情绪或外貌美缺乏足够的尊重。[1] 事实上，身体美学承认身体行为中反思与非反思、认知与感受维度的存在，并认为它们之间存在着非常紧密的联系。同样的道理，对于身体内部体验与身体外部表现之间的关系，身体美学也持有相同看法。

由于身体美学出自我的实用主义美学，它对嘻哈文化的接纳与研究引起众多的关注与争论，于是，一些学者第一印象就认定身体美学是对

[1] 有关身体美学的非批判性享乐主义和非反思性肉欲主义（sensualism）方面的批评性讨论，参见 Antonia Soulez（他曾风趣地将我的民主主义伦理学与政治学冠之为“完全感觉论者的”），“Practice, Theory, Pleasure, and the Problems of Form and Resistance: Shusterman's *Pragmatist Aesthetics*,” *Journal of Speculative Philosophy* 16 (2002): 1–9; Simo Säätelä, “Between Intellectualism and ‘Somaesthetics’,” *Filozofski Vestnik* 2 (1999): 151–62; Casey Haskins, “Enlivened Bodies, Authenticity, and Romanticism,” *Journal of Aesthetic Education* 36 (2002): 92–102; 对理智主义的相应批评请参见 Higgins, “Living and Feeling at Home,” 89–90。

说唱艺术身体风格的支持：在从事社会性音乐、舞蹈表演及提升其集团意识时，表现出来的夸张着装、有力手势、活力四射且粗犷奔放的身体动作等。我想，还是有必要强调这个研究领域的多元性，重视坐禅（*zazen*）、瑜伽或亚历山大疗法等这些注重静默、冥想及克制的个人训练方式。同样，在早期批评家非常褊狭地认为身体美学提倡健美运动员的肌肉类型，并由此质疑为什么身体训练只与视、听艺术欣赏有关的时候，我还是觉得，有必要强调肌肉组织在优雅的审美知觉中极其微妙（及很不引人注意）的作用。为了从合适的位置和角度去欣赏绘画和雕塑，需要大块肌肉组织的运动，并保持头部姿态的挺直，除此之外，视觉艺术也需要眼部肌肉的细微运动。比方说，我们需要眼睛的睫状肌（ciliary muscles）调整晶状体，来观察近处的细节，正如我们需要眼睛的外附肌（extrinsic muscle）及眼睑肌肉聚焦视力，连续凝视一幅画一样。[1] 当然，如此强调微妙的"眼部体操"并不意味着其他运动就不重要，比如更为强健的肌肉运动，诸如我们在体育、性交、说唱中看到的有力而粗犷的动作，包括其他的流行舞蹈音乐等。

然而，有些批评家却得出了错误的结论，认为我对细微、温和及冥想式身体训练的支持，意味着对其他力量型身体文化的否定或贬损，甚至在我明确肯定后者对身体美学研究具有重大价值时，亦不为所动。[2] 由于这种强健类型的身体表现形式（包括身体外观美化实践）构成了当代文化中身体训练无可抵挡的主流，所以我认为，无须给予其特殊的关注，相对于一直为人忽视的其他冥想式身体训练而言，只需强调一下它们的优势地位也就够了。冥想意识训练其实非常重要，它有助于表现身体微

[1] 有关这种对身体美学的批评及我详细的回应，请分别参见 Thomas Leddy, "Shusterman's Pragmatist Aesthetics," *Journal of Speculative Philosophy* 16 (2002): 10–15; and Richard Shusterman, "Pragmatism and Criticism: A Response to Three Critics of Pragmatist Aesthetis," *Journal of Speculative Philosophy* 16 (2002): 26–38。

[2] 有关这方面的批评意见，参见 K.P. Skowronski, *Values and Powers: Re-reading the Philosophical Tradition of American Pragmatism* (Amsterdam: Rodopi, 2009), 124–130; Ginot, "From Shusterman's Somaesthetics," 20–22; and Eric Mullis, "Review of Body Consciousness: A Philosophy of Mindfulness and Somaesthetics," *Journal of Aesthetic Education* 45 (2011): 123–127。

妙、敏感的主体性，以及强大的身体意识对自我认知及生活习性改善所具有的重要价值。

强调这种显示身体美学认知与精神层面的实践方式，不该误解为是强调那种幽静、温和、专注于个体化的训练方式在一般身体美学中的优势地位，同时也并不意味着诸如团队性运动这种活力四射的集体实践方式不适合提高身体意识。团队性（也包括其他）运动在促进身体意识和认知方面的价值无可否认，也绝不该忘记。当然我们也该清楚认识到，那种个体化冥想意识的训练，也时常在集体实践中发挥作用，集体性活力极大增强的不仅仅是个人的冥想力，也包括参与者的群体团结。我是在纽约接受费尔登克拉斯训练，特别是在日本坐禅训练中意识到这点的，16 关于后者，我会在第十三章探讨其社会性的身体美学维度。无论如何，冥想、精神性的身体训练既然在身体美学中的地位已牢不可破，就理应更加关注那些活力四射的身体美学实践形式，比如第十二章对性交行为的分析就是如此。性交实践的快感既源于释放，也源于受过训练的控制，这种实践突出强调了身体美学训练的另一多元层面，即其多样化的自由与克制形式。

四

身体美学的复杂多样性恰恰也是身体本身的写照：大量错综复杂、多种多样的身体部位、官能系统、身体感觉、知觉情绪、运动图式（motor schemata）及行为习惯；由不同自然与文化环境所决定的不同体验、意识及知识类型等。因此，本书第一组文章“身体存在、身体认识与身体教育”最先考察的就是身体的综合性存在（诸如有感知力的主体性与物质性、媒介性与工具性），之后再较为深入地探究不同的身体认识形式（包括它们各自的行为收益与风险），审核如此认识何以通过身体意识教育才变得更加有效。在处理这些问题时，本组文章将身体美学研究与本体论、伦理学、认识论及精神与行为哲学的核心话题结合连通，借以说明身体美学为何远超传统美学的常规研究范围。

本部分开篇文章“通过身体来思考：人文学科的教育”，介绍的是身体美学的总体构架和愿景，目的是阐明身体训练在人文学科中非常重要的作用，及身体的综合本体性又如何在阻碍着这种作用的发挥。在表现人类存在固有的双重性——诸如主体与客体、强大与软弱、睿智与无知、自由与局限、高贵与鄙俗——的同时，身体也在提醒我们注意人身上存在的基本弱点，对此，人文学者往往选择无视，而更愿关注精神或灵魂，视其为突破身体局限性的主要手段。此文继而考察了类似的片面性错误，认为身体的工具性，会让人文学者将其狭隘地理解为达成生活其他目的的单纯且卑下的手段，却忘了，身体同样是个有生命的主体，此主体的体验、知觉与活动，可以作为令人愉悦、有价值的目的去珍视和培育。德国现象学将人的身体分为两层意思：Körper（作为对象的物质身体）和 Leib（作为主体性的活生生的体验性身体）。身体概念本有这两个意思或层面，身体美学的热切目标也就是改善这两个层面，给予外在的物质形式与内在的知觉体验以更为强烈的审美满足，让我们的身体行为更显优雅，更具效能。

第二章从本体论转到认识论及行为哲学研究，继续展开这样一个日益显著的话题，即知觉、语言、认知及行为必须要依靠某种语境背景（某种并未体现在意识前景中的元素网络），来有效达成其诉求及总体目标。“作为背景的身体”将此话题置放于分析哲学（路德维希·维特根斯坦以及约翰·塞尔）、现象学（梅洛－庞蒂）、实用主义（威廉·詹姆士和约翰·杜威）、皮埃尔·布迪厄影响巨大的社会学理论这些不同传统之内予以考察，力图证明身体的重要背景作用，特别是我们那些根深蒂固的感觉运动技能及其他身体习惯，如何保证了我们无意识行为平顺地发挥效能，从而专注于行为与认识目标。不过，本章一如既往地坚持认为（不同于绝大多数重要的背景论思想家），有些时候，身体也需要走进前景，以促进我们对其背景功能的认识，所以我们尽可以通过改造不好的习惯来提升身体行为。只是这种身体的自我认识（self-knowledge）得之不易，因为我们的知觉习惯与嗜好倾向，更容易牵引着我们去关注外部世界的对象与目标。然而，只要对身体自我的细致探究尚需训练及努力，为之付出的辛苦就会投桃报李，复苏哲学最为古老也至关重要的一个目标——对自我认识的探寻。

下一章“自我认识及其不满：从苏格拉底到身体美学”，考察了这种探寻在漫长哲学史上留下的那些最具影响的足迹，及其所遭遇到的不同攻讦，进而从学术角度给予仔细审视。这些对自我反省的攻讦包括自私自利、目光短浅、缺乏行动力、自闭、忧郁、颓废、多疑等等，其中尤以对身体自省的批评为巨，因而本章的任务之一，就是在有益与有害的自省之间做出区分，之后说明，强化后的身体意识能力，如何能让我们更有力量和信心，获得更好的自我认识与自我照护。

18

用较好的身体意识来改善我们的生活，方式之一是把我们从大有问题却不为人所知的身体习惯中解放出来，正是这样的习惯造成了不必要的痛苦、低效或错误，伤害着我们的体验与行为质量。这些不良习惯由各种各样的内隐记忆构成，由于它们深深蛰居于身体及其行为当中而不为人清晰晓知，故而可通俗地称之为“肌肉记忆”。然而，内隐性的肌肉记忆同样可以出现（也必然会出现）在我们最为高效的习惯中；它并非像明晰的反省意识那般殚精竭虑、瞻前顾后，而是以平顺的自发性来导引我们思想与自动性娴熟行为的潜意识之流。第四章“肌肉记忆与日常生活中的身体感觉病症”，首先说明的即是身体在内隐记忆中的基本功能，从一个人对自我、身份、社会角色、人际关系的感觉，到肌肉行为的漫不经心，最后再到由身体征兆无意中表现出来的那些内隐的外伤后记忆。在表明最有用的内隐性肌肉记忆是如何导致日常生活中各种各样的病症之后，本章认为，借助较好的身体感觉专注与觉察能力，终可将内隐的身体记忆外显于意识，从而治愈那些病状。

接下来的第五章，处理的是如何通过身体美学训练加强身体意识，进而在事实上提升上述能力这一至关重要的现实问题。对此实践训练而言，一般的哲学讲堂的确不是最好的场所。不过，就处所环境问题做出解释之后，我倒是有个办法来传授身体意识方面的基本课程，尤为适合典型的教室就座环境。当然，读者也尽可以就自己的方便，充分利用教室外固定的全身扫描课程，而且本章最后会解释清楚，构成所有知觉的基本心理学原理，如何搭建了此门课程的逻辑。

本书的第二部分“身体美学、美学与文化”，探讨的是身体美学既属于原初哲学美学，又属于更广阔的文化领域问题，其跨学科属性、跨文化来源及现实行为主义取向，令身体美学成为大有前途的文化政治学工具，目的是建立以身体为中心的一种新型东西方对话。这样的对话不仅仅关乎古代和当代的哲学与心理学，也涉及身体训练的实践活动。第六章“身体美学与美学的疆界”，开篇即说明我从分析美学到实用主义，再到隶属实用主义美学范围之内身体美学的逻辑路径。回顾踏出这段路径的众多看法，本章想阐明的是，身体美学力图克服美学传统疆界的尝试，实际上反映出一种超越性的基本逻辑，即超越源自现代美学（由鲍姆加登首先奠定）并持续形成其历史传统的疆界。

处于哲学主导地位的理念论和理性主义美学，尽管很大程度上排斥身体，却也存在明显的例外情况（比如尼采），它们通过强调审美经验基本的生理维度，进而昭示了身体美学项目的发展方向。埃德蒙·博克是以身体为中心的又一位重要的美学倡导者，考察过其思想后，第七章认为，其美学理论的这个维度之所以为人忽视，一方面在于博克所勇敢挑战的反身体偏见，另一方面也是由于他的理论对我们审美与崇高的感受和判断，做了过于粗略、片面、机械的生理学阐释。“身体美学与博克的崇高论”说明的是，博克为了促进我们对审美经验的理论认识和实践能力，进而强调其身体维度（包括其他心理现象）为什么是正确的，同样也揭示出他在运用这种洞见时所犯下的简约化错误，以及现代生理学和心理学是如何为当代身体美学研究提供较好的资源，以达成那些社会改良目标的。

第八章“实用主义与文化政治学：从文本主义到身体美学”考察的是当代最具影响力的实用主义思想家理查德·罗蒂对身体美学整体研究所提出的尖锐挑战。首先详尽分析了我和罗蒂实用主义观的主要差异，主要集中在形而上学、解释学、伦理学及政治学这些关键问题上，目的是为身体美学的相关性及可行性建构一个可供我们讨论的平台。罗蒂对身体美学的主要不满，来自后者与非语言性经验的密切关系。在断言哲学（实际上也包括所有的认识）丝毫不能超乎语言之外后，罗蒂坚信，由哲学所激发的经验必然会陷入“给定神话”的谬误，那是一种认识论的诉求，试图依靠某种比语言阐述的理由更为基本和可靠的东西，来证明我们的信念。为反驳罗蒂对我所持观点（包括对其给定神话的指控）的具体批评，本章进一步说明，罗蒂自己的社会改良、多元文化政治学的最终哲学构想——提供新的思想、语汇或实践，从而使人们的生活方式发生改变的一项事业——实际上应该是承认了身体美学的相关性与实用性。 20

第二部分最后一章即第九章。“身体意识与身体行为：东西方的身体美学”介绍了身体美学重要的跨文化维度，论证在东亚文化中，身体美学增强身体意识以改善认识和行为这一主题，是如何被体现出来的，考察了古代中国哲学（像最近的西方哲学一样）如何思考身体意识的价值所在，特别讨论了是不假思索的自发性，还是审慎、深思熟虑的认识最有益于改善行为的问题。对儒、道思想家在此问题上的观点作比照研究后，本章试图说明，借助行为优化过程中那种阶段性或时段性的换位逻辑，它们迥然相异的观念尽可以达成和解与一致。本章最后考察的是清晰、强化的身体意识在古典东亚艺术——即为其最伟大的理论家和实践家世阿弥所倡导的日本能剧——表演者训练中的应用情况，并就当代神经科学，对此应用做出了解释。

身体美学在艺术方面的应用，于本书最后第三部分的文章中得以展开，其中部分文章所关注的生活艺术虽远远超出传统美术所规定的边界，却极富审美的潜能和力量。第十章“身体美学与建筑：一种批判的选择”，开篇即阐明了身体给一些最为基本的建筑观念（比如空间、体积、容积、对称形式及方位）带来的重要影响，之后借助身体美学思想，分析了在建筑批评功能逐渐式微方面，为人所反复讨论的两个重要问题。第一个是批评距离的问题：在建筑非常依赖既定的社会秩序来造出自己作品的情形下，它如何能在真正意义上批评这种秩序呢？它又如何能批评自己深陷其中难以脱身的体系呢？在说明身体何以能提供一种有益的内在批评模式后，本章转向第二个问题：体验性与多重感觉性建筑氛围的增强问题，此氛围是一种难以被批评性反思所把捉的重要建筑价值。在

21 此问题上，强化的身体意识可以提供一种办法，让我们对氛围的批评性知觉变得更加敏锐，这就要靠更深入地了解我们的身体感受，即由此氛围激发，实际上也构成这种体验性氛围一部分的身体感受。

第十一章“作为行为过程的摄影”运用身体美学的观点，修正了通常将摄影艺术简化为照片的看法。这一章关注的是人体摄影的问题，探索了摄影师和摄影对象相互交流中如何摆出合适姿态，以拍摄出一张好相片的不同身体艺术形式问题。这种交流活动（涉及某种身体手势和姿态活动）具有明显的创造性、戏剧性和表现性维度，令活生生的摄影场面调度和摄制过程本身就成了一种审美体验。通过和巴黎艺术家扬·托马在摄影、摄像工作方面的讨论，我详细介绍了这些审美的维度。那次合作也证明，生活艺术创造性的尝试与美的艺术创作之间的换位思考是卓有成效的。

第十二章“亚洲情色艺术与性美学的问题”步出传统艺术范围，考察了情色艺术领域。性爱显而易见是种身体活动（身体在这里关涉到某个知觉、欲求的主体，及一个被知觉、被索求和爱抚的对象）；提供的无疑是强烈的美感和快感体验。然而，由于它明显不容于传统的美的艺术，我们又如何在真正审美意义上将之作为艺术而谈论呢？在追溯主流西方传统哲学长期以来将审美与性欲及其他身体欲望对立起来的做法之后，这一章援引中国和印度的传统情色理论，力图证明性爱丰富的审美潜能，及其作为生活艺术的重要价值。在专注与明敏的研究和践行成为一个人改良性自我修养的一部分时，性爱艺术则会报之以认知、道德及人际交往方面的改善，这是超越短暂性快感之外的，并由此促进我们的身体美学项目，提升我们的知觉力和行动力，丰富我们自我的创造工作。

作为东西方在审美具身化途径方面跨文化对话的延续，本书最后两章进一步探讨了如何进行日常身体训练，才能改善人的生活艺术，进行创造性的自我塑造。回顾过哲学即生活艺术这一古代思想之后，第十三章“身体感知的觉醒与生活艺术”考察了历史上曾反复出现却为人置若罔闻的这种艺术观——艺术是一种生活中清醒的专注，可以让人对自己

22 知觉、执行和体验的对象有个更为丰富、清晰、批判性的认识。本章考

察了爱默生和梭罗（美国先验论者、最早的实用主义思想家及身体美学的先行者，他们也曾深受亚洲思想的影响）如何就深化或“灵化”（spiritualizes）我们的官能以增强我们的意识，来阐发这种哲学理想的。如此深化的意识专注，可以让我们在日常生活中领略到身边大量的美，这些若是放在平常，由于心不在焉，是我们知觉不到的。它也可以将最简单的行为乃至最卑微的对象，改造成心灵惊叹乃至极乐的美妙瞬间。在爱默生和梭罗的清醒生活理论中，身体训练和强化的身体意识占有重要地位。对此作出解释后，本章最后表明，他们于无声处听惊雷的审美与精神理想，如何在禅宗僧侣日常生活实践中得到强有力的具体表现，正如我在日本接受训练时所体验到的那样。

本书最后一章“身体风格”集中探讨的风格，是美的艺术和生活艺术最重要的特征，尽管它往往被拿出来与同真正的实质或人物性格对比，仅仅被视为表层的东西。以诸多西方资料和儒家观点为据，本章通过分析风格深层的自我与社会表现，针对将风格视作表面装饰或外部技巧的看法提出挑战。身体风格是身体美学的核心要点所在，不只出于它与身体美学显而易见的联系，更由于这种风格被视为非常表层的东西，如同仅将身体当作眼前的外表一样。出于对这种误解的反驳，第十四章揭示了身体风格在传达哲学观念和表现道德品质方面的重要作用，并对蛰居于风格概念（包括身体风格）之内，显得十分复杂的五种逻辑歧义做出分析。在此之后，本章探索了各种身体要素在表现身体风格时的不同方式，以及我们的多重官能在知觉身体风格并对其做出批判性鉴赏的多种途径。最后，我还考察了身体风格与我们自我修养活动中心灵因素之间的联系。如果以强调身体基本统一体作为本书的结束是种有益的方式——正是其肉体感官外层与内在生气勃勃的主体性，构成了身体美学的两个基本维度，那么，这种统一体则从反面表明，在理论和实践中充分、富有成效地促进和协调这些维度，正是我们进一步要做的工作。

第一部分

身体存在、身体认识与身体教育

第一章　通过身体来思考：人文学科的教育

一

25

何为人文学科并该如何促进其发展？对此关键问题，随着人文学科在理解和探究上的不断深入，各人的意见也不尽相同。最初这个概念是指对古希腊和古罗马经典的研究，现在则泛指艺术、文学、历史及哲学。[1]然而，人文学科是否也包括社会科学呢？与人文学科不同，社会科学通常属于一个独立的学术领域，并自诩更具科学性。我们人文研究应该继续专注于高雅文化的传统方法和主题——正是这些方法和主题给予了人文学科高贵的地位和权威的光环，还是该延伸到一些新兴且更为时髦的跨学科研究领域，比如大众文化或种族、性别研究呢？

虽然存在如此多的问题和争议，但有一点是明确的（即便从词源上也看得出），人文学科的含义从根本上讲与我们人的状况，与我们人性的完善和表现有关。那么，究竟什么是人呢？这里我不好妄言能充分回答这个难解的问题。不过我认为，由于身体是人性必不可少的一个重要维度，它理应成为人文学科与经验学习的核心主题。这种看法的真理性虽说显而易见，却与我们对人文学科的传统理解背道而驰。抵制身体的偏见有个突出例证，那便是德语对人文学科的称呼——

26

---

[1]　*Webster's Third New International Dictionary* (Springfield, MA: Merriam Co., 1961) 第 1101 条，将人文学科解释为："一门具有鲜明文化特征的学科，通常包括语言、文学、历史、数学及哲学"；*The Random House College Dictionary*(New York: Random House, 1984) 第 645 条，将人文学科定义为："1. 古拉丁语、希腊语与文学研究。2. 文学、哲学、艺术等，区别于自然科学。"

Geisteswissenschaften——英语直译为“精神（或心灵）科学”，以区别于自然科学——Naturwissenschaften——探讨物质生存的科学（这当然与身体有关）。因此，由于普遍存在着物质 / 精神二元对立的情况，身体在我们人文学科中招致忽视或边缘化，也就不足为奇。[1]

由于太过痴迷于精神生活，痴迷于表现我们人文精神的创造性艺术，我们的人文知识分子往往会想当然地理解身体。然而，身体不仅是我们人性的一个根本维度，也是我们所有人类行为的一个基本工具，是我们工具的工具，是我们所有知觉、行为乃至思想不可或缺的必需品。正如技艺高超的建筑师需要掌握使用工具的专业知识一样，我们也需要掌握较为完备的身体知识来改善我们对艺术和人文学科的理解和参与，并促进我们掌握最高等的艺术——完善我们的人性，生活得更美好。我们需要通过身体进行更为细密的思考，修养自身，教育学生，因为真实的人性不单纯是遗传下来的基因，也是教育的成就，身体、心灵及文化必须要充分协调起来才行。为进行身体方面的探究，我一直在从事身体美学这项跨学科的研究工作，所关联的学科远超出人文学科，涉及生物、认知与健康科学，我认为，这些都是人文学科的重要合作伙伴。[2]

27

粗略地讲，所谓身体美学，即是将身体视为感性审美鉴赏（感觉）

[1] 社会科学特别是社会学对身体的兴趣还算是比较浓厚。但哪怕是在艺术基础教育中，人文学者也并不重视身体，明显以身体为中心的舞蹈和戏剧艺术，在课程设置中远未得到足够的关注。关于这一点参见 Liora Bressler, “Dancing the Curriculum: Exploring the Body and Movement in Elementary Schools,” in Liora Bressler (ed.), *Knowing Bodies, Moving Minds* (Dordrecht: Kluwer, 2004), 127–151。

[2] 虽说我最早在 *Vor der Interpretation* (Wien: Passagen Verlag, 1996) 及 *Practicing Philosophy* (London: Routledge, 1997) 中就提出了身体美学的设想，但后来直到 Richard Shusterman, “Somaesthetics: A Disciplinary Proposal,” *Journal of Aesthetics and Art Criticism* 57 (1999): 299–313，及 *Pragmatist Aesthetics* (New York: Rowman & Littlefield, 2000) 修订第二版的发表和出版，我才对其框架有了清晰的阐述。在 *performing Live* (Ithaca: Comell University Press, 2000) 一书中，我对身体美学做了详尽说明，更进一步的阐述是在 *Body Consciousness: A Philosophy of Mindfulless and Somaesthetics* (Cambridge: Cambridge University Press, 2008) 中。对身体美学的批评概述参见 Wojciech Malecki, *Embodying Pragmatism: Richard Shusterman's Philosophy and Literary Theory* (Frankfurt: Peter Lang, 2010) 第四章“身体意识、身体外观与身体美学”。我和其他作者关于身体美学详尽的著述目录，请分别见网站 http://www. fau. edu/humanitieschair/Somaesthetics_Bibliography. php 及 http://www.fau. edu/humanitieschair/Somaesthetics_Bibliography_Others.php。

及创造性自我塑造核心的一门学科。作为一门兼具理论性和实践性的改良性学科，身体美学的目的不仅仅是纠正我们抽象、理论方面的身体知识，而且还要提高我们生活中的身体体验及行为质量；努力增进我们各种活动的判断力、效能和美，并改善我们的活动环境，因为我们的活动不但影响着环境，也从环境中汲取着能量与意义。因此，身体美学牵涉的知识与学科领域甚广，它们或是构成了对身体的审慎思考，或是促进了这种思考。正是认识到身体、心灵与文化盘根错节的共生关系，身体美学才综合各学科的探索，成其为一种跨学科的研究项目。精神生活离不开身体体验，不能说精神生活全部都是身体活动过程，可它们却也不能全然脱离开身体。我们通过身体来思考和感受，特别是那些构成大脑和神经系统的身体器官。我们的身体同样也受精神生活的影响，某些想法会让我们血气上涌，红上脸颊，改变我们的心率和呼吸节奏。身心之间的联系太过紧密而广泛，说身心是两个不同的独立实体，感觉就是误导。“身心”（body-mind）这个术语，本身就比较恰当地表达了二者本质上的统一性，不过也在实际上为区分开行为的精神与物质属性留下了余地，同时也提供了二者在经验中进一步统一的空间。[1]

然而，不论称其为身心还是身与心（body and mind），我们谈论的东西基本上都是文化的产物。正是文化给了我们语言、价值和社会习俗，给了我们思考和行动及审美地表达自己的艺术媒介，正如它给了我们不同的饮食、锻炼方式及身体风格，这些方式和风格塑造的不仅仅是我们的身体外观及行为举止，还包括体验我们身体的方式——无论是把身体体验为圣洁的容器，还是身负罪孽的肉体；无论是满足私欲的饕餮般攫取，还是服务于社会美德的奋斗手段。相反，假如没有生气勃勃的具身化思想与行为力量，文化——包括其习俗与人文成就——就不可能枝叶繁茂甚或存在。衡量某一文化生活质量和人性状况的尺度之一，就是看

[1] 在 *Experience and Nature* (Carbondale: Southern Illinois University Press, 1988) 一书第 191 页，约翰·杜威使用了“身心”这个词；后来在论文《身与心》中，他又用“心身”(mind-body) 这个词指定其为“一个统一的整体”。见 John Dewey, *The Later Works*, vol. 3 (Carbondale: Southern Illinois University Press, 1988), 27。

28 它所促进和展示出来的身心和谐程度。

若想身体美学持续进展，就必须排除阻力，加强人文学科方面的身体学习与实际训练。这也是以本章作为开篇的主要目的。因此，在展开来论说身体美学之前，对上述阻力我应该加以说明并提出挑战。我会坚持一个看似自相矛盾的看法，即身体之所以被排斥于人文学科之外，是因为它非常充分地表现出人之为人根深蒂固的歧义性，同时也是由于它在我们生活中的实际功用无处不在又不可或缺。为了给人争取一个高贵、无懈可击因而也显得比较片面的名分，我们传统的人文学科研究悄悄避开了身体——就像我们对高贵的理智及道德目标的人文关注，容易掩盖或忽视实现这些目标和其他高贵行为目的所必需的身体工具一样。

二

活生生的身体——一个有感觉、有意识的身体而非纯粹机械的肉体（corpse）——从不同方面体现出人类固有的歧义性。第一，身体表明了我们作为客体和主体的双重属性——既是这个世界中的某物，又是其间体验、感受、行动着的有感知能力的主体。当用我的食指触碰自己的膝盖时，我的身体意向性（intentionality）或主体性则被引导着，感受的是另一个作为探索对象的身体部分。我既*是*身体，同时也*体验着*一个身体。在我的绝大多数经验中，身体无非是显而易见的知觉或动作发出者，而非一个意识对象。正是*由*身体并*通过*身体，我知觉或处理着这个世界上我所关注的对象，但我并不是把身体理解成意识的一个清晰的外部对象，尽管有些时候，我们隐约感觉到它是知觉的某种背景因素。可更多的时候，我是把身体知觉为一个体验对象，而非我之所是的主体：是要做事情时，某种我不得不从床上拉起来的对象；某种我必须控制它去做事情，却往往事与愿违的对象；某种有着沉重的四肢、圆柱状的肉身，间或腰背酸痛，更多时候胡子拉碴、面孔看上去疲惫不堪的对象。所有这些都是我所体验的，而绝不等于我之所是的样子。

第二，身体也体现出人之存在的歧义性，既作为共同的类存在，也不失个体的差异。哲学家们强调理性和语言是人的独特本质；但人的具身形象，至少也是人之为人的一个普遍而必需的条件。想象一个人的时候，脑海中会不由自主泛起这个人的身体外观形象。如果我们想象某些生物具备人的语言和动作，却有着和人完全不同的身体，我们不会把它们当人，而是当作怪兽、美人鱼、机器人、外星人、天使，或某种程度上被剥夺或削弱了人性的人，就像在《美女与野兽》中发生的情形那样，可能是因为被下了残酷的魔咒。[1]

29

不过，尽管身体将我们统合为人，但它们依然将我们区分为（通过它们的肉体构造、实际功能及社会文化阐释）不同的性别、人种、民族、等级，进而区分为不同的具体个人。我们所有人都用腿走路，用手抓东西，但每个人都有自己的步态和指纹。相对动物而言，我们的经验和行为极少取决于先天遗传：隶属相同物种的鸟儿无论在北京还是巴黎，其啼鸣不会有什么不同，而人的发声形式却可以有很大变化，因为这是从周围的经验环境习得的。个人经验可以发挥这么大的作用，可以用解剖学上的原因来说明。锥体束（pyramidal tracts）——它们把大脑皮层和脊髓联系在一起，是所有自主运动（包括发音）不可或缺的因素——并不是一出生就完全成型、固定了，而是在婴儿期通过引导婴儿的动作不断持续发育。[2]这意味着一个人神经系统的基本构造（她倾向于采用的神经通道），在一定程度上是她个人经验及文化适应的产物。因此，身体证明了人的自然本质绝不仅仅是自然形成。

我们身体所具有的共性与差异，里面充满着社会内涵。当我们向来自不同种族和文化的人们伸出友善之手时，用的是我们大家共同的身体姿态、经验、需求和苦痛。与此相反，在强调我们的差异，表达不友好的一面时，身体（借其皮肤、发色、面部表情乃至姿态动作）则是我们的首选

[1]　当然，考虑到自然中大量的随机与偶然，在特殊场合下，人的变异总是存在的，但这种例外恰恰确证了身体的常规，它只能理解为一种进化的形式，而非某种固定、神圣、本体论意义上的实质。

[2]　关于这一点的证据包括所谓的巴宾斯基征（sign of Babinski）或足底反射——划动足底时婴儿的脚趾会背屈并作扇状展开，与成年人运动皮层受损后的反应相仿。

场所。绝大多数的种族敌意并非理性思考的产物，而是出自身体方面一
30 些根深蒂固的偏见，由陌生身体引起的某些模糊的不适感受，是隐约体验到的，所以就深藏在明晰的意识之下。正因为这样，只靠话语(discursive)论证来呼吁宽容，不可能纠正这些偏见和感受，或许理性上人们可以接受这种解释，却无法根除盘踞在内心深处的偏见。我们往往否认自己有这样的偏见，因为我们并未意识到，它们只现身于我们的感受中，所以控制或最后消除这些偏见的第一步工作是促进身体意识，认识我们自身的偏见。提高身体意识的技能训练是身体美学的核心任务。[1]

身体具体展示了人类的多重矛盾境遇，诸如强力与软弱、尊重与耻辱、高贵与野蛮、知识与蒙昧等。我们援用人性这个概念，鼓励人去亲近超出单纯动物性的美德和理性，但我们也用人这个述词，去描述并宽宥我们的缺陷、不足与近乎卑劣乃至兽行的过失：那是人的弱点，人的局限，是我们没有摆脱动物性肉身所带来的缺点。然而，尽管具有动物的天性，身体仍不失为人性尊严的象征，表现在我们以无法遏制的愿望，用优美的艺术形式描绘着身体，甚至用人的样子表现神灵。[2]对身体高贵性的尊重，是尊重我们人格和人权的基本组成部分；那是我们固有的生存权，也是我们固有的不言而喻的尊重感，尊重我们彼此之间一定的身体距离，给身体留出一些自由的空间——一种基本的生存空间或个人空间。而且即便是死亡时身体也会受到尊重；大多数文化族群处置尸体时，都采用一些神圣的土葬或火葬仪式。

道德家常常斥身体为正义的敌人，正如圣保罗（St.Paul）所讲，“我的肉体中没有善良”（《圣经·新约·罗马书》7:18)。尽管肉体的弱点时常暗中侵蚀着我们的道德追求，但我们还是应该认识到，我们所有的道德观念与规范（甚或支撑着它们的人道观念），都离不开我们的社会生活方式，

[1] 我在 *Body Consciousness* 第四章较为充分地阐述了这种看法。

[2] 尽管塑造偶像被严令禁止，但古代希伯来《圣经》证实，人是按照上帝的形象来塑造的，暗示出我们的身体具有神圣的来源和范例。如果说在《旧约》中上帝自己的身体的问题尚存争议且颇为神秘，那么，《新约》里上帝通过基督而道成肉身的记载，虽说加剧了这种神秘色彩，却再次肯定了人的身体形式是配得上神灵居所的。黑格尔（Hegel）和其他人赞颂古希腊雕塑，也是因为它们所展示的人体的和谐比例表现出我们理性精神的尊严。

包括我们体验自己身体的方式，也包括别人看待我们身体的方式，正如维特根斯坦（Wittgenstein）在他的《笔记》中以不可思议的冷漠所做的一段评述： 31

> 完全肢解一个人，砍下他的胳膊和腿，割下他的鼻子和耳朵，然后看看会留下什么自尊与高贵，看看其中有哪些看法还会一如从前。我们毫不怀疑，这些看法是多么依赖我们身体的惯常状态。假若我们的舌头穿过一个圆环，由上面的一条皮带牵着前行，这些看法会发生什么变化？那时他还有多少人道会保留下来？[1]

在身体总是受到残害、忍受饥饿、招致虐待的世界中，为我们所熟知的观念诸如责任、美德、宽厚、尊重他人等，就会变得一文不名，毫无意义。而且，身体能力也限定了对我们自己和别人的期望值，并因此决定了我们道德义务与道德追求的限度。假如我们瘫痪了，就没有义务跳过去救落水儿童。美德不能要求人不吃不歇地持续劳动，因为身体不能离开食物和休息。

身体不但为我们的社会规范和道德价值提供了基础，还是它们在社会中得以传播、铭记和保存的基本手段。道德规范除非化身为身体意向和身体行为，从中获得生命力，否则无非是些抽象的概念。所有伦理美德的正当实现，不仅依赖某种身体行为（包括言语行为），也离不开与适当情感相得益彰的适当的身体姿态和面部表情。僵硬勉强、面沉似水的施舍不可能是真正的尊重或慈善行为，这也就是为什么孔子强调美德须配之以适当举止的缘故。[2]

此外，社会规范和道德价值由于铭记在我们的身体之内，所以无须说教和法律强迫，就能维系其力量；靠我们的身体习惯包括感觉习惯

---

[1] Ludwig Wittgenstein, *Denkebewegung: Tagebücher 1930–1932, 1936–1937*, ed. Ilse Somavilla (Innsbruck: Haymon, 1997), 139–140.

[2] Roger Ames and Henry Rosemont Jr. (trans.), *The Analects of Confcius* (New York: Ballantine, 1998), 2:8, 8:4.

（植根于身体），就能不假思索地遵守并施行。据此孔子才会主张以“乐节礼乐”令美德具身化，掌握这种中和的力量不能靠法律、恐吓与惩罚，而是靠激发好胜心和喜爱之情。[1] 相比之下，米歇尔·福柯（Michel Foucault）与皮埃尔·布迪厄（Pierre Bourdieu）更重视的是社会对身体表现的强制方面。所有的控制性意识形态，都可以将自己转化为身体规范，隐秘地发挥现实作用并得以维系，这些规范正如身体习惯一样，通常都被理所当然地接受，从而避开意识的监察。在特定的文化族群中，女人只能轻声说话、小口吃饭、并膝就座、走在男人后面、低眉顺眼看人，这样的规范体现并加剧着性别压迫。想挑战这种微妙的控制特别困难，因为我们的身体已深深被这种控制同化，本身就抵制挑战——就像一个年轻的秘书，她过去受过的身体训练就是尊重上级，所以当她试图提高嗓门抗议上级时，会不由自主地脸红、颤抖、畏缩甚至大哭。因此，所有对这种压迫的成功挑战，都该根据身体感受，对被控制的身体习惯和感觉做出判断，以便克服和改变这些习惯和感受以及滋生它们的社会压制状况。

我们的道德生活基本上还依赖着身体。道德意味着选择，选择意味着选择的自由和按照选择来行动的自由。我们的行动离不开身体工具，哪怕是简单到（由于科技的成就）扣上一颗纽扣，或眨一下眼来贯行我们的选择。身体甚至可能是我们行为及自由观念的基本来源。相比用我们的身体做自己愿做的事情——抬抬手、转转头，还有其他更好、更为基本的自觉或自愿的活动方式吗？[2] 相比随意动用我们的身体，包括睁眼、张嘴或调整自己的呼吸，还有能更清楚而直接地表达出我们自由感的东西吗？生命就是某种生机勃勃的运动，运动的自由或许是我们所有比较抽象的自由观念的萌生根源。从另一个角度看，鉴于其基本的歧义性，

[1] *The Analects of Confucius*，16:5，并见 4:1，4:17，12:24。有关孔子身体美学更详尽的讨论参见我的“Pragmatism and East-Asian Thought,” in Richard Shusterman (ed.), *The Range of Pragmatism and the Limits of Philosophy* (Oxford: Blackwell, 2004), 13–42。

[2] 甚至纯粹的意愿本身（即没有得到贯行的意愿）依然需要——特别是在很在乎这种意愿的情况下——身体工具，并会以肌肉收缩的方式表现出来。有关意愿的身体特性方面的详细讨论，参见 *Body Consciousness*, ch. 5–6。

身体显然也意味着我们的不自由：身体对我们行为的限制；身体的重量、欲求与疾病让我们疲惫不堪、力不从心；残酷无情的年老体衰与死亡。

即使我们从道德及行为转到认识论，身体依然绕不开人的歧义性。身体既是知觉不可或缺的源泉，也为知觉提出了无法逾越的限制，由此集中体现出人的有知与无知的双重境遇。这是因为作为一具身体，我是芸芸众生中的一员，这个世界与我同时在场，并可以为我所理解。由于身体深受所处世界中对象与能量的影响，必然会吸收进其中的规则，无须动用反省思维，就能直接、有效地理解它们。此外，在看待这个世界的时候，我们也必然会有自己的视角，即一种立场，决定着我们的视野及观察方向；给予了左右、上下、前后、内外的意义；并最终构成了我们观念思想中这些概念的隐喻性外延。身体依据它在时空及社会交往中的位置为我们提供了最初的视角。正如威廉·詹姆斯所言："身体是风暴的中心、坐标的原点，是［我们］经验训练恒久不变的重心。所有东西都围绕着它来展开，并在它的视角下被感受。"进而他又说："经验的世界""无时不以我们的身体为中心，是我们视觉的中心，行为的中心、兴趣的中心"。[1]

33

然而，每一个视角均有其局限，身体提供的视角自不例外，其感官距离感受器（teleceptors）也存在感觉范围及感觉重心的限制。我们的眼睛固定在头的前部，看不到后面的东西，若不借助反射装置，甚至看不到自己的脸；我们也不可能同时前后、左右、上下看。哲学不同意身体及其感官是认识的工具，并以这方面的批评而闻名于世。柏拉图《斐多篇》（*Phaedo*）中的苏格拉底认为，哲学的目的就是区分开认识性的心灵和欺骗性的身体囚笼，自此之后，身体感觉与欲望一直饱受责备，说它们误导了我们的判断，扰乱了我们对真理的追寻。但按照色诺芬（Xenaphon，他另一个亲密的门徒）的记载，苏格拉底更多却是身体的辩护者，他承认身体修养的不可或缺，因为身体是实现所有人类成就最基本的必备工具。苏格拉底断言，"身体""对所有人的活动来说都至关重要，使用身体时，尽可能保持健康是非常重要的。即便在思想行为中，每个

[1] See William James, "The Experience of Activity," in *Essays in Radical Empiricism* (Cambridge, MA: Harvard University Press, 1976), 86.

人也寄望于身体能带来些许的帮助，大家都知道，严重的错误往往是因为身体健康方面出了问题”。[1]

34

这里的基本身体美学逻辑（也为其他古希腊思想家所证实）是，我们与其因感官欺骗而拒绝身体，不如通过培养和提高身体意识及自我应用，努力改进感官的效用机能，由此不断增强的知觉感受力和行动力，也可以改善我们的美德。[2] 以身体训练获取智慧与美德的主张，在亚洲哲学传统当中甚至更为引人瞩目，那里的自我修养（self-cultivation）具有与众不同的身体训练维度，借助礼仪与艺术实践（二者均按高度具身化的形式设计出来），借助特定的修身方式（比如呼吸训练、瑜伽、坐禅与武术），以便让人获得较好的身心和谐、得体的举止及杰出的正当行为技能。[3] 正如孟子所讲，修身是项基本工作，若非如此，我们就绝无可能顺利完成其他

---

[1] See Diogenes Laertius, *Lives of Eminent Philosophers*, trans, R.D. Hicks (Cambridge, MA: Harvard University Press, 1991), vol. 1, 153, 163; Xenophon, *Conversations of Socrates*, trans, Hugh Tredennick and Robin Waterfield (London: Penguin, 1990), 172.

[2] 昔勒尼学派（Cyrenaic school）创始人阿里斯提波（Aristippus）坚持认为，“身体训练有助于美德的养成”，因为健康的身体可以提供更敏锐的知觉力、更强的自制力和适应力，从而改善人的思想、态度与行为。斯多葛学派（Stoicism）的创始人芝诺（Zeno）同样力主有规律性的身体锻炼，他说，“适当照料好健康和感觉器官”是“一个人义不容辞的责任”。犬儒学派（Cynicism）创始人狄奥根尼（Diogenes）甚至直言不讳地宣称，为获得智慧和美好生活的知识与自制力，身体的训练不可或缺。他也身体力行地广泛尝试各种给人深刻印象的实践活动来考验和磨炼自己：吃生食、赤脚走在雪地上、当众手淫、接受酒鬼殴打等。关于狄奥根尼这位犬儒主义者，据说“他会拿出不容置疑的证据，证明我们在体育锻炼中获得美德是多么的容易”。甚至前苏格拉底学派（the pre-Socratic）“以力与美闻名于世”的圣哲克莱俄布卢（Cleobulus），也“建议人们从事身体训练”，以此追求智慧。此段引文出自 Diogenes Laertius, *Lives of Eminent Philosophers*, vol. 1, 91 , 95, 153, 221; vol. 2, 71, 73, 215。

[3] 例如，可参见荀子在《修身篇》《礼论篇》《乐论篇》对具身化的强调，载于 John Knoblock, trans., *Xunzi* (Stanford: Stanford University Press, 1988)，分别见第 1 卷，第 143—158 页；第 3 卷，第 48—73、74—87 页；见《大宗师》和《内业》篇中庄子和管子对呼吸的论述，分别载于 *Chuang-Tzu*, trans. Burton Watson (NewYork: Columbia University Press, 1968), 77–92; *Kuan- Tzu*, trans. W.A. Rickett (Hong Kong: Hong Kong University Press, 1965), vol. 1, 151–168; 另见 D.T.Suzuki 的剑术论，载于 *zen and Japanese Culture* (Princeton: Princeton University Press, 1973), ch. 5 and 6. 当代日本哲学家 Yuasa Yusuo 认为，“个人修养”或修行（*shugyo* 东方思想视之为“哲学基础”）这个概念中含有不可或缺的身体成分，因为“真正的知识不能单靠理论思考来获得”，而只能“借助‘身体认识和领悟’（*tainin* 或 *taitoku*）”。见 Yuasa Yusuo, *The Body: Towards an Eastern Mind-Body Theory*, trans. S. Nagatomo and T.P. Kasulis (Albany: SUNY Press, 1987), 25。

任何工作和任务。“形色，天［或上帝］性也；惟圣人然后可以践形。”[1] 35

如果身体反映了人的歧义处境：主体与客体、强力与羸弱、尊严与耻辱、自由与限制、共性与差异、知识与蒙昧，那么，现代人文哲学为什么只接受歧义的肯定一面，而靠揭其短来否定身体呢？部分理由是，我们实在不愿接受人在死亡和脆弱方面的局限性，而身体正是这种局限性的明显标志。尽管人文学科起初是针对神学研究而设立，[2] 但人文主义思想家似乎并不满足于做人，私下里渴望超越死亡、脆弱与过失，想像神一样活着。由于身体生活限制了这点，所以他们才转而关注心灵。

对人的生存而言，超越自我可能是一种基本的渴望，当然也是实用主义社会向善论的核心目标，但没必要非得用超自然的方式来解释。我们的生存本身就仿若河流，不断地生成、变化，完全可以富于建设性地用道德术语将其解释为自我完善。如同我们人性的其他方面一样，超越在身体上也有其独特的表现，表现为身体对运动的基本渴望；表现为身体向世界扩张，以寻求养分、繁衍和一个活动的场所；也表现在身体发育、生长的自然诉求及其生理系统的自我改造方面。直立的时候本来容易头重脚轻，活生生的身体却可以通过运动轻松地维持动态平衡，而非原地不动。[3] 即便休息的时候，身体也并不是一个静止的物体，而是一个复杂的多重运动场域，一条奔腾的生命之流，一种活力的绽放——柏格森（Bergson）名之为生命冲动（élan vital）。

三

从词源学的角度看，身体的工具性也体现在诸如“有机体”与“器官”这样的词语上，它们都源于古希腊语 *organon* 一词，意思是“工

---

[1] *Mencius: A New Translation*, trans. W.A.C.H. Dobson (Toronto: Toronto University Press, 1969), 144. 里面孟子还写道：“守孰为大？守身为大。”见第 138 页。

[2] See *Oxford English Dictionary*, 2nd ed. (Oxford: Clarendon Press, 1989), vol. 7, 476.

[3] 我们的体重（头、肩、躯干）绝大部分集中在上身，腿、脚相对要轻上许多。与金字塔的稳定性相比，这样的人体构造在力学上就促使我们运动，以抵消让我们摔倒的重力。

具”。所以人文主义者在为身体辩护、宣传修身时，通常都是从工具性角度论证，强调身体在维系生存方面的重要作用，强调它对心灵这一人性高级功能的助益性。比如卢梭（Jean-Jacques Rousseau）就认为，“身体必须精力旺盛才能为心灵所用”，因为“一个好的仆人必须得身强体壮……身体越弱，需求越多”，所以“虚弱的身体会削弱心灵”。强身健体有助于心灵的发挥，身体通过感官滋养心灵，并成为心灵的信使：因此，“正是运用维系生存所需之外的盈余力量，［人］才培育出能将这些盈余力量用作他途的思维能力……所以为了学会思考，有必要锻炼我们的四肢、感官和其他器官，这些均为我们智慧的工具”。[1] 后来爱默生也重申，“人类的身体”是创造之源：“世上所有的工具和器械无非是身体四肢与器官的延伸。”[2]

36

若想让人承认身体是人性首要和不可或缺的工具，必须得给人文主义的身体修养问题提供明白无误的根据。遗憾的是，在我们的人文主义文化传统中，工具这个概念的含义却很低劣，相当于服务于高贵目的的机械手段。这种微妙的否定，在卢梭将身体想象为心灵之仆中就可见一斑，类似的做法从古希腊哲学、传统基督教神学一直延续到当代。此外，作为手段的仆人与高贵的目的这一类比，也往往伴随着身体的“性别”比拟，以程度不同地强调其卑下、仆从地位，同时也强化与之关联的女性的次等地位，好像这是理所当然。因此，即便是蒙田（Michel de Montaigne）—— 一位真诚的女性崇拜者与具身化的热诚倡导者——在极力为身体辩护的时候，却也不免出现退缩，贬低人体形象，他极力主张我们“吩咐心灵……切莫轻视和抛弃身体……而是共同支持它、包容它、呵护它、帮助它、支配它、劝告它，莫让它犯错，犯错的时候纠正它；简言之，迎娶身体，做它的丈夫，不让二者的行为出现龃龉相悖，

[1] Jean-Jacques Rousseau, *Emile* (NewYork: Basic Books, 1979), 54, 118, 125.

[2] Ralph Waldo Emerson, “Works and Days,” in *Society and Solitude, Works of Ralph Waldo Emerson*, vol. 2 (Boston: Houghton, Osgood Company, 1880), 129.

而是琴瑟相和”[1]。

37

这里，我们便遇到了身体研究在人文教育中不受重视的第二个荒谬理由。颇具讽刺意味的是，身体不可或缺的工具性，被划归到备受歧视的服务领域（会让人想到仆人、妇女和纯粹的机械手段），而追求最高级、最纯净的精神目标，则成为人文科学的使命——研究经典、哲学、文学与艺术等备受尊崇的知识形式。于是（得出的看法便是），在我们的人文学者可以直接专注于享受目的，专心体会我们的精神与艺术成就时，为什么还要研究身体（作为手段）呢？

对身体美学有重大影响的实用主义哲学给出的一个答案是，如果我们真的关心目的，就必须关心达成那些目的的手段。身体配得上人文方面的研究，这样可以改善身体在各种艺术与学术探究中的效用，毕竟身体是这些探究的基础和服务工具。音乐家、演员、舞蹈家及其他艺术家，一旦学会了与其从的事艺术相关的正确身体表演技能：如何操控自己的工具和身体，避免多余和不必要的肌肉紧张——由不假思索的用力习惯所引起，会损害动作的效率和流畅，甚至最终会带来疼痛和伤损——他们就会表演得更出色、更持久，会减少随之而来的痛苦和疲惫。一个著名且恰当的例子是身体理论家和治疗师亚历山大，他最初开发出他为人称道的疗法，是为了解决自己在戏剧表演时嗓子嘶哑及失声的问题，那是由不恰当的头颈姿势引起的。这种聪明的身体自我使用技能，与盲目的机械技巧训练无关，而是需要精心的身体意识培养。

哲学家与其他人文学者，同样可以通过增强思想的身体工具意识及调节能力，来改善他们的思想功能。维特根斯坦就经常强调，缓慢对良好的哲学思考具有至关重要的作用。哲学家们时常犯错，是因为仓促间误读了语言的表层结构，匆忙就做出错误的结论。为了弄清并避免这样的错误，哲学需要小心翼翼的语言分析，需要缓慢、耐心的工作，需要一种熟练、训练有素的缓慢与平静。因此维特根斯坦非常欣赏平静的缓

---

[1] See Michel de Montaigne, *The Complete Essays of Montaigne*, trans. Donald Frame (Stanford: Stanford University Press, 1965), 484–485. 蒙田斥责所有“令我们蔑视身体修养”的哲学为“非人”哲学（同上，第 849 页）。

慢，主张“哲学家彼此间打招呼时应该说：‘慢慢来’！”并宣扬一种“冷静［的］理想”，即一种平静的状态，其间“矛盾消散”，人们获得“思想的宁静”。维特根斯坦自己的阅读和写作方式就是想达到这种平静的缓慢。“我真希望我众多的标点符号能减缓阅读速度。因为我喜欢别人慢慢读我的作品（就像我自己读书时那样）。”[1]

38

然而，为获得缓慢和持久思考所需要的平静，一个更基本、通用且久经考验的方法是集中意识，调整我们的呼吸。由于呼吸对我们整个神经系统有深刻影响，放慢或平缓我们的呼吸，就可以给心灵带来更多的宁静。道同此理，通过关注并放松某些筋肉紧张——它们不仅是不必要的而且还会干扰思考（由于它们所带来的疼痛或疲惫），我们会强化精神注意力和忍耐力，让哲学冥想更为持久。于是，我们就会变得从容不迫。

可哲学家们却常常争辩说，关注身体会害得我们分心，干扰我们对目的的专注，所以很可能会带来问题。尽管威廉·詹姆斯的实用主义哲学通常很是尊重身体，但他依然坚持认为，当我们关注的“只是目的”，避开“身体手段的意识”时，身体行为会更加可靠、自如。考虑到精打细算的意识节俭原则，我们应该将有限的注意力放到更重要的行为方面，即我们的目的，而将身体手段留给已养成的不假思索的身体使用习惯：“走在横梁上，我们对脚的位置考虑得越少，走得就越好。无论投球还是接球，射门还是拦截”，我们“越少”考虑我们的身体动作和感受，越关注我们的目标，效果就“越好”。“眼睛专心盯住目标，你的手就会抓住它；想着你的手，很可能就会错过它。”[2]

伊曼努尔·康德进而提醒说，身体内省会让人“没有心思考虑其他事情，还会伤害大脑”。“由反省而产生的内在感受是有害的……这种内

[1] Ludwig Wittgenstein, *Culture and Value*, bilingual ed. (Oxford: Blackwell, 1980), 2, 9, 43, 68, 80. 我有时使用我自己由德文译过来的译文。

[2] William James, *The Principles of Psychology* (Cambridge, MA: Harvard University Press,1983), 1128.

省和自我感受会削弱身体的功能，妨碍它的正常运作。”[1] 简言之，身体内省对身体和心灵都有害，在工作和运动中主动使用身体的时候，最好的方式是尽可能无视身体经受到的感觉。正如詹姆斯在《与教师们的谈话》中所强调的那样，我们应当关心“在做什么……而不该太多在意感受到什么”[2]。在敏锐意识到“行为与感受密不可分”之后，詹姆斯要求（在公开演讲和私下的建议中），我们应该通过专注于行为来控制与行为相关的感受。为克服抑郁情绪，我们应该简单“做些”表达快乐心情的“外在动作”，有意识地让我们的身体“表现得好像快乐就在我们的身上一样”。“舒展眉头，喜形于色，挺直腰杆而不是蜷缩起身子，大声说话等。”“我的临终之言”，他叮嘱说（在他过世前三十多年），“是‘关注外在行为而不是感受’！”[3]

39

我想，康德和詹姆斯对身体内省的抵制是误入歧途（而且很大程度上如他们所公开承认的，是出自对忧郁症的恐惧[4]）。不过，他们的看法的确有一定道理。在绝大多数的日常行为中，我们的注意力根本上不是、也无须指向自己的内在感受，而应是专注于我们周围的对象，为了生存和发展，我们的行为和反应必然要和这些对象发生联系。准此，大自然选

---

[1] Immanuel Kant, *Reflexionen zur Kritische Philosophie*, ed. Benno Erdmann (Stuttgart: Frommann-Holzboog, 1992), 68–69. 后来康德尖锐指出，“一般而言，人的思想愈贫乏，感觉就愈丰富”。第 117 页，本人英译。

[2] William James, *Talks to Teachers on Psychology and to Students on Some of Life's Ideals* (New York: Dover, 1962), 99.

[3] James, *Principles of Psychology*, 1077–78; *Talks To Teachers*, 100; *The Correspondence of William James*, vol. 4 (Charlottesville: University Press of Virginia, 1995), 586.

[4] 注意到自己的“忧郁症倾向”后，康德觉得过于关注内在的身体感觉会引起焦虑的“病态感受”，参见他的 *The Contest of the Faulties*, trans. M.J. Gregor (Lincoln: University of Nebraska Press, 1992), 187–189。

有关詹姆斯的忧郁症，参见 Ralph Barton Perry, *The Thought and Character of William James*, (Nashville: Vanderbilt University Press, 1996)，其中作者也引用了詹姆斯母亲的抱怨：詹姆斯对“任何不适症状”都大惊小怪（第 361 页）。关于“内省研究”的“哲学抑郁症”，参见詹姆斯 1872 年 8 月 24 日写给弟弟亨利（Henry）的信，载于 *The Correspondence of William James*, vol. 1 (Charlottesville: University Press of Virginia, 1992), 167。詹姆斯在私人通信中也一直承认自己是“个令人讨厌的神经衰弱者”，此例可参见他写给 F.H. Bradley 和 George H. Howison 的信，载于 *The Correspondence of William James*, vol. 8, 52, 57。

择了最佳进化途径，让我们的眼睛远望，而非内视。康德和詹姆斯的错误，在于将一般的重要性与排他性的重要性混为一谈。诚然，我们的注意力一般都是指向外面，可是很多时候，省察一个人的自我与感觉还是很有用的。对呼吸的意识可以让我们清楚，我们是在焦虑还是生气，否则我们可能不知不觉中漏过这些情绪，轻易就接受它们的误导。对肌肉紧张的本体感受意识可以告诉我们，什么时候我们的身体语言是在表达我们本不想展现出来的懦弱或挑衅，由此帮助我们避免毫无必要、多余的肌肉收缩，不让它们妨碍运动、加剧紧张，最后引起疼痛。实际上，疼痛本身——即一种身体意识，会告诉我们何处受伤，敦促我们快速找到疗治方案——会提供清楚的证据，证明对身体状况与感觉的关注是很有价值的。当敏锐的身体意识在疼痛造成的损害之前就预告了问题及疗治方案的时候，我们对自我的关爱就会得到极大改善。[1]

40

尽管詹姆斯正确地认为，着眼于目的，让身体来执行习惯性的自发行为通常会更为高效，但在很多时候，那些习惯也是有问题的，不好盲从，要靠身体关注来纠正。例如，一位棒球手如果只是盯着球，不关心站姿、身姿或球棒的握法，通常也会很好地击球。但一位表现不佳或状态低迷的棒球手可能认识到（通常是从教练那里），她的站姿、身姿、握棒方式会让她失去平衡，或在某种程度上限制胸背运动，妨碍她的旋转，遮蔽她看球的视野。因此，为了培养并照料好新的高效姿态习惯（及相应的感受），有必要暂且注意一下身体对这些问题姿态的感受，让本体感受认出这些姿态，避免犯错。如若缺少这般本体感受方面的关注，棒球手难免不由自主地故态复萌（并且会加剧错误），甚至根本意识不到这些姿态习惯的问题所在。

经改良的旋转习惯一旦养成，其身体工具及感受将不再是我们的

[1] 尽管我倡导身体意识的培养，但并不意味着在指导实践和自我护理时，我们的身体感受就万无一失。相反，我承认人们通常的自我感知往往很不准确（比如注意不到那些长期过度并且有害的肌肉紧张）。这恰恰是为什么必须培养身体意识，令其更为准确、更具鉴别力的原因，也是一般都需要老师来帮助培训的原因。同时我的意思也并不是说，我们身体的自我意识总是完美无缺，甚或在某种程度上让我们自己变得完全透明。关于身体内省的局限和难题，请参见 *Body Consciousness*, ch. 2, 5, 6。

首要关注对象，击球这个最终目的就会取而代之。然而，若想达到这个最终目的，需要将手段当作阶段性目的和关注要点，正如击球——本身也不过是上垒、得分或获胜的手段——被当作达成下一步目的的一个阶段性目的一样。不认真关注必要的手段，而直奔目的，受挫就在所难免。考虑下这位棒球手，她用足气力满心希望打上来球，结果却是失败，这是因为她想达成目的的热望妨碍了她对所需身体手段的关注，比如为盯住来球所需的正确头部姿态。道同此理，由于周期性头痛，由于不良的身体使用习惯而导致的创作痛苦，令学者们的创造力严重受阻，他们单靠意志力不可能治疗或克服这些问题；这时，就需要对他们的身体习惯及相应的身体意识做出检查，以便做出适当调整。我们一定要清楚自己当下在做的事情，以切实调整到我们需要的效果。

41

詹姆斯说身体行为对我们的感受有重要影响，固然很是明智，却未能认识到身体感受反过来也有指导我们行为的价值。假如我们没有感觉到自己眉头紧锁，或者不清楚眉头舒展的样子，我们也就不能真正知道如何舒展眉头。一样的道理，由于我们大部分人已经习惯了错误的姿态，那么，能够挺直身体，在某种程度上避免过度僵硬，就需要一个学习的过程，需要敏锐地关注我们的本体感受。詹姆斯力主挺胸、笔直站立的姿势（他劝诫说：“别管你的感受……保持直立。”）实际上，这是他为纠缠自己一生的背痛开出的药方，是种清教伦理的表达而非审慎临床研究的产物。如詹姆斯所讲，一旦“行为和感受走到一起”，它们都会要求各自达到最优功效，正如目的和手段都要求我们的关注一样。尽管刀片明显是切割的工具而非锋利的目的，可有些时候，我们还是需要注意增强刀片的锋利性及其他特性，以提高其效能。这种注重手段的逻辑构成了身体美学研究的基础，是将我们的身体工具应用于知觉、认识、行为、审美表现、自我品德塑造时的改良性研究，也正是这种身体应用成就了我们的人文研究、艺术创造及借美好生活完善人性的整体性艺术。

四

如何改善工具的效用问题，将我们导入身体美学的三个主要分支，42 其结构我曾在他处做过详细介绍。[1] 首先，我们对一个工具的运作程序、常规使用方式及构成二者的相关语境了解得越深，对它的使用也就越有效。分析性身体美学（*Analytic somaesthetics*）——身体美学项目中最具理论性和描述性的分支——专门致力于这项研究，是对身体的知觉与行为本质，对二者在我们的认识、行为与世界结构中所起作用的说明。除了有关身心与身体意识、身体行为问题等传统哲学话题外，分析性身体美学还从事于与身体使用本身相关的生物因素研究。例如，较强的脊椎与胸肋柔韧性，是如何借增大头部的转动幅度来扩展视域的，而另一方面，更合理地使用眼睛，反过来（通过它们的枕骨肌肉）会改善头部的转动，最终增强脊柱的柔韧性。

这并不意味着将身体美学与生理学混为一谈，置其于人文科学之外；它无非是强调了（明显却被严重忽视的）一点，人文科学研究应该适当关注相关的优秀科学研究成果。文艺复兴时期的艺术与艺术理论，大部分要归功于它们对解剖学、数学及透视光学的研究。哲学家之所以看不惯身体，可能主要是不懂生理学（如尼采所暗示的），也可能出于他们以自己所掌握的知识为荣这种心理。[2] 分析性身体美学也深切关注社会科学对身体经验模式与环境塑造作用的论述，包括系谱学、社会学及文化分析，它们揭示出社会权力如何塑造着身体，身体又如何成为维护社会权力的工具；健康、灵巧、美观的身体规范甚或我们的性别区分是如何建立起来，反映并维系着那些社会力量。

其次，工具的使用可以通过研究现有的优良方法而得到改善。这类对身体方法的批评与比较研究，我称之为实用性身体美学（pragmatic

[1] See, for example, Richard Shusterman, *Performing Live: Aesthetic Alternatives for the Ends of Art* (Ithaca: Cornell University Press, 2000), ch. 7–8.

[2] See Friedrich Nietzsche, *The Will to Power*, trans. W. Kaufmann and R.J. Hollingdale (New York: Vintage, 1968), 220.

somaesthetics)。由于所有这类方法的可行性都有赖于特定身体事实，故而分析性维度便成为实用性维度的前提。不过，实用维度又超越了分析，它不仅对分析所描述的身体事实予以评估，而且还会拿出些办法重塑身体及生成身体的社会习惯与社会结构，借此改变身体事实。改善我们身体体验及身体使用的方法已被大量设计出来：各式各样的饮食保健、美容与装饰、冥想、武术与性爱艺术、有氧运动、舞蹈、按摩、健美，以及像亚历山大疗法、费尔登克拉斯肢体放松法这样现代的身心训练方式。

43

我们可以分为整体或局部两种方法。局部方法关注的是个体的身体部件与外观（做发型、染指甲、隆鼻手术等）；整体方法（如瑜伽气功、太极拳、费尔登克拉斯肢体放松法）则着眼于系统性的身体姿态与运动，让人的活力与机能构成一个协调的整体。重新调整皮层与肌纤维下的骨骼，更好地安排我们移动、感觉及思维所必需的神经通道，这些实践方式坚信，如此改善过的身体和谐，既是强化精神意识与心灵平衡的促进工具，同时又是这种意识与平衡的良性产物。这类训练拒绝身心分离，致力完善的是整体性的人。

身体实践也可以就其针对对象分为两类，一是首先针对实践者本人，一是针对其他人。按摩师或外科医生服务于他人；而打太极拳或健美运动则更多的是服务于自己。针对自己与针对他人的身体实践，二者的区分并非绝对，因为在有些实践方式那里二者兼而有之。化妆有时是为自己，有时是为别人；性爱艺术通过操控自己和情人的身体，同时显示出双方对快乐体验的享受。此外，正如针对自己的训练（如节食或健美）往往是为了取悦他人，按摩这类针对他人的实践也可以有自娱的成分。

上述复杂情况（某种程度上源于自我与他人的相互依赖性）姑且不论，身体训练针对自己与针对他人的区分还是颇有益处的，因为它抵制了一种常见的假定：关注身体意味着对社会的逃避。身为费尔登克拉斯从业者的经验告诉我，为了更好地服务顾客，照料好自己的身体状况也非常重要。在上费尔登克拉斯功能整合（Functional Integration）课的时候，我需要清楚自己的身体位置和呼吸，清楚手臂和其他身体部位的紧张状态，清

44 楚双脚和地板的接触情况，以便评估顾客的身体紧张状态、肌肉收缩情况及动作的放松程度，用最有效的方式引导他。[1] 我需要让自己的身体非常舒适，不致因身体紧张弄得自己心烦意乱，从而将正确的信息传达给顾客。若非如此，接触他时我就会将自己身体的紧张与不安传递给顾客。由于我们往往不能意识到自己轻微的身体不适何时发生，为何出现，所以特定的费尔登克拉斯肢体放松法就教会我们分辨这种不适状况，找出其原因。

身体训练还可就其定位指向分为两类，一类指向外观，一类指向内部体验。表象性身体美学（representational somaesthtics，如美容）更多关注的是身体表面形式，而体验性训练（如瑜伽）则是让我们获得更好的感受，有如下面两种并不明确的说法：让我们的身体体验更令人满意，让我们的知觉更为敏锐。表象性与体验性美学间的区别是种显性趋向而非严格的二分。大多数身体实践都具有表象和体验两个维度（包括效果），因为表象与体验、外在与内在在根本上是互为补充的。观看影响感受，反过来也是一样。像节食或健美这样的实践，最初追求的是表象目的，结果却往往伴随着一些内在感受，而这种感受本身后来也成为追求的目的。节食者可能会患上厌食症，渴望着轻快或饥饿的快乐感受，而健身者则会沉迷于犹如“脉冲”般精力四射的体验。正如身体内在体验训练也常常使用表象的暗示（比如专注于某一身体部位，或者利用想象中的形象）一样，像健身这类表象性训练也会利用体验性的暗示，来服务于它的外在形式目的，例如，利用感受来区分肌肉训练的酸痛与受伤引起的疼痛。

45 实用性身体美学的另一类别——行为身体美学（performative somaethetics）——也可分为两种，第一种的首要目的是力量、健康和技能训练，另一种训练则是像举重、田径与武术这样的实践。不过，考虑到

[1] 费尔登克拉斯肢体放松法运用的是一种教育而非病理疗治方式，顾客是学生而不是病人，而且将我们的工作当作一门课程而非一个疗程。我在 *Performing Lives* 第八章曾分析过费尔登克拉斯肢体放松法，功能整合不过是其两种核心方法中的一个，另一个是动作意识，对其准确描述参见初级教程 *Awareness Through Movement* (New York: Harper and Row, 1972)。对功能整合非常详细却又十分晦涩的说明，参见 Yochanan Rywerant, *The Feldenkrais Method: Teaching by Handling* (New York: Harper and Row, 1983)。

这些训练目的既在于外在的行为展示，又在于内在的力量与技能感受，所以也可以将它们归为或纳入表象性和体验性范畴。

最后，改善我们的工具使用的第三种方式是具体实践，在做中学习如何去做。因此，除分析和实用两个分支之外，我们也需要我称之为实践性身体美学（practical somaesthetics）的第三个分支，即有计划地亲身参与到反省和身体实践当中，以获得身体的自我改善（无论是在表象、体验还是行为方面）。遗憾的是，这种非仅关乎身体训练的读、写，更侧重于系统性的身体执行维度，当代哲学对此并未予以重视，尽管对古代哲学和非西方文化而言，它曾一直是非常重要的部分。[1]

五

提倡人文研究应当关注身体和修身，并将身体当作我们最为基本和不可或缺的工具之时，我们也不该忘记，身体——作为意向性的主体——同时也是自己这个工具的使用者。此外，我们也该质疑这样一种假定，即将身体纯粹视作更高目的的手段。这种带有贬损意味的分类明显建立在手段与目的的二分之上，理应受到质疑。用来达成某种目的的手段或工具，并不见得一定要在所服务的目的之外，而完全可以是目的不可分割的组成部分。[2] 颜料、画布、再现形象以及艺术家娴熟的笔触等，均属绘画手段，然而，它们（与其他辅助性原因不同，比如让艺术家站立的地板）也是最终作品或艺术对象的一部分，正如它们是我们欣赏绘画时所获审美体验的一部分一样。同样的道理，舞蹈者的身体既是舞蹈的工具，也是舞蹈的目的。如叶芝（Yeats）充满诗意的描述（《在学童中间》）："随音乐摇曳的身体啊。灼亮的眼神。我们怎能区分开舞蹈与舞蹈的人？"从更一般的意义上讲，我们对艺术感性美的欣赏有个重要的身体 46

[1] See Richard Shusterrnan, *Practicing Philosophy: Pragmatism and the Philosaphical Life* (New York: Routledge, 1997), 1–64.

[2] 约翰·杜威在 *Art as Experience* (Carbondale: Southern Illinois University Press, 1987) 第九章中充分说明了这一点。

维度，这不单单是因为我们欣赏这种美要借助感官（包括传统美学所忽视的本体感受），还因为除此之外，艺术的情感价值像所有情感一样，必须经由身体感觉才能体验到。

即便在艺术领域之外，身体经验也可归属于高等目的，而不仅是卑微的手段。体育锻炼可以是健康的手段，但我们也享受身为健康一部分的锻炼本身——享受紧张运动的能力。身体健康本身为人喜爱，不仅由于它是达成其他目的的手段，且其自身作为目的也值得享受。幸福与快乐往往被尊为最高目的，而身体体验无疑当属其一。若没有身体体验到的渴求与情感满足，一份爱无论宣称是多么的纯洁或者超凡脱俗，其快乐又从何谈起呢？若意识不到思维的身体层面——随激情洋溢的沉思而来的活力四射、精神振奋、血脉愤张等，我们又如何能体会到思想的快乐呢？再者，知识只有融入习得的肌肉记忆，化为深层的身体体验，才会变得更加牢固。[1] 正如没有具身化，没有令感觉与思维主体在世现身，并由此给予其思考的视野与方向，人的思想就毫无意义一样，如果智慧与美德没有多种多样的充分身体体验，借以融入其中，据此以形象、具身化及动人的仪态显现自身，它们也将会空洞无物。

至此，我们以活生生的身体另一种双重特征结束本篇。身体不仅是完善我们人性的重要工具，同时也是这个尊贵目的的一部分。开发和培养身体感觉意识能力，通过身体来改善我们的身体思考之时，我们不仅改善着人类文化的物质手段，也在强化着我们作为主体享受这种手段的能力。[2]

---

[1] 故而蒙田才明智地主张，“我们不［仅］要将知识依附于精神，还一定要彻底吸收消化它；我们不做表层的喷洒，而做深层浸染。”(Montaigne, *Complete Essays*, 103)

[2] 强化的身体意识可让我们更为自觉地享受快乐，并以反省的愉悦加深这种快乐，我们的快乐由此得以增加。正如蒙田所讲：“我享受到的［生活］快乐比常人多一倍，因为享受的程度决定于我们关注程度的大小。”(Montaigne, *Complete Essays*, 853)

第二章　作为背景的身体

一

背景（background）这个概念已逐渐走向哲学讨论的前景（foreground）。[47] 在过往的一个世纪中，哲学家们愈发明晰地意识到，如果不依托某一背景，我们的精神生活就没办法充分展开，因为此背景虽未被我们明确意识到，却引导并建构了我们有意识的思想与行为。在西方主流观念论哲学传统中，身体概念尽管一直备受冷遇和贬低，却也同样逐步走到哲学理论的前景当中，并于过去十年间成为我的研究主线。由于“身体”这个术语一直与心灵相对，被看作没有知觉和生命的东西，而“肉体”这个词在基督教文化中也让人有同样的消极联想（并且只让人想到具身化的肉体层面），所以我用“身体(Soma)”一词来指称活生生、能感觉、有活力、有洞察力、有目的性的身体，在我的身体美学研究项目中，它是一个核心范畴。

背景和身体共同走上哲学讨论的前台，绝不只是巧合。二者在当代背景理论中有着紧密的联系，此理论坚持背景对精神生活的决定性作用，并承认心灵中重要的身体维度。本章考察的即是身体在建构不假思索的（unreflective）背景方面，对有意识的精神生活及目的性行为的重要作用。不过，本章也进一步解释了这种不假思索的背景，为什么不仅是在理论上，而且有时也在实践行为中出现在意识前景之内。实践行为语境下身体背景的前景化，对于伊曼努尔·康德、威廉·詹姆斯、莫里斯·梅洛-庞蒂之外的思想大师而言，可以说是完全出乎他们的意料。[48]

概述身体意识背景前景化好处的同时，本章也对这些思想大师的看法做了批评性的评述，并考量了这种前景化与具有持续性、建构性身体背景协调统一的方式问题。

除实用主义之外，我们至少还可以找出三种不同的哲学方法来证明具身化背景的核心作用：现象学、分析哲学及清晰体现在皮埃尔·布迪厄那里的社会学理论。我主要谈论的是实用主义的身体背景方法，不仅由于其方法本身的丰富性，也因为相比其他具身化背景的哲学理论，其贡献极少受人关注，尽管事实上，实用主义方法在它们出现之前，就对其中部分理论产生过影响。[1]

二

具身化背景的现象学理论，可以从今天的休伯特·德莱弗斯（Hubert Dreyfus）回溯到埃德蒙·胡塞尔（Edmund Husserl）及马丁·海德格尔（Martin Heidegger）。然而，他们最为著名的思想代言却是莫里斯·梅洛-庞蒂，他有趣地将身体解释为一种沉默、结构性的隐蔽背景，从而强有力地突显了身体的价值："身体空间……是剧场为突出表演所必需的黑暗，是一处沉睡的背景或潜含力量的存储区，凸显着人体姿态及其动向。"一般说来，"一个人自己的身体总是形象—背景（figure-background）结构中不言而喻的第三项，每一个形象都是在外部空间与身体空间双重视域中显现出来"[2]。身体也是一个"非人格化（impersonal）"存在的场所，总是隐藏在正常自我的背后。同时它又是避世的"安身之地"，我可以收回目光，不再观察世界或行走其上，而是"沉浸在快乐或痛苦中，在我身居其内的平淡生活中把自己封闭起来。但正是因为我的身体能拒绝世

[1] 维特根斯坦有关背景的看法，似乎就受到过詹姆斯身体背景理论的部分影响（尽管存在争议）。维特根斯坦批评过詹姆斯用身体感觉来界定精神概念背景的做法，这方面的讨论参见 Richard Shusterman, *Body Consciousness: A Philosophy of Mindfulness and Somaesthetics* (Cambridge: Cambridge University Press, 2008), ch. 4。

[2] Maurice Merleau-Ponty, *Phenomenology of Perception*, trans. Colin Smith (London: Routledge, 1962), 100–101; 后文引用时均用 PoP 及页码来表示。

界的进入，所以它也就能让我向世界开放，让我置身于其中的某一情境之内”（PoP，第164—165页）。 49

对梅洛-庞蒂而言，身体背景实在太过重要，所以他认为背景的地位（包含在背景当中）很高，是我们的工作得以正常运行必不可少的因素。他反对清晰或反省的身体观察，其最激进的观点是，这种全神贯注的身体观察不仅毫无必要，而且我们全神贯注地专注于身体感觉也会妨碍自发、不假思索的身体知觉与身体行为；此观点或者可以这样讲，一个人不能直接观察自己的身体，因为它是我们观察其他东西时的一个永远不变的视点。和普通对象不同，身体“拒绝一切探索，总是从同一个角度向我呈现……说身体一直贴近我，一直为我而在，等于说身体从未真正在我眼前出现过，我也不能在眼前摆弄它，它逗留在我所有知觉的边际，它和我在一起”，是作为观察他者的背景条件。“我用我的身体观察着外部对象，我摆弄它们，检查它们，围绕它们走动，但我身体本身却不能为我观察：为了能做到这点，我该需要第二个身体”（PoP，90-91）。正如他在其他地方所讲，“我始终在我身体的同一侧；它始终在一个不变的角度向我呈现自己”[1]。

转到分析哲学的时候我们应该注意到，路德维希·维特根斯坦和约翰·罗格斯·塞尔（John Rogers Searle）是极具影响的背景理论提倡者，二人都非常重视背景的身体维度。维特根斯坦拿出一系列复杂却令人信服的理由（通常是针对威廉·詹姆斯的看法）来证明，诸如情绪、意愿和个性这类心理概念，不好还原为与这类概念关系密切的身体感受，并用这类感受解释它们。尽管一个人对黑暗的恐惧总是表现为心跳加快，尽管她表达意愿时总是咬紧牙关，但这类情绪或意愿行为并不等同于这些纯粹的肉体感受。恰恰相反，维特根斯坦认为解释这类心理概念，只能借助于周围生活、目的及实践的整体语境，即“忙乱的整体人类行为，我们所见任何行为的背景”。比如就意愿而言，判断某种活动是不是一种自愿的行为，并不是根据引发这种活动的某种特定的渴望或意

[1] Maurice Merleau-Ponty, *The Visible and the Invisible*, trans. A. Lingis (Evanston: Northwestern University Press, 1968), 148. 对梅洛-庞蒂这些观点的详尽批评参见 *Body Consciousness*, ch. 2。

50 图方面的感受，而是与目的、意图及激发活动的动力相关的背景语境。“所谓自愿的活动，是处于意向、认知、尝试和行动等正常环境下的活动。”[1]

尽管不同意将心理概念还原为身体感觉的做法，但维特根斯坦还是肯定了身体的重要性，认为它是基础背景和心理生活导向包括文化与美学改良的关键组成部分，这部分内容——就像我们掌握语言和其他实践规则一样——涉及为掌握某种技能习惯所进行的基本肌肉运动训练。与梅洛－庞蒂相仿，身体在维特根斯坦这里是所有语言与艺术表现的背景因素，是那种静默与神秘的基础性背景的重要例证与标志，是所有反省思想或表述之所以能被领会的非反省性泉源。他断言说，“纯净的身体是不可思议的”。“或许无法言传的东西（我感到神秘却不能表达出来的）就是背景，据此之上，所有可以言传的东西才有了它的意义。”[2]

意义离不开由实践、技能、动力等组成的网状系统，因为正是这些因素提供了必要的语境背景，让对象、行为及语言有了意义；这种网状系统含有一个明显的身体维度。而且维特根斯坦还表明，我们的身体背景何以能给予语言之外的现象领域以十分丰富的意义。音乐难以言传的深层意义及其动人而神秘的力量，源于作为创造性基础及核心背景的身体，源于身体这种静默无言的功能。这也是表层转瞬即逝的声音何以能触及人们深层体验的原因所在。“音乐由于只有为数不多的音符和节拍，有些人就觉得它是种原始的艺术。然而，它只是表面上［其前景］显得简单而已，唯有身体才能解释这些显性内容，因为身体具有无限的复杂性，其他艺术用各种外部形式显示这种复杂，而音乐则将其藏匿起来。所以可以肯定地说，音乐是所有艺术中最为精妙的艺术。”[3]

51 此外维特根斯坦还认为，肌肉动觉背景可以让我们在艺术经验中获

[1] Ludwig Wittgenstein, *Zettel*, trans. G.E.M. Anscombe (Oxford: Blackwell, 1967), 567, 577.

[2] Ludwig Wittgenstein, *Culture and Value*, trans. P. Winch (Oxford: Blackwell, 1980), 16, 50; 后文缩写为 CV。

[3] 这里插入的“前景”一词，源自德语的“Vordergrund”，它是手写“表面”(Oberfläche) 一词的文本变体。我这里用的引文参见 Ludwig Wittgenstein, *Culture and Value* (Oxford: Blackwell, 1998) 修订第二版第 11 页。

得更丰富、强烈或精确的感受，因为（至少对我们部分人而言）工作时某些相应的身体动作，可以促进或提高审美想象力或审美专注度，尽管这些动作感受只是停留在背景之内，而未出现在我们明晰的意识当中。他写道：

> 就像我每天时常做的那样，想象一段音乐时，我总是有节奏地扣动上下牙齿，我相信是这样。很早以前我就已经注意到了这点，尽管这样做时我通常都是下意识的。而且我正想象的音符仿佛就是由这个动作创造出来的。我相信，这或许正是心里面想象音乐的共同方式。当然，不用动牙齿我也可以想象，只是这时候音符就太过飘忽幽眇，不那么清晰[1]（CV，第28页）。

约翰·塞尔承认维特根斯坦是自己背景理论方面的分析哲学先驱。在他看来，意向与语言意义不能“自我阐释”，若要它们发挥其特有功能并对其做出正确阐释，需要某种前意向性的背景语境，即“心智能力的基础（bedrock），这些心智能力本身并不是意向性的形态（表现），却是意向性形态发挥作用的先决条件”[2]。将“基础”（维特根斯坦所用的一个著名术语）称作为“背景”后塞尔坚持认为，“诸如意义、理解、阐释、信念、愿望及体会这类意向性现象，唯有在一系列本身并不是意向性的背景力量下才会发挥效用”[3]。后来塞尔又将其解释为，“任何意向性状态只是在一系列背景性的力量、性情及能力下才能发挥自己的作用，也就是说它只确定满足的条件，但这些背景性的东西并不是意向性内容，不能

[1] 这些身体感受或许与维特根斯坦作为单簧管吹奏者的习惯有关，因为吹奏这种乐器时需要牙齿合在一起。

[2] John R. Searle, *Intentionality: An Essay in the Philosophy of Mind* (Cambridge: Cambridge University Press, 1983), 143.

[3] John R. Searle, *The Rediscovery of the Mind* (Cambridge, MA: MIT Press, 1992), 175; 后文缩写为RM。

算作内容成分”[1]。而就表现而言，“一切表现，不管是语言、思想或经验表现，只有在它们表现了一系列非表现性的既定潜能时，才算是成功的”(RM，第 175 页)。

52 塞尔清晰指出了背景七种可能实现的功用，借以准确说明背景何以必然是我们精神生活正常运行的先决条件。除了引导语言意义和知觉内容的阐释（需要某种框架性及没有歧义的语境）外，背景也建构着意识，赋予经验以饱含意义的叙述条理。而且背景也保证了我们动机与态度的连贯性，做好应付某些特定情境而非其他情境的准备，坚守自己的行为意向。用塞尔的话来说即是：

> 第一……背景促成语言阐释的发生。第二，背景使知觉阐释成为可能……第三，背景构成意识……第四［由于背景的存在］，在时间中延绵的经验序列以叙述或戏剧化的形式对我们呈现。它们对我们的呈现由于缺少一个更好的语汇来表达，我姑且称之为“戏剧化”范畴［由能力、活力、生活习俗或生活方式等背景因素中产生］……第五，我们每个人都具有一系列动机倾向［它们或许不能被我们自觉意识到，所以存在于背景之内］，这些倾向决定了我们的经验结构……第六，背景有利于做好整装待发的准备……第七，背景让我倾向于行动（CSR，第 132—136 页）。

在将背景的本质解释为促发性、生物性并局限在头脑之内的因素时，塞尔就离开了维特根斯坦（与梅洛 - 庞蒂）。他把背景界定为某种“神经生理学机制，是促成某种意向性现象的原因”(CSR，第 130 页）之后，又坚持认为：“谈论背景问题时我们必须要看到，我们谈论的是某种神经生理学意义上的成因范畴，由于我们尚不清楚这些机制何以在神经生理学层面发挥作用，我们迫不得已之下只好在更高的层面描述它们。”(CSR，第 129 页）所以我们应该考虑背景的“力量、能力、倾向及意向问题，从

[1] John R. Searle, *The Construction of Social Reality* (New York: Free Press, 1995), 131–132; 后文缩写为 CSR。

本体论意义上讲，这些均可视作大脑机制。那些大脑机制可以让我触发意向系统，令其发挥作用，但在大脑机制中活动的能力，本身却不是意向状态”[1]。

塞尔的理论至少存在三方面的问题。首先，它假定背景仅仅是某种神经生理学的成因，排除了所有其他方面的诱因、影响或刺激导向。其次，它声称背景仅仅存在于个人主体或施动者那里，而没有超出个人，将建构其能力、趋势、意向的自然与社会环境因素囊括在内。最后，纵使它事实上仅涉神经生理学，全然限于单一个人之内，塞尔显然也只考虑了大脑机制内部的背景成因，而对其他个人神经系统及生理学方面的内容只字未提。似乎这既是贫乏的背景，也是切除掉核心器官的人类身体。

没必要一直纠缠塞尔理论的缺陷，我们应该转向另一位他承认真正持有背景理论的思想家——皮埃尔·布迪厄，这位社会学家的理论显然摆脱了塞尔的那些问题。最初接受哲学训练的时候，布迪厄就受到广泛的哲学影响。这些影响不仅源于他后来反对的现象学传统，因为他发现此传统没有充分关注对现象学家的经验有重大影响的社会世界，也包括解构主义和马克思主义思想，以及维特根斯坦和约翰·朗肖·奥斯汀（John L. Austin）的分析哲学（我们应该注意到，奥斯汀对塞尔有过很深的影响，他也同样强调理解语言意义所需的背景语境）。[2] 布迪厄的背景理论借助“习惯（habitus）”这个专业概念而得以定位，他将其解释为“一种被建构同时也是建构性的结构”，此结构由超出个人施动者或特定社会集团的背景性社会条件建构起来，同时通过建立某种有组织的背景结构，或世

[1] John R. Searle, *Rationality in Action* (Cambridge, MA: MIT Press, 2001), 58.

[2] 有关布迪厄与维特根斯坦及奥斯汀的联系，参见我的“Bourdieu and An glo-American Philosophy,” in Richard Shusterman (ed.), *Bourdieu: A Critical Reader* (Oxford:Blackwell, 1999), 14–28。塞尔所受奥斯汀的影响或许在其 *Speech Acts* (Cambridge: Cambridge University Press, 1969) 一书中体现得最明显，书中详细说明了奥斯汀的“言外行为”与“行为表达”思想，这种思想强调，若想正确理解一个句子的含义，必须将它理解为其所出“整体言语语境中的完整言语行为”。这种整体语境当然意味着某种复杂的社会与语言背景。见 J. L. Austin, *How to Do Things with Words* (Oxford: Oxford University Press, 1962), 148。

界得以知觉、领会、介入的理解、价值及行为范畴网络，也建构着个人（或集团）的意向、知觉、行为与信仰。[1]

布迪厄再三强调习惯的身体层面，强调身体对社会范畴、规范、信仰及价值的吸收，如何决定着无意识却具有引导性的知觉、行为和思想背景。“社会规范在身体上面深深刻下了自己的烙印”，通过“意向结构的方式将社会结构，期待或预见的方式将客观可能性吸收”进身体，我们就获得了内隐的（implicit）实践感觉能力，及面对社会世界时不假思索的应对方式，这个世界包括由社会建构的各种不同维度的物质世界——从我们再造的环境，到黑夜与白天、工作与休息的日常规程。习惯由社会背景建构后，反过来又不断建构着决定我们经验与思想的背景。“习惯可以理解为个人或社会化的生物性身体，或理解为通过身体显现出来的社会和生物性个体”，正是习惯构成了一系列意向性背景，这些意向“深嵌于身体之内，将某些预设与限制加之于意识之上，并超乎于意识之外”。这些由社会建构的意向构成某种“直接的”“身体认识”（corporeal knowledge），其对世界的实际理解，截然不同于那种通常被称作思想领悟的自觉意向解读行为，而是一种内在的身体领悟，而并非某种可为“自觉性认知主体”清晰把握的“陈述”。[2]

当然，布迪厄也深受法国埃米尔·涂尔干（Émile Durkheim）社会学传统的影响。涂尔干尽管很尊重约翰·杜威，却仍指责实用主义为“反理性主义”，是“一种对理性的攻击”。[3]涂尔干承认，他的习惯理论与杜威实用主义习惯论有“非常明显”的联系，后者（与杜威大部分心灵与行为

[1] Pierre Bourdieu, *Distinction: A Social Critique of the Judgment of Taste*, trans. Richard Nice (Cambridge, MA: Harvard University Press, 1984), 171.

[2] Pierre Bourdieu, *Pascalian Meditations*, trans. Richard Nice (Stanford: Stanford University Press, 2000), 130, 135, 141 , 142, 157, 182. 有关身体在习惯中核心地位的说明，在其著作中随处可见；例如“Belief in the Body,” in Pierre Bourdieu, *The Logic of Practice*, trans. Richard Nice (Stanford: Stanford University Press, 1990), 66–79。

[3] Emile Durkheim, *Pragmatism and Sociology*, trans. J.C. Whitehouse (Cambridge: Cambridge University Press, 1983), 1.

哲学一样）主要受到威廉·詹姆斯的影响。[1] 既然实用主义者非常重视习惯的身体层面，也重视其在建构意识背景过程中至关重要的作用，那么现在我们就转到他们的背景理论上来。

三

55

在詹姆斯和杜威的实用主义哲学中，我们可以区分开两种具身化背景理论。第一种可以描述为有关特质（qualitative）或现象的理论，因为其中心概念是背景化的经验特质，可以被感受到，却不能作为意向性心灵对象为人所认识、概括或描述，但此理论认为，这种特质是所有合乎逻辑的思想与行为发挥其特有功能必不可少的因素。第二种实用主义背景论则要宽泛一些。在它那里，不再关心经验特质，而是将背景界定为某些根深蒂固的习惯、环境条件与效果，不仅超出感受性的经验特质，而且也在特定的经验与经验主体之外。习惯是这种背景论中最为重要的概念，其他部分都是由它联系在一起来说明背景。相比詹姆斯，杜威更系统地阐述了这两种理论，不过他也承认，詹姆斯开拓性的《心理学原理》对自己的心灵哲学有最重大的影响。[2] 这里我们先要考虑的是较为宽泛的习惯中心理论，因为它或许最为清晰地展示出他们关于精神生活之身体背景的主张。

“心灵”，杜威写道，“绝非意识所能涵盖，因为它是意识前景下持久的背景，纵使其本身也有变化”。[3] 经由经验，一个人获得了习惯、“态度与兴趣”，这些均“成为自我的一部分”，作为“提供并存储意义”的

---

[1] 布迪厄也坦承其理论与杜威有着密切关联，见 Pierre Bourdieu and Loic Wacquant, *An Invitation to Reflexive Sociology* (Chicago: University of Chicago Press, 1992), 122。我也曾探索过二人的某些相同与不同之处，见“Bourdieu and Anglo-Arnerican Philosophy,” in Richard Shusterman (ed.), *Bourdieu: A Critical Reader* (Oxford: Blackwell, 1999), 14–28。

[2] William James, *The Principles of Psychology* (1890; Cambridge: Harvard University Press, 1983), 308. 有关杜威明确承认此书对自己影响的描述，参见 Jane Dewey, “Biography of John Dewey” in P. Schilpp and L. Hahn, eds., *The Philosophy of John Dewey* (LaSalle, IL: Open Court, 1989), 23。

[3] John Dewey, *Art as Experience* (Carbondale: Southern Illinois University Press, 1987), 270; 后文缩写为 AE。

自我则构成心灵背景的泉源与目标。由于“心灵塑造出背景，与环境的每一种新的联系均由此所出”，所以这种背景并不是“消极的”，而是一种生成性的“积极”因素（AE，第269页）。杜威详细解释说：“这种积极而热切的背景静静等候着，无论什么东西经过身边，它都会兴致勃勃地吸收进来，成为自身存在的一部分。作为背景的心灵，正是由先前与环境相互作用而发生变化的自我建构而成。”它被导向“进一步的相互作用”，与它相互作用的是社会环境和自然环境。正如习惯总是会从其由之所出的环境中吸收进某些影响因素，构成心灵背景的习惯也会这样做。“既然出自与世界的交往，并置身于这个世界之中”，那么，就绝不该将心灵视作“某种自给自足、自我封闭的东西”。甚至在它退出对此世界的冥想时，“其退出的也无非是直接的世界场景，在此期间，心灵会仔细考量并复查由此世界搜集来的材料”（AE，第269页）。

56

在大量自愿行为中，我们不假思索的习惯总会自发执行我们的意愿，引导我们的思想与行为。由于“习惯是行动的需求”，所以尽管它们静默于背景中未被自觉的思想所注意，却依然构成心灵的意愿。作为生成性的积极背景，习惯的“意向”“推进力……相比笼统、一般的意识选择，是我们自我的一种更为亲密与基本的组成部分”。在建构心灵背景的时候，习惯“构成我们实际的意愿，并赋予我们工作能力。它们控制着我们的思想”。如果说我们并未意识到它们的力量，那是因为它们融注在我们的身体上，是一种内隐的不假思索的控制。[1]

由于这个缘故，杜威热情赞扬了弗雷德里克·马蒂亚斯·亚历山大在身体方面所做的工作，后者将身体作为改善思想、意愿及行为的工具，依靠的即是改造我们的身体习惯，令其更为有效。对威廉·詹姆斯（他很早就将人与心灵描述为“习惯束”）而言，习惯同样也提供着背景，让我们的知觉与行为得以自发或不假思索地运行，而无须考虑心灵的“高

[1] John Dewey, *Human Nature and Conduct* (Carbondale: Southern Illinois University Press, 1983), 21; 后文缩写为HC。

级思想中心”或前景意识。[1] 而且詹姆斯将习惯牢固地建立在我们身体存在基础之上，声称其“第一命题”是，“活生生的人身上存在的习惯现象，源自构成他们身体的有机材料的可塑性”（PP，第 110 页）。詹姆斯像布迪厄一样认为，这种背景习惯由社会构成，又在社会中用来影响并限制不同专业及社会阶层的行为、思想、趣味和愿望。“因此，习惯是巨大的社会制动轮（fly-wheel），是社会最为珍贵而稳妥的原动力”，詹姆斯这样写道。“它独自守护着最为艰难而冷漠的生活之路，不至于被人们踩踏成一片荒芜。它帮助大海上的渔夫与水手度过严酷的冬季；它让黑暗中的矿工继续前行……它维系不同的社会阶层各司其职不致混同。”（PP，第 125 页）

57

杜威和詹姆斯将根深蒂固、具身化且受到环境与社会双重限制的习惯，看作某种建构性、指导性的心理背景，同时他们又认为有一种特质性、现象性的心理背景，它被界定为特质，是在未被意识注意的背景中感受到的，它们建构或引导着意识，却不是意识的清晰内容、焦点或前景的部分。杜威将这种特质背景描述为“人类思维的‘潜意识’”，因为其背景身份将它从明晰的意识中抹除；他断言，此背景必不可少的身体层面以其特质为特征，表现为“有机体直接的选择、拒绝、欢迎、排斥、投入、收获、收缩、扩张、欢乐、沮丧、进攻、撤退”，这些都是具身化的人类有机体自发做出的。[2] 在这般情形下，尽管我们通常“意识不到这些特质”，也“不能客观地区分和认出它们……但它们依然作为感觉特质而存在，并对我们的行为有巨大的指导作用”。杜威解释说，“哪怕是我们最具理智化的活动，也要依赖处于‘边缘’的它们，以此引导我们的推断活动。在大量杂乱无章呈现出来的意义中，它们会让我们感觉到对与错，选择、强调并追随什么，放弃、略过及无视什么”。它们会表明我们何时走上坦途，或是否“误入歧路”（EN，第 227 页）。

---

[1] William James, *The Principles of Psychology* (Cambridge, MA: Harvard University Press, 1983), 109, 120; 后文缩写为 PP。

[2] John Dewey, *Experience and Nature* (Carbondale: Southern Illinois University Press, Ig81), 227; 后文缩写为 EN。

杜威这里直接借用了詹姆斯的看法（《心理学原理》中的），认为某种特质背景或被感受到的“边缘”，建构并引导了我们明晰或具体的意识。实际上，这种看法——每项明确的意识内容、形象或陈述，都是通过某种建构性背景或边缘感觉而产生出来的，对此我们全然没有意识，但它却引导着我们的思想——是被詹姆斯称作为著名的意识之**流**而非意识序列的一个重要原因。詹姆斯断言，“必须要承认的”“是，传统心理学确定无疑的形象，在我们的心灵构成中仅仅占据了最小的部分”（PP，第246页）。而且在意识流动中，连续出现的心理内容并不像单独的列车车厢甚或一个个水桶，被各自分开，而是连续相互贯通流动的一部分。“心灵中每个明确的形象，都浸入围绕它自由流动的水流之中，并受其所染。伴随这种形象的，是它的关系感、远近感，是它在那里传给我们的余音，是它在所流经之处对破晓曙光的感受。此形象的意义与价值，均存于周围为它保驾护航的光晕（halo）或半影（penumbra）之中——更确切地说，此光晕已同它融为一体，是它的骨中骨、肉中肉。”（PP，第246页）

58

詹姆斯将这种背景化“可感关系的光晕”（PP，第247页）描述成某种难以言表、超自然的“感觉亲和性的边缘”（PP，第251页），它通过给我们某种归属感来引导我们的思想，推动思想的流动，或者反过来让它分心甚或阻碍它。这种不假思索的引导，根据的是内心隐隐感觉到的联系，与“在边缘感受到的”背景特质之间“和谐与冲突、促进或阻挠”的联系。换言之，“任何其边缘特质能让我们感到‘满意’的思想，均可接纳为我们思想的一部分”（PP，第250页）。对詹姆斯而言，思想之流的边缘部分始终是一个人的身体感受。“我们思维着，也正是我们思维时，我们感到我们的身体自我是我们的思维基座。如果思维是**我们的**思维，其所有部分就必定弥漫着那种独特的温暖与亲昵，是它让思维成为我们的思维”，那是一种发自“始终为同一个身体之感受”的“温暖与亲昵”（PP，第235页）。

然而在特质背景为精神生活不可或缺的一部分这点上，是杜威做出了统一而系统的说明，在1930年发表的《特质思想》一文中他首次详尽地表述了这种非凡的思想，当时他正在准备哈佛大学第一次威廉·詹姆斯讲座，这次讲座最后促成杜威《艺术即经验》一书的诞生。[1] 杜威在这篇论文中证明说，知觉、判断、行为及思维，绝不会完全孤立地进行，而仅会在某一背景语境整体，某一他称之为“一个情境（a situation）”的经验统一体中完成。他进而断言，这样一种情境始终会将我们的经验建构成一个感觉整体，引导或规约我们对它的理解。然而，究竟是什么令此情境的建构成为可能，给予其统一、结构与界限，界定其为一种特别的情境或经验呢？杜威给出的答案是一种特别的特质背景，一种被直接感受到的“直接特质”。这种情境或经验“结合为一体，尽管其内部构成极为复杂，这是因为它自始至终受某种单一特质的控制，并由此取得自身特征”，这种特质是作为“一种直接的在场（presence）”被感受到的，尽管仅仅是一种并不清晰或本身即为情境内容一部分的背景在场（QT，第246、248页）。除了背景特质这种首要的功能外，杜威还详细说明了它的另外四种功能。

59

建构情境时，这种“直接的整体情境特质”也控制了对象或术语的区别，思维后来可以认出它，并用作那个情境或经验的组成部分（关系、原理、对象、区别等）。“这种基础性的特质统一控制着相关性或关联性，也控制着每一个区别与联系的效力；它引导着选择与摒弃，也控制着所有明晰术语的使用方式”，因为这些术语“就是它的区别与联系”（QT，第247—248页）。然而，这种基础特质本身却不是情境清晰的术语或内容。如果它是或将是，它就不再处于背景之中，而会成为一个新情境的元素（或陈述内容），而此情境会有它自己的基础背景特质。这种构成一个情境及那个情境或经验术语的“无处不在的基础特质”，也会行使其第三种功能，会让人领悟到什么是适当的判断；例如，细节、复杂性或精确性达到什么程度，才足以让语境判断生效。我们总是让我们的判断更为详尽和准确，比如为做到这点，我们会给出我们的到达时间，不仅精确到分钟，甚至精确到毫秒。“可是足够”，杜威说，“永远是足够，基础特质本身却是测定任何特定情况下是否‘足够’的标准”（QT，第254、

---

[1] John Dewey, “Qualitative Thought,” reprinted in John Dewey: *The Laler Works*, vol. 5 (Carbondale: Southern Illinois University Press, 1984), 243-262; 后文缩写为QT。

255 页）。

直接特质的第四种功能是决定情境的基本感觉或动向，不管总体的经验流动如何纷扰，总是能令其随时间推移不断持续下去。尽管背景特质处于非推论性的“无语”状态，但它具备“某种方向性的运动或转向力”，会为行进中的探究保持自身连贯性及持续性，提供统一的“背景、思路及指导性线索”。“这种特质能让我们专心致志思考一个问题，不至于时不时中途停下来，问自己正在思考的究竟是什么。”（QT，第 248、254 页）

关于第五种功能，杜威断言说，直接经验统一的背景特质，是解释观念联想（the association of ideas）唯一合适的途径。他认为，那种对自然规律连续性和相似性的常规解释，不足以说明联想的关联性，因为“在空间与时间中，总是存在大量彼此相邻的特殊性”，也因为任何东西总会有些方面和别的东西有类似之处。杜威得出结论说，联想必然是“一种理智的联系”，其达成要借助“某种控制着所思对象之联系的基础特质……思想与某一情境间必然存在着相关性，这是由特质的统一功能所决定的”（QT，第 257—258 页）。

可能真实的情况是，我们时常感觉到直接经验那种无处不在的统一性背景特质，在我们的精神生活中行使了上述所有功能：将我们的经验建构成一个连贯的整体；组织其术语与界限；导引我们的思想方向；决定联想的恰当性及适合度。但正如我在其他地方所讲的，杜威从未决然地说，这种可感的统一性背景特质必定会始终在场，或者始终是连贯思想不可或缺的因素。[1] 这是因为，我们经验中其他无所不在的背景因素也会一起行使上述五种功能——比如像杜威本人也强调过的习惯的连续性与导向性，以及目的在实践中的专注统一性等显而易见的因素。

目的会聚拢各种情境因素服务于自己的追求，习惯本身就已经意味着一种内在的行为组织，并推动自己走向下一步的组织。习惯与目的不仅仅决定了我们情境中对象与联系的区别，而且也引导着我们对它们相

[1] Richard Shusterrnan, *Practicing Philosophy: Pragmatism and the Philosophical Life* (New York Routledge, 1997), ch. 6.

关性及重要性的判断。习惯与目的同时也指引着情境及其经验的前行方向。杜威断言，“所有习惯均具备连续性”，其本性正是“投射(projective)”；我们的思维习惯会天然地维持其方向路线，倾向于抵制各种分心事物的打扰(HC，第31、168页)。正如杜威所意识到的，目的也会为行为提供“统一与连续性”，因为它“预见中的终结（end-in-view）”会协调各种手段去实现这个目的。[1] 而且正如杜威也承认的那样，目的进一步解释了何为适当的判断，因为“任何为此目的设计出来的提案，在逻辑上必然是适当的”(QT，第255页)。最后，习惯与目的也可以解释我们的观念联想，用不着求助某种难以言传的统一性特质来联结它们。“当我想到一个铁锤的时候”，杜威问道，“为什么我很可能会跟着想到钉子呢?”(QT，第258页)。更显而易见的答案并非那种直接、难以言传的统一性特质黏合剂，而是出于实际建筑目的的功能联想习惯。

杜威说连贯的思想均需要某种可以直接感受到的特质背景，这个著名的看法不见得全对。然而，其缺失却恰恰表明了另一种背景——习惯——的必要性，后者深植于人的身体之内。此外，他对特质背景感受的必要性所作的肯定虽有疏漏，却绝不意味着否定这种背景感受的存在，这些感受（时常有效地）帮助引导我们的思想与行为，而且是通过身体感受到的，即便我们并未明晰地注意到它们。无论在哪里，只要特别强烈与明显感受到这种统一性背景特质的存在，哪里就有审美经验的存在，实际上杜威是在说，这种经验丰富多彩的特质统一如此强烈的“体现”，为我们在一般意义上“理解何为经验”提供了最好的方式（AE，第63、278页)。 61

四

詹姆斯和杜威建立起实用主义的统一战线，他们一方面断言，背景为我们精神生活的认知所必需，另一方面在其心灵与行为理论中又强调

[1] John Dewey, *Ethics* (Carbondale: Southern Illinois University Press, 1985), 185.

了这个背景的身体层面。然而，身体背景感受是否应该走到实际生活前景当中呢？在这个问题上，他们二人又存在明显的分野。詹姆斯恳求心理学家努力培养和提高自己对身体感受与身体行为的意识，将它们作为改善自己理论观察的工具，因为他觉得他们的理论只有对这种感受的表面反省，并深受其害；但在实践方面，他依然跟从主流传统，主张身体背景应控制在背景之下。

詹姆斯为拒绝在实践生活中做身体内省，拿出好几个理由。他认为，自发的习惯行为不仅“简化了达成”我们目标的“活动”，由此“令活动更准确无误并能减少疲劳”，而且通过降低“我们行动时的意识专注力”，让我们可以把有限的注意力放到其他需要它的地方（PP，第117、119页）。当然在他意识到学习表演技能时，“歌手可能需要考虑他的嗓子和呼吸；表演平衡技巧的人需要考虑踩在绳子上的双脚”，詹姆斯于是坚决宣称，对技巧已经很熟练的表演者而言，身体必须保持在背景之下。在我们的注意中突显它“只会带来多余的麻烦”(PP，第1108页)。密切关注你要击打的目标，别管你的那些击打动作，把它们放在背景中就行了。总之，“相信你的自发性”，詹姆斯建议说，这就像他的教父拉尔夫·沃尔多·爱默生（Ralph Waldo Emerson）早些时候所讲，“自发行为总是最好的行为”。[1] 除了相信自发的习惯行为效率更高、更准确之外，詹姆斯和康德一样担心，实践生活中的身体内省“或者已经导致某种精神疾病（忧郁症），或者将会导致这类疾病，最后送往精神病院”，因为他也和康德一样公开说过他们都有忧郁症的倾向。[2] 在其整个大学时期，詹姆斯都始终承受着周期性抑郁症带来的痛苦，这与他的心理疾病有

62

[1] William James, “The Gospel of Relaxation,” in *Talks To Teachers, on Psychology and To Students on Some of Life's Ideals* (New York: Dover, 1962), 109; Ralph Waldo Emerson, “Intellect,” in Brooks Atkinson (ed.), *The Essential Writings of Ralph Waldo Emerson*(New York: Modern Library, 2000), 264.

[2] Immanuel Kant, *Anthropology from a Pragmatic Point of View*, trans. Victor Dowdell (Carbondale: Southern Illinois University Press, 1996), 17. 康德公开承认自己有“忧郁症倾向”的话载于 Immanuel Kant, *The Conflict of the Faculties*, trans. M.J. Gregor (Lincoln: University of Nebraska Press, 1992), 189。有关詹姆斯对自己由神经衰弱引起的忧郁症的担心更为详细的介绍，参见 *Body Conciousness* 第168—169页。

关，在其漫长的康复期他曾专心详细检查过，大多数情况下是在欧洲健康矿泉疗养院。

杜威也同样意识到静默内省的危险，但他在亚历山大疗法——通过提高身体意识再造习惯——方面的丰富经验令他确信，训练有素、聪明而专注的身体内省绝对利大于弊。[1]虽说自发的习惯通常来说最为有效，但我们有时也会养成一些坏习惯。由于在对这些习惯一无所知的情况下就不能正确地矫正它们，所以若没注意具体的身体动作与身体感受，我们也就不会知道它们是什么。故而杜威说，系统的身体内省还是很有必要的，因为它是改善自我使用（self-use）不可或缺的因素，也因为自我使用对我们使用其他可由自己支配的工具而言，同样必不可少。“没人会否认，我们自己是作为一个中介（agency），参与到所有自己所想所为的事务中去的……可最容易忽略的是离我们自己最近、最常发生、最熟悉的东西。准确地说，这种最近的‘东西’就是我们自己，我们的习惯和我们做事的方式”，借助我们最原始的工具或中介：身—心或身体。理解并重新调整身体的运行，需要专心致志进行自我内省的“感觉意识”及控制。现代科学已开发出各种各样改善我们生存环境的强大工具，但“应用其他所有工具时我们最原始的工具，即我们自己，换言之，即作为我们运用一切中介与能量基本条件的我们自身的心理—生理天性，这一因素”也需要“当作核心工具来研究”。[2]

63

詹姆斯和其他人所提倡的自发性自由，杜威更多的是将其批评视为（根据他和亚历山大的研究）对根深蒂固习惯的盲目顺从。他认为，真正的意愿自由，意味着对未经反思的习惯的控制。这就意味着可以对这种习惯进行自觉的分析关注，以便再造并完善它，让一个人可以用自己的身

[1]　在向朋友坦承“由于天生就太过习惯内省，所以我不得不学着控制这种趋向”时，杜威就特别表达了自己的担心：“自传式的内省……对我来说不是件好事”。参见他给斯卡德·克里斯（Scudder Klyce）的信，引自 Steven Rockefeller, *John Dewey: Religious Faith and Democratic Humanism* (New York: Columbia University Press, 1991), 318。

[2]　See John Dewey, “Introduction,” in F.M. Alexander, *Constructive Conscious Control of the Individual* (NewYork: Dutton, 1923); reprinted in *John Dewey: The Middle Works*, vol. 15 (Carbondale: Southern Illinois University Press, 1983), 314–315.

体去做自己真正想做的事情。这种自由并非天赋的礼物，而是一种与抑制掌控及强制作用有关的习得性技能。正如杜威对它的说明：“自此以后，真正的自发性并不再是生来就有的权利，而是一种艺术的最后效果与完美征服——即自觉控制的艺术”，一种“对惯常行为进行无条件抑制，一意识到是种习惯行为，就经不住去‘做’点儿事”的艺术。[1]

新近的神经科学实验研究（由本杰明·里贝［Benjamin Libet］做出的），证明了抑制对自由的关键作用，此研究表明，自动行为靠的是自觉的行动意识到行动开始之前350毫秒的神经活动，尽管我们觉得我们的行动肇始于意识决定，但里贝认为自由意愿还是可能的，因为他的调查结果证实，我们还有一种抑制的能力去“遏制”那种处于自觉意识与实际践行之间的行为；“在特定的自觉意图出现之后”及其“自动执行”之前“150毫秒左右的时间，还能有意识地控制最后的行为决定”[2]。从这个角度来说，自由意愿本质上意味的就是“不愿（won't）”。尽管自愿行为与自由意愿的一般概念，可能不局限于这种抑制性的实验模式（即其对“抽象”时刻之外及决定性的150毫秒这一截取出来的时间段的关注），但里贝的研究结果仍为杜威与亚历山大提供了科学的支持，证明对自动行为施行有意识的主动控制，这种抑制作用是值得重视的。[3]

64

除抑制有问题的习惯外，抑制作用对我们高效的身体内省而言也必不可少，这种反省可以让我们将自己的行为置于前景，更准确地加以观察，由此便可抑制有问题的习惯，用更好的习惯来替代它。如果我们不是真正了解自己实际上正在做什么，就不能真正可靠地改变我们的行

[1] John Dewey, “Introductory Word,” in F.M. Alexander, *Man's Supreme Inheritance* (New York: Dutton, 1918); reprinted in *John Dewey: The Middle Works*, vol. 11 (Carbondale: Southern Illinois University Press, 1982), 352; and John Dewey, “Introduction,” in F.M. Alexander, *The Use of the Self* (New York: Dutton, 1932); reprinted in *John Dewey: The Later Works*, vol. 6 (Carbondale: Southern Illinois University Press, 1985), 318.

[2] See Beniamin Libet, “Unconscious Cerebral Initiative and the Role of Conscious Will in Voluntary Action,” *Behavioral and Brain Sciences* 8 (1985): 529–566, quotations from 529, 536; “Do We Have Free Will?,” *Journal of Consciousness Studies* 6 (1999): 47–57; “Can Conscious Experience Affect Brain Activity?” *Journal of Consciousness Study* 10 (2003) : 24–28.

[3] 有关亚历山大疗法这种抑制方法的应用，详细说明参见 *Body Conciousness*, ch. 6。

为，但我们大部分人并不是很清楚自己的习惯身体行为方式，因为它们潜伏于意识背景当中，没进入我们清晰的关注中心。走路时你最先迈出的是哪只脚，站立时哪条腿承重更大，坐着时臀部哪侧感觉更重一些？我们太容易忽视这类东西，因为作为生活于某一环境中为生存与成功而奋争的活生生的生物，我们的注意力最初总是遵从习惯，放在那些会影响我们规划的其他东西上面，而不会注意我们的身体部位、身体运动及身体感觉等。出于良好进化的缘故，我们习惯于直接对外部事件做出反应，而不会分析自己的内在感受；习惯于行动而不是细心观察；习惯于不假思索地奔向终点，而不是静下心来研究我们使用的身体工具。因此，我们需要用抑制力去打断自己旁骛他事的习惯，以便我们可以持续专注于身体意识的内省。

在第四章，我仔细考察了种种由内隐肌肉记忆习惯导致的日常生活病状，要有效治愈它们，需要将那种容易引发问题的背景习惯带到清晰的意识前景，以彻底改造或者至少能控制它们。不过，我这里先简单谈谈其他两种和杜威相同的意见，即在实践语境下，可以有效地将身体背景带入前景。第一，如果詹姆斯和其他自发性提倡者承认，关注身体动作和身体感受有助于学习，那我们就可以认为这种学习绝不是完善的，因为我们会不断改进某种已经习得的技巧。第二，当某种习得的技巧随环境变化证明不再令人满意时：或是执行者健康状况的变化（比如受伤了），或是执行的环境条件发生变化（在大海里游泳转到水塘），那就始终存在改正或调整这种技巧的可能。[1] 在我们的技术生存环境日新月异的世界上，我们不能靠习惯来跟随这些变化，或者靠养成良好的新习惯本身来应对这些新变化。我们需要将那些不假思索的身体行为置入前景来监控它们，至少在关键的内省或可能重构的时候要这样做。此后，当我们把那种前景注意力集中转到其他事物上面后，再让它们重新回到背景当中。

65

换言之，我并不主张总是将身体背景带到前景及回避一切自发性的

[1]　我在第九章详述了这些看法，边码第 205—208 页。

做法，那是不可能的。让我们的行为及感受完全透明不仅做不到，实际上也不该这样做；在大多数情形下，我们的注意力大都放在别处，放在一个我们必然要付诸行动的世界上。背景 / 前景这种区分的本质意味着，在背景中必然始终存在着某种东西，在我们的前景注意力之外或之下，这就像为了阐释的正常进行，必然需要某种先前就存在的认识，来作为阐释的基础（尽管是种不完整的认识）。但对实用主义而言，这种区分却是功能性且可变通的，而不是绝对的。这意味着某些背景因素可以带入前景中来，意味着在某种特定实践场合下这种前景化是有价值的。因此，我的实用主义策略并不是单方面主张自发性或者内省，而是提倡通过阶段性的使用，对自发与反省的时机做出某种聪明的调节。在别的地方我已经对此有过详述，[1] 所以这里允许我评述一下身体背景前景化有助于实践生活的另一种方式，以此结束本章。

作为背景的身体习惯与特质感受，必然受制于环境，即身之所处及身体从中获取能量及活动空间的地方。通过身体背景的前景化，我们也可以将生成经验的环境背景置于清晰的关注中心。请看三个实例。留意一下某人极其轻微的呼吸不适（通常我们可能把它当作微不足道的背景感受而忽略掉），这个人可能被告知，这是他生活环境中糟糕的空气质量造成的，所以应该在这方面做点什么——不管是把这间闷热的房间里的窗子打开，清洁空气过滤器或空调系统中残留的霉菌，还是请求限制所在城市机动车辆的通行。留意一下某人在工作场所的肌肉不适（不论怎样变换姿态都不能缓解），这个人可能就会明白，原来是椅子或办公桌不适合长期有效且舒适的工作，或者他繁重的工作日程需要留下间或驻足的时间，以便能停下工作导致的不适姿势，获得一些休息。

66

令人不快的工作环境通常会反映出一些社会问题；所以让不适的身体背景前景化，进而聚焦到不尽如人意的环境上来，这种意见涉及深刻却又棘手的社会关联性，由此就过渡到了我的第三个例子。仔细审核一个人的身体感受，让这些感受步入前景，于是他就可能注意到与特定人

[1] 见 *Practicing Philosophy*, ch. 6; *Body Consciousness*, ch. 2; 及本书第九章。

种、宗教或种族人群交往时（或仅仅是接近他们），以前根本没有意识到的某些不适感受。如果留意下这类感受，他就会意识到自己以前没有意识到的偏见。这种意识会让人逐渐去寻求克服如此偏见的个人或社会的变革。种族偏见与种族敌意难以消除的一个原因即是，其源出深植于背景感受与习惯之中，尚未进入清晰的前景意识而加以有效处理，或是借助纯粹的控制，或是通过更积极的身体感受来改变它们。身体美学经强化后的意识力与控制力，为此问题提供了一种可能的解决途径；而一旦感受与习惯变得更好，它们就会复归于背景当中，构建出与不同人种或种族人群更为积极的自发性联系。

实用主义的背景及其重要的身体方面的理论，原本就是一种心理学理论，一种心灵哲学，同时也是种探究逻辑，借助于促成、表达或构造连贯性的背景，来解释我们的知觉、阐释、行为与思想的连贯性。然而，我们用实际问题及合乎道德的环境论、劳动保障论及种族主义这类问题作为结束并不那么合适。这是因为实用主义哲学的一个重要特点，就是其实践与道德结论出自它的心灵与行为理论，而且评估这些理论的价值，部分也是根据其贡献，包括对我们的世界（及我们自己）更好地理解，也包括对实践与道德生活的美好追求。以实用主义为其基础的身体美学，目的同样是理论与实践的结合。

67

第三章　自我认识及其不满：从苏格拉底到身体美学

一

德尔斐（Dephi）阿波罗古神庙上刻有三句箴言，古罗马时期人们用镀金字母将其保留下来，令其价值再次得以肯定。其中最为著名的一句箴言——Γυωθι σεατου（*Gnothi seauton* 或 Know thyself “认识你自己”）——最具哲学影响力，也是本章所考虑的核心问题，尽管最后我也谈到了同样具有丰富历史含义的第二条箴言。[1] 在自我认识有关克制性的哲学应用方面，赫拉克利特（Heraclitus）是最早给出过劝诫的人，他说“我探究过我自己”，因为“所有人都有能力去认识并控制自己”（self-control，古希腊语是 *sophronein*，有时译作“节制”）。[2] 古希腊对此箴言的第二种用法较为优雅，意思也比较清楚。在其著名戏剧《普罗米修斯》（*Prometheus*）中，埃斯库罗斯（Aeschylus）揭示出自我认识的关键意思：对自我定位或自我局限的认识。在普罗米修斯虽身受酷刑却仍骄傲不屈的时候，泰坦巨神海神（Oceanus）来到他身边，主动提出帮他与宙斯（Zeus）达成和解，并劝告普罗米修斯说：“要认识你自己：改变你的方式”，因为现在是宙斯“统治着众神”。[3]

---

[1]　这条箴言是 Μήδέυ ἀγαυ（“凡事勿过度”）。第三条箴言是 Εγγΰα πάρα δ'ατή（“随意起誓，麻烦将至”）。参见 E.G. Wilkins, *The Delphic Maxims in Literature* (Chicago: University of Chicago Press, 1929), 1-10。

[2]　Daniel Graham (ed.), *The Texts of Early Greek Philosophy* (Cambridge: Cambridge UP, 2010), 147, 149.

[3]　Aeschylus, *Prometheus Bound*, trans. Arthur S. Way (London: MacMillan and Co., 1907), 19.

然而，与自我认识最紧密联系在一起的人是古代思想家苏格拉底，正是他令自我认识（self-knowledge）具有了举足轻重的哲学地位。身为阿波罗（真理之神）神庙神谕所称颂的最有智慧的人，苏格拉底却认为，自 己最大的智慧就是认识到自己的无知。相比之下，许多公认为专家的人，错误地以为自己拥有无所不能的智慧，其实他们什么都不知道。苏格拉底至少很清楚，自己不知道其他人自诩知道的东西；其智慧表现在他意识到了自己认识的局限性。苏格拉底认为神谕说他是最有智慧的人，实际上是在严格鞭策他寻找更具智慧的人，进而说明最大的“人类智慧毫无价值或一文不名”（《申辩篇》，23b）。[1] 在申明自己对傲慢的思辨毫无兴趣时，他解释道：“我还是不能像德尔斐神谕所吩咐的那样，认识我自己；对我而言，在没做到这点之前去深入了解其他东西是十分荒谬的。”（见《斐德罗篇》，229e–230a）用自我认识这条训诫斥责狂妄自大的阿尔基比亚德（Alcibiades）时，苏格拉底劝他能认识到自己的“英俊、身高、出身、财富、天赋”远不足以同斯巴达和波斯王相提并论，由此断言，对现有局限的认识，能鞭策人修养自身的政治领袖素质，这也正是他雄心勃勃的年轻情人所追求的东西。苏格拉底告诉他说，“相信我，相信德尔斐神谕，‘认识你自己’”，因为“所有人，尤其是……我们，都需要修身（self-cultivation）”（《阿尔基比亚德篇》一，124b–d）。

然而，需要认识和修养的自我究竟是什么呢？在使用过一些巧妙的对话手法后，柏拉图笔下的苏格拉底把阿尔基比亚德引到了结论：“灵魂即人”，“灵魂之外无他”，所以“认识我们自己的训诫，意味着我们应该认识我们的灵魂”（130c–d），并且灵魂也是我们修身的对象。因此，一个人认识或关心自己的身体，无非是认识或“关心依附于他的东西，而不是［认识或关心］他自己”。由于灵魂是真正控制性的自我，故而苏格拉底断言：“自控即认识你自己”（131b），有节制的行为中自我认识与自我控制的这层联系，在《卡尔米德篇》那里得以深化，从中我们看到，“‘认识你自己’和‘节制’［*sophrosyne*］是一回事儿”（164d–165a）。

[1] See John Cooper (ed.), *Plato: Complete Works* (Indianapolis: Hackett, 1997), 22; 本章所有柏拉图的引文均出自此书。

自我认识与节制——一个古希腊有关美德的用语，其意指不限于我们的节制概念，还包括了解一个人的身份、尊重其地位时表现出的谦逊态度——之间的联系证明，古代“认识你自己”最初的意思，就是对一个人短处、缺点、必死性或卑微性（相比于神灵或其他人）的意识。

70

苏格拉底要求自我认识的训诫，其目的如果是对我们身上局限性和缺点给予批判性的认识，这种挑错的分析就一定会激励并引导我们努力做好自我完善（self-improvement）。不过，这种分析如果过于吹毛求疵，也会打击人，让人缺乏自信、自我厌恶，变得一蹶不振。实际上，西方哲学（包括其曾参与完善的基督教神学）也曾对自我认识做出过比较明确的阐释。追随这些简约的阐释，本章也想证明，此句箴言的反对意见曾不断浮出水面，并往往伴随着对自省（self-examination）的尖锐批评——包括一些抱怨，说真正的自我认识是不可能的，而且严苛的、批判性的自我反省（self-reflection）会带来毁灭性的灾难。借鉴这些历史经验及当代实验心理学的成果，我认为有必要更为清晰地区分开自省的不同方式，因为其多样性可以帮助我们解释，为什么会存在那么多对自省价值的尖刻异议，并对哲学上最受苛责的自省与修身形式——我们的身体及身体自我意识——做出更为有效的评估。

二、历史上的解释

西塞罗（Cicero）承认，“认识你自己”传统上的确有令人羞愧这层意思，不过他也给出了一种较为积极的解释，他写道（鼓励他弟弟的修辞天赋时）：“不要以为‘认识你自己’这句古老箴言只是为了减少傲慢；它也让我们知道自己的优点。”[1] 像柏拉图一样，西塞罗也将德尔斐神谕解释为“认识你的灵魂”，同时也借天赋神授的思想强调了灵魂的积极

[1] Cicero, *Letters to Quintus*, trans. D. R. Shackleton Bailey (Cambridge, MA: Harvard University Press, 2002), 187. 普鲁塔克（Plutarch）同样认为，自省与自我认识需要认识的是人积极的天赋，当然也包括那些特殊脾性；因此，一个人若是遵从德尔斐箴言，就必须“要让自己去做适合自己天性的事”，而不能“勉强自己效仿……他人”。见 Plutarch, “Tranquility of Mind,” *Plutarch's Moralia: in Sixteen Volumes*, trans. W.C. Helmbold (Cambridge, MA: Harvard University Press, 1939), vol. 6, 209。

秉性："由于他深知自己，故而他一开始就会意识到自己身上有种天赐元素，会将自己的内在秉性视为某种神灵的影像；并且会以为自己的行为与思考，配得上神灵赋予的伟大天赋。"[1] 新柏拉图主义者(Neoplatonists)将认识自我即认识灵魂的思想向前推进了一步，比如普罗提诺(Plotinus)，就敦促我们将自我研究的重心放在灵魂的最高层面，即我们与更高、更纯净的神性精神所分享的努斯（*Nous*，理性、精神）上面。他对此解释说："抹去你身上的所有污痕，审视自己，由此你就会相信自己即得永生"，因为"对灵魂努斯的自我认识，即是认识到自己不再是一个人，而正在成为全然不同的、很快与独一无二的更高存在融合起来的东西"。[2] 普罗克洛斯（Proclus）同样认为，德尔斐神谕意味着某种"向神性的提升，是净化最有效的途径"[3]。

将自我认识视为迈向高级静观、切近神灵的初步净化措施，这一推想往往被一些基督教神秘主义者接受。锡耶纳的圣·凯瑟琳（St. Catherine of Siena）就强烈要求，人们要"永远守持深处的自我认识"，以便在不断追求上帝的路途中，看到自己的罪孽，从更好、更真实的自我中清除掉它们，因为上帝给人们提供了一面神圣的镜子，能照出人们的缺点，引领人们走向更高程度的纯净和神性体验。"一个人很容易在镜子里看到脸上的污点，所以在真正自我认识下的灵魂渴望着提升，在亲爱的上帝之镜中以智慧之眼凝视自己，借助她从上帝身上看到的至纯，她更清楚地看清了自己脸上的污痕。"[4] 为证明作为灵魂的真正自我的神圣性，圣·胡安·德维拉（St. Juan d' Avila）后来也表达了相同的基本观点："对确然为神圣之物的自我的认识，也是通往最神圣之处的必经之路，是对

[1] Cicero, *De re publica, De legibus*, trans. Clinton Walker Keyes (Cambridge: MA: Harvard University Press, 1928), 59, 365.

[2] Plotinus, *The Enneads*, IV. vii. 10; V. iii. 4. 我这里用的是皮埃尔·哈多德（Pierre Hadot）的译文，见 *Philosophy as a Way of Life* (Oxford: Blackwell, 1995), 100; and Wilkins, *The Delphic Maxims in Literature*, 66。

[3] Proclus, "Commentary on Plato's *Alcibiades I*," in Algis Uždavinys (ed.), *The Golden Chain: An Anthology of Pythagorean and Platonic Philosophy* (Bloomington, IN: World Wisdom, 2004), 202.

[4] Catherine and Algar Labouchere Thorold, "A Treatise of Discretion," in *Dialogue of St. Catherine of Siena* (New York: Cosimo Classics, 2007), 62.

上帝的认识。”[1]

我们能理解这里所表达的精神提升。只是，在“深处的自我意识”中严苛地审查一个人的罪孽与弱点，进而完成一种令人窒息、引发心理灾难的自我心灵鞭笞，这样做是不是太过冒险了点儿？如果神秘主义者对上帝恩典的拯救力量的笃信，能确保这般自我批评的苦行修炼不会导致沮丧与绝望的沉沦，而是向静观的提升，对神性的切近，那么，在这种笃信不那么确定的情况下，会出现什么样的结果呢？苏格拉底还只是怀疑一个人是否真的能认识他自己，而文艺复兴时期的思想家对极度的自我探究带来的知识和健康问题，则表达出越来越多的忧虑，并认为有必要不再考虑或远离自我。

72

对自我认识的求索是蒙田一生的追求，也是其名著《随笔全集》(“我对自己的探究超过所有一切”）的核心所在，即便如此，他也难免断言这项工作不可能完成，而且做得极端的话，后果也是灾难性的。[2] 发现苏格拉底试图“认识自己的……结果却是鄙视自己”(M，第275页）之后，蒙田大体上认为，德尔斐箴言是“一种自相矛盾的劝诫”，因为天性会明智地将我们的目光拉向自身之外。这不仅可以帮助我们发现更多的资源，避开外部的危险，还可以预防来自内部的伤害问题，因为对人而言，严苛的自我研究必然是一种压抑、困难、危险的砥砺，会让我们的人生充满愚蠢、过失与苦难。“目光投向外面而不是自身，这种通常的态度与习惯对我们来说非常有益。我们的心中满是不快；除了苦难与空虚别无他物。为了不让自己那般沮丧，天性恰如其分地将我们的目光拉向外面的世界。”(M，第766页）故而蒙田也很是重视娱乐活动的康复价值，认为它们可以通过选择性的训练和身心投入，让心灵得到慰藉，变得坚强。(M，第621—638页）[3] 进入下一世纪后，布莱士·帕斯卡尔——其短暂、不幸的一生饱受体弱多病、忧郁恐惧症的折磨——赞同蒙田的

[1] Juan d’Avila，*Epistolario Espiritual* (Madrid: Espasa-Calpe, 1962), vol. XII, 153.

[2] Montaigne, *The Complete Essays of Montaigne*, trans. Donald Frame (Stanford: Stanford University Press, 1958), 821; 后文均缩写为M。

[3] 对蒙田有关娱乐活动著名观点的分析，参见我的“Entertainment: A Question for Aesthetics,” *British Journal of Aesthetics* 2003 (43): 289-307。

观点，认为出于自我怜悯的需要，我们须义无反顾地告别自我反省："因此对人而言，唯一的恰当选择是不再考虑他们是什么的问题"，因为即便是位国王，"一旦思考自己，他也会变得不快"。[1]

假如不考虑这些担忧，蒙田还是能够承认自我认识的哲学探究，是良好的自我照护（self-care）与自我修身的关键，所以自我探究通过笛卡尔（René Descartes），接续成为现代哲学的核心话题不足为奇，笛卡尔整体认识论体系引人瞩目的方法，对现代哲学的形成有重大影响，其构建基础即是他著名的《第一哲学沉思录》中反映出来的精神内省。"没有任何其他做法比认识你自己更富有成效"，笛卡尔在其他地方这样讲道，甚至他还承认了认识我们体质的重要性。不过，笛卡尔在本体论上却对身体和心灵做出二分，将自我的本质单单置于心灵之内（他声称心灵不像身体，可以直接通过反省为人所知），准此，他将柏拉图的做法又向前推动了一步，认为自我探究就是对心灵或灵魂的认识，目的是"获得对激情的绝对控制"。[2]

73

身心的对立引出两种截然不同的自省与自我认识方法：一种是对我们身体的感受、习惯及行为的内省；另一种则基本上被限于我们所特有的精神思想生活之内。除却少许例外，西方现代哲学更喜欢那种较为狭隘的精神方法，无视或拒绝身体内省，康德于此就是个典型范例。在其《道德形而上学》一书中他声称，"一个人的首要义务律令"是"'认识（详查、洞悉）你自己'，认识的并非你身体的完美与否（适合于各式各样的……目的的健康与否问题），而是与个人义务有关的道德完美程度。更确切地说，认识你的内心——不管它是善还是恶，也不管你的行为动机纯洁抑或不纯"。康德坦承，这种"深入内心深处（最幽暗之所）"的道德自省，认识起来非但困难，且容易引起自卑或自轻，不过他以充分的理由反驳说，以严苛的态度审查一个人的道德水准，正是这种努力令人欣

[1] Blaise Pascal, *Pensées* (Harmondsworth: Penguin, 1966), 67–68 .

[2] René Descartes, "Description of the Human Body and All of its Functions" and "The Passions of the Soul," in *The Philosophical Writings of Descartes*, trans J. Cottingham, R. Stoothoff, and D. Murdoch (Cambridge: Cambridge University Press, 1985), vol. 1. 314, 348.

慰地证明了个人“向善的高贵秉性”，不但“令人尊重”，而且可以把人引向“自我完善”。康德总结说，“唯有陷入自我认知的苦痛，才能铺平通往虔诚之路”，这反映的是老式基督教的逻辑：自我批评的净化，可以将我们引向神圣的光明与皈依。[1]

与审查一个人道德意识的义务相比，康德拒绝接受身体感受的反省，说那样会导致忧郁症，让人精神错乱，陷入病态的沮丧。在《系科之争》中，康德将这种忧郁症描述成某种“精神忧郁”(*Grillenkrankheit*)，意味着“任由自己全面陷入沮丧的病态感受之中的弱点”，那不是某种确定的身体机能障碍，而是与焦虑地关注身体方面的不适或病态的不快有关，或者就是由这种关注引起。在评说过便秘与胃肠胀气这类身体不适状况后，康德也承认他自己“天生患有忧郁症的原因是［他］平窄的胸腔，这给心肺运动留下了很少的空间”，故而给胸部带来了极为压抑的感受。然而，康德认为凭借坚强的意志力，“心灵的力量完全可以控制其病态的感受”；只需简简单单不去在意病症引起的不适身体感受，“让［他的］注意力从这种感受身上转移开”，[2] 他就可以治愈这种病症。康德注意到，忧郁症一般都表现为对身体感受不由自主的关注，因而他得出结论说，“若想保证健康就不能关注身体”。[3] 简言之，身体自我研究的内省有害于身、心；对待身体的最好方式是在积极用身体工作和锻炼之时，尽可能无视对身体感受的自我认识。

74

在心／身二元结构当中，心，意指某种不朽的灵魂力量及灵魂的神性纯净，而身体——早已同弱点、罪孽及局限性（不仅因为它会变老并死去，也由其极端的空间局限与个性特征）深深地联系在一起——则由于承受了自我认识与自我审查的所有负面含义而遭无视。格奥尔格·威廉·弗里德里希·黑格尔（G.W.F. Hegel）确信德尔斐箴言反映的是这样的逻辑：

[1] Immanuel Kant, *The Metaphysics of Morals*, trans. M.J. Gregor (Cambridge: Cambridge University Press, 1996), 191.

[2] Immanuel Kant, *The Conflict of the Faculties*, trans. M.J. Gregor (Lincoln: University of Nebraska, 1992), 187, 189.

[3] Immanuel Kant, *Reflexionen zur Kritische Philosophie*, Benno Erdmann (ed.), (Stuttgart: Frommann-Holzboog, 1992), 68, 本人英译。

认识自己，毫无疑问可以解释为认识*Geist*（即心灵或精神），而不是对“一个自我的具体能力、个性、喜好及弱点”的认识。自我认识认识的是“一个人作为真实而必然存在之精神的真正实在——本质上必然是真实与现实的”[1]。而且，黑格尔认识自我即认识精神的思想，涵盖了广泛的历史领域，在他那里，所有历史均可视作绝对精神的“自我显示，从其表层被遮蔽的意识［到］获得自由的自我意识，这样，就可以实现精神上‘认识你自己’的绝对掌控”[2]。

75

精神或灵魂凭其活跃的灵性，代表着自我的神圣与超验部分，确保审慎的自省不致沦落为挥之不去的压抑、目光短浅的自我沉迷或病态的自怨自艾，绝望于自我的局限——身体的脆弱与死亡为其突出标志。18世纪爱德华·杨格（Edward Young）的著名诗篇《夜思》，以文学的形式表达了缺乏神性根基的自我，在自我认识中流溢出的绝望恐惧，在诗中，诗人反省了自我认识带来的沮丧，表达了对上帝所造并激励我们的神性不朽灵魂的心灰意冷：

> **认识我自己**，真的明智吗？不，还是算了吧，
> 可怕的认识，绝望之母！
> 拿开你的镜子：我看，我死。
> ……
> 这个人已经死去，身体却活着……
> 因知而爱：那一个自我
> 令人痴迷的美德，在她的魔力下闪烁。
> ……
> 他目光专注，却看不到自己的任何。
> 一个可怕的异客，一个人间的上帝。

[1] G.W.F. Hegel, *Hegel's Philosophy of Mind*, trans. William Wallace (Oxford: Clarendon, 1894), 1, 377.

[2] G.W.F. Hegel, *Lectures on the History of Philosophy: Medieval and Modern Philosophy*, trans E.S. Haldane (Lincoln: University of Nebraska, 1995), 7.

> 一个神灵令人艳羡的随行者
> 内含高贵的品性，不朽的生命。[1]

柯勒律治（Samuel T. Coleridge）对自我认识中自我反省的辩护，同样根据的是灵魂的超然性：“有一种每个人都应掌握的艺术——反省的艺术……有一种每个人都有兴趣并必须掌握的认识，即自我认识。”[2] 受新柏拉图主义哲学和基督教精神的启迪，这位诗人哲学家写道，“我们由**我认识我自己**起程，到完全成为我所是结束”[3]。如果是异教徒给了我们这条德尔斐箴言，柯勒律治继续讲道，基督教的“天启早为反省准备了新的话题及新的认识财富，它们从不会对不知自我的人开放。自我认识是开启这个宝盒的钥匙：只有反省才能得到它”[4]。其他怀有宗教信仰的英国知识分子也为自我认识做出辩护，强调这条箴言的意义在于，让我们认识到自己作为人属生物——虽为神所赐福，却不能真正懂得上帝的认识方式——的卑微地位。正如亚历山大·蒲柏（Alexander Pope）充满诗意的声明：“知而后成为你自己：不能寄望于上帝代行其职。研究人的只能是人。”所以约翰·罗斯金（John Ruskin）坚持认为，人的自我认识即是“认识其永恒的卑微及伟大；认清自己及其位置；即便未能理解，也满意于顺从上帝；以同情与善意对待低等造物”[5]。

回过头来再看欧陆文化，考虑一下列夫·托尔斯泰（Leo Tolstoy）的《忏悔录》，书中生动描述了小说家的中年危机，来自自我质疑而来的绝望，对此，作者仅有的疗法就是宗教皈依。托尔斯泰记述了理性自省所做的“徒劳反省”，是如何令自己越来越深地陷入可怕的结论：他的

---

[1] Edward Young, *Night Thoughts* (Holborn, London: C. Whittingham for T. Heptinstall, 1798), 75, 180, 235.

[2] Samuel T. Coleridge, *Aids to Reflection* (New York: Stanford and Swords, 1854). xlvii.

[3] Samuel T. Coleridge, *Biographia Literaria* (London: J.M. Dent & Sons, 1975). 154.

[4] Coleridge, *Aids to Reflection*, xlvii.

[5] Alexander Pope, *An Essay on Man* (London: Cheapside, 1811), 61. and John Ruskin, “Wisdom and Folly in Science II,” in *The Eagle's Nest. Ten Lectures on the Relation of Natural Science to Art, given before the University of Oxford in Lent Term, 1872* (London: Smith, Elder & Co., 1872), 30.

生活与成就毫无意义，只能唤起无助的忧郁及不断闪现的自杀念头，直到他重新恢复了对无所不能的上帝及神赐灵魂的信心，情况才发生改变。假如没有这种源自情感而非理性的坚定信念，他说，“我们可能就终生活在迷醉之中；一旦清醒过来，就会发现一切无非是种错觉，愚蠢的错觉”。托尔斯泰断定，解决这种虚无的沮丧的唯一办法，就是相信并“恳求上帝，因为没有上帝也就没有生命”[1]。在此之前，克尔凯郭尔（Soren Kierkegaard）的经典研究同样认为，治疗绝望的办法只能是认识自我的神性根基，它会启发自我向着心中的上帝不断提升自己。“自我若想彻底恢复健康，走出绝望，唯有深陷绝望，坦诚地依偎在上帝的怀抱。”他相信，若非如此，自我反省只能加剧病状：“想得越多，绝望越深。”然而，自我反省——无论如何痛苦——还是得到了克尔凯郭尔的肯定；因为若没有这种反省，自我就永远不会真正认清其灵魂实质，认清其与上帝的亲密关系，并借此彻底走出绝望。[2]论及忧郁症时，我们同时代的茱莉娅·克里斯蒂娃(Julia Kristeva)在书中出于不同的(精神分析的)考虑这样讲道，“身患忧郁症的人是一个苦闷而彻底的无神论者”[3]。

三、现代的批评

不足为奇的是，现代知识分子由于较少受到基督教或理想主义教条的限制，诸如灵魂不朽及其神性色彩等，所以更倾向于质疑借自省进行自我认识的价值。约翰·沃尔夫冈·冯·歌德（Johan Wolfgang van Goethe）的批评就是个杰出例证，并具有广泛影响。担心德尔斐箴言会让人陷入令人窒息的孤独，进而导致无知、懒散、病态及“心理上的自我折磨”，他认为“认识你自己”这条劝诫唯一能被接受的方式是，将其作为对我们生活与行为世界的认识来理解。这种理解包括认识一个人与其他自我

77

[1]　Leo Tolstoy, *Confession*, trans, David Patterson (New York: Norton, 1983), 30, 71 , 72, 75

[2]　Soren Kierkegaard, *The Sickness unto Death* in *Fear and Trembling and The Sickness Unto Death*, trans, W. Lowrie (NewYork: Anchor, 1954), 163, 175.

[3]　Julia Kristeva, *Black Sun: Depression and Melancholia*, trans, L. Roudiez (New York Columbia University Press, 1989), 5.

的关系，后者会启发并帮助这个人在反省中认识自己的自我。“我们无须解释认识你自己的意思”，歌德提醒说，就其称之为苦行的行为而言，比如“我们现代的忧郁症患者、幽默大师……及 *Heautontimorumenen*［自虐者］，［它］无非极为明晓地意味着：关注你自己，留心自己正在做的事情，结果你会意识到，你是如何与你的伙伴们面对面相处于这个整体世界中”。[1] 在其他地方他还详细解释道：

> 认识你自己，这个冠冕堂皇的格言理应受到质疑，它无非是牧师职责内的一种隐秘手段，用无法企及的要求蛊惑人心，诱导人们远离外部世界的实践，进入内部虚幻的静观。人只能在其所知世界认知自己……只能身居其内才明白自己。每一个新的对象，如果好好去看，均会在我们面前打开一扇认识［我们自己］的新门。[2]

歌德认为，缜密的自省尤为不智且有害，道理在于它极其有违自然人性，其自我认识的目标也不可能企及。这个劝诫——“人应该力求认识他自己……是个非常奇怪的要求，没有人能遵从这个要求，事实上，也没人愿意遵从。人之所感所求均在外部世界——他周围的世界，为满足自己的需求，他必须要深深地了解它，广泛地利用它……总而言之，人是一种昏蒙中的存在；他不知道自己从哪里来，到哪里去；他几乎对这个世界毫无所知，尤其是对他自己”[3]。

78

歌德的观点不仅让我们回想起蒙田的说法，即我们天性上习惯于往外看（以及蒙田讲求实效的试错主义人文精神），也令人期待威廉·詹姆斯就

---

[1] Johann Wolfgang Goethe, *Maxims and Reflections*, trans. Elisabeth Stopp (London: Penguin, 1988), 88; “Sprüche: Aus Makariens Archiv,” in *Goethes werke* (Frankfurt: Insel Verlag, 1966), vol. 6, 479.

[2] Johann Wolfgang Goethe, “Allgemeine Naturwissenschaft,” in *Goethes Werke* (Hamburg: Christian Wegner Verlag, 1955), vol. 13, 38.

[3] Johann Wolfgang Goethe, *Gespräche mit Eckermann* (Leipzig: Insel Verlag, 1921), 490. 我用的是英译本，见 *Conversations of Goethe with Eckermann and Soret*, trans. John Oxenford (London: Smith, Elder & Co., 1850), vol. 2, 180。

其所谓意识“简约率”，对自我反省所做的批评。[1] 因为我们必须有效利用我们的注意力，生命及其行为的迫切需求，不允许我们长时间密切关注我们自己。即便成功理解了自己，我们也要马上忘掉它，关注经验变化之流中的常新元素。正如歌德简洁且切中肯綮的对偶句所讲：“认识你自己！——我能从中得到什么回报呢？ / 认识我自己，这恰是我应做的。”[2]

翻译过歌德的作品，并且非常尊重歌德的托马斯·卡莱尔（Thomas Carlyle）同样反驳说，“认识你自己这句箴言是不可能做到的愚蠢想法……除非它具有部分的可能性，知道你能做什么”[3]。卡莱尔相信，不可能做到的德尔斐箴言，也意味着内省静观是种被动的自我折磨的反省，所以他舍弃了这种毫无意义的“折磨人的”做法，而转向一种外部的行为，通过这种行为和效果，一个人可以更为有效地认清自己。“认识你自己，这不是你要考虑的事情；你是一个不可知的个体：只要知道你能做什么，就去做，就像赫拉克勒斯(Hercules)一样！那是你最好的打算了。”[4]

考虑到弗里德里希·尼采（Friedrich Nietzsche）那个众所周知的“上帝之死”的命题、他对理想主义的心灵或灵魂观念所持的强烈怀疑态度，以及他对基督教道德意识所要求的自我鞭笞做法的激越批评，他挑战自我认知这个传统禁令，将之视为心理上的病态、反常及事实上的不可能实现，就不足为奇了。“这种直指自我，这种对一个人之存在最深处的直接而粗暴的突袭，是种非常痛苦和危险的做法。一个轻易做出这种事的人所带来的伤害，没有医生能治愈它”，尼采在《身为教师的叔本华》中这样写道。[5] “事实上，一个人能知道自己什么呢？”《真理和谎

[1]　William James, *The Principles of Psychology* (Cambridge, MA: Harvard University Press, 1983), 1107.

[2]　Johann Wolfgang Goethe, “Sprichtwörtlich,” in Eduard Scheidemantel (ed.), *Goethes Werke* (Berlin: Deutsches Verlagshaus Bong & Co., 1891), vol. 1, 366.

[3]　Thomas Carlyle, *Sartor Resartus* (London: Chapman and Hall, 1831), 114.

[4]　Thomas Carlyle, Past and Presen, 2nd ed. (London: Chapman and Hall, 1845), 264.

[5]　Friedrich Nietzsche, “Schopenhauer als Erzieher,” in G. Colli and M. Montinari (eds.), *Friedrich Nietzsche: Sämtliche Werke*, vol. 1 (Berlin: de Gruyter, 1999), 340; 本人英译。“Schopenhauer as Educator”的英译本，参见 *Nietzsche: Untimely Meditations*, trans. R.J. Hollingdale (Cambridge: Cambridge UP, 1983), 129。

言之非道德论》这篇文章延续了这种看法。“自然会对他保留大部分的
79 秘密，特别是有关他的身体……目的是将其逐入并受困于妄自尊大的虚幻意识！”蒙田曾说，对自我的无知是上天赐予的有益天赋，作为对此看法的回应，尼采提醒说，“要命的好奇心很让人苦恼，它可能会间或透过意识房间的缝隙四处打量，发现那个对自己的无知无动于衷的人，仿佛在虎背上陷入梦境而不得自拔，肆意放任自己的无情、贪婪与凶残”[1]。在这里，尼采走出了为人熟知的担心，担心意识对局限性或罪孽的自省会带来痛苦的毁灭与麻痹，有力地预示了弗洛伊德的观念，对自我的无知，可让我们免于被那个更邪恶、更任性的无意识所伤害。

像歌德和卡莱尔一样，尼采更喜欢主动的修身行为，而不喜对内部的自省，于是便有了他著名的格言：“成为你自己。”尼采否认有一个固定不变的绝对自我来供人认识，转而提倡一种在趋向完美过程中出现的自我：“积极且卓有成效的天性，都不会像箴言‘认识你自己’那般去行事，它们面前仿佛始终悬浮着一条戒律：‘渴盼一个自我，那么你终将成为一个自我’……而消极、静观的天性考虑的却是它们已经选有了什么。”[2] 所以他总结说，对勇敢而强横的“修身”精神而言，“*nosce te ipsum*［即认识你自己］无非是毁灭的促成因素”[3]。

20 世纪像路德维希·维特根斯坦、威廉·詹姆斯及米歇尔·福柯等思想家则不同，他们改造了这种可塑的、构成性的自我观念，指出后者总是离不开完美的理想，渴望成为一个不同的更好的自我。詹姆斯划时代的巨著《心理学原理》（1890 年）彻底摒弃了这种超越性自我的观念，而将自我看作众多习性及其变化方式的聚合体。他的自我生长（self-development）的改良理想提倡一种“昂扬的精神状态”，大胆磨炼“主动

[1] Friedrich Nietzsche, “Ueber Wahrheit und Lüge im aussermoralischen Sinne,” in G. Colli and M. Montinari (eds.), *Friedrich Nietzche: Sämtliche Werke*, vol. 1 (Berlin: De Gruyter, 1999), 877; 本人英译。

[2] Friedrich Nietzsche, *Human, All Too Human*, trans. R.J. Hollingdale (Cambridge: Cambridge UP, 1996), 294.

[3] Friedrich Nietzsche, *Ecce Homo*, trans. R.J. Hollingdale (London: Penguin, 1992), 35.

的意志”以培养出“不断进取的个性品格”。[1] 据维特根斯坦自己坦白，他1914年参军作战并非出于对国家利益的考虑，而是强烈渴望借此“成为一个不同的人”，他改进自己的不懈努力及其哲学立场让我们明白了，为什么他的大部分著作都出版在身后，为什么他的笔记中会有这样的劝诫：“你必须要改变自己的生活方式。”[2] 福柯认为，自我改变而非自我认识，是哲学生活的指导目标：“对生活与工作的主要兴趣，是变成一个与原来完全不同的人。”[3] 正如维特根斯坦所讲的一样，自省存在令人痛苦的问题（“总是萦绕在我的脑海，纠结在一起，为了驱散荫翳，我必须总是把它们撕开”），福柯也强调我们的文化中存在令人痛苦不堪的自我审察这一惯习，它产生于自我认识的理想，为取而代之，福柯将修身作为高级典范。[4] 由于深悉沮丧的苦痛，两位哲学家都认真考虑过自杀问题。自杀正是维特根斯坦难忘的两位哥哥选择的解决办法，同时它也是让福柯沉迷其中的问题，他不仅试图这样做过，而且还研究过它，公开为自杀的合法性做过辩护。[5]

80

威廉·詹姆斯经常遭受忧郁症和相关身心疾病的侵袭，他曾向弟弟亨利（Henry）坦白说，自己想得到一个大学的教职，这样就会从“那些滋养哲学忧郁症的内省研究”中脱身出来。[6] 尽管他的《心理学原理》倡导、也证明了内省分析的精湛技能，但詹姆斯(如在先前章节提到的那样)

---

[1] See William James, *Principles of Psychology*, 1140; and *Talks to Teachers on Psychology and to Students on Some of Life's Ideals*. (NewYork: Dover, 1962), 143.

[2] Ray Monk, *Ludwig Wittgenstein: The Duty of Genius* (London: Penguin, 1990), 111-112; and Ludwig Wittgenstein, *Culture and Value*, trans. Peter Winch (Oxford: Basil Blackwell, 1980), 27.

[3] Michel Foucault, “Technologies of the Self,” in Luther H. Martin, Huck Gutman and Patrick Hutton (eds.), *Technologies of the Self* (Amherst: University of Massachusetts Press, 1988), 9.

[4] See Wittgenstein, *Culture and Value*, 57; and Foucault, “Technologies of Self,” 16-49.

[5] 关于维特根斯坦对自杀的关注，以及对戏剧性自杀于贝多芬故居的奥托·魏宁格（Otto Weininger）的崇高敬意，参见 Monk, *Ludwig Wittgenstein*, 19-25, 185-186. 有关福柯对自杀的沉迷参见 James Miller, *The Passion of Michel Foucault* (NewYork: Simon and Schuster, 1993), 54-55; 至于自我认识服从于修身或自我照护方面的意见，参见 Foucault, “Technologies of the Self,” 16-49。

[6] 有关“内省研究”的“哲学忧郁症”，见1872年8月24日詹姆斯写给弟弟亨利的信，载于 *The Correspondence of William James*, vol. 1, (Charlottesville: University Press of Virginia, 1992), 167。

却极力告诫说不要在实际生活中使用，这一点比福柯或维特根斯坦表现
81 得还要明确。詹姆斯写道，认真的内省会带来：

> 对自我的强烈感受，[这种感受]容易切断一个人真实想法与自动行为间的联系，我们可在所谓忧郁症这种心理疾病中得到极好的证明。一位忧郁症患者对自己满怀剧烈的痛苦情感。他感觉自己受到了威胁，他充满内疚，他觉得自己在劫难逃，他自己快崩溃了，他已完全迷失。他的头脑发僵，仿佛沉浸在自己遭际的感受中痉挛、战栗，而且在所有关于精神失常的书中你都可看到，通常他多姿多彩的思想之流此时都已停息不动。他的联想行为按专业说法来讲，是被遏止了；他的思维一动不动，彻底封闭，唯余内心一个单调的声音，反复倾说这个人种种绝望的境遇。这种遏制作用不能仅仅归因于他的情感是痛苦的这个事实。[1]

詹姆斯接着又说，我们一定要“从自我反省、只关注自我成效”“过度道德意识”以及“自我意识”的“遏制作用中”，解放出我们自己——我们的思想、意愿与行为。当然，一个人必须要通过缜密的研究和工作，自己先做好准备，不过另一方面，还须牢记他有效行为、自我表现与自我生长的准则：“抛开所有远虑，相信你的自发性。”[2]

四、当代心理学与多样化的自我反省

詹姆斯作为公认的现代心理学奠基人，其观点已在近来描写自省的心理文学中得到广泛印证。目前的研究分析了这种反省观念下的行为表现，不仅指出其负面的心理效应，并特别与富于创造力的人们的病态忧郁联系在一起。正如小说家威廉·斯泰伦（William Styron）回忆自己的忧

[1] William James, “The Gospel of Relaxation,” in *Talks To Teachers*, 108- 109.

[2] Ibid., 109.

郁症时所讲的话：

> 尽管忧郁症各有其不同来处，依然有足够的事实证明，具有艺术气质的人（特别是诗人）尤易罹患精神疾病——更为严重的情况下的临床表现说明，其中百分之二十的患者有过自杀的经历。整个现代时期仅有少数就此倒下的艺术家被记载下来，构成了这个令人悲伤却又耀眼的名录：哈特·克莱恩（Hart Crane）、文森特·凡·高（Vincent van Gogh）、弗吉尼亚·伍尔芙（Virginia Woolf）、阿希尔·戈尔基（Arshile Gorky）、切扎雷·帕韦泽（Cesare Pavese）、罗曼·加里（Romain Gary）、维切尔·林赛（Vachel Lindsay）、西薇亚·普拉丝（Sylvia Plath）、亨利·德·蒙泰朗（Henry de Montherlant）、马克·罗斯科（Mark Rothko）、约翰·贝里曼（John Berryman）、杰克·伦敦（Jack London）、欧内斯特·海明威（Ernest Hemingway）、威廉·英奇（William Inge）、戴安·阿勃丝（Diane Arbus）、塔杜施·博罗夫斯基（Tadeusz Borowski）、保罗·策兰（Paul Celan）、安妮·塞克斯顿（Anne Sexton）、谢尔盖·叶赛宁（Sergei Esenin）、弗拉基米尔·马雅可夫斯基（Vladimir Mayakovsky）——这个名单还会延续下去。[1]

82

新近的心理学研究将创造力与忧郁症联系在一起，并暗示说自我反省是产生这种关联的潜在原因。调查结果表明，“负面情绪会逐渐助长自我反省的沉思……诱发性的自我反省的沉思，反过来又会不断增加负面的情绪”，而且比起常人来，善于自我反省的人往往有更多的创造力，却也更容易罹患病态的忧郁。正如对缺点的负面评价——严苛自省的典型做法——与抑郁感受之间往往具有因果联系，创造力之所以能持续增

[1] William Styron, *Darkness Visible: A Memoir of Madness* (NewYork: Random House, 1990), 35-36. 斯泰伦（Styron）也记载了普里莫·莱维（Primo Levi）的自杀，进而暗示说，兰德尔·贾雷尔（Randall Jarrell）和阿尔贝·加缪（Albert Camus）表面上的意外死亡，也带有明显的自杀意味（第22—23、30—32页）。我们也应该能想到，将自杀定义为“一个绝对严肃的哲学问题”的加缪曾提醒说，“损害随思考而至”。见 Albert Camus, “The Myth of Sisyphus,” in *The Myth of Sisyphus and Other Essays*, trans. Justin O’Brien (New York: Random House, 1955), 3-4。

长，是由于自省者太过看重自己，故而有更充足的动力进行独特的创造性表现。除此之外，他们持久的自省实践会让思考变得更为流畅（衡量这种流畅程度的标准，是一定时间跨度内新思想的产生数量），进而不断促进了创造力的增长。[1]

将自省、自我认识与忧郁症联系在一起的观点，尽管已在经验层面得以证实，但我还是要为自我反省的价值做出辩护，建议大家在这种反省的方式与效用方面，比反对者（或支持者）做出更为仔细的剖析。首先，我们应该像苏格拉底一样认识到，所有切实可行的修身与改造计划，第一步都需要知道自己是什么，这样才能清楚自己要改变的是什么，以及是否正在改变，或者是如何改变的。知道一个人的前进目标，有助于他了解自己所处的位置。改正一个坏习惯的前提是要知道究竟什么是习惯。正如詹姆斯所讲，假如自我是一个可塑性的习惯聚合体，[2]那么，自我修养的重要前提，即是探究清楚目前这个自我的限度，这样才能掌握需要改变的内容和方向。也正如维特根斯坦所主张的那样，“如果一个人不想沉落于自我当中，毕竟那很痛苦，就必须维持在水面之上”[3]。

83

如果仔细研究下尼采我们就会发现，他也不是全盘否定自我反省，因为他的修身理想中也包含了一定程度的自我认识。“我们每个人自身都拥有一种极具创造力的独特性，这是其存在的核心；一旦注意到这个核心，他周遭就会出现一圈奇异的光晕，这也正是其独特性的标志”，在《身为教师的叔本华》中尼采这样写道。对这种独特性的认识至关重要，它是你修身以迈向更高自我的动力，这需要借助那些杰出作者的帮助，他们一方面启发你认识更高的自我（即尼采所谓“你自己的真正自我”

---

[1] P. Verhaeghen, J. Joormann, and R. Kahn, “Why We Sing the Blues: The Relation Between Self-Reflective Rumination, Mood and Creativity,” *Emotion* 5 (2005): 226–232. See also S. Nolen-Hoeksema, “Responses to Depression and Their Effects on the Duration of Depressive Episodes,” *Journal of Abnormal Psychology* 100 (1991): 569–582; and S. Nolen-Hoeksema and J. Morrow, “Effects of Rumination and Distraction on Naturally Occurring Depressed Mood,” *Cognition & Emotion* 7 (1993): 561–570.

[2] James, *Principles of Psychology*, 109.

[3] Rush Rhees, ed., *Recollections of Wittgenstein* (Oxford: Blackwell, 1984), 174. See also Wittgenstein, *Culture and Value*, 49: “一个人误判自己，就永远不会进步。”

或“你的真正天性”)，另一方面在这种孤独的自我专注中，可以帮你免于“忧郁和沮丧”。[1] 甚至就自我塑造过程中的虚构与隐瞒现象来谈修身问题时，尼采也认为这种机巧的风格化做法需要自我观察和自我认识。一个人必须：

> 勘察［其］天性中所有的长处与弱点，之后将之纳入某种艺术规划当中，直至其中每一个因素都显得很是艺术化且颇具道理，即便弱点也仿佛赏心悦目。这里多加些第二天性，那里废弃掉一部分本性——二者均需长期的实践和大量的工作。这里不能移除的丑陋之处被掩盖；那里的丑陋得以重新阐释，显得很是崇高。[2]

如果自我改造一定要起始于对既定自我清楚、明晰的认识，那么我们就能理解维特根斯坦为什么坚持说，“忏悔必然是你新生活的开篇”，因为“一个人误判自己，就永远不会进步”。[3]

其次，由于许多自我反省的拥护者和实践者明显没有受到任何忧郁症的困扰，这样，自我反省与抑郁症之间似乎就没有什么必然的联系。故而我们需要更多的细心，核准自省引发病态抑郁的条件与方式。其中的一个条件好像是对负面东西持续不断且无法控制的关注——负面的判断，负面的情感，对负面未来充满压抑的恐惧，以及对一个人空虚生活的全面否定等。忧郁的黑太阳熊熊燃烧，在其持续不断挥发出的昏暗之下，积极的方面与希望等统统黯然失色，或者云消雾散。 84

然而，负面性本身或许并不是忧郁症患者反省时最令人沮丧的方面，更糟糕的恐怕是这种内省（rumination）无法控制、令人欲罢不能的特点。因此康德界定抑郁的忧郁症（the melancholia of hypochondria）或忧郁的抑郁症（这两个术语正如斯泰伦所讲，19 世纪前可以互换使用）时，根据的正是心灵“无力掌控其病态的感受”，无法任意将“徘徊不去的”注意

[1] Nietzsche, “Schopenhauer as Educator,” 127, 129, 143, 144.

[2] Friedrich Nietzsche, *The Gay Science*, trans. Walter Kaufmann (New York: Vintage, 1974), 232.

[3] Wittgenstein, *Culture and Value*, 18, 49.

力从“虚拟的疾病”及想象的“不适”上转移开。[1] 那么，核心的问题便是心灵在意志力方面的薄弱，这种意志力在我们被迫去“关注精神和身体症候”时，却无力阻止。[2] 这种控制思维走向及阻止它不断滑向消极的病态方面的无能，会持续滋生极为无助的负面感受，进而又加剧了一个人的负面情绪与被动无为，于是就很难让他的目光转到积极的思想与行为上来，以改变其病态的境遇。

当代心理文学借助一些精确的术语来描述内省的特征，借以强调忧郁症患者自我反省的这个被动而难以控制的维度。苏珊·诺伦-霍克西玛（S.Noelen-Hoeksema），是一位抑郁症与内省关系方面（证明了在女性那里二者特别常见而牢固的关联）杰出的研究者，她将内省定义为“被动而持续地关注一个人的焦虑症状”，并明确指出，女人更有可能表现出这种不由自主的过度关注，因为在这个世界上，她们相对男人而言更缺少对它的掌控感，同时疗治措施也大受限制。[3] 可是，自我反省一定是被动且无法控制吗？难道就不存在这样的自我观察，可以表现并助长对精神关注的积极、训练有素的强大控制吗？在自省、自我认识的传统哲学观中，就没有磨炼精神关注、敏锐度及意志力的内容吗？

85

无论在亚洲还是西方，其实都早就有自我反省的冥想训练（meditative disciplines）传统，其存在价值长期以来也得以证明，那些坚持不懈的实践者借此训练，增强了自己的精神关注力、意志力、心灵的宁静、灵魂的幸福与身体的康健（包括极大的快乐）。现在的心理学研究也开始认识到，自省或“个人自我意识”涉及多种多样的动机、风格与兴趣点，故而不该狭隘地将它与消极被动、加剧抑郁的内省等量齐观。研究表明，神经质的自我专注（或**内省**）与理智好奇的自我专注（或**反省**）有明显不同，如果说前者明显是恐惧与焦虑的诱因，与忧郁症有关，那么后者基本上是由活跃而积极的好奇心所起，与负面感受没有太大关系，而主要同涉

[1] Kant, *The Conflict of the Faculties*, 187, 189; and see Styron, *Darkness visible*, 44.

[2] Kant, *Reflexionen zur Kritische Philosophie*, 68; 本人英译。

[3] S. Nolen-Hoksema, J. Larson, and C. Grayson, “Explaining the Gender Difference in Depressive Symptoms,” *Journal of Personality and Social Psychology* 77 (1999): 1061–1072.

及意志力与心理掌控的“自控”“自觉”有关。[1]

新近其他实验心理学与神经心理学证明，冥想训练（包括自省训练）可有效缓解焦虑症、忧郁症及恐惧症，因而在冥想问题时能带更多积极的情绪反应。[2] 更多的实验结果证实了这种积极效果的神经学依据。在确定积极的情绪和“达观的情感类型”与大脑左前额叶的高层次激活作用，与流感疫苗的高能抗体效价（antibody titers）有关后，科学家们声明，八周的冥想训练疗治对象相比非冥想实验者，不仅显示出更高能的左前激活效果（left-sided anterior activation），而且抗体效价也有明显增长。[3] 这些研究显然是说，自控的冥想训练形式，可以改善我们的心理健康及心理功能。

86

认识到内省的强迫性为其病态的关键因素，可以帮助我们明白，责怪自我认识有害于精神健康，绝大多数情况下，是错误地将这种认识归为自我意识自省时持续且不均衡的过度使用。好事很多时候变成坏事，自我反省也是如此，其好坏依赖于使用它时的环境与方法的恰当与否。这里有必要想一想阿波罗德尔斐神庙“认识你自己”这句箴言边上刻的另一句箴言：“凡事勿过度（nothing too much）”，它似乎是在强调，在理解和使用第一句箴言时，要有个度。[4]

---

[1] P. Trapnell and J. Campbell, “Private Self Consciousness and the Five-Factor Model of Personality: Distinguishing Rumination from Reflection,” *Journal of Personality and Social Psychology* 76 (1999): 284–304.

[2] See, for example, J. Kabat-Zinn et al., “Effectiveness of a Meditation-Based Stress Reduction Program in the Treatment of Anxiety Disorders,” *American Journal of Psychiatry* 149 (1992): 936–943; and J. Kabat-Zinn, A. Chapman, and P. Salmon, “The Relationship of Cognitive and Somatic Components of Anxiety to Patient Preference for Alternative Relaxation Techniques,” *Mind/Body Medicine* 2 (1997): 101–09. 此处所采用的冥想训练包括瑜伽、身体扫描和打坐。

[3] See Richard J. Davidson et al., “Alterations in Brain and Immune Function Produced by Mindfullness Meditation,” *Psychosomatic Medicine* 65 (2003): 564–570; and Richard J. Davidson, “Well-Being and Affective Style: Neural Substrates and Biobehavioural Correlates,” *Philosophical Transactions of the Royal Society Series* B 359 (2004): 1395–1411.

[4] 第三句德尔斐箴言：“随意起誓，麻烦将至（Give a pledge, and trouble is at hand）”或许也可以解释为，在重申面对某一目标时不加变通的轻言许诺所带来的危险。

五、身体的自我意识

除自省意识中自控的不同类型、动机、程度、背景与水平之外，也要注意到自控兴趣点的不同。其中一个非常重要的不同是，人们是专注于自己的经验，还是在考虑别人眼中的自己（不论是身体外观、性格、社会地位，还是整体形象）。而且在一个人的自身经验里，有些人可能希望区分开的，是对一个人心灵、性格或灵魂，还是对其身体感受的审查。回想一下康德和新柏拉图主义者，他们是如何在灵魂反省的神圣职责与身体反省的病态堕落之间做出比照的。和那些提倡并实践身体反省训练超过十年时间的人一样——我不只是作为从事身体美学的哲学家，同时也作为一位费尔登克拉斯肢体放松法的身体训练师，加入了为身体自我意识与自我反省辩护的行列当中，反对一味地谴责它们代表着孤僻的自我中心主义、病态的被动性、经常性的意志薄弱、忧郁的抑郁症，以及会破坏有效行为等。因为在别的地方已经做过很多详尽的辩护，所以在这里，我只是集中概括一下身体自我意识与自我认识传统及忧郁症问题的特定联系。

首先我们应该注意到，我们西方的哲学传统中有些人是身体反省意识的提倡者，比如蒙田、尼采、杜威等，他们从不同方面启发了我的身体美学研究。蒙田称颂身体反省意识可以用来增加我们的感觉快乐，只要我们对它们“给予更多的……关注”，所以他鼓励我们“冥想一切满足”，以便它能给我们带来超出“感官”之外的回馈（M，第853、854页）。尼采批评自省意识的无效性及有害性，这与他劝告我们增强对身体问题的自我认识形成独特的对比。抱怨“人并不了解生理方面的自己”之后，尼采建议把“身体…… ［当作］ 出发点”，因为“身体，作为我们最大的个人财富，我们最明确的存在，一句话，我们的自我”，相比那些缥缈的精神或灵魂观念，能给自我认识带来更多的信心与希望。[1] 尼采断言，身体是“一位默默无闻的智者”，拥有的“道理远高于你最大

87

[1] Friedrich Nietzsche, *The Will to Power*, trans. Walter Kaufmann and R.J. Hollingdale (New York: Random House, 1967), 132, 133, 271 , 347, 348.

的智慧”。[1]约翰·杜威尽管很清楚内省思考的危险，却依然热情地倡导并实践“自觉而积极的控制性”的亚历山大疗法，极度关注某些身体姿态与动作维度，以便更清楚地了解我们习惯的行为（及思维）方式，并由此牢固奠定了改善它们的认知基础。[2]

此外，近年来的心理学研究使用了冥想方法，来证明受过训练的自我意识在缓解焦虑症、恐惧症、忧郁症以增强情感恢复力中的良好作用，这些方法主要利用的是身体意识：瑜伽、身体扫描及打坐（需要高度专注一个人的呼吸，把心从其他想法中收回来）。对此我们不必惊讶，假使瑜伽、禅宗打坐及其他身体感觉反省系统训练，确实能导致康德和詹姆斯担心的精神衰弱、病态内省和忧郁症，它们就绝不会历经诸多世纪的考验在那么多国家长盛不衰。

88

我自己在日本的禅宗训练经历告诉我，让意识高度集中于呼吸或其他身体感受（比如一个人漫步冥想时双脚与地板的接触），借此，有条不紊的身体感觉反省，是如何增强一个人的心灵与意志力的。正如詹姆斯所要求的那样，意志力需要牢牢地将注意力放在目标上，抵制心灵容易漫游的自然倾向。我们随进化而来的本能及习性、嗜好，会促使我们专注于变化万千的外部世界及其激发出的流动不居的知觉，而非始终如一地专注眼下的呼吸体验。纵然顷刻间我们将注意力拉回到呼吸上来，但很快就会分心到其他东西上面。因此，让一个人的注意力完全集中在我们的呼吸体验本身或任一个身体行为上，是件极其困难的事情。长期的身体感受专注度训练，通过训练我们注意力持久的专注度，阻止其散逸，就能强化我们的意志。呼吸与身体是这种专注度训练的理想对象，因为它们一直在那里期待着关注，即便是在我们的心灵总是无视它们，跑到其他更有趣或劳神费力的对象那里的时候。于是，强化

[1] Friedrich Nietzsche, “Thus Spoke Zarathustra,” in *The Portable Nietzsche*, trans. Walter Kaufmann (New York: Penguin, 1976), 145, 146–147.

[2] 回想一下杜威曾说过的话，他“必须要控制”其内省的“方向”（引自本书第 65 页注 [1]），这就在自我认识中受过训练的身体反省与对个人生活的随意内省之间，做出了有益的区分。有关杜威对亚历山大疗法的称颂与运用，参见 Richard Shusterman, *Body Consciousness: a Philosophy of Mindness and Somaesthetics* (Cambridge: Cambridge Universily Press, 2008), ch. 6。

后的注意力就可以从一个人的呼吸或身体重心那里转移开，获得更具一般性的应用，去更好地操控我们的思想，令其远离那些病态的强迫症倾向。

对身体反省的病态特性存有挥之不去的担心，这是我最后要正视并解决的问题。基督徒、柏拉图学派及理想主义者反对身体反省的理由，往往在于身体本身的脆弱与缺陷。相对于令人激动不已的高贵、不朽甚或灵魂的圣洁，专注于肉体自我的反省会助长自我贬损与自暴自弃，其仅有的价值无非是驱使我们抬头仰望神圣的灵魂。然而，纵使不去祈望这样一种灵魂，身体的自我关注靠提醒自身终有一死及肉体的局限，我们就一定不会沮丧了吗？这里我只想说，我们不该不切实际地寄望于我们无权寄望的某种圣洁与完美，我们不会因没有它们才沮丧颓唐。纵使我们并未假定有神一般完美的身体（永生不朽，没有任何痛苦、疲劳或缺陷），我们也有足够的理由为我们的身体自我的珍奇而充满感恩，那是虽然脆弱但依然令人惊叹的复合体，其作为我们实际所是的生物、社会、心理以及文化元素组织，运转得那般完好而美妙。

89 不仅是诗人，即便像约翰·杜威这般古板的哲学家，也热情奔放地咏歌身体自我，把敏感的活生生的人类身体描绘成“宇宙万事万物中最奇妙的存在”，并谴责了一种错误的观点：严谨的身体关注“在某种程度上是对高等生活的背叛”。在称赞亚历山大注意力高度集中的自我反省疗法时，杜威断言，这种方便身体自我使用的做法一旦得以广泛普及，个人包括他们构成的社会，均会随自我认识与自控的深入，随一个人意志与思想无可避免地具身化，而变得愈发健康。[1]

在反驳对身体反省的恐惧方面，也就是担心身体反省会自曝其短、伤害自尊并导致忧郁症方面，还有一种较为激进又似是而非的做法。佛教徒选择的做法就是用这样的反省，来否定一个牢固、自主性个体自我的终极实在，认为正是它的缺陷会导致深度忧郁症。用这种办法，自我表面上的持久性与个体性——通过集中身体意识——被用心地融入一

[1] John Dewey, *The Middle Works*, vol. 11 (Carbondale: Southern Illinois University Press, 1982), 351.

个由不同成分（液体、固体及气体）组成的疏松、凌乱的大杂烩，这些成分短暂即逝的组合造就了这么一个无常的脆弱结构体，我们称之为身体自我，并错误地将其与随机造出它的尘世世界其他部分对立起来，可是若无此世界提供的原料与能量，它就什么也不是。让我用佛陀（Buddha）布道时提倡增强身体正念的一段话结束本段：

> 一位比丘（bhikkhu，行乞者）反省的正是由皮肤封装、充满各种秽物的身体，由头至脚，于是思考："这具身体上有头发、体毛、指甲、牙齿、皮肤、肉体、肌腱、骨骼、脊髓、肾脏、心脏、肝脏、膈膜、脾脏、肺脏、肠道、肠系膜、胃、粪便、胆汁、黏液、脓、血液、汗水、脂肪、眼泪、油脂、唾液、鼻涕、滑膜液、尿。"……就这样，他过着观察身体的生活。[1]

佛陀这样总结道，我们深知这样的自我认识并非开释忧郁的良方，但却是从自我的牢固而持久、令人极度沮丧的幻象中的一种解脱，这种幻象让我们的个体自我，存在太多不当的自以为是与自我中心。[2] 作为对第二句德尔斐箴言的回应，凡事勿过度，或许以此收束这个略长的一章是合适的。

90

[1]　See Walpoa Rahula, *What the Buddha Taught*, 2nd ed. (New York: Grove Press, 1974),111.

[2]　在自我认识的求索中，自我中心的自我专注（self-absorption）是种真正的冒险。正如杜威准确评说的："许多好词一旦加上前缀自我，就变味儿了：比如像怜悯、牺牲、控制、爱这样的词。"虽说他没有把认识列入进来，但却解释了这个前缀为什么有害："自我这个词会让它们染上一成不变的内向性与隔离性。"他对自我控制这个词的担心便是，假如极端一点儿，它就会遏制"自我充分解放时出现的"良性"成长"。见 John Dewey, *Human Nature and Conduct* (Carbondale: Southern Illinois University Press, 1983), 96–97。

第四章　肌肉记忆与日常生活中的身体感觉病状

一

91　“肌肉记忆”作为一个专门术语，日常交流中通常指的是具身化的内隐记忆（implicit memory），会在下意识中帮助我们执行各种不同的运动指令，那是我们以某种方式从习惯中养成的，或是通过明确的自觉训练，或仅仅是从先前不断重复的经验中无心、随意甚或无意识的习得。用科学术语来讲，这种记忆往往被称为“程式化记忆”或“自动记忆”，因为它可以让我们自动或自发地完成各种自动程式与技能，而无须深思熟虑地考虑下一步程式该怎么做，也无须清晰推算、识别与完成此程式所需的每一步骤，以及如何一步一步走下去。走路、游泳、骑自行车、系鞋带、弹钢琴、开车、打字，均为这种肌肉记忆自动行为技能的范例。更准确地说，这些自动技能应该称为感觉运动（sensorimotor），因为其中涉及感性知觉与运动行为密切协作，而且，由于这些技能明显依赖于个人中枢神经系统深处的运动图式或模式，所以所谓肌肉记忆中的记忆核心引擎，并不简单是身体上的肌肉，还包括大脑神经网络。

尽管如此，“肌肉记忆”这种称谓还是根深蒂固的，或许这是因为它具有某些修辞方面的功能。肌肉意味着与心灵相对的身体，正如肌肉力量往往与心力相对，或者肌肉男通常与书生相对。由于智力 / 体力这
92　种习以为常的对立，肌肉记忆因而就有了无须动脑筋这层意思。[1] 然而，

[1]　这里我应该解释下肌肉记忆的另一层意思，它指的是这种现象，即一个人停下长时间的举重训练，一会儿之后再重新开始，此时，他先前经过训练的肌肉相比于初次训练，能更容易、更快地恢复到先前的大小与力量水平，仿佛肌肉对此有所记忆。

说肌肉记忆无须动脑，仅在我们将心灵等同于专注，即等同于明晰、精细而专注的意识或深思熟虑、反省意识时，才能成立。内隐自动记忆的程式化或执行性工作（performative tasks），时常需要也显示出相当程度的精神技能与智慧，比如，一个好的钢琴家在演奏时，不仅需要自发性，也需要敏锐的审美专注。聪慧的心灵在证明自己超出明晰意识疆域的同时，肌肉记忆也充分显示出心灵的具身化特征，以及身体在记忆与认知中的重要作用。

我们执行性肌肉记忆的常规身体技能，完全可以不假明晰的思想或思虑而灵活地展示出来，这种想法在当代哲学重新认识身体及习惯方面，起到了极为重要的作用，且可以回溯到威廉・詹姆斯、约翰・杜威这样的实用主义者，以及像莫里斯・梅洛－庞蒂这样的现象学家于此所做的工作。在称颂身体在知觉、言谈、艺术及其他行为中表现出的具有强烈目的性却又不假思索的自发行为时，这些哲学家也认识到，这种灵活的自发性并不仅是未经训练的习惯行为，而且也出自那种可以习得的累积性的身体习惯，即我们时常称之为肌肉记忆的东西。由于身体自我主要是通过目的性的智慧呈示自己的存在，而“身体”又往往被视为纯粹的肉体，所以我用 soma 这个术语来指称有感知能力的自觉而敏锐的活生生身体，它也正是身体美学跨学科研究的重心。

肌肉记忆执行性的程式化技能，不过是深植于身体内众多不同的内隐记忆的一种。虽说这种记忆的习惯与技能极受赏识，也很有用，但同时也养成了我们一些坏的肌肉记忆习惯，其中许多没有得到应有的重视，这不只是由于其内隐特点，还因为它们的不良影响通常还未达到足够引起我们重视的程度。这种肌肉记忆习惯（尽管未被察觉且看起来还不错）会损害我们的身体感知能力及其后续经验与行为。若想解决这个问题，需彻底改变内隐记忆的结构，通过重建加以改善。探究过身体在不同内隐记忆中的功能角色之后，本章先分析它所引出的一组日常问题，之后指出，如何采用强化身体意识的方法来处理这些问题，让内隐的记忆清晰起来。

93

二

1. 或许最基本的内隐记忆是对个人自我的记忆，即那种维系个人同一性（identity）的内隐感觉。当我早晨醒来，甚至睁开眼之前，就带着昨晚同一个人的内隐记忆（作为一种内隐的感受）。我不必明确提醒自己我和他是同一个人，也不必清楚地了解或考虑酷似所带来的感受；然而，这种身为同一个人的感受却伴随着我，为描述对自我的感觉和对世界的知觉提供了一个基础与中心。这种内隐的连续性的身体记忆或感受在威廉·詹姆斯那里得到验证，他认为这正是个性、意识统一甚或更为重要的思想连贯性的基础因素。

詹姆斯说，感觉自己和先前（哪怕是刹那之前）那个人是同一个自己的内隐感受，必然是一种身体感受。正像他在《心理学原理》中所讲，我们的思想之所以成为我们的思想，是因为“在我们思想的时候，我们感受到了作为思想中心的身体自我。如果思想是我们的思想，其所有部分就必须充盈着某种独特的亲密与温煦”，这种感受来自同一身体的内隐记忆，是“一直就在那里的同一个谙熟的身体所带来的感受”，即便这具身体从严格意义上讲总是在变化也没关系。[1] 詹姆斯坚持认为，这种感受同一个身体的内隐记忆，有助于“在我们连续意识到的所有东西之间建立一种联系”（PP，第 235 页），进而通过与“每个人都客观存在的经验核心，即其身体”这个隐约间感受到的“持续性知觉对象”的联系，将错综复杂的经验组织并统一起来。[2]

94

2. 如果说内隐记忆的一个基本类型是身为同一人的自我记忆，隐约记得自己是谁的记忆，[3] 那么，第二个重要类型是要记得自己在哪儿；

[1] William James, *The Principles of Psychology* (Cambridge, MA: Harvard University Press, 1983), 235; 后文缩写为 PP。

[2] William James, *Essays in Radical Empiricism* (Cambridge, MA: Harvard University Press, 1976), 33; 后文缩写为 RE。

[3] 知道自己与过去那个不同的自己是同一个人，这种认识自己所依据的内隐记忆，需要一个人借助对具体的姓名、年龄、性别、职业这类个人身份信息清晰的描述，来记住他是谁。对这种描述性信息的系统阐释，自然需要清晰思想的介入，然而这需要以自我的内隐记忆为基础，在被问及的时候他要能想起这些描述。

而且这种记忆往往要求隐约记得自己从何处出发，又要往哪里去。我们都有行走于一条熟悉路线上的经验——比如从自己的办公室到几街区外的书店——突然间意识到自己已经到达目的地了，甚至不用考虑或清楚记起所走的路线。道同此理，当我们到达这个书店的时候，我们还隐约记得熟悉的书店的印象和布局，不必有意在记忆中搜寻。这种内隐的方位记忆当然深植于我们的身体之内，基本能确定一个人的地点和方位感：一个人在此世界中的视角及方向坐标。

正如我们在先前章节讲过的那样，我们之所以能认识这个世界，主要是因为我们凭借身体蛰居其中。因为我作为一具身体也是这个世界上万事万物中的一员，所以这个缤纷世界也就呈现在我面前，并可以被我隐约地理解。由于身体作为主体也受到这个世界的客体与能量的影响，所以也就吸收并隐约记住了它们的规则，并能记起空间与地点特征，而无须有意的追忆或反省。为了看清任一地方（或任一东西），一个人必须得从一定的视角、一定的位置去看，这种视角与位置决定了观察的向度，以及上下、前后、左右、内外的意义。人的身体提供了这种视角——其坐标原点或起点，靠的即是定位一个人所居空间的位置及向度。而且，身体也给予了我们空间感，因为这种感觉出自我们在空间中移动的经验，即基于身体移动的某种经验与能力。

作为一个整体性的感觉运动主体，身体还以另一种方式证明了自己在空间记忆中的关键作用。与其他一些知觉维度不同，我们的空间感不直接依赖某一特定的感觉器官，而基本是多种感觉综合表现的结果，这种表现会通过某种或内隐或明晰的学习过程，逐渐勾勒出一幅空间地图(spatial map)。在内隐性的学习过程中，一幅空间地图的构成无须特殊的关注或清晰的意识工作，只需通过身体不假思索的空间知觉，即可知悉并记住某处空间。借助内隐记忆，而无须在明晰的思想中有意识地反省空间标识，我们不仅能记住我们所蛰居的空间，记得如何顺利走过那些空间的路途，我们甚至还第一次认出并学着记住了某处空间，这里依赖的是内隐的手段——不用有意、费力地去记，也不用有意去明晰地了解这个空间。实验研究已经证明了我们从日常经验中所了解到的东西：尽

95

管明晰的专注有助于一个空间地图的形成与稳定，但通过那种不假思索的环顾——一个动物在某处空间住、行时表现出来的——也能取得相同的效果（尽管效率不那么高）。[1]

身体本身的不对称性，突出并强化了它在理解和记忆空间时的重要作用。身体的正面不同于后面，上面不同下面；这些不对称性体现在不同的记忆功能中。研究表明，相对于前 / 后、上 / 下这种不相对称的身体部分，恢复左右的空间记忆（对称的身体部分）难度较大。对直立的观察者而言，头 / 脚对称轴是最容易记起来的空间信息，因为它“和这个世界仅有的非对称性坐标轴，即万有引力造成的对称轴是对应的关系”。但在躺卧的时候，观察者最快想起的则是前 / 后坐标轴的信息，因为这时它大体上对应于能见与不能见的坐标轴。[2]

有些时候，我们会将场所与纯粹空间区分开，把前者视作具有独特价值或意义的标志（家、学校、体育场、购物中心或停车场等）。这种意义上的场所，有助于我们将场所这个较为抽象的概念，定义为一个令运动得以可能的一般区域（在这里，场所代表了行人可以驻足暂停的明确地点）。同样，我们也可以将空间与场所记忆区分开，掌握后者相对容易，前者则更为有用。比如，我们隐约记得，在某个地方要向右转，因为我们隐约记得拐角有家咖啡馆，那是我们之所以要向右拐的地方。身体通过对某一地方的记忆感觉（咖啡的清香，需要绕开门外的桌子等等），在这种记忆中起到了核心作用。

有些地方留有太深的身体感受印记，以至不论何时走进这个地方，我们都会不由自主地唤起这种印记。我做系主任的那段时间压力非常大，每次走进办公室，哪怕是假期，一想起繁重的工作及其压力就不由得发抖，我不可能放松下来，除了行政工作也不可能考虑任何其他事情，甚至我基本从这个岗位上脱身之后也是如此。我对那个地方的肌肉记忆是自动触发的，它会让我呼吸急促，姿态僵硬，尽管也会让我隐约

[1] Eric R. Kandel, *In Search of Memory* (NewYork: Norton, 2006), 312–313.

[2] Barbara Tversky, “Remembering Spaces,” in *The Oxford Handbook of Memory* (Oxford: Oxford University Press, 2000), 371.

记起在哪里可以找到必需的工作用具。当我和其他人在我办公室的时候，值得一提的是另一种记忆（内隐或明晰的），可以归为空间与场所一类——情境记忆。

我的主任办公室是个千篇一律的情境类型场所，比如面试求职者，或单独约见年轻同事，讨论他们的职称进展和聘任期限等。对这般情境的内隐身体记忆，给了我平顺的自发性（即没有审慎思考带来的笨拙、迟疑），让我能恰如其分地同对话者打招呼，给对方准备舒适的椅子，采用这种情境所需的恰当姿态、语气、举止——在此情境下一个人必须要显得温和，善于鼓励人，但同时还要表现出行政地位与职责所要求的冷静客观。身体在数不胜数的情境下，均行使着这种内隐的情境记忆功能。运动为此提供了极好的例证；老练的运动员会自发意识到（借助内隐的身体记忆），在什么情境下该传球，以怎样的速度、怎样的弧度传给谁。

3. 具备深厚身体基础的第三种内隐身体记忆类型，或许可以限定在人与人之间，或者范围放广一些，限定在身体之间，将动物这样的非人类伙伴包括在内。我们需要扩展与其他身体的交往和反应方式，这些关联方式会融入我们的肌肉记忆当中，形成习惯的姿态与行为模式，我们面对其他身体的时候，就会自发想起并重复这些姿态与行为，只是根据语境稍作适当改变。你是否曾注意到，在你和爱人或长期情人在不同卧室的不同床上时，你们似乎总是沿相同方向躺在一起，并且喜欢躺在相同一侧？你不曾仔细考虑过你该躺在床上的哪一边；而且出于某种原因，假如你发现并未躺在自己习惯的那一侧，你可能会感到古怪或者不适。同样的道理，当彼此手拉手或手挽手一起散步的时候，夫妻或情侣们都会不自觉地选择自己习惯的一侧。这些习惯性的姿势无须静思熟虑，就会带来舒适的熟悉感受，此感受虽无法清晰认知，对我们经验的影响却无处不在。不同身体之间的相互协调，在马与骑手、人和宠物那里同样可以见到。

97

由于情绪深植于我们的身体之内，我们的内隐记忆就必然会染上情感色彩。在遇到陌生人的时候，我们会将这些交互记忆及相应的身体姿态带入进来，这也正是为什么在陌生人隐约唤起积极或负面记忆时，往往会即刻激起我们内心深处情感的原因。丹尼尔·斯特恩（Daniel N. Stern）在婴儿人际交往方面的大量研究表明，这种身体交往方式从婴儿时期就已经开始了，而且这些早期交往图示，会有效融入肌肉运动、认知与情感内容当中。[1]凭借这种身体模式与协调功能，我们甚至早在掌握语言表达能力之前，就自发开始学着理解并进入人际交往生活。这种身体之间的记忆，尽管最初是在同父母（大多数情况下是母亲）及其他特定人群交往中形成一定的模式，但也会随后来的经验得以一般化，也会做出些调整，并于不知不觉间汇入综合的具身化习惯结构当中——情感、认知、社会、姿态以及自动性的意向结构，这些都紧密纠缠在一起，从而构成一个人的基本个性。

在我看来，这种内隐的情感交互身体记忆，有助于解释为什么族群、种族间的矛盾，会对理性的容忍看法有那么大的抵触。因为这些偏见深植于内隐的情感深处及不舒适的肌肉记忆当中，而不为我们充分所知，甚至我们根本没意识到它们的存在，没意识到它们所导致的偏见，即便其他人在我们行为中发现了它。父母们也许不说一句话，也没明显表现出任何这种偏见，只是不经意间就给孩子们灌输了这种情感，可能就是简单的微妙姿态和不舒服的表情，孩子们就注意到了，并有了影响。[2]

98

4. 我们的人际关系是在较大规模的社会背景下展示出来的。如果人与人之间的内隐记忆在某种程度上已经包含了社会性，那么，我们也就可以就其持有、回想或重现的特定社会角色，辨识出某种具有比较独特社会形式的内隐记忆。这种社会角色往往与某种独特的具身化形式有关。我记得在以色列服兵役时我们部队司令部一位少校教官的例子。尽管以色列军人的典型动作较为放松，反映出一般的身体（及多数军人的）意识——提倡灵活、多变、柔韧，但我们的少校教官却尝试加入那种笔直的姿态，以及一些僵硬、机械的动作，这些更多出自传统的部队训练

---

[1] Daniel N. Stern, *The Interpersonal World of the Infant* (New York: Basic Books, 1985), ch.6-7.

[2] Richard Shusterman, *Body Consciousness: A Philososophy of Mindfulness and Somaesthetics* (Cambridge: Cambridge University Press, 2008), ch. 4.

习惯，因而也限定了他所特有的社会角色。甚至在他没有执行公务时，我们也总会不由自主地想到他僵硬的身姿与步态，哪怕只是在很远的地方，看到的只是他的背影。

其他社会角色也有其特有的具身化形式。一位警察、法官、医生，均有各自不同的职权，事实上也给予了他们不同的具身化形式。若想成功扮演好自己的角色，他们需要具备恰当的身体姿态与行为举止，而掌握住这些，也需要自发表现他们的内隐肌肉记忆。[1] 此外，从一个角色转到另外一个角色，同样需要有效运用内隐记忆。当女警官回到家里，作为一位慈爱的妈妈出现在年幼儿子面前时，她并不需要明确提醒自己表现出不同的身体气质与情感，以此配合自己的母亲角色。肌肉记忆会导引她如何转换角色，而无须有意回想作为妈妈应该怎么做。驾车回家的路上，想到自己儿子的时候，相应的身体变化可能就开始出现了，甚至在她实际见到儿子之前，她就会脱掉制服，以免上面的徽章刮伤儿子。

5. 穿上与脱下衣服，是最显而易见的肌肉记忆类型的典型例证：执行性或程式化的记忆。一般而言，我们不必考虑如何穿衣脱衣。通常我们也不会注意先穿的是哪只袜子或哪只鞋，先把哪只胳膊和腿伸进袖子或裤腿里，先把哪个纽扣扣上了，是不是用食指和拇指扣上的。很多时候，已经准备好上床了，却突然发现自己已经穿上了睡衣，忘记了什么时候脱掉的衣服，什么时候换上的睡衣。在执行序列性事务中，还表现出其他圆熟而老到的技巧，从最普通的走路、跑步或用餐具吃饭，到较为复杂的技巧如游泳、探戈舞、骑自行车、盲打、驾车、转身跳投或演奏钢琴奏鸣曲等。读、写等事务显然也是如此。我们在做这些事情的时候，只需轻松、不假思索的自发性，所以我们完全能理解，为什么像梅洛－庞蒂这样的哲学家用“惊奇”“奇迹”与“神奇”来描述这

99

[1]　在这些社会角色中，每个人身穿的独特工作制服也可当作身体提示信息或身体道具，帮助人们表现出相应的身体气质与风度。

种身体行为。[1]

这种记忆当然是最为高效的，会让我们引导总是有限而明晰的意识资源做其当做之事。因而我们可以专心于我们正在写的内容，不用考虑我们打字时键盘上字母的位置。我低头看着球场，看篮下的空位有没有队友，而不必考虑如何运球，之后把球传给队友。通过解放我们的意识，让它去做别的事情，肌肉记忆延伸了我们的专注与知觉范围，扩大了我们的行为自由。而且在运用许多复杂的自动技巧时，时常有人断言(哲学家、心理学家及运动专家)，在这样做时如果每一步都要靠清晰的回忆与审慎思考，我们就会步履蹒跚不断犯错。正如伟大的舞蹈动作设计师乔治·巴兰钦(George Balanchine)对他的舞蹈演员所讲，“不要想，不要怕；去做就行了”[2]。

6. 我这里要提到的最后一种内隐肌肉记忆是不幸的强制性记忆——创伤记忆（traumatic memory)。疼痛会被潜在地记在心里，并影响到将来的态度，正如谚语所讲：“一朝被蛇咬，十年怕井绳。”许多教育都有

100

疼痛训练的内容，这种训练方式可能会让人记起尼采那句语气夸大的话：“只有一直唤起伤痛的东西，才能被人记在心里。”[3]在卓有成效的训练培养中，倘若采用伤痛的方式，就一定要给予谨慎控制，并限定在积极的意义与价值之内。相比之下，创伤记忆的特点是不具备积极的意义与价值。由于创伤的强烈冲击与苦痛，受害者没有能力将之有效纳入明晰、清醒、有益的记忆当中，这时创伤经验会摧毁一个人正常的自我

[1] See Maurice Merleau-Ponty, *The Phenomenology of Perception*, trans. Colin Smith (London: Routlege, 1962), 94; *Signs*, trans. R.C. McCleary (Evanston, IL: Northwestern University Press, 1970), 66. 有关这个问题的详细讨论，参见 Shusterman, *Body Consciousness*, 59–61。

[2] 巴兰钦这句常被人引用的话参见 Deborah Jowitt, *Time and the Dancing Image* (Berkeley: University of California Press, 1989), 273, 也参见大众传媒上的舞蹈文章，比如 Rachel Howard, “Ballet Polishes up Balanchine's ‘Jewels,’ ” *San Francisco Chronicle*, April 27, 2009。一些著名的舞蹈大师，尤其是能剧及舞蹈最具影响力的理论家和作曲家，并不接受这种看法，其原因我在本书第九章有所说明，其中我也大体上解释了一些有局限性的看法，即认为学会某些表现行为并形成肌肉记忆后，再明晰地关注一个人的行为总会伤害有效的表现。

[3] “给人打上烙印的东西才能留存于记忆：将那些持续的伤痛铭刻于心。”见 Friedrich Nietzsche, *Zur Genealogie der Moral*, II.iii, in G. Colli and M. Montinari (eds.), *Friedrich Nietzsche: Sämtliche Werke*, vol. 5 (Berlin: de Gruyter, 1999), 295。

感，撕裂给经验带来意义和稳定的叙事连续性，其中也包括头脑中过往的经验。相反，随着清晰的创伤叙事记忆变得模糊不清，甚或彻底迷失于众多记忆细节之内，创伤记忆就会以内隐的行为方式，于某些身体的折磨中潜滋暗长，诸如：苦痛重现（不断重演创伤的经历）；发汗或心跳加速这样的身体症状；做噩梦；避开那些可能让他想起创伤经验东西的行为反应；容易受惊、高度紧张、烦躁不安，或情绪上与此大相径庭的麻木不仁等。这样的创伤记忆是所谓伤后应激障碍（post-traumatic stress disorder）的核心所在。由于创伤记忆通过身体内隐的运行，维持、加剧甚至加速了身体的伤痛，所以很难去治疗并克服它所带来的伤害。因此，治疗它们时往往需要在某种程度上，令内隐的记忆较为清晰，以便较为清楚地辨识它，之后再对症下药。[1]

创伤记忆是一种十分有害的内隐身体记忆。其他内隐或肌肉记忆也并非没有问题，尽管不那么严重。第一次谈及这些问题时（在一篇法语文章中），我称之为小型病状（*petites pathologies*）[2]，不过在这里，我希望能从日常生活的身体感觉病理学角度，对此做出研究，呼应于弗洛伊德的那本《日常生活的精神病理学》，此书针对的同样也是远不及创伤那般严重的问题，比如口误或其他小毛病。 101

三

这里没有足够的篇幅探讨所有不同的内隐记忆方式，这些方式由于缺少足够的身体感觉意识（也就是没有充分了解我们的身体行为与感受），会造成机能障碍、过失、不适、伤痛或效率低下这类轻微的日常问题。问题包括由于自己的原因造成的无谓偶然事件，比如：吃饭时咬到了自己

[1] 关于此话题更多的讨论参见 B.A. van der Kolk, J. Hopper, and J. Osterman, “Exploring the nature of Traumatic Memory: Combining Clinical Knowledge with Laboratory Methods,” in J. Freyd and A. DePrince (eds.), *Trauma and Cognitive Science: A meeting of Minds, Science, and Human Experience* (Philadelphia: Haworth Press, 2001), 9–31。

[2] Richard Shusterman, “Le corps en acte et en conscience,” in Bernard Andrieu (ed.), *Philosophie du corps* (Paris: Vrin, 2010), 349–372.

的舌头；被自己的脚绊倒；吞咽食物或一口喝得太多时呛到了；举重或由于旋转的位置不对伤了腰背或膝盖；在自己的工作间坐得太久，偏偏没有注意到其间的不适，结果造成腰椎变形。于是，就有了许多日常身体感觉病状，包括各种各样与运动技巧相关的机能障碍——例如，一个人未能察觉到，自己的眼睛、双手及其他身体部位并没处在协调配合的正确位置上，结果未能正确地完成击球（打网球、高尔夫或棒球时）。在与工作相关的活动中，我们也发现了类似的运动机能障碍，比如还没真正准备好发信之前误点了鼠标，或者因自己对电脑键盘或手机触摸屏的操作缺乏充分意识而导致的其他错误。其他常见的身体感觉问题还有，由于一个人未能意识到他的呼吸太急促，他的身体蜷缩得太紧，不具备睡眠所需的恬静，这样他自然就不能入睡。

各种不同的日常生活身体感觉病状，可以按不同的方式加以归类，但这里我不提倡做全面的分类，而是讨论几个例子，取自早前提到的五种积极的内隐记忆，同时指出，它们如何通过提高身体感觉意识来加以疗治。就这些不同的肌肉记忆类型来归拢这种讨论，应该可以让我们的讨论更为清晰和统一。

1. 詹姆斯断言，持久的自我内隐记忆，能为我们提供个性统一性和意识连续性，同时他还认为，这种记忆必定是身体方面的，是将自己视作同一个人的肌肉记忆。甚至我们纯粹在进行思考的时候，“我们也始终感受到我们身体完整的立体状态，［而且］它一直给我们一种个人存在感”（PP，第316页）。虽然詹姆斯将“过去与现在的自我”，看作由“弥漫于他们全身……并给予其类属同一性的……某种相同的‘温暖’感、身体存在感”决定的统一体，但他同时也认为，“这种类属的同一性与类属的差异性共存不悖，均属真实的存在”（PP，第318页）。

102

詹姆斯的表述不是很清晰，但我认为，他并不是（也不应该是）主张在所有其他身体感受当中，存在着单一、独立、始终如一的永恒身体“自我（me）”感受，并由此规定着“我”的同一性。从某种程度上讲，一个人对身为同一个人的感觉，是某种自然发生的对同一个自己的整体感受，这种同一性基于某种“温暖而熟悉”（PP，第235页）的整体感受网络，它是在一个人即时身体感受的类属图示，与记忆中的图示之间搭建起来的。现实中一个人的身体感受会随环境的变化而变化，尽管类属图示也会随之发生明显变化，但总体上还是稳定的。按詹姆斯的看法，在决定一个人的自我感受方面，并不是每一种身体感受都有相同的权重。他在《心理学原理》一书中，将核心自我（活跃的意识当中最深处的自我，他称之为“原子自我”或“自我的自我”）最重要的身体感受，等同于各种各样的“肌肉顺应机制”，“大部分都发生在头脑之内”或“头颈之间”（PP，第287、288页）。借此，他想将头部感觉器官的顺应机制与思维连接在一起，诸如眼球的凝聚与取向，还有前额、下颚、喉门的肌肉收缩等。强调头颈区域的感受是完全可以理解的，它不仅是大脑、视觉与听觉、味觉器官以及内耳前庭系统（是人姿态与凝视稳定性的保证）的居所，也为颈部最为重要的两个脊椎（寰椎与枢椎）提供了空间，正是它们的关节咬合与韧带及肌肉连接，才让我们能够抬头、低头、转头，从而为头部器官提供了较多的活动余地。

后来詹姆斯又特别强调了呼吸的身体感受，认为这种感受给了一个人“思维之流”以可感的统一性，但他却将那些呼吸感受定位在极为有限的鼻、喉之间。[1] 毋庸讳言，头颈之间的感受是决定我们自我感受的东西，我们也承认，那些感受对自我感觉来说是很重要的，所以即便我们没有清晰意识到这些感受，它们也能为我们较为明晰的意识对象及关注点提供一个熟悉的知觉背景。我们太过习惯并熟悉这些感受，所以它们会成为一个人内隐自我感觉的一部分。这种情形是会发生的，纵使这些头颈间的特定感受并非必需（即用别的感受来取代它也可以），也并非必要。

103

[1]　詹姆斯根据自己的内省，说“我”的意识或“思维之流”，“无非是随意起的一个名字，指的主要是在详查时呈现出来的我的呼吸之流。康德所讲的‘我思’，必然离不开我的所有对象，它实际上即是同样离不开这些对象的‘我呼吸’”。詹姆斯概括说，“呼吸曾是‘精神’的原型，我相信，在喉门与鼻孔之间向外呼出的气息，就是哲学家们称之为意识，并据此建构实体的本质要素”（RE，第19页）。令人诧异的是，詹姆斯忽视了吸入的感受，也忽视了这样的事实：一个人经常体验的呼吸不只是在头颈之间，也与胸腔有关，在那里，肺部活动与胸腔或胸廓的活动会相互协作；同一胸腔也提供了心跳这一熟悉的背景感受。

许多饱受身体感觉病症折磨的人，都是这种情境的明证。长期压力之下习惯性的肌肉收缩反应，令他们的颈部始终处于过度紧张状态。由于这种状态已成习惯，也就化为熟悉的背景感受。染上这种疾病的人由于对这种过度紧张状态太过熟悉（通常情况下），以至于他们通常根本不知道自己有这个毛病；实际上，这种过度紧张已成为他们核心感受的要素，尽管它最终会导致显而易见的头痛、颈痛及背痛的苦恼。我们可以发现，与其他人肩部正常情况下极为放松的姿态相比，这些人的双肩总是绷得很紧，相对更靠近上边的颈部和耳部。拱起的双肩所带来的压力与肌肉的紧张状态有关，这种紧张反过来会给颈部和脊椎肌肉带来更多的压力；因而我们可以将这种病症描述为颈部慢性痉挛。除了这种慢性痉挛给颈椎带来的疼痛和伤害之外，这种紧张的姿势由于阻碍了颈部、肩部及胸腔的运动，因而也降低了我们的行为效率。尽管如此，由于已习惯性融入某种熟悉的身体感受当中，颈部痉挛的姿势对身患如此身体感觉病症的人而言，却习以为常，所以说这是一种知觉（感觉）病症，也是一种体位疾病。

临床经验告诉我，让这样一个人放松双肩以缓和颈部，他会愉快地答应下来，但实质上根本没有依从，尽管他自己觉得正在照着做（大多数情况下是耸肩，在让肩部下降到习惯抬高的位置下方之前，总是先耸高双肩）。104 他不仅没有意识到他耸高的肩颈的过度紧张状态（因为他们已习以为常），由于不清楚放松是什么感觉，所以也不知道如何放低或放松肩颈。手把手交代好一些准备工作后，我引导他放松肩颈，他回答说那种感觉有点儿怪兮兮，不知怎么的有点儿慵懒或软绵绵的，并不舒服。失去对自己活力十足的自我的熟悉感，从慢性高度紧张状态中走出来，令他感到十分困惑，毕竟他已经习惯于长期肌肉过度收缩带来的感受。所以姿势的改变，可能没让他在心理上感到舒服，尽管在生理上是舒适了一点儿，对他的行为也更有帮助。

病人之所以是病人，当然是因为她患有机能障碍，或者存在什么问题，即便在她抱怨这些问题的时候，内心深处其实也抵触努力去摆脱这些问题。我认识一位天才、美丽而富有的巴黎大学老师，多年来她一直跟我抱怨和她生活在一起的男人给她带来的痛苦。不论何时我暗示她离开那个男人的时候，她都会回答说，她和那个男人大成问题的关系，已经成为自己个人身份及心理穹顶结构的支柱，这就为其不幸，为其没有写她想写也应该写的所有著作，找到了一个可以宽宥的理由。若没有这方面的问题，她说，就没有了自己不作为的充足借口，于是她就愈发痛苦，更加憎恶自己。

至于颈部痉挛的身体感觉疾病问题，如果长期的紧张感已经成为一个人自我感觉重要的组成部分，那么，他必须不要怕麻烦，努力调整那种熟悉的自我感觉，莫将筋肉痉挛放松后的舒适感同麻木、懒散混为一谈，而是意味着生命活力的苏醒。对许多人来说，花费时间与精力做如此调整转变未免得不偿失，尤其是考虑到，从新的姿势和自我感中得到的好处事先并不那么清楚，也没有足够的保证，而他们眼下颈部痉挛带来的问题并无大碍，也习以为常。这也是为什么身体感觉疾病大量存在的一个原因。

2. 肌肉记忆可以给我们空间方位感，也可以误导我们。日常生活中一个与空间相关的身体感觉疾病是取向偏差。你是否曾注意到，每次你去看电影或听课的时候，假如没有指定座位，你是否总是坐在房间的这一边（左或右）而不是另一边？你是否曾察觉到，当你站在或坐在这一边的时候，视觉范围会比另一边大一些呢？原因在于，一个人的身体往往会有一种取向偏差；很多人都会有这种感觉，朝向这一边比朝向另一边更舒服一些，这种偏差在身姿上也有所反映，正如每个人都有这么一种倾向（站立或坐着的时候），其身体或头部不完全挺直，而是轻微地朝向一方。也许你选择坐在影院的右边，那是因为你的左眼视力更好，所以坐在右边可以让你的左眼更容易朝向中心，特别是在你聚精会神向左看的时候（坐在右边可以让你更舒服地做到这点）。或者，你习惯坐在右边，可能是因为你隐隐感觉到（可能有多种与身体历史相关的原因），身体朝向或移向左侧的时候会更舒服一点儿。

这种身姿偏差本身并没有什么问题，可一旦对此没有充分的意识，对其效果无所校正，就可能引发问题。例如，一位教员或大学讲师带有

105

左向的取位偏差，他往往下意识地将侧面甚或背部，朝向坐在右面的听众，甚至没有意识到，他是在拒绝和他们作眼神交流。假如意识到了这种偏差，他就可以纠正它，重新调整自己的身姿，尽可能面向更多的听众（或是朝向中心的听众，或者是尽可能回调身位，减少偏差效果）。这种取向偏差更为危险的一个后果，是很难注意到从偏差盲区一侧迎面驶来的车辆；经验表明，许多人更容易在某一侧而不是另一侧发生事故。如果取向偏差是这种事故的可能原因，那么，通过提高身体感知力来改善这种偏差意识，就不失为一种可行的补救办法。

由于取向偏差关系到如何在空间中自我定位问题，所以，在确定我们通过空间的路线方面，就会存在日常身体感觉病症。已经太多次了，我的肌肉记忆总是引导我走过或驱车经过通往熟悉地点的习惯路线，但这些路线并不是我有意选择的；所以我不得不原路返回，有意识地提醒自己正确的目标和路线。肌肉记忆同样会诱发定位方面的日常身体感觉病状，其中一个我已经在讨论我“主任办公室”的内隐记忆时做过介绍。一进入那个地方，就会突然陷入某种令人窒息的紧张状态（根本没有清晰地意识到它），这无疑是一种病态，尽管其实并没什么急事儿要做，就像和一个老朋友在一个最近便的地方碰面一样随意。在身体训练改善过我的身体感觉意识之后，我就能辨识出自己的病态反应，之后采用各种呼吸和身体放松办法予以疗治。

106

3. 在讨论人与人之间内隐肌肉记忆的时候，我曾说过，族群与种族偏见——一种很普通的日常病症——来自人们内心深处的感受，并入内隐记忆之后，怀有这种偏见的人很难真正意识到它的存在，更不用说单靠意识判断说它不合理，就能消除偏见。提高一个人对自己身体感受的意识，令其意识到族群、种族或其他人群问题在自己身上引起的轻微不适，可以帮助她识别这种偏见，找出其根源，以便通过身体感受方面的重新培训，能控制甚或消除它——假如她愿意这样做。正如我们从饮食嗜好的改变所了解到的那样，内心深处的反应或意向，通过感觉的重新培训，可以做出某种程度的改良或转变。当然，假如怀有偏见的人并没有改良的想法，那么，增强对这种内心深处不适及其与偏见之间联系的意识，也就无从控制或消除这种偏见。事实上，增强后的意识甚至会加剧这种不适的感受，进而由此巩固偏见，令其愈加自觉。认识，包括自我认识，并不总是有益的；这要看怎么使用它。一个人可能主张说，认识一个怀有偏见的人，总比不去认识更能显示出认知的进步，尽管这种认识积极的道德效果并非唾手可得。

肌肉记忆还可以导致另一种轻微的人际交往病症。某些人很有个性的姿势会让其他人厌烦，尽管这种感受很是轻微，也不明显。例如，有些人谈话时总喜欢离对方很近，身体倾斜或靠向对话者，以略微拉近身体距离。采用这种姿势的出发点通常是友好的，但传达给对话者的，往往却是侵略性的信息，无形中她会觉得受到了威胁，是对她个人空间的入侵，特别是在过分靠近过来的身体的倾斜程度，远大于她的倾斜程度之时。她下意识的反应是从身姿和心理上，同保持侵略性姿态的那位友好的对话者拉开距离，这会让他下意识地进一步调整向对方靠近的距离，或许同时会觉得对方不那么友好，尽管在此之前，也就是由于他缺少对身姿足够的敏感，在做出不恰当的靠近或回撤之前，对方对他还是心怀好感的——至少最初是这样。

107

当不同文化对恰当距离的理解出现分歧时，这种人际交往的问题就被放大了。我想到一个发生在国际会议期间鸡尾酒会上的笑话，一个人可以很容易认出哪些是芬兰人，因为他们会一点一点地退向屋墙，若是和巴西人谈话，就会再退一步，因为公认的事实是，巴西人在和人谈话时会不断往前凑，逐渐向你靠近。不同文化间的交流该采用怎样的合适姿势，靠查阅指南手册显然不能解决问题，因为你对眼下自己采用的姿势，及其在交流对象身上起到的反应，尚缺乏足够的意识。在这两个方面身体感觉意识均不可或缺；而且当许多人自发展示出这种意识时，也需要其他人尽力有意识地专心培养并运用这种意识。

4. 肌肉记忆所扮演的社会角色也会导致自身的日常身体感觉疾病。还是以我作为一个军官在以色列军事情报部门服役时遇到的那位教官为例。他太过专注于自己的职业形象——身体总是过于挺直，步态僵硬而急促，手臂动作突兀而机械——似乎已没有办法改变这种姿态。我们笑着猜想，以相同的抑扬顿挫的严厉声调、机械的姿态、忽动忽停的节奏，他回到家里是如何同妻子做爱的呢？这些都是他的行为特点，甚至他根本没有意识到，自己是像一个教官而非爱人那般在做此事，所以也就失却了爱人之间更为温柔流畅的交流快乐。尽管我们从未跟他回家（或问过他妻子），去看他是否真的患有这种身体感觉疾病，但我在以色列的那些年，确实目睹过另一位全神贯注的痴迷于职业角色的人，这位就是下意识地不知不觉间这样做的。

我的前岳父作为特拉维夫市的一个法官，是个非常爱家的男人，但他却没有意识到，每天他都把自己在法庭的习惯带回到家里的餐桌上，总是威严地大声命令家人，好像他们是法警或被告的罪犯似的。他并没有意识到自己的语调和肢体语言是如何的不合时宜，直到他的女儿和妻子的通话引起他的注意后，他才尴尬地真诚道歉。幸运的是，吃过饭午睡醒来后，他就能从法庭上的身体角色中走出来，那是早上在工作压力下提前就准备好的角色。由于往往需要花费时间、心思及减压材料，才能让自己从深度具身化及工作强度很大的社会角色中解脱出来，并准备好不同的具身化外表形象，所以我能够理解，为什么晚上市郊列车和步行者及汽车驾驶员下班路上的酒吧那么重要。

108

5. 内隐的执行性或程式化记忆不可或缺，因为它可以帮助我们每天有效完成无数的工作。无须我们清楚的留意，它就能让我们做好非常多熟悉的事情，让我们利用有限的意识资源解决比较复杂的问题。正如早前提到的那样，一位作者可以专心于表达自己的哲学思想，而无须考虑如何执行必要的操作，用手敲打出他想要的正确字母。一位小提琴手同样可以专注于她想表达的表现效果，而不用考虑表演时乐器的握法，以及如何处置或移动自己的肩膀、躯干和手臂。道同此理，说唱歌曲制作人可以专注于他选出来的歌曲或音乐，而无须在播放录音时考虑自己的胸、臀姿态。在相同或类似的情况下，他们的肌肉记忆都是下意识地完成了一系列必要的肌肉收缩、定位与移动动作。可遗憾的是，我从临床实践中了解到，构成这些自发身体调节的肌肉记忆习惯，在这般调节时所采用的方式却对身体没什么好处，反而造成了不必要的疲劳、疼痛或伤害。作家总是让腕关节绷得太紧，染上了腕管综合征（carpal tunnel syndrome）；小提琴手的双肩和胸部也总是处于紧张状态，造成背、颈、手臂酸痛不已，拉弓都很费力；说唱歌曲制作人（碰巧是美国新学院大学的毕业生）在精神高度集中的情况下，有胸、臀固定不动的习惯（这种习惯在专业读者那里很是普遍，他们一天中的大部分时间都是坐在书房的椅子上一动不动），播放录音时就给肘关节带来额外压力，患上严重的肘关节痛疾病。不过，只要他学着放松臀部和躯干，让播放录音的手臂随之转动起来，肘关节的毛病就会消失。

请允许我以吃饭为例，了解一下通常由执行性肌肉记忆控制的更为基本的活动，看看与它们相关的某些病症，并以此收束本章。就其自然或本能方面而言，吃饭是需要我们学着怎样去做的一个有序行为过程，需要内隐与明晰的培训方式。我们学着切开、咀嚼一大片肉，然后咽下；或者先举起杯子，之后向嘴唇倾斜，再喝水，而不是低头伸出舌头去舔食。我们培养出了各具特色的饮食习惯，明显超出了正式的餐桌礼仪及各种不同餐具（刀、叉、匙、筷子、陶瓷杯、玻璃杯、碗、水壶、盐瓶等等）的使用规范。一个人有太多不同的唇、舌使用习惯；他用嘴巴的哪个部位去咀嚼？咀嚼多快、多久、多用力？他吞咽食物时有多快、多久咽一次、费不费力？吃饭的时候多久停下来一次去喝水、同餐伴说话，或回味食物的味道、香气或质地，或回味吃饭时的不同感受，包括吃饱时的感受？吃饭时的执行性肌肉记忆根深蒂固，因为这是我们每天都在用的程式化技能，所以吃饭的时候，我们对此技能通常都是不加反思。

109

这当然是很方便的，因为这个时候注意力就可以全部放在更有趣或更有用的事情上，比如上课前再浏览一遍讲稿。不过我们可以证明，吃饭这种自发的肌肉记忆行为还是存在瑕疵的，如果一个人的进餐习惯有毛病，就会给我们带来各种各样的日常问题。例如，一个人的吃饭习惯太过难看、邋遢、吵闹，看到这些的餐伴身体感觉就会很不舒服。除却视听方面经受到的不快，看到这般不雅的进食方式，餐伴们面对食物还会感到食欲顿失，毫无乐趣可言。肌肉记忆习惯所带来的其他身体感觉疾病，也会影响到这位大成问题的食客本人。这种习惯的一个突出特征是肌肉记忆可以提高行为执行的速度，因为无须（或者不必）花费任何时间去仔细考虑它。因此，完全依赖肌肉记忆而无须专心深思熟虑吃饭的方式，就可以让我们很快完成进食。但是那些吃饭很快的人容易消化不良及产生其他相关的身体不适（其表现及治疗方法总是在电视广告中大量播出）。许多身患此病的人都知道，其部分原因是吃得太快，但他们总是吃得太快的原因之一，是他们根本没有意识到自己吃得有多快，因为肌肉记忆决定了他们进食的节奏与方式，致使他们没有留意自己是如何完成这种即时性的连续行为的；没有留意，自然也就没有自知，不会令进食速度慢下来。此外新近的研究表明，吃得过快也会助长肥胖症。再说一遍，如果我们没有意识到我们的吃饭速度，就不能放慢下来，也就不能避免其负面效果。[1]

110 另一个常被忽视的习惯性身体感觉疾病是暴饮暴食。当食物或饮料不经意间被快速吃下时，我们很少会留意它们的味道。由于不能真正品尝食物，导致进食享受减少，所以就靠多吃来补偿。由于对我们所吃食物的味道和食材不满（因为我们习惯了仓促或漫不经心地进食，根本就没怎么注意），我们知道应该从食物中获得满足，这就促使我们不停地吃，祈盼这种满足终将如约而至。这种未曾如愿的祈盼往往是我们不停进食的动力，哪怕我们肚子已经装得饱饱的了。不经意的进食习惯依赖于肌肉记忆的快速效率，它所带来的不满足感，可能是美国和其他喜欢快餐及速食的地区，普遍存在暴饮暴食病症的一个原因。无论如何，享受美食方

---

[1] 有些研究认为速食与青少年及成年人的肥胖有关，但也有实验研究表明，“正常体重的志愿者吃饭速度加快会致使饭量增加……在肥胖症患者那里也同样如此”。还有一项研究表明，使用测压仪（一种告诉正在吃饭的食客他们吃饭速度比专家建议的要快多少的仪器）可以帮人减肥。参见 S. Shechner and J. Ronin, *Obese Humans and Rats* (New York: Wiley, 1974), 6–9; M. Zandian, I. Ioakimidis, C. Bergh, and P. Södersten, “Decelerated and Linear Eaters: Effect of Eating Rate on Food Intake and Satiety,” *Physiological Behavior* 96 (2009) : 270–275; I. Ioakimidis, M. Zandian, C. Bergh, and P. Södersten, “A Method for the Control of Eating Rate: A Potential Intervention in Eating Disorders,” *Behavioral Research Methods* 41(2009): 755–760; and A. Ford, C. Bergh, P. Södersten et al., “Treatment of Childhood Obesity by Retraining Eating Behaviour: Randomized Controlled Trial,” *British Medical Journal* 340b (2010): 5388。在这篇文章中，作者们注意到，通过生活方式干预式疗法尽早减重，其效果在孩童时期比在成年时期要好；里面的原因有很多，其中一个原因可能是，成年人的饮食习惯积重难返，已很难改变。

面的不如意，本身就是可悲的日常身体感觉疾病。

在当代消费社会中，有太多的人喜欢暴饮暴食，并由此患上肥胖症，但它所造成的身体感觉疾病并不仅限于此。通过持续增长的刺激被动地去消费，不断损害并削弱我们在辨别力方面的敏感度（借韦伯－费希纳定律［Weber-Fechner law］所描述的方式），许多人哪怕吃得很饱了，仍然对所吃食物毫无知觉。[1] 是饥饿的餍足感还是舒适的满足感？他们已没有了身体本体感觉方面的辨别力。他们唯一能分清的，是感到“被塞满”后极度不舒服的过度刺激，所以他们能辨识出达到餍足的不舒服或吃得很舒服，于是便不停地吃，直到不舒服为止。因而就有了吃得越多享受越少的恶性循环，因为一个人并不真正清楚吃到何时该停下来；清楚与否，正是身体感觉分辨力的问题。

111

有关吃饭与肥胖症的这些看法与身体美学的分支研究有特定的联系，这种涉及理论与实践的跨学科研究，大体可以看作身体的批判性研究与改善训练，这里的身体是感觉欣赏（美觉，aesthesis）与创造性自我塑形的场所。由于创造性的自我塑形是将身体塑造成某种迷人的外部表现对象的审美风格化过程，对美觉的关注便涉及身体的知觉敏感度与内在体验问题，于此，改良性的美觉训练在两方面意味着“感觉更好”，一是享受更好的感受，一是更准确、更清晰地知觉我们的经验对象。有时候，强调身体美觉的知觉或内在层面与身体外部表现——它是我们具身文化的绝对主导因素——之间的差别，还是非常有帮助的。然而，假如我们在饮食身体知觉方面的缺陷，有时候与维持一个人外部美觉形象方面的问题有关，那么就说明，身体感觉的知觉与表现层面必然存在着联系。一个老生常谈的说法是：我们的感觉方式决定了我们的观看方式；幸福感可以赋予我们迷人的微笑，而沮丧、病痛或疲劳则让我们看起来平淡乏味、了无生气。可不论怎样，我们最后的简短看法，即用我们的身体知觉去克服肥胖症——由肌肉记忆不经意间控制的饮食习惯所导致——还是赋予了那些老生常谈以新意。

---

[1]　关于韦伯－费希纳定律与身体美学的关联方面更多的讨论，参见 *Body Consciousness*, 38–39。

第五章　哲学课堂上的身体美学：一种实践方式

一

112　“请脱下你的鞋子，躺下来休息。如果感觉还可以，那就伸直你的腿，尽量地伸长。如果感觉不舒服，就在膝盖下面垫点儿东西，或者把双腿曲起来，脚底放在地板上。闭上眼睛，这样你可以专心感受你的身体，并会注意到，你真的不必去看自己的腿（或者去想它们的样子），就知道自己的腿是伸直的，或者明显是弯曲的。通过本体感受（我们内在的身体感觉）及身体与地板的触觉，我们可以直接感觉到这些。我们这堂课要做的，就是省察我们本体感受及身体触觉的感觉方式，借以更清楚地了解自己的身体。为了做到这一点，我们将采取有组织的方式，花费大概十分钟的时间，有计划地从身体一个区域到另一个区域，在感受到的身体位置、角度、重量、大小方面做出比照。”

“听好我的指令和我的问题——比如，哪一侧、哪只胳膊、哪条腿、哪个肩膀（左或右）觉得重或者轻——你们别管别人是怎么说的；根据自己的体验来回答就是了，说给自己听——声音小点儿，别打扰到别人的体验与回答。不同的人有不同的身体，不同的身体姿态与身体使用习惯，这些不同，在这次躺卧的自省体验中均会有所反应。你们要一直确保自己在顺畅地呼吸，躺得舒适，没有丝毫紧张感。如果感到有点儿痛或很难受，那就调换成舒服点儿的姿势。本次课不是想让你们局促、激动、刺激或者发笑，而是教给你们一种方法，去领会哲学的一个核心目

113　的——自我认识，这里指的是身体的自我认识。哲学的核心目的当中一

直都有修身或自我照护的内容，根据即是知道得越多，照料得越好；为有效培养或提高自我及其行为，我们希望能了解这些，也就是这里所讲的身体自我。所以请放松下来，闭上眼睛（看书或者看电视时间太久，眼睛可能已经累了），跟着我说的来做……”

二

这里我不想继续展开前面的身体扫描计划，但上实践性身体美学课前，我却喜欢这么做，身体美学这个名词是我 1996 年最先提出来的，这项研究的内容与规程却是自打哲学一出现就有了。身体美学既是理论，也关乎实践，可以理解为在知觉、行为及创造性自我塑形方面，对一个人的经验及修身所做的批评性研究；其目的是改善我们的身体理解、身体经验、身体行为及个人风格（self-stylizing），而不仅是抽象地省察身体。它关心的也不单单是身体的外在形式与行为规范，用来美化身体及将身体作为表达我们个人与社会价值的方式；就其从经验类型看，身体美学还专注于身体内在的知觉能力、知觉感受、知觉快乐，以及提高这种知觉质量、敏锐度的方式问题。本章开篇我所描述的，是经验性身体美学的实践课程，目的是增强身体意识；但这些课程的价值绝不只限于身体美学领域。它们完全可以较为广泛地应用于哲学教学当中，因为这些课程关系到自我认识的核心问题，正如第三章所介绍的那样，这是构成哲学的关键内容。

尽管确信这种身体自我意识课程与哲学有关系，可事实上在标准的本科纯理论哲学教学中，我从未敢系统地采用这种方式教过哲学，这主要是出于两种考虑。[1] 首先，是由于纯理论哲学潜含的教学规范和明确的身体限制：学生在教室里进行哲学思考时要睁开眼睛，保持端坐姿态；这种教学基本是观念性而非经验性的；而且哲学教室里的地板也不适合躺卧——地板通常又冷又硬，而且还脏，也没有让人舒服躺下来上 114

[1] 不过，我有时在某些身体美学实践讨论课和高级研讨班上却这样做过。有关这种讨论课的录像片段参见：https://sites.google.com/site/somaesthetics/。

课的垫子。所有这些均可以归结为与哲学身体教学相对的实践或外部原因。然而，还有另外一些阻碍哲学身体研究的原因，它们属于主流哲学传统内部的原因。这些原因中含有这么一个信条，认为对一个人身体专注的知觉意识根本不能提供自我的知识，因为身体并非真正的自我，柏拉图—笛卡尔传统思想就是这么看的。[1] 时常也有这样一种呼声，担心强化的身体意识只会带来某种低劣而危险的自我认识，非但有害于积极的修身，且容易造成病态的自我伤害，让人变得消沉软弱。

三

在前面的章节中，我已经讨论过对强化身体意识的反对意见，现在我要考虑的是种实践工作，说明在纯粹哲学理论课堂上，完全可以进行强化身体意识方面的训练。为了做到这点，最好的办法是（受本书排印格式所限，这里不能提供）给读者一张训练文本样本或脚本——身体扫描——这种预备性的教学本章开篇已做过了。在此样本中我将说明，如何调整身体扫描以更适应于标准课堂的要求，这样坐着就可以执行，而无须躺在地板上。继而本章会分析意识在身体扫描当中的逻辑原理，并以此收束本章。将这种分析与扫描本身的经验学习过程充分结合在一起，一个人就可以借此，在课堂上提供一种独特且卓有成效的身体美学理论与实践结合的方式。由于明显与宗教传统无关，将身体扫描用在哲学教学的学术语境当中可能相对容易，因为在大多数情况下，这毕竟是种世俗的语境（有时甚至非常世俗）。身体扫描被大量用于身心训练（包括 20 世纪一位

[1] 正如早前提到过的那样，柏拉图的《阿尔基比亚德篇》坚持认为，"我们应该认识我们自己这条训诫的意思是，我们应该认识我们的灵魂"，灵魂才是我们自我修养的对象。因此，一个人认识或照料自己的身体，无非是认识或"照料属于他的东西，而非［认识或照料］他自己"。尽管在别的一些对话录中他也肯定过身体训练的价值（如《蒂迈欧篇》和《法律篇》），但在《斐多篇》中，柏拉图最具影响力的一个论调是，哲学家绝不该关心自己的"身体"，而该将注意力"尽可能"从身体上面移开，"因为身体会迷惑心灵"，歪曲知觉，让人不能专心追求真理。参见 Alcibiades and Phaedo, in John Cooper (ed.), *Plato: The Complete Works* (Indianapolis: Hackett, 1997), 56–58, 589, 590。

科学家在以色列和法国训练时，开发出的费尔登克拉斯肢体放松法）当中，它是对一个人自己身体的系统扫描或审视，不是从外部凝视或触摸身体，而是通常在我们闭上眼睛静静躺下休息时，对我们自身内省的本体感受。

仰卧之所以特别有利于培养敏锐的身体意识，是因为它不仅能减轻些我们保持正常站立或端坐时所受的重压，而且通过对非正常体位的意识，它也能让我们的意识从较为正常和工作状态体位的习惯性行为中抽身出来，从而更放松、更舒适一些。同样，闭上眼睛也有利于避开视觉上的刺激，以免分散本体感受的专注与意识。不过，身体扫描的自省训练也完全可以适用于其他体位。如果觉得仰卧很尴尬或者不舒服，那么它就不是身体扫描的好体位，因为注意力都放在一个人的尴尬或不适上面，而非专注于细微的身体状态与身体感受。由于本章的目的是讲授身体哲学的实践内容，所以我现在提供的是适用于坐姿的很简明的身体扫描文本示范，这种体位极适合哲学课堂，学生们坐在那里，通常都会觉得很舒适。对此扫描过程我做了压缩，留下比较容易了解的最基本的纲要，删掉了本章开头那些呼吸、安抚等方面的引导话语，那些引导在教室上课时还是有必要加进去的。

四

坐姿身体扫描

> 脱下鞋子。坐在椅子的前端，双脚平放在地板上。手放在大腿上，怎么舒服怎么放。如果你想，那就闭上双眼，只要有助于下面的做法，那就去做。
>
> 先从你的左脚开始，注意你脚后跟是怎么接触到地板的。大部分重量是在后跟中心还是在偏左或偏右的位置呢？不要改变任何事情，也无须判断应该怎样；我们只需感受后跟和地板的接触位置。
>
> 左脚承受的大部分重量是在脚后跟还是拇趾球部位？重量更集中在脚掌内侧还是外侧？你的脚趾全都接触到了地板吗？哪根脚趾明白无误地接触到了地板，哪根没有？注意，你的左脚是如何内转

116

或外转，或者直接伸向前面的？

现在将注意力从左脚移开，向上移到小腿，移到你的左膝盖。你的左膝是在什么位置和后跟相连的？前面、后面还是右上方？

在注意力继续上移到左大腿的时候，请注意左腿内转或外转的角度，如果从你的肚脐位置前面画一条直线，那么，你的左膝离这条中心线有多远？

现在注意你的右脚。你的右脚是怎么跟地板接触的，在后跟的哪一点，在中心位置，左侧还是右侧？跟左后跟相比感觉怎么样？哪个后跟同地板接触得更多一些？

右脚哪个位置承受了大部分重量，后脚跟还是拇趾球？是脚的内侧还是外侧跟地板接触得更多一些？哪根脚趾接触到了地板，哪根没有？右脚在这些方面同左脚相比，感觉怎么样？右脚内转或外转的幅度有多大？就此幅度而言相较左脚又是如何？

将注意力再向上移到右小腿，感觉你的右膝盖与脚跟的联系。膝盖在脚后跟的正上方，还是靠前或靠后呢？

当注意力再向上一点儿，移到右大腿时，请注意右腿外转的角度。你的右膝盖距离肚脐前上下中心线有多远？右或左，哪个膝盖离中心线更远一点儿？

现在注意你的骨盆，注意它是怎样支撑在椅子上的。是左侧还是右侧觉得更重一些？哪一侧跟椅子的接触更紧一些？你感觉臀部整个都坐在椅子上面了吗？左侧还是右侧感觉压力更大一些？你感觉到与大腿的联系了吗？哪一侧联系得更紧一些？随着你的意识或左或右转向臀部或大腿，你会感觉到压力方面的变化吗？

再将注意力转到下背，左或右，哪一侧你感觉更长、更宽呢？

117

随着注意力转到中背，你的感觉是否像下背那般清晰呢？哪一侧感觉更长，左还是右？哪一侧更宽呢？

现在来感觉你的上背宽度。你觉得哪一侧似乎占据了更多的空间？哪一侧感觉更长、更宽？

注意力再转到你的脖颈。你感觉是左侧还是右侧更长？你觉得自己的头部正好位于脖颈的正上方，还是靠前或者靠后呢？支撑着上面的头颅，你的脖颈觉得有些绷紧吗？注意你的头是否有向左或向右倾斜的感觉，也请注意你的下巴与喉部的距离。

到你的嘴巴了。它张着还是闭上了？张得多大或闭得多紧？

再来感觉你的双肩。哪个肩膀似乎觉得高了点儿，左还是右？如果你在右肩和右耳之间画一条直线，左边也是这样，哪边的线更长一点儿？

现将注意力移到你的胳膊。哪只胳膊觉得更长、更沉？注意你的右臂与身体的距离，再注意左侧的。你的手是手心向上放在腿上了吗？或者说是不是手心朝下放着？

感受一下你是如何感觉全身的。你感觉到你身体的一侧比另一侧更轻吗？是不是这一侧比另一侧更宽、更高呢？请站起来一分钟或两分钟，来感受你是如何感觉站立的。这时你觉得两侧还有什么不同吗？同今天早前站立时的感觉相比，你想想有什么不同的感觉吗？如果有，不同在哪里？

五

做过一遍身体扫描，现在我们就可以较为深入地探究其方法逻辑。用实践术语来讲，哪些技巧能让我们的身体感觉内省更为有效呢？一个极好的办法就是令这种内省更加专注，而若想提高专注力，需要考虑两个专注原则：变化与兴趣。由于不断进化的人类意识有助于我们存活于一个变动不居的世界上，致使我们的专注力已经适应了变化，也需要变化。一个人不可能总是长时间专注于一个不变的对象，那意味着一个自相矛盾的看法：为了让注意力长久固定在完全相同的思想对象上，一个人必须得想办法保证里面有点变化，哪怕仅仅是思想对象观点上的不同。同样，意识的进化服务于兴趣，而持久的兴趣则是维系专注力的必需因素。我们不能一直关注自己不感兴趣的东西，哪怕我们有兴趣考虑自己关心的东西（比如我们的右手），但一会儿之后这

118

种兴趣也就淡漠了，除非我们想出什么办法来重新激活对它的兴趣，给意识带来一些变化。在这些基本的变化与兴趣特征当中，我们可以找出六种不同的身体扫描（及通常意义上的身体感觉反省）内省技巧来加以详述。

1. 问题：若想维持对某一特定思想话题包括对身体对象或知觉对象的专注，我们可以通过交替考虑它的不同方面和不同联系的方式，以避免让人分心的单调问题。为做到这一点，一个很有用的办法就是提问题，给需要我们持续关注的对象提各种各样的问题。回答这些问题会敦促我们重新考虑这个对象，由此再次激发出我们对它的兴趣。而且正是考虑这些问题的努力，有效改变了我们知觉它的方式与方法。比如，让我们的注意力专注于自己的呼吸感受是很困难的，可如果我们就此问自己一些问题——我们的呼吸是深还是浅？快还是慢？感受一下，它主要发生在胸腔还是横膈膜？呼吸时嘴巴或鼻子有什么感觉？吸入的时间长还是呼出的时间长？——那么，我们的专注力就会维持得更久，对我们感受的内省也更精微。

2. 化整为零：正如威廉·詹姆斯所注意到的，如果我们省察我们的“肉身感觉……在我们静静躺着或坐着时就会发现，很难清晰感觉到我们后背的长度或双脚对着双肩的位置”，即便“通过极大的努力”成功感受到了完整的自我，但这样的知觉显然非常“含混与模糊”，仅仅“一小部分明确意识到了”。[1] 所以进行较为准确的身体内省，关键是系统扫描身体，在我们的意识中将身体化整为零，先将注意力放到其中一个身上，之后再转到下一个，确保每一部分都得到适当关注，并对这些部分与整体的联系有个清晰的感觉。注意力的转移不仅让我们能感受到变化，借以保证持续的专注，而且它也可以让兴趣重生，因为重新省察的每一部分都会带来新的变化。

119

3. 而且，这种内省探究从身体一部分到另一部分的转移，有助于提供连续的感受对比，这种对比又有助于增强我们感受时的辨别力。增强

[1] William James, *The principles of Psychology* (Cambridge, MA: Harvard University Press, 1983), 788; 后文缩写为 PP。

辨别力是另一种有效的内省技巧，我们很容易就会看到，提问和化整为零是如何分辨兴趣点，借以提高辨别力的。不过，现在还是集中看看怎样通过感受对比来增强辨别力。我们躺在地板上感受双肩的重量，这时我们的感受可能仅是模糊的印象。可假如我们先专注于一只肩膀，再关注另一只，注意哪一只觉得重一些，和地板接触得更紧，那我们对每只肩膀都会有个较为清晰的印象。对比可以让我们更容易地分辨感受，区分开不同的对比对象。

首先，我们可以区分开"存在性"与"差异性"的对比。第一种对比无非是指我们的感受在场与否，而无须考虑那种感受的类型或性质。例如，一个人只需注意身体哪一部分接触到了地板，哪一部分没有，这样就可以很清楚地知觉到她身体与地板的接触。而差异性的对比则是在现存感受的类型或性质间做出比较。比如，我们可以比较两只肩膀接触地板时的不同感受，看看哪只肩膀感觉更重，或与地板接触得更充分、更紧密。两种对比对身体感觉内省均有好处。例如，一个人试着让反向背伸肌（antigravity back extensors）放松下来，短时间内不那么紧张，这样就可以学着分辨出那些肌肉的慢性肌肉收缩病症（为产生这种放松感，身体治疗师可能会让病人先躺下，之后把手放在病人的背下撑住，直到病人感到完全被撑住，没有肌肉紧张感为止）。然而，我们也可以用区分性对比的方法，分辨一只紧握的拳头的紧张程度，比如说让一个人尽量握紧拳头，或让治疗师帮着挤按他的拳头（当然也可以用他的另一个拳头）。

有关存在性与差异性的对比，我们可以进一步分为共时性对比（即我们在同一时间内对知觉做出比较）与历时性对比（即我们先注意一种知觉，接着马上与后边一种知觉做出比较）。相比之下，共时性对比与历时性对比的效能或敏锐度，似乎也会随对比语境、任务及感觉形态的不同而出现些微变化。在许多视觉比较中（比如哪种颜色更深），共时性对比更为准确；而在某些空间知觉任务中，似乎历时性的对比呈现会更有效。[1] 身体扫描任何情况下都无关乎视觉，而是本体感受方面的知觉，其所知觉到的 120

[1] Liqiang Huang and Harold Pashler, "Attention Capacity and Task Difficulty in Visual Search," *Cognition* 94 (2005): B101–B111.

对比（不管是存在性还是差异性，也不管共时性抑或历时性）关乎身体不同部分或区域的感受。

在这点上，不管是共时性还是历时性的对比，最好是让一个人更为清晰和准确地亲身经历或试一次。例如，请在你的座位上比较一下左臀和右臀不同的压力感受，臀部的哪一侧感觉更重一些或者和椅子接触得更紧密一些？是共时知觉当中这些感觉的比照更清晰，还是先专注一侧臀部再关注另一侧，你对其间不同感觉的分辨更为有效？如果你躺下来，分辨骶骨哪一侧在接触地板哪一侧没有，从一侧骶骨到另一侧，难道不比同一时间专注于感觉它们与地板的接触情况（或没接触）更容易吗？同样在那个仰卧的位置，如果我们想去比较哪只肩膀更高，或者说离头部更近，是不是先关注一只肩膀再关注另一只，比同时知觉它们更容易呢？很明显，当涉及身体的区域比较大或比较全面的身体经验——比如说当感觉身体哪些部分更重、密度更大或更紧——我们不能依赖对身体所有部分的感觉所进行的共时比较，而一定要对各个部分进行历时性的省察和比较，事实上，这也正是身体扫描所要做的工作。

4. 联想的兴趣：除了关注问题、注意力转移、化整为零及身体扫描的对比，还有其他一些办法来维系有效身体内省所需的兴趣，其中之一便是联想的兴趣。这就好像从同一环境下更为嘈杂的声音中，可以听出期待许久的情侣微弱的敲门声，无非是因为听者渴望听到对方到来的声响迹象，所以我们可以激发对某种身体感受的专注力，令其成为认出我们所关注对象的关键要素。例如，之所以能认出某种特定肌肉放松或呼吸节奏的感受，是因为它们的存在与知觉可以带来平和的感受，能让我们产生想要的宁静；或者说，正是由于联想的兴趣，才让我们留心某个具体的身体部位或身体扫描的感受，因为它可以引发肌肉相应的重新调整，给身体带来舒适的感受与认知的可能。

121

5. 避免兴趣分散：提高对身体感受的内省专注力的另一种技巧，是想办法避免兴趣间的冲突，以免影响对眼前对象的专注，因为无论哪种兴趣都会构成某种意识专注点，意味着对其他东西的必然无视。这也是为什么进行身体内省扫描，或展开其他冥想形式时要闭上眼睛（或眯上眼睛）的缘故，因为这样可以保证我们的内心不致受到外部视觉世界的刺激，那会分散我们的兴趣。因此，内在知觉是随着外在知觉的式微而得以间接改善。

6. 还有一种办法可以提高对我们想要去分辨的某种感受的专注力，那就是提前准备或预备对它的知觉。这就像詹姆斯所讲，“预觉……意味着达成知觉目标的一半”（PP，第 419 页）。对身体扫描或其他身体感觉内省而言，这种预备（其本身也可以增强兴趣）可采取不同形式。一个人可以先自己做好分辨某种感受的准备，身体哪个部位会产生这种感受，对此提前要有个概念，或者去想象，在此部位的感受是如何产生并被感受到的。这种概念化和想象明显与语言思维有关，意味着语言会有助于身体感受方面的领悟，尽管语言覆盖全部经验范围时，也可能造成妨碍，令人分心。在强调语言的局限及难以言表的感受非常重要的同时，我们也必须认识到，语言也能改善我们对感受对象的知觉。

准此，语言在指导并改善身体感觉内省方面的应用——通过预备说明、点出核心问题、对将要经验的对象及其感受方式事先所做的想象性描述，对感受的描述或名称做出比照等——即便对身体意识训练而言也是至关重要的因素，尽管这种训练认为，我们感受的范围与意义远超乎语言的界限，身体和语言时常被人视为两种对立的力量，相互竞争首要位置或统摄全局的优先权，但实际上，它们都是身体美学不可或缺的因素。问题的关键并非二者间你死我活的对抗，也无须分出上下高低，而是应该在某种程度上（正如我们谈及自发与自觉二重奏时所主张的那样）有效协调二者，一起发挥最佳效能。本章我给大家提供的身体扫描诚然需要语言方面的指导，但是，如果大家真的按此指导从事经验实践的话，肯定也会需要超出单纯概念理解之外的东西。哲学，尤其作为一种生活方式的实践哲学，是某种综合性的活动，需要多种多样的工具。我想，哲学教育也该当如此。

122

第二部分

身体美学、美学与文化

第六章　身体美学与美学的疆界

一

何为身体美学之源？像大部分文化产品与研究项目一样，身体美学 125 也有其多重来源与生成影响因素。其产生不仅源于大量的哲学思想，也源自身体疗法及其他身体训练方法的启发，同时，当代文化也给了它相当大的影响。所以说，身体美学的完整谱系涉及某种综合性的历史分析工作，由于其复杂性，这里显然不能一一道来。不过作为身体美学研究最初的构想者与命名者，我还是应该叙述一下我是怎么构想这个探究领域的。在追叙身体美学如何从挑战哲学美学疆界的过程中脱颖而出的同时，本章也试图证明，这种挑战并不完全是种特殊事件，而是美学领域中时常发生并构成此领域的一种挑战方式。我个人从艺术分析哲学到身体美学的哲学经历，可以更好地说明美学领域的结构与疆界。

从将近三十年哲学美学的经历中我认识到，大部分时间我都是在挑战加之于此领域的种种限制，尽管那段时间我并不是总能意识到这点。当我还是个学生在牛津大学学分析美学的时候，我最初发表的那些文章都是反对当时盛行的文学理论一元论教条所划的疆界：那些理论断言，诗歌（一般来说也可以扩展到整个文学）本质上是一种口头表演艺术，与视觉无涉；那些理论还坚持认为，在艺术品不同的阐释与评价背后，只有一种阐释逻辑和一种评价逻辑（纵使艺术家会持有不同的基本逻辑，也不管阐 126 释与评价是否持有相同的逻辑）。与此相反，我提出了一种多元化的阐释与评价逻辑话语，认为可以从视觉，也可以从声音方面来阐释文学，尽管当时并非有意超越那些主流疆界。我更感兴趣的是对错与否，而不是标新立异或者是否原创，而且我想，当时自己的所作所为完全是限于分析美学疆界之内。[1]

当初我决定专注于文学理论研究，是受本质主义分析批评的促动——这种美学理论太糟糕了，它将明显适用于一种艺术的东西强加到所有艺术身上。我最先是在耶路撒冷（Jerusalem）接触到了维特根斯坦的基本学说，以及奥斯汀学派的艺术分析哲学，后来在牛津大学读博士时，加深了对它们的理解。不过我还是坚持认为，要正确理解文学（事实上，是理解它的特点或独特性），我必须将它同其他艺术联系起来看，不能只囿于文学理论领域。所以在《文学批评对象》（基于我在牛津的博士学位论文）中说明文学作品阐释与评价的逻辑，以及这种批评怎样进行文本特点、本体特征分析的同时，我也指出，这种分析的部分内容如何也适用于其他艺术样式。

我的第二本书《艾略特与批评哲学》关注的也是文学理论问题，我以文学案例为透视点，考察了客观性、主体性、历史与传统诸如此类批评判断与推理的问题，这些都深化了我的阐释研究。然而我发现，我的研究再次让我超出了文学疆界，因为艾略特本人也逐渐认识到，文学及其批评，也是由社会历史因素及更为广泛的文化意识形态构成的。因而我的哲学分析追随他的指引，走出文学题材之外，涉及诸如习俗分析、文化及其历史沿革阐释等。

在研究艾略特从早期客观主义逐渐转向历史决定论及解释学立场的时候，我也敦促自己较为深入地阅读了解释学理论及其他欧洲大陆哲学学派的理论，主要是强调艺术及批评中社会历史因素的学说。因此，这本书名义上虽然还是用的分析哲学的方法，但在那些论题中我已开始探究其他哲学观。如果说第一章“艾略特与分析哲学”，探讨的是哲学新观念新理想如何构成了艾略特早期客观主义的文学与批评理论，那么，

127

[1] See Richard Shusterman, “The Anomalous Nature of Literature,” *British Journal of Aesthetics* 18 (1978): 317–329; “The Logic of Interpretation,” *Philosophy Quarterly* 28 (1978) 310–324; “The Logic of Evaluation,” *Philosophy Quarterly* 30 (1980): 327–341.

最后一章“实用主义与实践智慧”，则将艾略特批评理论与古典及当代实用主义学说联系在一起，强调了其中的实用主义成分。这也让我逐渐喜欢上了实用主义哲学丰富的多样性、厚重的力量及广博的资源。

20 世纪 80 年代后期，当我拓开视野，更明确地将实用主义纳入怀中的时候，开始自觉撼动分析美学的疆界，尽管我还在用分析哲学的基本观点和方法来处理自己的思想工作——更多是采用纳尔逊·古德曼（Nelson Goodman）、理查德·罗蒂、希拉里·普特南（Hilary Putnam）和约瑟夫·马戈利斯（Joseph Margolis）将实用主义的洞见与分析哲学论证风格合为一体的方式。[1] 虽说某些欧洲大陆哲学给予了我思想灵感（从尼采、阿多诺到福柯、布迪厄），但我自己还是确信最值得尊敬的艺术分析哲学家阿瑟·丹托所构建的更具黑格尔思想色彩的艺术理论。

当然，《实用主义美学》（1992 年）最主要的章节是对嘻哈文化的支持和阐释，[2] 但这时我已不再伪装自己，说自己根本上从事的是传统分析哲学的研究工作。此后，我开始转向身体美学，以费尔登克拉斯肢体放松法专业训练的身体教育者身份著称于世，给人留下的印象是德国人所谓的跨界者（Grenzgänger）、边界穿越者、犯规者。在法国人眼中，我也是个“游牧哲学家”及 *passeur culturel*（很难翻译成英语，因为“文化走私者”意思太狭窄，听起来像个罪犯，而“文化传播者”又显得太官方，未免平庸乏味）的形象。不管怎么翻译，这个字眼总会让人联想到，我的哲学探索已经越过了不同哲学流派、哲学与其他思想及生活领域之间的正常学科界限。不管喜欢与否（最初很反感），我的个人形象已经从主流牛津血统分析美学家一转而为藐视疆界的挑衅者，不得不与主流美学的内部圈子保持一定的距离，好在这个圈子对我的工作还能保持友好的聆听。 128

有次和皮埃尔·布迪厄谈话，他建议我从社会学层面解释下我的哲学探索：双重国籍、跨文化的背景，难免会让跨界（及多元视野）成为我

[1] 在 *Analytic Aesthetics* (Oxford: Blackwell, 1989) 的导言中（第 1—19 页），我探究了某些实用主义思想如何可以同分析美学的基本方法融会贯通的问题。

[2] See Richard Shusterman, *Pragmatist Aesthetics Living Beauty, Rethinking Art* (Oxford: Blackwell, 1992), ch. 8.

生活的一部分，且容易养成文化多元论及跨界的习惯，这些很可能也会反映在我的哲学研究上。虽说我似乎已经有了英美分析美学圈内人的身份（作为布莱克威尔相关丛书的主要编辑者，及分析美学重镇天普大学哲学系的终身教授），却并不足以改变我身为一个漂泊的知识分子及流离的犹太人习惯——十六岁就离开美国到了以色列，以局外人的身份在那儿生活一段时间后到了牛津大学，三十五岁左右又以一个学术陌生人的形象回到美国，虽说回来了，却时常会再次离开，长时间在法国、德国和日本从事研究和教学。或许布迪厄说的是对的，不过这里我不想再对自己作进一步的社会学分析（我在别的自传文章中已做过坦率探讨[1]），本章只是提出一个更具综合性的假说：西方美学领域最重要的特点就是疆界穿越，这是其历史与思想构造的核心内容。若事实果真如此，那么我的探索就不再是一个居无定所的、心灵孤独的思想游弋，而是身居美学历史的深层潜流之中。

二

129 现代西方美学最初即是作为疆界背叛者和边界超越者形象出现的。正是在亚历山大·鲍姆加登那里，才让美学走出理性知识边界，从而步入感性知觉与他所讲的“低级认识能力”疆域之内。如他在《美学·前言》第三段所做的断言，美学的目标之一便是“改善对已知世界之外对象的认识”（“Die Verbesserung der Erkenntnis auch über die Grenzen des deutlich Erkennbaren hinaus vorantreibt”）。个中的主导逻辑是，为证明一门像美学这样新兴哲学或新兴科学学科的合理性，鲍姆加登必须得说清楚，为什么这个新兴领域需要超越现存学科的边界，在其他学科边界之外它处于一个怎样的位置。因此，鲍姆加登又论证了美学的必要性，说美学之所以要超越修辞学和诗学的边界，是因为它涵盖了包括其他艺术对象在内的

[1] Richard Shusterman, “Regarding Oneself and Seeing Double: Fragments of Autobiography,” in George Yancy (ed.), *The Philosophical I: Personal Reflections on Life in Philosophy* (New York: Rowman and Littlefield, 2002), 1–21.

一个更广阔的领域（“Sie umfaßt ein weiteres Gebiet”）。他认为，美学既不简单等同于批评，也不等同于艺术，因为一般说来，批评意指逻辑批评，而美学据称专门研究的是感觉能力问题，而且美学是要成为一门科学（Wissenschaft），而不仅仅是一种艺术。[1]

在鲍姆加登之后，现代美学努力超越以前有关优美、崇高及趣味之类的哲学疆界，努力介入一个更为广阔的与艺术及自然的愉悦和意义体验相关的特质与判断领域。而且，我们可以将黑格尔美学（包括其他观念论美学）的本质转向，视作将美学的本质转向感性经验及非观念性经验的疆界之外，转到传达最高精神真理的艺术理念上来，尽管采用的仍是某种程度上的感性形式。我们当然也可以看到，艺术形式与风格现代性的不断革新，同样遵循着黑格尔的精神动态转向形式，在遭遇边界并超越边界中不断前行。[2]

我们可能已经忘却了美学中的疆界反叛趋向，这是因为20世纪后半叶，处于英美美学主流的分析美学，非常热衷于疆界的定义及守护。最初的时候，尚有充足的理由强调识别疆界与区分的必要性，这样可以纠正20世纪早期主流理念论美学的疆界背叛所带来的混乱，或许这方面最突出的代表人物是贝奈戴托·克罗齐（Benedetto Croce）。正如我在其他地方所指出的那样，分析美学产生于对理念论及源出黑格尔学派的美学理论模糊之处的不满，比如克罗齐的美学就是这样，它们持有的是一种无疆界的美学，其研究是对疆界的挑战。[3]

130

克罗齐的研究目的就是努力维护审美领悟的超凡力量，免受实证主义（positivisms）局限性对艺术意义的侵蚀，不管实证主义是让艺术创作

[1] 鲍姆加登的引文出自此书双语（拉丁语与德语）删节本：Alexander Baumgarten, *Theoretische Ästhetik: Die grundlengenden Abschnitte aus der "Aesthetica"* (1750/ 58), trans. H.R. Schweizer (Hamburg: Felix Meiner. 1988), 3.5。

[2] 在“Somaesthetics at the Limits”一文中，我提出了这些相同的看法，见 *Nordic Journal of Aesthetics* 35 (2008) : 7-23, 这里是对其观点的重申。

[3] See Richard Shusterman, “Analytic Aesthetics, Literary Theory, and Deconstruction,” *The Monist* 69 (1986): 22-38. 有关克罗齐与实用主义哲学关系的说明参见“Croce on Interpretation: Deconstruction and Pragmatism,” *NewLiterary History* 20 (1988): 199-216。

与评价依附于严格的风俗批评原则，还是依附于历史与社会学的因果阐释，比如伊波利特·泰纳(Hippolyte Taine)的著名原则：可以简单地用“种族、环境、时代”来界定并解释艺术。[1] 对克罗齐而言，审美是一种基本的建构性直觉力，一切有意义的知觉都离不开这种力量，所以美学既不能局限于狭隘的诗学与美的艺术领域，也不能局限于自然美的问题。审美本质上是一种凭据直觉力的知觉，遍及于整体性的经验世界。克罗齐认为，整个世界实质上就是美学的对象，因为“世界即直觉”，“除了直觉或审美这一事实别无他物”。[2]

克罗齐认为，直觉即表现，直觉即语言，而直觉与语言的本质即“永恒的创造”和变化，因此，任何将审美直觉限于某种固定疆界、类型与意义之内的企图，都像“寻找静止的运动”一样徒劳而荒谬。审美风格与修辞范畴的传统界限应该全部清除：表现是一个不可分的整体，故而克罗齐断言，“表现不可能作哲学上的分类”，因为没有本质上的区分原则或固定不变的“形式差异”证明这种绝对的界限，存在的仅仅是程度与语境的不同，仅仅是不断变化的惯例。所谓艺术家与批评家、读者，艺术与非艺术之间的界限也同样如此：“艺术表现与直觉同相对的非艺术之间的界限，无非是种经验性的界限，不可能予以精确的界定。若一个警句是艺术，为什么一个词就不可以呢?”为挑战这些界限甚至学科间的常规划分，克罗齐宣称，“语言哲学与艺术哲学是一回事”。传统上的审美划分绝不能依赖固定不变的本质原则——因为审美知觉无非一种不断变化的语言与经验游戏——但克罗齐却未能意识到实用主义的划分可以是有效的，其理论陷入某种更宽泛的本质主义之内，是一种直觉—表现或语言世界的一元论（同样是在反对风格与学科划分的基础与一成不变时，我曾说过，解构主义也逐渐陷入语言本质主义的陷阱，整个世界除了文本别

131

[1] See Hippolyte Taine, *History of English Literature*, trans. H. van Laun (New York: Henry Hold and Company, 1886), 18.

[2] 以上及后面克罗齐的引文参见 Benedetto Croce, *Aesthetic*, trans. Douglas Ainslie (London: Macmillan, 1922), 22–23, 26, 30, 110–113, 146, 197–198, 234, 247。

无他物[1]）。

分析美学在20世纪中叶是作为一种反对力量出现的，它反对的是当时颇具影响力的克罗齐的哲学观，认为其摧毁边界的本质主义总是一成不变，枯燥、含混且明显缺乏阐释力。当其时，已无须再去抵御实证主义、还原论的解释模式，不管它是来自传统修辞学，还是出自社会学决定论。这是因为各种各样比较独立的艺术批评与文学批评那时已站稳了脚跟，比如新批评派（the New Criticism）的主张就是如此。早期的克罗齐分析哲学批评家们并未一味断言，克罗齐所否定的风格划分可以在超验的实在本质或传统身上找到证明。相反，他们本人却对传统艺术及其风格的实在论做出重要修正。不过这些批评家们始终坚信的一点是，为看清艺术的本质，必须要做出一些划分，并尊重理论术语的意义界限；更清晰地厘定这些边界，始终坚守它们，会有助于更好地理解艺术。

例如，门罗·比尔兹利（Monroe Beardsley）将知觉对象同其物质基础及作者意图区别开来时就明确主张，由于找不到审美对象的本质，132 我们只好"想办法做出区分"，区分本身只能在实用方面得到证明。"一个人只能指出用它时的便利和没有它时的不便……［以及］它本身的不便之处"[2]。同样，约翰·帕斯莫尔（John Passmore）抱怨"美学的沉闷乏味"，其解决办法就是"无情地做出区分"，所划出的边界"或许武断"，却有实用方面的合理性，因为在事实上，某些划分或界限可以用"有趣的归纳方式"来建构审美研究领域。[3]他甚至暗示说，"呆板的美学出自建构一个子虚乌有的学科的企图"，"即便不存在美学，却可以有文学批评、艺术批评等批评的规范"，应该抛弃常规的美学，而"专心从事不同艺术的专门研究"，它们之间的种类差异理应得到

[1]　See Richard Shusterrnan, "Analytic Aesthetics, Literary Theory, and Deconstruction," and "Deconstruction and Analysis: Confrontation and Convergence," *British Joumal of Aesthetics* 26 (1986) : 311-327.

[2]　See Monroe C. Beardsley, *Aesthetics: Problems in the Philosophy of Criticism* (New York: Harcourt, Brace, 1958), 53.

[3]　See John Passmore, "The Dreariness of Aesthetics," in W. Elton (ed.), *Aesthetics and Language*, (Oxford: Blackwell, 1954), 45-50, 55.

尊重。

然而，大部分分析美学家依然在从事寻找一般性疆界的研究，以区分开美学与其他研究领域。例如，我在牛津大学的研究生导师詹姆斯·奥佩·厄姆森（J.O. Urmson）就认为，“我们应当努力找到一个标准，能让我们用单一的基础法则界限（fundamentum divisionis）区分开审美、道德、经济，区分开理智与评价”，“称呼一种欣赏为审美欣赏，部分原因是它无关乎道德而将之排除后的结果”。[1] 斯图亚特·汉普希尔（Stuart Hampshire）用整篇文章来探讨“道德规范与欣赏”问题，他同样坚持认为，道德判断与审美判断在逻辑上是全然不同的两回事，美学应该将自身限制在自己主观与专一主义（particularist）的逻辑之内。[2]

三

分析哲学试图做出牢固而绝对区分的历史反倒表明，美学是多么的排斥这种清晰且严格的界限。诸如比尔兹利和厄姆森这样的分析哲学家，努力将审美与非审美区分开，依据是，前者只涉及“对象外观”的知觉现象或表象。[3] 不过，一旦我们意识到，我们对艺术作品物性材料及目的的所知，事实上会影响、也应该影响作品对我们的呈现方式，进而完全改变审美欣赏中表象对非感性认识的优先地位，那么，基于表象的界限就会被打破。

133

其他诸如弗兰克·西布利（Frank Sibley）这样的分析哲学家，则试图就审美范畴所谓超逻辑和自由状况，在审美/非审美之间画一条清晰的分界。其观点是，这样一些范畴既不受规则控制，也不受艺术品非审美特征的制约，并可从中导出，它们在应用中只会受到审美趣味的影响。[4]

---

[1] See J.O. Urmson, “What Makes a Situation Aesthetic?” in F.J. Coleman (ed.), *Aesthetics: Contemporary Studies in Aesthetics* (New York: McGraw-Hill, 1968), 360, 368.

[2] See Stuart Hampshire, “Logic and Appreciation,” in Elton (ed.), *Aesthetics and Language*, 169.

[3] See Monroe C. Beardsley, *Aesthetics*, 29–52; J.O. Urmson, “What Makes a Situation Aesthetic?” *Proceedings of the Aristotelian Society*, supp. 131(1957): 72–92.

[4] See Frank Sibley, “Aesthetic Concepts,” *Philosophical Review* 68 (1959): 421–50.

但相关分析表明，这种所谓不同于非审美特征的自由性也不能继续下去了，因为审美特征至少在成因和本体方面依赖于作品的其他特征，也因为明显的事实是，某些非审美特征（诸如巨大的规模、体积、重量及庞大的外形等）会让某些审美特征（比如优雅的纤弱）不再适合描述作品。[1] 而且，统一与平衡这类提法，似乎有横跨所谓分界线两端的骑墙之嫌，因为它们既可以用审美术语也可用非审美（与计算有关的）术语加以描述。

同样的道理，试图将美学限制在一个与道德关怀全然无涉的领域，会遇到无法克服的困难，因为道德因素往往渗透在作品意义的深处，若无视其中的道德内容，就不可能正确理解作品。试图在艺术作品和自然美（总是也仅仅是在它们出现在我们面前的时候）中区分出某种特别的审美态度或审美经验，也是很有问题的；事实上，这种问题会让分析哲学家时不时怀疑，用审美态度和审美经验这些概念来限定审美领域是否真的有效。

逐渐意识到确定审美界限方面的问题后，分析哲学家们逐渐把目光更多地转到对艺术的界定上来。这里可以注意一下两种不同的界定方式：第一，为艺术领域画出一个总体性的界限，以精确区分于其他部分的生活与丹托所谓的“纯粹实存物”；第二，厘定单个艺术品的具体边界，即，将一部真正的作品实例（比如《哈姆莱特》的真实文本或表演，或一幅蚀刻画的权威版本）同假冒艺术品之名，事实上却不可靠的表演、仿制或伪造作品区分开的边界。这两种方式的目的都是要完全覆盖它们所界定概念的所有外延（不管是一般性的艺术还是特定的艺术品），为做到这点，它们会提供一种言语准则，让所有只有符合要求的对象才能匹配这个概念；也就是说，按照艺术的一般概念，哪些对象可以看作艺术作品；或者就特定一部艺术品而言，哪些对象或事件可以视为真实可靠的具体作品（在绘画当中，绝大多数情况下是指一个单独的对象）。

134

[1] 对西布利上述看法及其他观点的批评参见 Ted Cohen, “Aesthetic/Non-aesthetic and the Concept of Taste: A Critique of Sibley’s Position,” *Theoria* 39 (1979): 113–152; Peter Kivy, *Speaking of Art* (The Hague: Martinus Nijhoff, 1973), ch. 2, 3; Gary Stahl, “Sibley’s Aesthetic Concepts: An Ontological Mistake,” *Journal of Aesthetics and Art Criticism* 29 (1971): 385–389。

所有这类界定均会遭到反面例证的质疑，其言语准则不是错误地覆盖，就是不能覆盖艺术的范围及特定艺术品的真实情况；不是错误地包含，就是不适用上述范围及实情。因此，所提议的这些界定不是太宽就是太窄；鉴于其初衷是完美的覆盖，故而我称这种界定风格为“包装理论”。正如质量不错的食物包装材料一样，这样的艺术理论显然是在推介、包容、保护它们的对象——我们正统的艺术观。它们的目的是保护而不是改变艺术的实践与经验。正如避孕套那种伸缩的透明包装（法语非常恰切称之为 preservatif），这种界定是想保护约定俗成的艺术疆界（也即是艺术本身），以免其受到艺术令人兴奋却不洁的表层环境的污染，同时也是保护那种环境，断绝艺术穿透疆界创造新生活的可能性，而这种疆界恰恰是在既定艺术界（art world）和特定艺术品真实表现或实例的与合法标准之内，试图分隔出的艺术准则。

我们先考虑一下限定特定艺术品特性（identity）疆界的问题。这对分析美学而言至关重要，是它之所以关注艺术对象的部分原因，因为学术批评谈及客观批评真理时，艺术对象会频频出现，它似乎也需要一个明确的对象用作真理的标准。所以比尔兹利宣称，“令批评成为可能的首要条件是一个对象……它拥有自身的属性，借以来核查阐释”。准此，艺术作品必须是种“自足的实体”，其属性与意义独立于其发生与接受的语境之外。[1] 艺术对象于是成为某种崇拜“偶像”，其特性及本真性的疆界一定要严格界定，严防伪造与变质。[2] 然而我们在纳尔逊·古德曼影响深远的作品特性理论中看到，仅就其重要的审美属性来精确界定作品的特性，结果往往是事与愿违，因为这些属性太过模糊且变化无常，很难给出清晰的界定。对古德曼而言，只能通过音乐总谱的音符来界定一部音乐作品的特性，因为只有音符明显是可以定义、可以确定的。这就等于承认，虽没有任何错误，但音符最为低劣的演奏，也完全

135

[1] See Monroe C. Beardsley, *The Possibility of Criticism* (Detroit: Wayne State University Press, 1970), 16.

[2] See W.K. Wimsatt (with Monroe Beardsley), *The Verbal Icon: Studies in the Meaning of Poetry* (Lexington: University of Kentucky Press, 1967), 3–39.

可以看作音乐艺术作品的真正范例，“而只要有一个错误音符，最为杰出的表演却不是”[1]。然而，如果认为不必珍视作品重要的审美属性，那么，界定一部艺术作品时，还有什么真正的要点值得去留存呢？虽说其中会有些错误的音符、字母或模拟，但维护或充实审美经验的审美价值，难道不是更具成效吗？正是分析哲学的这种一意孤行将我推向了实用主义，准确来说是由于它从一般意义上界定艺术的尝试。

这些界定艺术时最具影响的尝试，在这样做时同样没有考虑审美观念（其疆界与本质以前的分析就没能有效地界定清楚）。相反，界定艺术时，这些理论根据的是某种审美知觉之外的因素，说它们是构成艺术欣赏中审美知觉的必要因素；这就是艺术界，即阿瑟·丹托通过其挚爱的安迪·沃霍尔（Andy Warhol）的《布里洛盒子》（*Brillo Boxes*）介绍给分析美学，也是乔治·迪基（George Dickie）在艺术习俗论中做过阐释的一个概念。习俗论将艺术品界定为普通的“人工制品，某个人或某些人遵循一定社会习俗（艺术界），授予其艺术欣赏候选人的身份”[2]。这纯粹是一种程式化和礼仪化的理论，将所有实质性的决定与原则全交给了艺术界。通过强调社会语境——艺术得以产生并被赋予非直接诉诸感官的属性（将沃霍尔的《布里洛盒子》同其纯粹视觉对应物区分开的属性），习俗论可以解释艺术如何拥有某种可以定义的本质，而其对象无须表现出某种重要的审美属性。此理论在解释权威艺术品方面的成功，并不能掩盖其解释力的贫乏。它没有解释获准艺术界资质的理由与条件，没有解释艺术界的历史与结构，或者说没有解释艺术界与深植其中并明显由其构成的更为广泛的社会文化、政治经济世界的联系。 136

丹托拒绝接受艺术习俗论，正是因为它在历史方面的空无而缺乏解释价值。由于无视沃尔夫林（Wölfflin）的洞见——一切皆有可能的事情

[1] See Nelson Goodman, *Language of Art* (Oxford: Oxford University Press, 1969), 120, 186, 209–210.

[2] See George Dickie, *Aesthetics* (Indianapolis: Bobbs-Merrill, 1971), 101; and *Art and the Aesthetic: An Institutional Analysis* (Ithaca: Cornell University Press, 1974), 19–52. 我对其理论作了较为详尽的批评参见 *Pragmatist Aesthetics*, 38–40。

并不是每次都会发生，习俗理论并未考虑构成艺术界的历史条件，因而也没有考虑构成并限制艺术界人士的艺术创作与艺术阐释行为的历史条件。它没有解释，沃霍尔的作品若是创作在世纪末的巴黎或15世纪的佛罗伦萨，为什么不会被人接受，而在20世纪60年代却成了艺术。丹托坚持认为，解释要依据艺术历史与艺术理论，因为对象唯有放在这样的艺术界中才能解释得通，才能成其为艺术作品。因此，《布里洛盒子》作为一件艺术品，既需要创作方沃霍尔的阐释，也需要接受方欣赏者的阐释；艺术界"需要特定历史发展条件"，才会令阐释成为可能。[1] 既然艺术界是从构成艺术史的艺术、批评、历史及理论实践中抽取而来，那么，艺术实质上就是某种复杂的历史实践，必定要放在历史中去界定和理解。

虽说迄今为止似无大碍，但实际上，丹托同样坚持站在历史的广阔社会与文化语境、经济因素及政治斗争之外，仅就"其自身的内部发展"来考量艺术界的结构与历史。这种与生活的其他部分隔离开来的做法，是丹托坚持艺术与现实之间绝对区分的部分体现。为什么是沃霍尔的《布里洛盒子》而不是杜尚的 *object trouvés*（或者说是现成品），能这么吸引丹托的目光，打动更多公众的心，进而从根本上改变了我们的当代艺术观念呢？20世纪60年代波澜壮阔的社会、文化革命，包括沃霍尔本人深陷其中的消费文化及大众传媒不断增长的魔力，难道不能说明其中的部分缘由吗？假如无视一开始就已打破既定艺术界壁垒，诸如嘻哈乐这般的社会文化运动，那么我们如何能解释涂鸦艺术及凯斯·哈林（Keith Haring）、让－米切尔·巴斯奎特（Jean Michel Basquiat）的作品呢？

137

通过忠实拥护既定的艺术观念，并强调其对象与"纯粹实存物"的截然不同，丹托极好地表达了包装式界定的双重目标：精确的反映，艺术与其他生活部分的分离。[2] 对这些目标适用性的不满，将我推向了实用主义的道路。假如对所谓艺术的一切规定，均置于艺术史背景下艺术

[1] Arthur C. Danto, *The Transfiguration of the Commonplace* (Cambridge, MA: Harvard University Press, 1981), 208.

[2] See Danto, *The Transfiguration of the Commonplace*, ch. 1.

界的内部规定之内，那么，除了满足传统哲学像镜子一样精确反映现实的理论诉求之外，那些直接用哲学公式表达出来的规定，还能满足什么有益的目的呢？

如果把现实理解为日常经验认识之外的某种固定、必然性的实体，那精确的反映说显然还不失为某种重要的哲学范式。这是因为对此现实的充分再现（representation）尚算正当且有效，可以视作评价日常认识与实践的标准。可一旦艺术现实是艺术史中无常的经验性偶发事件，这种反映论模式似乎就无效了。因为在这种情况下，理论描述既不好置无常的现象于不顾，又不能解释这些变化。于是它只好手持反映论的镜子，就艺术史的描述来观览其不断变化的本质，无望地持续做着叙述修订。[1]

138

然而，艺术无常的历史需要的不仅仅是再现；实用主义认为其历史完全可以通过理论的介入而加以重构；所以实用主义才反思了艺术理论与艺术哲学的功能与疆界。它不再满足于对现实与概念的分析，而是努力改善它们，以让经验变得更好。这种行为主义理论并不想全然抛开哲学，放弃哲学传统的研究以及其追求真理时无利害感的自我形象。因为哲学最大的成就实际上并不总是受此目标的控制，即便有的时候是这

[1]　丹托也试图挣脱这种烦恼，认为不管艺术的历史怎么变化，总会有某种确定不变并且“始终如一”的“永恒本质”。他断言，存在“一种固定、普遍的艺术特性”或“不变的”艺术本质，甚或一种“超历史的艺术观念”，不过这种本质只能“在历史中显现自身”。见 Arthur Danto, *After the End of Art* (Princeton: Princeton University Press, 1997), 28, 187, 193。同样的道理，尽管确定的本质决定了艺术的疆界（通过将艺术同非艺术区分开），但由于它将审美属性排除在外，所以这种本质无论如何也无法限定艺术的出现方式。故而在如此情形下，任何东西在丹托那里都可以是艺术品，尽管事实上许多东西并不是艺术。本质主义策略的问题在于，它所给出的界定根本不能告诉我们如何识别一件艺术作品，这也是它寻求更多本质界定的原因之一。丹托的艺术界定既不能给艺术创作提供风格方面的建议，也不能提出有效的艺术批评标准，这正是他不断寻找艺术本质界定的又一实际动因。按丹托的体会，不管是好的还是坏的艺术品，定然都有着相同的本质，因为二者都是凭此本质成为艺术品的，而且这种本质完全无涉于审美或艺术的特质(qualities)。见 *After the End of Art*, 197; 及 Arthur Danto, *The Madonna of the Future* (New York: Farrar, Straus, and Giroux, 2000), 427。丹托的本质主义策略也未能在最为狭义的意义上界定艺术。他评定一件艺术品的两个标准（他自己也承认太过“粗劣”，尚不能反映“全貌”）是“要有内容或意义”，并能“体现其意义”（*The Madonna of the Future*,xix），甚至图像符号及所有文化对象均需这样，大部分的意向行为也是如此。现实生活中的亲吻具有意义并也体现着这种意义，却并没有令接吻成为艺术作品。当然，一个人可以将亲吻作为艺术品来表演或者去再现它，正如克林姆（Klimt）和罗丹（Rodin）撩人的作品所做的那样。

样。毫无疑问，不能将柏拉图的美学理论看作对艺术本质无利害感的再现。它有明显的政治动机，反映了在一个混乱多变、政治纷争、军事征服时期，知识引导力（艺术的古老智慧或哲学的新理性）该如何引导雅典社会的迫切问题。托马斯·霍布斯（Thomas Hobbes）和约翰·洛克（John Locke）极具影响的政治理论同样也是政治危机的反映，由政治动机促成。而且正是那种纯净且不偏不倚的反映论理想，掩盖了并不纯净的偏见。过分关注现实主要是保守主义的偏好，它乐于通过界定以再现的方式来维护现状，或者是由于太过胆怯，不敢参与到文化改造的纷乱斗争之中的缘故。对无利害感知识的崇拜意味着对真相的掩盖，其实哲学的最终目的是助益人类的生活，而不是为了纯净的真理而真理，这就是真相。如果艺术与审美经验是人类欣欣向荣至关重要的表现形式，那么，哲学若只是中立的旁观，不投身进去努力扩展艺术与审美经验的疆域，增强它们的力量，那就背叛了自己的使命。

四

139

鉴于上述原因，我离开分析哲学转向了实用主义，同时也支持解释学、批判理论和后结构主义的深刻洞见，因为它们同样从不同角度，否定了分析美学某些大成问题的假定及所划出的疆界。这些问题包括对精确定义对象（假定其有固定的特性、统一体和本体）的盲目迷恋；夸大艺术与生活其他部分的分离，夸大艺术独立于强大社会政治力量——事实上甚至已渗透于各种艺术表现之中——的意义；也包括其本质上描述主义的观念方式，总是回避改良研究和社会政治事务，以再现并维护既定的文化现状。[1]

如果说分析理论的本质是划界——试图就包装式的外延界定，来为所分析的概念划界，那么，我所遵循的实用主义则更接近转化生成性的（transformational）风格。尽管开始的时候会承认眼前概念既定的意义与疆

[1] 关于此主题更多的论述，参见 Shusterman, *Pragmatist Aesthetics*, ch. 1 , 2 , and 6。

界，但实用主义者要考量的是，这个概念范围是否可以有效地扩展（或缩小）至某处，也就是其边界有足够模糊性或可塑性的地方，以使这种扩展（或限制）不致损害概念的基本含义与价值，而是让它在改善我们的审美理解及经验质量方面更具意义与价值。要承认，杜威的艺术即经验的定义，尚远远不足以成为一种扩展性或包装式的理论，但我同样认为（在《实用主义美学》一书中），它作为一种转化生成性的理论却助益良多。其对审美经验的强调，不仅有助于打破当代艺术、审美及文化中盲目崇拜对象的桎梏，而且也有助于通俗艺术（比如说唱音乐）获得自己的艺术合法地位，这种艺术虽说提供了强烈的审美体验，可其真正的审美或艺术的身份却至今未获认可。

后来我自己的艺术即戏剧化（dramatization）的定义，目的并不在于完美地包装、覆盖艺术的外延，而是试图强调艺术的两个关键方面——强烈的现场感及形式构成性——它们引发了当代美学分类方面的激烈论争。[1] 戏剧化这个概念有两方面的含义，首先它意味着有意味的外观、行为及经验的强度（会促使理论从直接的、迷人的现场感或体验方面来界定艺术）。同时它也意味着某一行为、外观或经验的形式构成，这是通过历史上某种既定的习俗体系来达成的，能让我们分辨从日常生活之流中构造出来的东西。第二方面的特点是当代理论的核心所在，这些理论正是根据历史上形成的艺术与其他社会领域的差异，来界定艺术的，比如皮埃尔·布迪厄、丹托和迪基的理论就是如此。提出艺术即戏剧化这个想法的时候，我的目的也是转化生成，因为这个界定会让我们超越既定艺术的传统疆界，应用于各种礼仪和体育运动当中，因为二者同样展示出强烈的艺术性和审美体验，却不容于艺术概念。它也可以用于（正如我在第十二章所讲）性爱即所谓情色艺术实践，在西方，这种实践的艺术地位及提供具有强烈艺术色彩的戏剧化审美体验的潜能，一直不受待见。这些艺术肯定值得身体美学去加以分析和开发。

140

[1] See Richard Shusterman, *Surface and Depth* (Ithaca: Cornell University Press, 2002), Ch. 13.

五

身体美学当然是我实用主义美学研究的自然延伸。我认识到，为了把美学拉向生活实践领域，必须要置身体于审美关注的中心，因为所有的生活实践——所有的知觉、认识与行为——主要都是通过身体来进行的。因此，身体美学可以看作实用主义美学基础研究的补充，它详细描述了对身体经验、方法、话语及行为予以训练有素、分门别类和跨学科的关注，何以能丰富我们审美经验与实践的方式，不管是美的艺术还是多种多样的生活艺术。其产生的初衷就是克服局限，不仅包括鲍姆加登在其原初审美教育规划中对身体修养的忽视，也包括对身体及欲望的排斥，西方哲学美学传统尤为突出地表现了这一点（从夏夫兹博里、康德、叔本华至今），却根本无视身体与欲望在西方艺术与文学乃至其宗教表现形式中所起到的重大作用。

除了实用主义美学的来源，身体美学研究同样得益于哲学即一种生活方式的古代思想启发，我努力借助实用主义哲学传统去复苏这种思想，目的就是克服哲学既定成规的局限，不再仅仅将它视为教书、读书、写书的学术实践。因此在《哲学实践：实用主义与哲学生活》（1997年）一书中，我第一次专门论述了身体美学的思想，并明确使用了这个术语。[1] 对我而言，哲学即一种生活艺术（而非柏拉图在《斐多篇》中所描述的"死亡艺术"）的观念所要求的是，具身化必须成为哲学实践的重要方面，因为它是生活必不可少的组成部分。评价古代哲学家们的标准不只是他们写了什么，说了什么，而且还要看他们的行为与举止品次。所以孔子对他的门徒们交代说，他不会言传，而只是身教（像天所做的那样）；孟子实际上也很激赏这种教育风格："四体不言而喻。"[2] 因此，《哲学实践》是用身体美学提醒当代读者，哲学可以、也应该成为一个人的身

[1] Richard Shusterman, *Practicing Philosophy: Pragmatism and the Philosophical Life* (New York: Routledge, 1997), 128–29, 176–77。正如我在本书"序言"中所讲的那样，我出版的第一本身体美学研究方面的书是我的德语专著 *Vor der Interpretation* (Vienna: Passagen Verlag, 1996)。

[2] 更多的意见参见 Shusterman, "Pragmatist Aesthetics and East-Asian Thought," in *The Range of Pragmatism and the Limits of Philosophy* (Oxford: Blackwell, 2004), 13–42.

体实践，而不仅限于“心灵生活”。它同样强调了本书也有谈及的正义、自由及开明民主等政治问题的具身化功能。

身体美学进而又超越了仅将哲学美学视作理论耕耘的传统疆界，力求实际修身训练的实践维度。尽管鲍姆加登最早意识到，美学领域包含理论研究和审美训练两个方面，但他却将身体训练从此领域中排除出去，因为他视身体为纯粹的肉体，不具备感知的能力。我的身体观念则迥然不同，它指的是一种活生生、有目的、有感知能力和洞察力，或者具有身体主体性的身体。正如我试图证明的那样，我们完全可以通过更好的身体运用来改善我们的知觉能力。由于对此事实最令人信服的证明不在口头的理由，而在于活生生的知觉经验，所以能提高知觉力的实际身体感觉训练，就显得尤为重要。所以我觉得自己固然有提供身体美学讲座的责任，但也有必要操办实践训练班，借此表现并强调其实践的维度。[1]这些训练班耗费了大量的时间与精力，若不然，我会专心享受阅读和写作的快乐，不过，的确需要它们来确保身体美学能超越纯粹理论探究的疆界，也需要它们来证明，身体美学是如何卓有成效地扩展哲学思想传播途径的。 142

最后，身体美学甚至在其较具理论色彩的探究中，也会超越典型的哲学学科疆界。尽管最初的时候以为它全然蛰居于哲学之内——最大的可能是作为美学的一个分支——但不久后我就意识到，其卓有成效的探究是在跨学科领域，需要多学科（比如历史、社会学、美容、解剖学、冥想艺术与武术、生理学、营养学、运动学、心理学及神经学）的参与，以让我们更多地了解在鉴赏性知觉、审美行为及创造性自我塑型中，该如何体验和使用我们的身体，并由此考量更好地改善我们这种体验和使用的方式。

如果某些批评家担心，这样做会有溢出哲学学科疆界的风险，会让身体美学变成一门缺少连贯和结构的学科，缺少和美学联结的核心，我的回答（第一章已做过回答）是，美学研究应该适当了解先进的相关科学知识，比如文艺复兴艺术与艺术理论，就是利用解剖学、数学及透视光

[1] 有关此种训练班的一些剪辑参见网站：https://sites.google.com/ site/somaesthetics/home/video-clips。

学的清晰证明。无论如何，探索身体功能的科学确然关乎于身体美学的核心使命，即让我们更好地了解知觉、行为及自我塑型中的身体运用，改善我们在这些方面的身体体验质量。如果这一点构成此领域的结构核心，那么确有许多东西会超出美学疆界之外。形式逻辑及所得税问题就不在身体美学的考虑范围之内，然而，有什么根据来取缔它们原本就可能存在的相关性呢？如果某些方面的知识令人信服的表明，其在重要程度及成效方面与身体美学的核心问题相关，那么，身体美学完全可以对其做出重新阐释，扩展其疆界至合适之处，将它吸收进来，并且承认，当疆界（正如概念那样）可塑且不明确的情况下，就依然可以调整、发挥其作用。此外，身体美学含有某些结构性的特征，为此领域提供了一些可塑且可稍加交叉重叠的边界。至于分析性身体美学（基本上是描述性的理论）、实用性身体美学（实践方法论的比较评估）及实践性身体美学（实际身体训练行为）这些不同分支，第一章已有过解释，这里就不再详细说明。

143 结束本章时，我还想简单谈谈身体美学关心的另一疆界，对此，当代法国某些重要的身体哲学家有过特别强调，比如乔治·巴塔耶(Georges Bataille）和米歇尔·福柯。此疆界与其说是概念或学科的界限，不如说是体验方面的，有时他们称之为“极限体验（expérience-limite）”，或者是某种高强度（violent intensity）体验，主要表现为某种强烈的身体越界形式，也包括道德及身体规范方面的越界。[1] 这些极限体验的价值，不只在于与极度崇高审美体验相关的体验强度，也在于它们改造我们的力量，它让我们看到了我们常规体验及主体性的限度，让我们了解了那些限度之外的魔力，即超出（au delà）我们所是及所知的某种东西。身体美学也需要投身到这种极限体验之中吗？若投身进去，在实用、道德、社会与健康的意义上，通常这种做法的可行性和价值何在？

[1] 有关这种思想的讨论参见 Michel Foucault, “How an ‘Experience-Book’ is Born,” in *Remarks on Marx: Conversations with Duccio Trombadori*, trans. R.J. Goldstein and J. Cascaito (NewYork, 1991),25–42 ; and Georges Bataille, *Inner Experience*, trans . Leslie Boldt (Albany: SUNY, 1988), 1–61。

身体美学当然应该研究这种极限体验的效用问题，但这样做并不意味着去提倡它们，将其当作扩展我们身体感觉能力，更好改善我们本身及改善我们自我认识的最佳途径。事实上，最近越来越多的心理学及神经生理学研究证据表明，这种感觉暴力给我们的知觉力和知觉快乐还是带来了很多风险。这些研究深化了韦伯－费希纳神经物理学定律（Weber-Fechner law）的传统看法，此定律说明，随着刺激强度的增加，对感觉差异的知觉力和分辨力就会相应减弱——由此会导致一种螺旋效应（spiral effect），需要不断增大刺激，来满足持续增长的感觉门限、感觉习惯及感觉需求。因此，身体美学也包括对这些极度极限体验疆界（认知及美学的，以及实践、道德及社会的）批评，同时探索了可用较为温和、精妙的方式来查究各种不同身体感觉限度（有关感觉专注、身体可塑性、习惯的呼吸节奏及肌肉收缩等）的其他极限体验，它们同样能扩大自我，带来改造后的强烈狂喜体验。

144

而且，身体美学也不该将自己局限于那种令人神情恍惚的极限体验范围之内。毕竟还存在许多不同的身体感觉限度，而日常生活中我们却没有意识到，在经验中更好地认识它们，可以明显改变我们的生活方式。缺少足够的敏感来认识这些限度——比如过饱与吃好、满足知觉兴趣与过度刺激、维持体态平衡的适当肌肉收缩与肌肉过度紧张之间的界限——会给太多人带来肥胖、失眠及慢性背痛等问题。我们时常意识不到这些界限，是因为我们领会这些界限的身体感觉意识尚不够敏锐、尚未激活。由不能意识到这些界限所产生的问题，我称之为日常生活中的身体感觉病状，其表现于内隐肌肉记忆中的常见病因，是第四章讨论的中心话题。

第七章　身体美学与博克的崇高论

一

145　弗里德里希·尼采以其影响深远的先辈伊曼努尔·康德和亚瑟·叔本华为目标，尖锐嘲讽了无利害性（disinterestedness）的审美信条——将美定义为一种无涉意愿与欲望的纯粹无利害性愉悦。他将这种看法贬损为哲学家故作天真的表现，说他们那种中立、旁观者的艺术观，同创造性、亲力亲为、充满激情渴求的艺术家经验正好相反。尼采认为，艺术与美的力量并非源自无利害性，而是出自"意志与'欲求'的激发"（"die Erregung des Willes，'des Interesses'"）。"当我们的美学家为证明康德观点的正确，不厌其烦地反复宣称，美的魅力可以让我们用'无利害感'的态度观赏裸体女性雕像时，我们可能多少有点为花在它们身上的费用感到不值。艺术家做这种雅事的经验还是颇具'利害性（interesting）'的；当然，皮格马利翁（Pygmalion）[1] 并非全然没有审美的感受。"[2]

尼采认为，体会不到审美经验中意志与感官享受的作用，与无视审美中身体维度这种非常普遍的哲学偏见有关。这种无视不仅源自观念论

[1]　皮格马利翁是希腊圣话中的塞浦路斯国王，不喜凡间女子，发誓永不结婚。他曾倾注全部心力雕刻一座美丽的少女雕像，逐渐爱上了她，并祈求她成为自己的妻子，爱神被他打动，赐予雕像生命，令二人结为夫妻。——译注

[2]　See Friedrich Nietzsche, *Zur Genealogie der Moral* in G. Colli and M. Montinari (eds.), *Friedrich Nietzsche: Sämtliche Werke*, vol. 5, (Berlin: de Gruyter, 1999), 347. 英译本参见 *The Birth of Tragedy and The Genealogy of Morals*, trans. Francis Golffing (NewYork: Doubleday, 1956), 239, 240。

和理性主义者对身体的憎恶，也相应地出自对“审美生理学”的无知，他抱怨说，对此生理学的问题及意义“今天的人们一无所知”。[1]对尼采的这种说法而言，埃德蒙·博克（Edmund Burke）的美学却是个重要的例外。博克不仅认识到欲求乃至性欲相容于审美欣赏，而且其崇高论同样暗示说，欲求观念为我们的崇高感受提供了一种生理学的解释，将我们神经的特定状况明确界定为这种感受的“直接成因”。[2] 146

尽管博克对崇高的一般说明广为人知，但其身体维度被当作无可救药的误导而招致无视。沃尔特·希普尔（Walter J. Hipple）就曾刻薄地指责说，“即便是在18世纪，这种生理学理论也是荒诞不经的”，结果博克最有力的支持者们，比如尤维达尔·普莱斯（Uvedale Price）对此也是轻描淡写，或置之一旁。希普尔颇具影响的18世纪美学研究，无疑是造成持续无视博克思想中身体维度的原因之一。结果一本令人钦佩且具包容性的18世纪崇高理论选集，却完全漏掉了博克的身体方法，尽管它是其理论的一个主要方面，并且构成了他《哲学探究》第四部分的全部内容。[3]

本章探究的是博克美学的身体维度，尤其关注他对崇高问题的论述，并将他的思想同新近的理论观点，特别是身体美学的观点联系起来。尽管博克的身体观及结论太过简单、片面机械、简约得也不恰当，确实可以批评，但他对审美经验中重要的身体维度的认识理应得到更多 147

[1] Nietzsche, *Zur Genealogie*, 356; 我的英译请参阅 *The Genealogy of Morals*, 247。

[2] Edmund Burke, *A Philosophical Enquiry into the Origin of our Ideas of the Sublime and Beautiful* (London: Penguin, 1998), 159; 后文缩写为 PE。

[3] Walter J. Hipple, Jr., *The Beautiful, the Sublime, and the Picturesque in Eighteenth-Century British Aesthetic Theory* (Carbondale: Southern Illinois University Press, 1957), 92. 针对博克的核心论点：崇高表现为神经与肌肉的高度紧张，优美则意味着它们的放松，普莱斯不情不愿地证实说，“它们的确处于紧张或放松状态”，但他只是评述道，“这种描述……所呈现的是时常由爱与惊奇所造成的生动感觉意象”，博克将它们分别和优美与崇高联系在一起。见 Uvedale Price, *An Essay on the Picturesque, as Compared with the Sublime and Beautiful*, in Andrew Ashfield and Peter de Bolla (eds.),*The Sublime: A Reader in British Eighteenth-century Aesthetic Theory* (Cambridge: Cambridge University Press, 1996), 274。尽管这本杰出的选集收入了博克有关崇高与优美绝大部分的《哲学探究》，但那本专著第四部分却只字未收，正是在这部分博克提出并捍卫了自己的生理学理论。

的重视。身体美学试图促进并拓展博克的深刻洞见，同样认为身体因素有助于说明我们的审美反应，进而主张，改善过的身体认识及身体行为，是强化我们审美反应的重要手段，而不仅限于认识它。

承认美学的生理维度，至少在三个方面至关重要。第一也是最为基本的一个方面，我们身体器官的结构、状态及功能，是构成我们审美经验、艺术创造与艺术欣赏过程的感性知觉所必需的条件。我们节奏感的基础即是身体节奏；我们的平衡感及运动知觉本质上即是身体本体的感受；我们引导与维系我们注意力的能力，依据的即是肌肉能力的应用。第二，强烈的情感或激情特质，大多数情况下是审美经验（艺术与自然）的一个重要且珍贵的特征，但这种强烈的情感或激情，与身体反应和认知内容有着本质的联系。第三，审美经验的身体维度有助于解释艺术独特的认知价值观。关于艺术是否提供了某种特殊的真理之源，如此真理是否为艺术的核心价值，长期以来一直存在很大争议。艺术的命题特征（propositional character）的确令人质疑，也包括艺术是否有提供特殊或具有特别价值的命题性真理的能力。然而，许多艺术强烈的情感内容或特质，凭借其身体基础与这种情感效果，却让人想到某种理解艺术特殊认知价值的方式。尽管艺术并不提供新的真理，其激情四射的力量，却给予它所创造的信念及它所传达的真理一种特别强烈的感染力和穿透力，因为这种信念体现在肉身感受当中，而并非只是作为某种理智抽象为人理解。这种信念会在我们的精神态度与思想习惯中留下深刻的印记，这是因为它们借助了身体的反应。正如我们已经说明的，在绝大多数情况下，系于具身化实践中的认识，相比仅是凭托抽象思想的认识来得更加可靠、稳妥；所以“我们一定不要将我们的知识［仅仅］托付给心灵，我们一定要消化它；一定不要喷洒而是浸染”[1]。

---

[1] Michel de Montaigne, *The Complete Essays of Montaigne*, trans. Donald Frame (Stanford: Stanford University Press, 1958), 103.

二

如果这些意见能消除将博克身体方法全然作为失当思想而加以排斥的冲动，那么，身体美学所要做的就是考量博克的重要理论前提，从其洞见中获益，并对其局限性做出批评性处理，目的是提供一种更为合理的审美经验身体理论。　148

1. 我们首先要考虑的是，博克的身体主义是如何勇敢的独树一帜，它又如何旗帜鲜明地与18世纪美学最重要的哲学先辈亚历山大·鲍姆加登、安东尼·夏夫兹博里伯爵（Anthony, the Earl of Shaftesbury）分道扬镳。鲍姆加登创造出“美学”这个术语，将其界定为理论与实践性的“感性认识科学”，目的是“感性认识的完善，这即是美”（∫∫第一卷第14页）。虽说感性知觉特质确实依赖我们身体感受器的敏锐及其特定功能，但鲍姆加登还是从他的美学规划中划除了身体的研究与应用，这可能是出自他所处的社会历史语境与理性主义哲学传统所带来的宗教压力。[1]夏夫兹博里提出了颇具影响的无利害性与崇高（他将其归为美的一种）思想，为证明心灵是唯一的生成性力量，他坚决否定了（受其无所不在的柏拉图主义的影响）身体在美学中的功用：“根本不存在身体的审美原理……身体绝不可能是美的原因……优美、可爱、秀丽等，从不取决于质料而在于艺术、设计，从不取决于身体本身而在于形式或构成力……唯有心灵才有这般力量。”[2]

相比之下，完全可以看出博克所持的明显是具身化美学，这种美学根据其中潜含的自然主义、经验主义本体论，力主身心统一，断言精神内容最终是身体感觉的产物。审美趣味的基础是对“直接感官快乐”的

[1]　引自亚历山大·鲍姆加登 *Aesthetica* 双语（拉丁语—德语）删节本，书名为 *Theoretische Ä sthetik: die grundlegenden Abschnitte aus der "Aesthetica"* (1750/58), trans, H.R. Schweizer (Hamburg: Meiner, 1988), 3, 11. 英译出自本人。有关鲍姆加登忽略身体更为详细的论述，参见 Richard Shusterman, *Pragmatist Aesthetics: Living Beauty, Rethinking Art*, 2nd ed. (New York: Rowman and Littlefield, 2000), ch, 10。

[2]　Anthony, Earl of Shaftesbury, *Characteristics of Men, Manners, Opinions, Times*, ed. Lawrence Klein (Cambridge: Cambridge University Press, 1999), 322.

自然“敏感性”，它会借助想象力变得愈加成熟，借助判断与认识而愈
149 加高效（PE，第74—75页）。由于我们的精神生活离不开身体官能的滋养，我们的精神活动必然要仰仗身体的力量：“可能不仅仅需要激情，这种心灵的低级内容部分，而且认识本身也要利用某些精微的身体工具，以保证其……即时生效；可能精神力量的长期使用明显导致全身疲惫；而从另一方面来看，繁重的身体劳作或辛劳，可能会削弱甚或有时会在实际上摧毁我们的精神能力。”（PE，第164—165页）

甚至在我们尚未意识到，某种特定的身体反应，是面对某种事态时对我们精神反应（比如我们面对糟糕天气时的沮丧）的调节，这时候博克就已经暗示说，“先是身体感官经受痛苦，之后是心灵通过那些感官对痛苦的知觉”（PE，第175页）。远非某种被动的附带现象，心灵的知觉与激情会交互性地影响我们的身体状态与身体行为：“引起恐惧的东西，通常也会通过心灵对危险的暗示影响我们的身体感官”（PE，第162页）。博克认为，身心统一体的交互特点，可以让我们的身体介入我们精神状态的调整，如同两个世纪以后威廉·詹姆斯的身体情感理论所做的一样。注意到“著名的康帕内拉相士（physiognomist Campanella）”可以通过模仿人们的“表情”“姿态”与“整个身体”，“进入他们意向与思想之内”的能力，博克声称，他本人“无意中发现［他自己的］心灵，也转向［他］竭力想模仿出其外观的激情”（PE，第162—163页）。

故而他得出结论说，“我们的心灵与身体非常紧密且融洽地结合在一起，若无对方，一个人就不能感受到痛苦或快乐”。这里博克再次援引了康帕内拉，说他“无论身体遭受着什么苦难，都能从中移出自己的注意力，所以他可以不那么痛苦地忍受刑架本身带来的痛苦；在痛苦并不那么严重的情况下，每个身体一定会注意到，当我们把注意力转到其他任何东西上时，痛苦就会在短时间内消失”。博克同样认为，“如果身体无论如何都不愿意采用这种姿势，或者不愿意接受这种通常激情会从中产生的情感刺激，那么，激情本身也就绝不会出现；尽管激情无非是种心理现象，不会直接对感官产生任何影响”。例如，“一片镇静剂……会暂时终止悲伤、恐惧或愤怒的行为，尽管我们并不想这样；而且这会

引出某种身体意向，同身体由这些激情中应当表现出的意向正好相反”（PE，第 163 页）。

没必要质疑博克观点的整体目的，在于身心基本的交互性统一，但我们应该清醒地注意到，他对这些例证的陈述是自相矛盾的，意味着精神与身体活动可以在事实上分开进行；例如，可以在精神上从肉体伤害的痛苦中转移出注意力，或者相反，可以在肉体上用药剂干涉情感的身体表达，甚至对“应该纯粹是精神现象”的激情也可以如此阻遏。一种更为精确而缜密的身—心统一认识理论应该意识到，既然肌肉收缩，特别是头部和眼部区域的肌肉收缩，惯常也需要精神关注与思想的凝神参与，那么，任何康帕内拉式在心理上移出或分散注意力的努力，也总是要使用身体工具。我们也该看到，存在某种纯粹精神激情的观念，也正是很有问题的二元思维的残余。

150

2. 我们在讨论身体介入时，已经暗示，值得进一步突出强调的一点是潜在的社会改良论，博克的理论和身体美学一样，都有此特点。在极力主张“心灵的完善该是我们研究的首要目的”的同时，博克又坚持认为，认识我们的激情（它们的类型、逻辑依据、生成方式）对激情调节具有不可或缺的实践价值，这种认识对“所有想触动激情可靠而稳定规则的人而言，也是必不可少的”（PE，第 98 页）。如果激情不能调节，就会限制我们完善心灵的努力。此外博克还认为，我们对激情的认识必须明确而实际：“仅仅一般性地认识它们还不够；为了影响它们……我们应该探究它们的各种活动方式，进入它们的最深处，看看我们不可达及的本质深处会出现什么。”（PE，第 98 页）考虑到我们激情的身体之根及各种身体维度，博克的研究还需要各种不同方式的身体感觉探索：对我们体验这些情感不同方式的内省所做的现象学探究；对这种感受机制的生理学研究；对构建我们的感受方式并使之习俗化的社会、行为及认识条件所做的社会学与心理学研究；对我们如何更好认识、调控、运用及改善我们生活行为或生活艺术中这些感受方式所做的实用性身体研究。

3. 在探索用身体来改善我们经验方式的过程中，身体美学非常强调愉悦（pleasure）的多样性。对此缺乏认识，会容易将愉悦等同于单纯的

快感或享乐（fun），由此会相应导致贬低审美经验与一般生活中愉悦价

151 值的哲学倾向。[1] 博克的崇高论是倡导愉悦多元性的一个重要先例。[2] 他在美的“绝对愉悦”（相对其他积极愉悦而言）与所谓崇高的“相对愉悦（the relative pleasure）”即“至乐（Delight）”之间做了很好的区分（PE，第81—84页）。与全然不依赖于痛苦的积极愉悦相比，至乐只是一种相对的愉悦，因为至乐本质上关系到痛苦或危险（他理解为痛苦的威胁），博克将至乐定义为“排除痛苦或危险时产生的感受”，或“由痛苦的终止或减缓”“痛苦的排除或缓和”“而引起的感受”。虽然并不是一种全然独立于痛苦的积极愉悦，可至乐毕竟是作为一种真实的“愉悦”或“满足”被人体验到的；它是某种“感受”或“情感”（尽管出于某种“剥夺”），在感受者心灵中“无疑是积极的”（PE，第83—84页）。

博克不仅仅是就其产生原因及其相对独立性，而且更重要的是根据其不同的身体表现区分开至乐与愉悦。将崇高的至乐描述为“某种伴随惊恐阴影的宁静”，如同我们“逃开某种迫近的危险，或从剧烈的痛苦中逃脱出来”时所体验到的宁静，对此博克评述说，在如此愉悦感受“情形下身体的形体容貌与姿态”，“使得所有人……更愿意判断［体验着崇高本身的主体］表现出的是某种错愕，而非积极愉悦那般的享受”（PE，第82页）。这种讲法不会让我们感到惊讶，因为博克本就是根据惊

[1] 有关多元审美愉悦重要性的更多讨论，参见我的论文“Entertainment: A Question for Aesthetics,” *British Journal of Aesthetics* 43 (2003): 289-307; and “Interpretation, Pleasure, and Value in Aesthetic Experience,” *Journal of Aesthetics and Art Criticism*56 (1998): 51-53。后者是对亚历山大·尼赫马斯（Alexander Nehamas）的回应，见“Richard Shusterman on Pleasure and Aesthetic Experience,” *Journal of Aesthetics and Art Criticism* 56 (1998): 49-51。

[2] 博克美学的价值也在于他宣称，“积极的”痛苦与“积极的”愉悦的多元或独立存在，并非简单地将痛苦与愉悦看作“纯粹”彼此“对立的关系”（PE，第81页）。这意味着，不能简单地说不痛苦就是愉悦，不愉悦就一定是痛苦。博克认为痛苦与愉悦是双价（bivalent）而不是双极的（bipolar），这种看法在当代心理学与神经学研究中得到证实。痛苦和愉悦与面部肌肉不同的肌电图变化有关，是皮层激活模式及神经通路方面的差异，正如接近及回避行为（愉悦与痛苦在行为上的相互关联）与神经递质（neurotransmitter）相关，事实上也可以同时出现一样（这样会引发冲突）。见 Daniel Kahneman, “Objective Happiness,” in Daniel Kahneman, Ed Diener, and Norbert Schwarz (eds.), *Well-being: the Foundations of Hedonic Psychology* (New York: Russell Sage, 1999), 3-25。

恐、痛苦与危险来界定崇高的；他将崇高特色鲜明的恐惧与惊叹之类的“激情”（及其较少表现出来的崇拜、敬畏与钦佩），描述为令身体紧张的感受，爱的情感则恰恰相反，它是由优美引起的，他说会柔化、放松并缓解身体。 152

4. 博克的身体方法，将崇高的至乐感受同生物学的“自我保护”本能联系在一起，这种说法由于进化论的出现，现在我们已经耳熟能详。痛苦与危险的感受会给我们至关重要的预兆，帮我们调整好自己，存活下去。“至于自我保护的激情，”博克说，“主要取决于痛苦或危险……它们是所有激情中最为强烈的”。因此，与痛苦及危险的紧密联系，就决定了崇高是种相对愉悦，并出乎意料地让它比纯粹的积极愉悦来得“更加强烈”，因为它可以“产生出心灵可以感受到的最为强烈的情感”（PE，第 86 页）。既然崇高的“至乐恐惧”“是种自我保护”，那么，它不仅仅是“所有激情中最为强烈的一种”（PE，第 165 页），同时也完全不是无利害感的，因为它明显来源于我们生存和逃避苦难的强烈欲求。

相比之下，优美则被界定为一种积极的愉悦，并与“社会的……激情”有关，是“性社会”的一种主要形式，其爱的激情“混合着性欲”，其对象为“性之美”，他后来颇具大男子主义意味地将其描述为“妇人之美”（PE，第 87、89、97 页）。[1] 鉴于身体之美的欣赏可以是性方面的兴趣、欲望或贪得无厌（由此服务于繁殖的目的），所以博克反过来强调，一个人可以去喜爱（在某种社会而非性的意义上）人与动物的美，而无须混入任何性欲方面的内容。通过强调崇高与自我保护方面的激情及优美和生殖的相关性（PE，第 87 页），博克提供的是一副麻醉剂，有着自然主义进化论两方面的依据，这一点还是颇具先见之明的。正如需要认识并避免痛苦与危险一样，我们被激励着去享受爱与美的积极愉悦，其最强烈的表现方式就是性——一种他称之为“迷醉、剧烈、公认最具强度的感性愉

[1] 也请参阅博克大男子主义的评论：“坚实健壮的样子对优美来说相当有害。某种娇美甚或弱不禁风的模样，几乎是优美必不可少的构成因素……妇人之美很大程度上归功于她们的娇弱或娇媚，甚至可由其羞怯——某种类似于优美的心灵特质——而得以强化”（PE，第 150 页）。

悦”(PE，第 87 页)。[1]

153 5. 然而，博克证明痛苦与愉悦之间存在某种有趣的不对等力量：“人们对痛苦的想法明显比愉悦更具影响力。我们可能遭受的痛苦折磨，比任何最有经验的骄奢淫逸之徒所能提供的愉悦，比任何最为活跃的想象和最为健康、敏感的身体所能享受到的东西，对身体与心灵显然会有更大的影响。”(PE，第 86 页) 痛苦与危险这种更为强大的积极否定性，一旦得以释放、拉开距离或予以缓解，就会转化为非常积极的效果。从另一方面来看，博克说性快乐的缺乏，并不会引起真正的痛苦或明显的不适，只是间或“有过影响”(PE，第 87 页)。当然，“在痛苦或危险迫在眉睫之时，它们不会带来丝毫快乐，而只会有恐惧；假若保持一定距离，做出某些调整，那就正像我们每天都会体验到的那样，它们可能或者就是快乐的”(PE，第 86—87 页)。从剧烈的痛苦到痛苦消除后的释放，意味着异乎寻常的至乐，对此，蒙田早在两个世纪以前就由衷赞美道：“可是，在我们承受突然而明显的绞痛袭击之时，情况却发生了突转，是如此的突然与彻底，结石消失了，我从极端的痛苦当中缓过气来，仿若一时间点燃了美丽的健康之火，难道不存在这般美妙的时刻吗？在我们所承受的这种痛苦中，难道不存在随突然康复而来的愉悦吗？”似乎“自然赋予我们痛苦，就是为了致敬并服务于快乐，让我们不再痛苦”。[2]

博克对痛苦与愉悦力量不对等关系的主张，在当代心理学关于选择与快感的研究中得到了证明。我们更渴望规避痛苦，而不是增进积极的愉悦，更关心失去，而不是得到。关于“损失规避”现象的调查结果表明，“损失一百美元所引起的消极情绪，比得到一百美元产生的快乐感受要强烈得多。某些研究做出过评估，相同数量的损失所产生的心理冲

[1] 在当代，有关对性经验审美潜能的一种哲学辩护参见 Richard Shusterman, “Aesthetic Experience: From Analysis to Eros,” *Journal of Aesthetics and Art Criticism* 64 (2006): 217–229; 及本书第九章。

[2] Montaigne, *Complete Essays*, 838.

击，要两倍于得到”[1]。最新的实验结果也支持苦痛的消除或缓解，具备特别积极的效果这种看法。丹尼尔·卡纳曼及其同事已经证明，我们对以往那些经验愉悦特质的判断，几乎全都取决于经验特质和经验最终风格的双重极点要素（最好或最坏）。在一次实验研究当中，人们被要求听两段令人不喜的嘈杂噪音，之后需要选取一段他们比较喜欢反复来听的。其中一段噪音持续时间是 10 秒，另一段 14 秒。每一段噪音最初的前 10 秒都一模一样，较长那段的延长部分尽管依然嘈杂且令人不喜，却不像开始那样感到嘈杂了。实事求是地讲，第二段噪音应该更加糟糕，因为它达到的极度不快就像它持续的长度，始终都是一样的，而且它总体的不快时间要超过第一段 40%。然而，绝大多数人还是反复将它作为首选。这种在逻辑上颇令人费解的选择，无疑是因为所选噪音的最后部分所带来的痛苦比之前明显缓解了，产生出某种积极的轻松感，整个经验也随之染上舒适的色彩，并有了回味。[2]

154

6. 博克将崇高与自我保护联系在一起的另一种方式，关注的并非对危险与痛苦的恐惧，而是它们在神经学方面相应的反应给健康带来的好处。痛苦与恐惧也拥有某种强烈的肌肉“收缩”或“非自然性神经紧张”的生理学性质（他视其为崇高的“力学因”或“动力因”），由此前提出发，博克首次提出，“我们不难认识到……无论什么适合于导致这样的紧张，它都必然会促成某种类似于恐惧这般激情的产生，由此必然成为崇高的一个来源，尽管它丝毫都没认识到与其相关的危险”，或真实存在的痛苦（PE，第 107、159、161、163、164 页）。

尽管博克这里的推断很值得商榷，但他毕竟试图证明，先前他说可高效生成崇高的诸般形式特征（比如庞大、宏伟、人为的无限、一望无垠、阴暗与漆黑一片等），的确可以造成这种强烈的肌肉收缩；比如十分庞大、宏伟或黑暗的对象让眼睛收缩时就是如此。此后他又坚持认为，这种“并非本能［层次的］紧张状态”，事实上是为了消除休息引发的危险，并由此保证我们身心合乎自然状态的健康不可或缺的手段。除“助长我

[1] Barry Schwartz, *The Paradox of Choice* (New York: HarperCollins, 2004), 70.

[2] See, for example, Daniel Kahneman, “Objective Happiness,” in *Well-being*, 3-25.

们的懒惰”之外，“休息的实质是让我们身体的各种器官都进入放松状态，这不但中止了器官的功能，同时各种各样的纤维紧张状态也被消除，而这种状态却是实现自然而必要的分泌功能的必需之物”。“这种身体放松状态”的不良后果，博克认为就是“忧郁、沮丧、绝望，有时会导致自杀”，“消除这些恶果的最好方式是训练或……运用肌肉收缩的力量”，这种力量“毕竟类似于……各种痛苦［因为痛苦‘存在于肌肉紧张或收缩当中’］，除了程度上有所不同”。由于“很有必要训练身体上那些慵懒的肌肉，若没有这种激活，它们就会松弛下来，尽显病态，此规则也适用于与心灵］相关［肉体］部分的改善；为了让这些部分运转良好，必须适当地让它们颤动、运转起来”（PE，第164—165页）。当然，这些看法为博克时代处于上升期的新教伦理提供了生理学与心理学的证明。

155

总之，崇高（借助实际的痛苦与恐惧观念，或只是通过类似于痛苦与恐怖的生理性收缩）通过刺激起肌肉紧张状态，让我们不至于因放松而陷入病态的懈怠，由此促进自我保护机制。同样的神经紧张刺激，他认为（在一次让人想到亚里士多德净化说的讨论中）正是创造崇高至乐感的东西：“如果痛苦不至于暴烈，恐怖未迫近人的毁灭，那么，随着这些［崇高、由神经收缩而来的］情感把那些危险、麻烦的妨碍部分——不管好的坏的——一概清除掉，就能够产生至乐；这不是愉悦，而是一种给人至乐的恐惧，一种染着淡淡恐惧色彩的宁静，由于属于某种自我保护，它便成为一种最为强烈的激情。”（PE，第165页）

尽管不乏创意，但博克的理论也有严重的缺憾。第一，为确保我们的生存与健康，休息和极力收缩、高度紧张一样，都是不可或缺的；那么，为什么他所讲的爱的放松（也是休息）感，就不能同样关乎自我保护呢？虽然博克承认，“高强度身体劳作或痛苦会削弱，有时也的确会摧毁心智能力”，而且“长时间的心力投入会明显引起全身疲惫”（PE，第164—165页），他却不能接受审美放松对维系自我的价值。

第二，博克显得有点儿含混其词的是，一方面，他将关乎崇高的神经高度紧张状态的痛苦与恐怖界定为强度上的“不自然”“暴烈”，另一方面，他又主张二者该控制“在适当的程度”，且“不至于暴烈”。同样犹疑不定的是，他一方面将崇高的至乐解释为“［实际］痛苦的消除或缓和”，同时又认为它只是接近“痛苦的边缘”，实际上并未蒙受痛苦（PE，第83、163、165、169页）。当然，这些不同的描述可能是现实中他多样化崇高体验的结果。可即便如此，博克也不该如此答复。因为他并未证实不同崇高感受不可化约的多样性，而只是展示出某种本质主义的倾向，将崇高（也包括所有的痛苦与恐怖）仅仅理解为程度上有所不同的机械收缩。最初他所认定的崇高的多样化起因与根由（比如恐怖的感受，或者对危险、力量、黑暗、辽阔、身体疼痛、宏大等的知觉），后来他却将之描述成引发生理机械收缩或紧张的纯粹工具性手段，这种收缩或紧张则成了我们产生崇高感的本质原因。而它们只是“借助基本的心灵或身体活动，天生就适合引起这种紧张”（PE，第163页）。 156

三

这种机械论的本质主义倾向，是博克关于崇高的身体理论最成问题的地方。在认定痛苦与恐惧有着所谓同样的面相表情（“牙关紧咬……眉毛……紧锁，额头……紧皱，眼神……内敛，快速转动”，“短促的尖叫与呻吟”，身体“摇摇欲坠”等）后，博克就非常仓促地“得出结论说，痛苦与恐惧，会对身体的同一部位产生影响，而且是以相同的方式发生影响，只是程度上稍有不同罢了。痛苦与恐惧就存在于某种非自然性的神经紧张状态中”（PE，第161页）。除了这种程度上的不同（对此博克未加解释）之外，博克承认，“痛苦与恐惧的唯一区别”即是，痛苦是通过身体的参与来影响心灵，而恐惧是借助心灵的介入来影响身体。两种感受都同样会“引起某种紧张、收缩或令神经紧张的强烈情感，在其他方面二者也是完全一致”（PE，第162页）。

这是种十分错误的简单化做法，而且十分严重，让人很难相信博克身体理论的取向。首先，绝不能将收缩狭隘地等同于痛苦与恐怖；也不能将收缩局限于崇高的至乐激情之内，与美和爱的积极愉悦对立起来。愉悦地微笑时面部肌肉也会收缩。博克所讲的极度兴奋属于一种爱的积极愉悦，这种兴奋就包含着一种剧烈的收缩波动，但它却不会因此就不是愉悦。而且，一切痛苦与恐惧在其身体表现或其身体行为上也并非一模一样的。我们痛苦时可能大喊大叫，也可能默默无语，或是紧张得缩作一团，或是完全崩溃、失声痛哭；而恐惧，则会让我们或是挥拳迎击，或是撒腿逃离。在最后将崇高的唯一成因归于机械收缩时，博克的生理还原主义，还忽略了不同的意向目的与认识内容在生成我们崇高感中的关键作用，正是它们才令这些感受千姿百态，而绝非等同划一。

157

我们所谓的崇高感，所牵涉的生理条件复杂多样，博克对此的处理也并不允当。肆虐的森林之火或狂暴的飓风，对这种崇高的体验，不同于日落时分平静的无垠海岸给我们的崇高感；我们在不同体验对象身上所感受到的这些不同（这些体验很难在逻辑上区分开），在生理方面也有不同的表现。这不仅仅是收缩程度上的不同（就像博克所认为的那样），而是关乎我们身体整体上的肌肉反应协调模式：收缩、放松、方向定位、姿态、呼吸、心跳等等。

责怪博克的美学理论局限于生理学，那也是不对的，因为在其《哲学探究》的早前部分，主要还是就经验对象或经验特质而不是生理方面的机械收缩或放松，探讨了崇高与美的根源。因此，在其所谓的“崇高起因”当中，他首先列出的是恐怖（“在任何情形下总是……崇高的主导原则”），之后是晦暗不明、力量、困顿、庞大、无限、“构成人为无限”的连续统一体、宏伟、困境、壮观、过度的明亮、吵闹、意外、戛然而止的声响、“辛辣”的味道、臭不可闻以及难以忍受的身体痛苦等（PE，第 102、107、113、114、115、116、118、119、121、123、124、125、127 页）。博克甚至一度暗示说，我们尊贵的崇高感就内在于其雄伟或令人敬畏的“可怖对象当中，[因为] 心灵总 [是] 在其反省对象身上索求某些高贵和重要的东西”（PE，第 96 页）。

然而，在他系统阐述崇高的动力因理论时，这些多样化的对象与属性却全都消隐了，转而片面地将高度紧张视为生理方面机械而必要的“动力因”。他心里面只接受恐怖、力量、晦暗不明、宏伟这类特征，至于其他的，似乎只是在我们的肌肉与神经纤维中“生成这类紧张”的一种可供选择的手段，在博克看来，它们单单靠身体结构就同样可以产生出来（PE，第163页）。至于审美愉悦，博克做了相反却同样 158 是机械的解释，认为它无非是由“纤维组织”的“放松”引起的（PE，第178页）。

这种纯粹生理方面的功效不仅仅是错误的；它与博克早期讲的愉悦本身也需要真正的心灵意识或心灵知觉这种看法也自相矛盾。他不同意这种说法，即愉悦的“刺激程度太低，除非［它］完全消失，否则不会被知觉到”，由此他断言，“假如……我事实上没感受到任何愉悦，我就没有理由断定说有愉悦这样的东西存在；因为愉悦之为愉悦，正是因为它是被感受到的。同样的情况也适用于痛苦，理由都一样”（PE，第81页）。然而，如果愉悦与痛苦都有赖于意向性的意识，那么对崇高的至乐来说也是如此。为感受这种至乐，单纯身体方面的神经紧张是远远不够的。它需要某种能感知的意识，某种对感受的意向性（尽管是静默与无法言传的）意识，促使我们在某种情形下将如此经验认作崇高、至乐或非凡的经验（尽管这种认识只是在自省结束后的那一刻做出的）。不是我们有意识感受到的至乐绝不是真正的至乐。

在那么认真描述过多种多样的崇高感对象，包括明显符合“某种痛苦与危险观念而实际情形下却并不存在的”精神对象后，为什么还要鼓吹一种本质主义的机械成因呢（PE，第97页）？博克的目的不难体谅，他可能是不愿意将我们大部分的审美感受归因于理性能力。因为那些以理性捍卫者自居的哲学家们，往往强调理性在我们生活中所有重要方面压倒一切的首要地位，包括我们的感受与趣味。博克认为，这种唯理论的实在说并不合理，因为它忽略了我们精神生活尤其是我们的激情中那些非理性、非话语性身体因素的作用：“我担心在这种本质探究中存在一个非常通行的惯例，把纯粹出自我们身体机械结构，或出自我们心灵自然构造的感受成因，归因于我们对眼前对象进行理性推断的结果；因为我很清楚，在生成我们激情的过程中，理性的作用远不像我们想象的那

般巨大。”（PE，第 91 页）[1]

159 为矫正美学唯理论的过分做法，博克提出了一种十分片面的身体机械论，它不同于唯理论，遗憾的是也没好到哪里去。由此他开始限制心理联想在崇高生成中的作用。然而博克无奈地发现，激发起我们恐惧感，因而也激起我们崇高感的对象，却往往是由既得的观念联想决定的，一个本身并不恐惧的对象一旦和某个可怕的东西联想在一起，也可以唤起恐惧感。心理联想本身并不必然是思考，甚至某种程度上可视为无意识的心理机制，但事实上，它们却可以在思考中占据重要位置，并且总能促成生理反应之外认知过程的运行。所以博克似乎很担心，联想论者对崇高的阐释会让我们偏离身体，重回到将一切情感过度理智化的哲学错路上去。而且，联想往往也非常依赖某些条件和上下文背景，会因某一特定文化中个人的经验内容与经验方式，随文化与具体个人的不同而出现极大差异。这种差异性很好地说明了趣味的多样性，但博克更愿意证明的是，和理性一样，“所有人的趣味都是相同的”，若有不同，也仅是我们所拥有与应用的趣味在“程度”上的不同（PE，第 63、74 页）。

如果说理性提供的统一规范对趣味与情感存在着过度阐释的现象，那么，博客则认为我们自然的身体反应——尚未被特殊的个人经验、联想及奇特的文化习惯所扭曲的——可以提供一种更有希望的自然范式，由它为我们的情感与判断（审美或非审美的）的特定统一奠定基础，并带来这种统一，博克（和之后的大卫·休谟与伊曼努尔·康德一样）坚持认为，这种范式是种必要条件，可以让一个协调的社会“保持日常生活的统一性”（PE，第 63 页）。[2] 博克进一步解释说，联想观念与联想情感必定会依赖更为基本的自然反应；否则我们就会面对联想永无休止的倒退或循

[1] 和崇高一样，博克认为美的成因也不会是理性，因为它“根本无涉于”理性就深深打动了我们。相反，美是因某些事物的“感性特质”“机械作用于人的心灵”而生，此作用“借助感官的介入”导致神经的放松，这才有了美的积极愉悦的发生。这种机械放松的属性包括小巧、平滑、渐变、平顺、精致及清晰而不刺眼的悦目或均匀的色调等（PE，第 146—151 页）。

[2] 关于休谟与康德美学中潜含的社会意图的比较分析，参见我的论文“Of the Scandal of Taste: Social Privilege as Nature in the Aesthetics of Hume and Kant,” in Richard Shusterman, *Surface and Depth: Dialectics of Criticism and Culture* (Ithaca: Cornell University Press, 2002), 91–107。

环。“说一切对象单靠联想打动我们……这太荒谬了，因为有些东西本身就自然而然地令人愉悦或令人不快，其他东西则从它们身上获得了联想的力量。”因此，“除非我们在事物的自然属性方面无计可施，否则就别指望在联想中寻求我们激情的动因”（PE，第160页）。 160

博克试图用他自以为更为深刻、自然的身体诠释，来取代崇高的联想论说明，这种努力在论及黑暗时体现得最为明显。约翰·洛克认为，对黑暗的恐惧并非自然产生的，而是出自我们对早期那些吓人的鬼故事中黑暗的联想。博克不认同这种看法，说这种恐惧更为基本的根源在于，黑暗实际上让我们的身体安全受到威胁，因为此时我们看不到“某种危险的障碍物”“深渊”或“敌人”（PE，第172页）。如果说这种解释还与危险和伤害的观念联想有所纠缠，博克接下来给出的描述则说明，黑暗如何“在其本质上是可怕”或者“痛苦的”，而无须任何心理联想，只靠生理性的高度紧张就可以了：“虹膜径向纤维的收缩［在黑暗中］会相应加剧……结果……这种收缩拉紧了自然状态下的神经……［于是］……便出现了某种痛苦的感受……我相信，不管是谁，只要他在黑暗之所睁大双眼，尽力去看，就会发现，某种清晰可辨的痛苦将随之而至”（PE，第173、174页）。简言之，博克坚称是黑暗带来了崇高，因为是黑暗让我们睁大双眼，造成眼肌走出正常状态，紧张起来。

然而，问题并非如此简单。先从解剖学上来看，虹膜实际上由两组不同的平滑肌控制：一是瞳孔扩张肌，在对黑暗或昏暗的光线做出反应时，其收缩会扩张瞳孔；一是瞳孔括约肌，在光线很亮的时候，它会缩小瞳孔。因此，光亮与黑暗都会引起虹膜肌肉收缩。而且，相关的肌肉是平滑肌，受自动系统而不是选择性横纹肌的控制，所以意愿努力并非肌肉收缩的原因。如果在黑暗中看东西我们感到肌肉绷紧了，那是来自我们的枕肌而不是瞳孔。更重要的是，假如我们闭上双眼，眼睛不再紧张，情况又会如何呢？是不是黑暗不再恐怖了呢？是不是闭上我们的双眼就不能体验到崇高？毫无疑问，我们还是害怕看不到可以伤害我们的东西。

而且博克的机械论也无视了这样一个事实，即我们看的意愿——张开、引导并调整我们的眼神——并不单单是一种机械的生理反应，而是某种身体意向性、向世界积极而投入地展开怀抱的身体主体性动态反

161

应，尽管这种知觉反应悄无声息，且缺少清晰而自觉的意识。有知觉力的身体并非简单的机器，所以自动、不假思索的身体反应就昭显在我们的习惯、意愿与计划当中。呼吸可能是某种直觉的反应，但怎么呼吸，要依赖我们的习惯以及对当下环境与目标（通常是潜含的）的知觉。身体美学凭借更先进的生理科学研究成果，同样将身体视作有知觉力的积极主体因素，它能以批评的态度继续博克的分析工作，重视他将身体当作审美经验不可或缺的构成性因素这种基本洞见。

博克理论还有个麻烦在于，它用很成问题的“非自然紧张状态”来解释崇高的成因。我们完全不清楚，自然紧张状态的界限在哪里，并由此决定着某一特定非自然紧张状态的程度。这不可能是关乎肌纤维收缩程度的事情，因为每条肌纤维要么收缩，要么不收缩，除此无他。因此，必然是某些非自然的肌纤维在收缩，或者也许是某一非自然时期它们在收缩，再或者是某些非自然肌群的肌纤维在收缩着。然而，这种非自然肌纤维、肌群或非自然收缩期如何来精确界定呢？而且，对特定情境下的特定人而言，情况都是一样的吗？

当代生理学对背景肌肉张力（background muscle tone）这个概念已有所认识。我们的肌肉总是在某种程度上处于紧张状态，这也是（借助抗引力肌）我们可以坐下或站立的原因所在。因此，进一步强化的紧张状态，必然依赖对背景肌肉张力的背离程度来加以界定。当然，背景肌肉张力并不是固定不变或者始终如一；它因人而异，经训练——对任何人而言——可以得到明显改善。这是否意味着，有较高背景肌肉张力的人，由于她的肌肉收缩程度需要更明显地区分开背景张力来呈现出痛苦和不自然状态，由此体验崇高的可能性就更低了呢？或者相反，它是否意味着那些肌肉处于病态的高度紧张状态（因此一直濒临痛苦与非自然状态）的人，由于总是靠近“非自然紧张状态”，所以就凭这点就能更容易体验崇高，以弥补其不适呢？一个人应该渴求保持自己“自然的紧张状态”吗？或者，一个人是否该改善其背景肌肉张力，以获得更高效能、更佳

健康状态或更优良的审美经验呢？这些目标所着眼的优化状态会始终不变吗？是否一定要让自然的张力与优化的紧张状态完全同一，以致容不得背景肌肉张力的任何调整，甚或容不得收缩趋向任何其他方面的改变呢？某种程度上受文化熏陶的影响，我们能找到全然自然的紧张状态吗？或者对接受文化熏陶的个人而言，正常紧张状态还能理解为他们所感受到的自然状态（可是这毕竟已不大一样）吗？对上述问题，博克理论是真的束手无策，因为它的自然紧张状态概念太过模糊，且漏洞百出。 162

博克非常喜欢用完全无涉于文化与习俗的自然观念来阐述自己的想法。尽管他已意识到，习俗或"习惯""应该……称作……第二自然"，可以创立感受与预想的规则，任何对其的背离都会引起非自然的"颤抖"震惊紧张状态（PE，第139、145页），但博克依然坚持绝对纯净的自然反应观念，某种完全未受文化与"习俗"第二自然塑造过的原始行为反应，因为这种纯净的自然——未被各种不同习惯、文化及个人经验污染过的——可以最大程度保证审美判断的统一性。博克说，这就如同相同的对象"在所有人面前呈现的图像都相仿"一样，所以"某一对象能在一个人身上激起快乐或痛苦，势必激起所有人的快乐与痛苦，同时它是凭其本身力量自然而直接地发挥这种作用"（PE，第65—66页）。

遗憾的是，现实中从未有过这种原生自然、纯净、与他者无涉的趣味。甚至尚在母腹中时，一个人的趣味就已经在文化意义上受到食物、气味、声音及文化环境运动节奏的浸染塑造，当然也包括母亲身体方面的肉体培育。某种习得的第二文化自然，是我们人类天性的一部分，且为我们的生存不可或缺。因此，正如赫尔穆特·普莱斯纳（Helmuth Plessner）引人侧目的说法："'就其本质而言'，人都是人造的。"[1]当然，我们可能由于进化编码喜欢油腻、咸、甜的食物，但这些基本偏好会随饮食习惯的不同发生很大的改变，或有着极为不同的表现，而且这

[1] Helmuth Plessner, *Macht und menschliche Natur: Ein Versuch zur Anthropologie der geschichtlichen Weltansicht* (1931), in vol. 5 of Gesammelte Schriften (Frankfurt: Suhrkamp, 1982), 199. 关于普莱斯纳思想及其当代相关性的详细研究，参见 Hans-Peter Krüger, *Zwischen Lachen und Weinen*, 2 vols. (Berlin: A.kademie Verlag, 1999, 2001)。

种生物性偏好本身，也必然会受到我们祖先遗传下来的身体训练及生活方式的部分影响，而非受纯粹的身体结构本身的支配。同样的道理，请博克原谅我的冒犯，对来自不同文化或者只是有着不同价值取向的人而言，同一对象往往也会呈现出不同的图像或方面。伐木人感受到的森林绝不同于自小在城里长大的人；医生眼中的身体迥异于情色文学家笔下的身体；偶尔出行的旅者凝视的图腾，也绝然不同于虔诚崇拜者眼中的图腾。

163

四

博克对崇高的生理学阐释存在明显瑕疵，然而，我们从中该得到什么教训呢？[1] 教训之一是，要避免身体反应的狭隘机械论倾向，这种机械论遗漏了我们身体意向及生理反应知觉与认知的方面。审美经验或任何有意义的人类经验的身体解读，都决不能还原为机械论与因果论。脸红固然有赖于人的生理构造，但我们却不能在纯机械、物理层面理解它的所有意义。第二，我们需要比较清醒地认识到，我们在审美经验中的生理反应，总是在某种程度上受到文化的制约，我们在此方面的自然反应，总会与风俗或习性的第二自然有所关联。像许多思想家一样，博克没能意识到在盲目、物理的构造与有意识、审慎的思考两极之间，人的行为中尚存在一条宽广的习性地带，那是自发、不假思索却又具有目的性的聪慧并往往显示出高超技巧的领域。与此相仿，在话语性意识与机械的自然反应之间存在着直接的身体知觉——虽为身体性的知觉，却具有意向性与洞察力，尽管不见得一定是内省式的。第三，审美经验的身体解读，应该利用比博克 18 世纪时期更为精确的生理学知识。崇高感（通过其与恐惧、力量、黑暗及通常与生存相关的联系）与高度紧张和收缩状态有关，美感则关乎相对的放松，这听起来似乎有些道理。然而，对这些

---

[1] 我们应该记住，博克并未将他的理论视为完全无误的事实，而是当作一种试验性的探索，不断接近最后的真理性发现："一个沉溺于表面事实研究中的人本身可能会犯错误，但他却为他人廓清了道路，甚至在某些情况下，其错误可能会是附属的真理成因。"（PE，第 100 页）

感受的生理学阐释，一定要注意分辨紧张与放松方式，也要注意它们受训练与语境条件影响的复杂性，而且这种理论阐释也必须要接受经验的检验。

从博克并不成功的生理学理论中，那些对身体有所怀疑的哲学家很可能会得出极端的结论来。回顾历史上对此理论所做的尖锐批评时，希普尔认为，博克应该已经完全摒弃了生理学方法，而代之以为人熟知的经验主义心理联想观念。所以他得出结论说，最好还是“让身心鸿沟依然故我”[1]。这是一个轻率而错误的结论。博克的机械论错误，不见得要我们一定得委身于形而上学二元论，一定要拒斥所有接受审美经验身体之根与生理层面的美学理论。正如我早前所讲的那样，如果美学关心的是艺术、美及崇高的感性知觉，关心的是我们对所知觉内容的经验反应，那么，有感知力的身体——作为我们的感觉与经验核心——就一定不能无视意在理解审美反应的理论，或无视通过审美经验审美媒介的训练来改善审美反应的理论。

164

领会审美经验中身体的重要作用，也有助于理解艺术（很长时间以来被批评为虚假、虚构的），为什么在传达艺术幻象并使它们看起来非常真实或逼真方面，会有那么大的潜能。正如威廉·詹姆斯很久以前所讲，也正如今天的神经科学所证实的那样，感受引导着我们的思维，强烈的情感让人不得不去注意，也往往让人不得不信；这种情感又相应地深植于身体之内，离开身体就不能得到充分理解。[2]通过与身体的关联，及其在我们的肌肉、肉体及骨骼中留下的痕迹，充满情感力量的艺术幻象，具有某种在纯粹理智内容中所不会具备的持久的激发力量。

---

[1] Hipple, *The Beautiful*, 205.

[2] 例证可见，William James, *The Principles of Psychology* (Cambridge, MA: Harvard University Press, 1983), chs. 21，25; Antonio Demasio, *Descartes' Error: Emotion, Reason, and the Human Brain* (New York: Avon, 1994), chs. 5–6。我对他们这些理论观点的讨论参见 *Body Consciousness: A Philosophy of Mindfulness and Somaesthetics* (Cambridge: Cambridge University Press, 2008), ch. 5。有关通俗艺术领域中信念之情感力量的详细研究参见我的论文“Affect and Authenticity in Country Musicals,” in *Performing Live: Aesthetic Alternatives for the Ends of Art* (Ithaca: Cornell University Press, 2000), ch. 4。

此外，博克的理论认为，崇高比美更容易唤起我们自我保护的天性，加剧紧张，比美的体验更加强烈，这种说法还是有些道理的，有助于解释为什么当代艺术更多选择的是崇高而不是美。瓦尔特·本雅明（Walter Benjamin）、西奥多·阿多诺（T.W. Adorno）及其他思想家认为，我们具有深刻意义并具感人力量的经验能力，已逐渐被现代生活侵蚀掉了。如果崇高——由其对剧烈紧张状态的唤醒能力——可以提供更为强烈的情感，能与弗雷德里克·詹姆逊（Fredric Jameson）所谓后现代的“情感式微”进行抗争，那么，为提供更强有力的审美经验，艺术选择崇高而不是美，也是合乎逻辑的。如果说阿多诺和马尔库塞（Herbert Marcuse）批评美有太强的肯定性（affirmative），那么基于博克的类似批评则认为，美太过舒适，缺少挑战性，让人提不起精神来，因此也就不够刺激——在今天这个舒适已唾手可得的富足社会中——不能让人介入剧烈的审美冲突当中。[1]

165

最后，身体美学不仅有助于解释，也有助于改善审美经验。更好地掌控好身体自我，显然可以让表演艺术家更优雅地进行表演而少些痛苦，这也是为什么他们不仅要进行各种形式的身体训练，且还从身体治疗师那里寻求帮助的原因。身体感觉的掌控也可以促进受众的欣赏力，其经改善的意识适应性与意识技能，有助于集中注意力，避免身体使用不当造成的痛苦与疲劳所引起的分心。

假如说改善审美经验的身体途径尚嫌模糊的话，请允许我举一个与博克崇高论相关的简明例证，并以此作为总结。当我们经历某种恐慌或发狂的危险状态时，崇高感被激发出来，但却对此缺乏足够的意识，这

---

[1] 关于这些观点的例证，可见 Walter Benjamin, *Illuminations*, trans. Harry Zohn (New York: Schocken, 1968), 83–110, 155–200; T.W. Adorno, *Aesthetic Theory*, trans. C. Lenhardt (London: Routledge, 1984) 46; Fredric Jameson, *Postmodernism or the Cultural Logic of Late Capitalism* (Durham: Duke University Press, 1991) 1–54, quotation p. 10; Herbert Marcuse, “The Affirmative Character of Culture,” in *Negations*, trans. Jeremy Shapiro (Boston: Beacon Press, 1968), 88–133。有关对 20 世纪理论中审美经验被侵蚀情况的分析，参见我的论文“The End of Aesthetic Experience,” in *Performing Live*, ch. 1。对阿多诺与本雅明有关经验一般性危机研究翔实的分析，参见 Martin Jay, *Songs of Experience* (Berkeley: University of California Press, 2005), ch. 8。

时候，我们的身体感觉能力就可以意识到，我们是在何时身处如此狂乱的状态，何时可以让我们将其转为相对宁静的状态——比如通过调整我们的呼吸，放松某些痉挛收缩的肌肉——从而能令我们更容易体验到崇高。对博克而言，这需要宁静的状态，而事实上它也被界定为“伴随惊恐阴影的宁静”，或“染着淡淡恐惧色彩的宁静”（PE，第 82、165 页）。将崇高的快乐从纯粹恐怖的魔爪下解救出来，要靠某种技能，那正是身体美学训练要做的工作。

第八章　实用主义与文化政治学：从文本主义到身体美学

一

166　尽管承受着没有文化修养的庸俗之名，但从根本上讲，实用主义依然是一种文化哲学。如果大部分哲学已坦然接受文化是人类生活必不可少的一种价值，一个不可或缺的母体，那么实用主义则进一步认为，哲学本身在实质上即是文化历史的产物，因而应该（并且必然）会随着整体文化的改变而改变。哲学的问题、价值、术语、目标与风格，也是构成哲学的文化在这些方面的反映。甚至最为基本的真理、认识、实在、意义及本体概念，其具体含义也来自它们在某一文化不同实践中所起的作用。虑及于此，实用主义认为某种绝对、固定不变的实在观念并无有益价值，无非是种全然脱离开文化改造的幻象。[1]

因此，实用主义实质上也是一种多元化的哲学。在强调不同文化乃至我们所谓单一文化语言游戏中表现出的多元价值及信仰的同时，实用主义认为，应对怀有这些不同观点的人持多元开放的态度（不仅仅是容忍）。不同人生观之间的交流，可以让文化变得丰富多彩，也可以在保留积极传统遗产的基础上，激发出更多的新的思维方式。文化这个概念源于拉丁语的教化（cultivation），含有有用和改善的意思。文化塑造人，

167

[1]　尽管黑格尔也承认哲学表现的是其时代思想精神，但他却试图表明，哲学在其历史行进中表现出来的无常，反映出某种逻辑上不可抗拒的主导性叙事力量，它指向的正是那种其哲学系统所成功阐释的普遍、无所不包的绝对知识幻象。这种叙事里面隐藏着某种欧洲中心主义对其他文化哲学的不敬，以及对统一性整体压倒一切的强调，其中一切差异均被抹除。

并将分享它的人凝聚在一起，但其价值及丰富的多元化表现，也基本上让文化成为一个充满争议的概念，正如个人与机构为文化声誉（不管是为了极具价值的东西、市场份额还是为了政府资助）所展开的争论一样。文化既是公众共享的东西，也是有争议的东西，因此，它也必然是政治的竞技场，尽管它声称为了某些更纯粹、更高的价值而回避政治。实用主义如果是种文化哲学，文化政治学自然是实用主义者的关注要点。既然实用主义分享了文化的社会向善冲动——不仅在理论上渴望改善我们对文化的理解，而且也希望改善我们文化产品及活生生的文化自身经验的质量——那么在这方面的表现就尤为明显。而且像文化本身一样，实用主义哲学也是一个多样化、充满争议的领域，提供的并非大一统的学派，而是多样化的相关方法，一种不同哲学观念的汇聚体，其间当然也共享着诸多同调，这些观念往往都是在相互对照中得以阐发。

本章将身体美学置于更为宽广的、论辩式的当代实用主义领域，作为某种实用主义文化政治学的表达加以考察。前面一些章节已经说明，身体美学是以实用主义美学文化议题的变化形式而出现的，这里我主要关心的是，它所面临的有力竞争对手——实用主义文化哲学——的挑战，后者否定了身体美学的价值乃至其哲学意义。那便是理查德·罗蒂的哲学，对他我深怀感激，故而本章会通过梳理我们之间的理论论争来澄清问题。

不过在转向罗蒂之前，我先大略区分开三种文化政治学。第一种是任何政府都会追求的政治学，它会将社会领域中的文化纳入政治或制度的控制之下。当一个政府确定修建新的博物馆、音乐厅，或者提供资金与教育项目来支持艺术的时候，它所做的就是一种文化政治工作。这时政府是在动用政治力量，促进它认为值得追求的文化对象与目标。这些目标也许是利他的，直接有益于它的国民，但也更可能是为了巩固国家自身的统治地位，鼓励那些国家控制意识形态的核心文化价值，或者通过赞美政府文化政治所倡导的文化价值或事业，让人们对政府表现出更多的接纳与尊重。这两个目标本质上并不冲突——政府可以通过向国民提供他们想要的文化产品来强化自身的力量。文化政治学这个概念及其 168

重要的艺术与文化控制性原则，是儒家哲学的核心所在，其两个基本的伦理控制（包括自我控制）规范就是艺和礼。借助这些审美手段，通过他自己的身体力行，确立一个他试图在国家中确立的和谐秩序典范，一位杰出的统治者就可以控制其国民。

1939年，约翰·杜威在考虑德国与俄国的极权主义政体时，仔细考察了文化政治学这个概念。他认为，“艺术作品……是最无法抵挡的交流工具，据此可以激发情感，主宰舆论”，他还注意到，艺术与文化，“大剧院、电影院与音乐厅，乃至美术馆、雄辩术、公众游行、日常运动及娱乐机构等都被纳入控制之下，成为宣传媒介的一部分，借此，独裁统治风调雨顺，大众丝毫感觉不到暴虐不公”。杜威也意识到，“情感与想象相比报道和说理，在调动公众情绪和舆论方面更具效力”，故而他让我们想到一句老话，“如果一个人能控制一个国家的音乐，他就不会介意谁是国家的立法者”。[1] 在法国，对文化政治学的讨论（在科研机构及更广阔的公众领域）一般都集中在它的第一层意思。其中部分原因在于，法国人长期以来就以成为一个“文化国度”而自豪，以文化上的强盛昭显并强化其国度的伟大。其辉煌的文化传统通过文化旅游业，令法国（尤其是巴黎）成为世界上顶尖的旅游胜地，进而不断充实着国库，更全面地提升了法国的经济。尽管应该提醒法国人，纳粹德国的大众启蒙与宣传部（Volksaufklarung und Propaganda）就曾有效控制并利用所有的艺术与文化，美化其国度，促进其意识形态及对它的狂热忠诚，但2009年，法国还是非常自豪地庆祝文化部成立五十周年，认为这是欧洲第一家文化部（由安德烈·马尔罗［Andre Malraux 创立］）。

美国人在探讨文化政治学这个概念时，却有相当不同的看法（特别是从20世纪90年代以降），诸如“身份政治学”“多元文化主义”及“文化战争”这样的名词，扮演的角色更为重要。在这方面，特定的（往往是从属的）文化群体明显从事着文化形式的政治活动，不只是为了促进它们的文化目标，也是为了提升其政治与文化地位。它们寻求较高的文化

169

[1] John Dewey, *Freedom and Culture* (Carbondale: Southern Illinois University Press, 1988), 70.

认同，以此作为有效的手段，以获得较高社会地位或更多的政治权利。因此，大学里的教授忙于更改不同学术领域中研究文学、哲学、历史及艺术时“伟大作品”“伟大思想家”的标准，目的就是要把少数文化群体囊括进来，或者让那些次要的文化身份（不管是种族、族群还是性别身份）获得更高的文化认可。这种学术上的文化政治活动，不仅仅体现在明显激进的政治诉求或课程及标准改革运动当中，而且也体现在其持续、有效的文化工作当中，以此表明那些主流之外的话题及作者们在审美、社会及文化上的重要程度。

第三种文化政治学的特点在于，它既无关乎政府官方的政策方针，亦非狭隘地只关心身份政治及特定可确认群体社会地位的提升，相反，它一般更关注的是促进人们之间持续的交流，以改善我们的生活实践。为做到这一点，它会批评并改造既定的生活、语言、行为及思维方式，同时也会提供某些新的生活方式；提供新的实践与训练以改善经验与行为；提供新的社会生活与公众理念；提供新的自我认知及伦理实践的语汇、技能与任务。

现在请允许我转到理查德·罗蒂（1931—2007）。他在批评第二种并支持第三种观念的同时，基本上忽视了第一种观念。我之所以关注罗蒂，是出于两个重要原因。第一，在20世纪后期，罗蒂是实用主义最重要的代言人。在主流理论哲学领域，罗蒂扩展了实用主义并逐渐加大其影响及可信度，由此不仅复兴了实用主义传统，而且——尤其是通过强调其审美与文学价值——罗蒂让实用主义在一般人类文化领域中扮演了重要的角色，改变了它过去枯燥乏味、很少关心艺术、缺乏想象力、过度理性化的工具主义形象。关注罗蒂的另一个原因则是个人性的；是他让我转到实用主义上来，同时也是他对身体美学发出了最为严厉的指责。因此，在为自己的研究辩护的同时，本章既是向罗蒂致敬，也是对他的理论的评论。

二

170 第一次见到罗蒂是在20世纪80年代初期的内盖夫荒漠（Negev desert），当时我还是个受过牛津大学训练的虔诚的以色列分析哲学家，除了和我的分析哲学导师一样，对实用主义模糊的思维方式心生蔑视外，事实上对它一无所知。但不久之后，通过谈话、通信及阅读其新出版的杰出著作，罗蒂令我确信，美国实用主义传统（尤其是约翰·杜威的）对像我这样特别喜欢美学、哲学与文化的哲学家而言，会启发良多。我感到惊讶的是，像罗蒂这样一位著名的美国哲学家，会如此关注一个来自偏远以色列、名不见经传的年轻讲师。不过后来我知道，他的这般友好绝不是唯独对我，关心并帮助身处学术圈边缘的人，这种不存偏见的大度本就是罗蒂的特点。

几年后，在他的启发和鼓励下，我来到了美国，并投身于实用主义哲学研究。由于我的工作深受罗蒂的影响，所以其中大部分都采用论辩的方式阐述了与其观点的不同之处。尽管对其时有尖锐批评，但罗蒂以其一贯的宽容支持着我的工作。他有种我很熟悉的方法，既讨人喜欢又令人沮丧，那就是在私人谈话或通信中，我坚持自己的看法，或他也比较认真地解释自己的观点时，他总是谦恭地表示感谢，于是便在不经意间摆脱并缓解了这种批评力度。因此我也就逐渐失去了批评罗蒂的兴趣，因为这种批评让我日渐感觉到，我这样做，令我对他，对这位我分外感恩的人，有忘恩负义之感，毕竟是他将我引到实用主义的职业道路上来。在这种情形下，我就转向了对其他对象的分析与批评。哪怕在我发现我们的观点相左之时，我也只是谈自己的看法，而不会去批评他。所以在《身体意识》一书中我没有提到罗蒂，即便此书的话题——身体美学——是他批评我的观点时最为着力的目标。[1]

[1] See Richard Shusterman, *Body Consciousness: A Philosophy of Mindfulness and Somaesthetics* (Cambridge: Cambridge University Press, 2008). 关于罗蒂对其所谓我的“身体美学”的批评，参见 Richard Rorty, “Response to Richard Shusterman,” in Matthew Festenstein and Simon Thompson (eds.), *Richard Rorty: Critical Dialogues* (Cambridge: Polity Press, 2001), 153 — 157; 后文缩写为RRS。

罗蒂是无与伦比的典范，是他教我追寻杜威实用主义的基本目标，同时却保留着具有分析哲学日常语言特征的比较清新、线性的论证风格，那是我在耶路撒冷和牛津大学养成的。同时我也追随罗蒂，非常看重杜威实用主义的审美维度，强调一种谱系性的文化批评，而不是像当代其他一些实用主义者那样，热衷于建构某种系统的实用主义形而上学。尽管身为杜威及其美学思想的拥趸，但罗蒂几乎没有提到过杜威的美学巨著《艺术即经验》，这可能是因为该书中“经验”这一关键概念为其不喜。照我看来，他对美学的赞颂最初是来自他对文学的热爱。

171

尽管如此，在捍卫杜威及其美学思想的过程中，是罗蒂引导我比较严肃且充满同情地重读了《艺术即经验》，而由于经过分析哲学训练而产生的成见，最初令我对之持排斥态度，视其为令人讨厌的一团乱麻。借助此书丰富的资源，我试图重建一种实用主义的美学理论，尽管在精神上还是杜威的，但更适用于我们的当代艺术及后现代时期的特点；比如，与杜威相比，更容易令人接受的一点是承认断裂、不完整及不和谐之差异的审美价值，当然，这并不意味着否认和谐与完满终结的统一体现出的美好价值，那也正是杜威美学所真挚——尽管我认为是片面的——向往的。

虽说罗蒂并不认可杜威使用“经验”这个概念，但我倒是觉得这不失为一种聪明、必要的策略，特别是在非常高效地抨击将美的艺术划分出来，以精英主义的态度孤立它，以及相应地将艺术和美学比较充分地融汇到民主生活实践当中去等方面。实际上，我不大同意杜威的看法，他说可以用哲学术语充分地将艺术界定为审美经验，我认为（在维特根斯坦之后）这种定义对文化而言并不十分允当，或者说是太过笼统和模糊，所以没什么用途。但是，我觉得杜威对审美经验的再三强调还是很有必要的，因为它能有效引导我们去体会艺术与生活中特别有价值的东西，由此可以令它们兴盛繁荣。而且，我设法扩展了杜威的经验策略与民主冲动，以重估通俗艺术与独特的具身化生活艺术风格的价值，这些都是当代文化的重要组成部分。虽然罗蒂对这些审美研究兴趣寥寥，我还是乐于认为，他最后在文化政治学方面的哲学工作，说明他可能会接受这些研究。

由于许多哲学家和文学理论家将我的文化哲学看作基本上是罗蒂的，所以还是有必要将我们不同风格的实用主义大致区别开来。[1] 在进一步展开我们在美学、身体美学及文化政治学方面观点的分歧之前，我应该先说明一下在其他哲学观上的重大不同。请允许我按照德国人传统上区分哲学领域的做法，将这些不同大致分成两个方面：理论哲学（认识论与形而上学）与实践哲学（伦理学与政治理论）。

172

三

罗蒂根本上将所有思想及领悟（understanding）均看作解释，这种看法源出于尼采，但也为一些温和、传统的思想家比如伽达默尔（Gadamer）所共有。罗蒂信奉这种“解释学的普世论”有许多原因，首先也是最重要的一个原因是他反对认识论上的基础论（foundationalism）。这种理论通常信任的是那些无须任何中介且毋庸置疑的知觉与领悟，相信它们能绝对无误地确证真理判断，因为它们能直接领会对象之所是（或被体验）的方式，全然拒绝那种可以证明它们不可靠或怀有偏见的语言或解释性说明。相比之下，解释在传统上就和错误与争议性的认知判断联系在一

---

[1] 比如，约瑟夫·马戈利斯（Joseph Margolis）就指责我“在罗蒂的魔咒”及“其病态逻辑”中“中毒太深”。Joseph Margolis, “Replies in Search of Self-Discovery,” in Michael Krausz and Richard Shusterman (eds.), *Interpretation, Relativism and the Metaphysics of Culture* (Amherst, NY: Humanity Books, 1999), 342。保罗·泰勒（Paul Taylor）同样声称，“舒斯特曼阅读杜威的方式，我们可能要追溯到理查德·罗蒂，这种方式假定了两个杜威，一个比较好，一个要差一些。从好的方面来看，那是一位颇具启发性、有益身心的思想家，他能抛开或寻求扩大专业哲学的疆界。但就其不好的方面而言，那就是一位系统化的哲学家，一位形而上学—认识论—哲学化的人类学家”。见 Paul Taylor, “The Two-Dewey Thesis, Continued: Shusterman’s Pragmatist Aesthetics,” *Journal of Speculative Philosophy* 16 (2002) 17–25。在欧洲，我也常常被问到如何将我的观点与罗蒂区分开，比如冈瑟·雷堡特（Gunther Leypoldt）的采访录：“The Pragmatist Aesthetics of Richard Shusterman: A Conversation.” *Zeitschrift für Anglistik und Amerikanistik: A Quarterly of Language, Literature, and Culture* 48 (2000): 57–71。最近雷堡特在强调罗蒂对身体美学的否定时，为罗蒂辩护，反对我的批评（及其他人的）。见 Gunther Leypoldt, “Uses of Metaphor: Richard Rorty’s Literary Criticism and the Poetics of World-Making,” *New Literary History* 39 (2008): 145–163。

起，因而适宜于实用主义无偏见的可谬论（fallibilism）基本立场，即现在一切信以为真的东西都可以证明是错的，需要将来加以纠正。实用主义另一个很好的动机是多元化的观念，它认为我们对一切东西的领悟与讨论都是解释。正是这种解释观念说明，原则上其他解释都是可能的（甚至可能是合理，或在某种程度上更令人信服）。尽管一种解释似乎正确或最好，但它的正确却并不必然意味着其他解释是错误的。众所周知，艺术与文学作品欢迎多种多样的解释（正是由于这个原因它们才有了奇特的魅力）。然而，契约、协议及宗教文本同样也会对各种不确定的解释敞开怀抱，尽管宗教文本的杰出的解释者对这种多元化的容忍力，通常而言，远不及艺术方面的解释同行们。

173

如果罗蒂的唯美主义（aestheticism）与实用主义多元论能相得益彰，有力说明解释是一切认知的最基本方式，那么，知觉、领悟及探究总与语境相关并具有积极主动的目的性这些观点，也就会顺理成章了。不同的语境关乎不同的领悟目的，那些目的通过选择出现实主义者所讲的与我们目的相关的那些对象（或情境）方面，就构成了我们理解为领悟对象的内容。罗蒂并不认为我们的对象有什么固定的本质，让我们对意义的解释建基其上，相反，解释会"一路走下去"，完全进入我们对象的构成当中："所有的探究都是解释"，罗蒂讲道，正如"所有的思想都是向语境的回归"。因此，解释这个概念的范围几乎无所不包，以致它在反对更为直接的领悟，即反对传统上被看作所有语境下最为基本、客观、公正且不偏不倚的领悟时，就失去了它"比照、论辩的力量"。然而，它是值得——因为必要——我们付出的代价，能让我们从基础论和本质主义（essentialism）中解放出来。[1]

罗蒂反本质主义、反基础论的立场，尊重解释在我们经验中具有无与伦比的重要性这些做法，我是双手赞同并接受的，但我以为，若斩断领悟的基础论联想（这种联想尽管很普遍，但和领悟这个概念的意思没有任何本

[1] See Richard Rorty, "Inquiry as Recontextualization: An Anti-Dualist Account of Interpretation," in David Hiley,James Bohman, and Richard Shusterman (eds.), *The Interpretive Turn: Philosophy, Science, Culture* (Ithaca: Cornell University Press, 1991), 70–71.

质性的联系)，就可以在领悟与解释之间做出一种有效的区分。在我看来，领悟本身完全可以按非基础论的做法，理解为某种与眼力相关、易错、不完整、多元、可选及随目的而变的认识。而且（更重要的是），领悟通常离不开日常语言的使用。在语言使用过程中，领悟也往往以其即刻、174 不假思索或直接的特性，在功能上同解释形成鲜明的对比，而解释则意味着对选择对象或问题所做出的某种反省意识。因此，领悟尽管不是基础性或必然性的，但在功能上却先在于解释，比解释更基本；它是解释的依据或基础，尽管某些情况下，这种基础领悟由早前的解释构成，但这种解释毕竟还是依赖于先前的领悟。而且从另一方面来看，构成我们解释基础并引导我们解释的这种最为基本、不假思索的领悟，还可以借助解释加以修正。

领悟与解释之间的功能区分是由其日常使用决定的，这种区分不仅让解释有了一个对比度（contrast-class），有助于解释获取一种较为清晰的意义，同时也为解释提供了一个基本的材料背景，引导解释的运行并发挥其功能。而且，通过识别那种直接或自发的领悟（尽管也会受到文化中介的调节），我们也可以正确处理我们认知生活中非常重要的非反思性维度。绝大多数情况下，我们是通过适当的行为，聪敏地领悟某些情境并对其做出反应，这时候，我们用的不是反思、思考或阐释；我们的反应是借助聪敏的、不加反思的习惯做出的，而不是一定靠解释或意识来决定应该去做什么。与此相比，解释性的思考则意味着对可能的选择对象所做出的反省分析或自觉考虑。

说所有的领悟均为解释，通常也就意味着所有领悟都是语言性的。按此看法，语言总是以某种方式预设或预选了我们的知觉或思考对象，所以语言本来就已经帮我们解释过这个对象了。对罗蒂而言，任何解释背后的领悟，都意味着错误的基础主义认识论“迷梦”，意味着“哲学家想借助非语言（non-linguistic）途径接近真正实在的企图”，而这种实在可提供绝对无误的知识。[1] 然而，领悟与解释之间的差异，不该简单地

[1] Richard Rorty, "The Fire of Life," *Poetry* 191, November 2007: 129.

同语言和非语言理解之间的区分混为一谈。正如我时常提到的那样，领悟之所以不同于解释，是因为存在着不同于解释的语言性领悟。在绝大多数普通的日常生活情境下，我们能马上不假思索地领悟直白无误的语言陈述（口头或书面的），而无须解释它们。[1] 在我住的宾馆里，当有人回答我说早餐的时间是“七点到十点”时，我就没有必要解释这种语言答复，因为我马上就领悟到它的意思了。唯有在某一口头或文本中存在令人困惑或令人感兴趣的问题，需要我们深入了解其意义时，解释才有必要。

175

但我想进一步说明的是，直接的领悟也可以是非语言性的。有些时候，我们的行为也包括那些指向非语言行为或情境的非话语性（nondiscursive）反应，及不用言语（或头脑中对这些言语有意识的陈述）也能证明一个人已经领悟了的反应。根本无须转述成言辞（现实或想象中的），一位舞者、恋人或棒球手姿态或动作的意向性也可以为人领悟，获得恰如其分的反应（出自某一搭档、队友或观众）。然而，承认这种非语言性的存在，并不意味着我就是一个罗蒂视作开历史倒车的认识论或形而上学意义上的基础论者。我们在姿态、运动及各种各样动态艺术中表现出的杰出的理解力与领悟力，按我的理解，并不比语言更切近“实在”。这种非语言性的领悟并不是形而上学意义上原始、纯粹肉体的“天然感受”，超乎文化世界之上，并由此传达给我们某种绝对的实在本质。恰恰相反（像我们经验的其他部分一样），这种领悟在其深处，均由文化和历史塑造而成，甚至正如我们身体的高矮与外形一样（它们显然会随我们的日常饮食与锻炼而变）。所以罗蒂说拒绝基础论需要否定非语言性领悟的意见，并不正确。

如果说罗蒂对非语言性的否定，源于对基础论和本质主义的恐惧，

[1] 尽管我一直强调其间的区分，但哲学家们有时却错误地将我的非解释性领悟，同非语言性经验思想混为一谈。比如见 David Granger, “Review Essay of *Pragmatist Aesthetics*, 2nd edition,” *Studies in Philosophy of Education* 22 (2003): 381–402。在应邀对其文章的回应中，我拿出了我著作中强调这种区分并为其论证的文字段落。参见 Richard Shusterman, “Pragmatist Aesthetics: Between Aesthetic Experience and Aesthetic Education,” *Studies in Philosophy and Education* 22 (2003): 403–412。

那么，他自己所宣扬的，其实也可以描述为像本质主义语言观一样的本质主义人性观。[1] 我们“无非是语句意向（sentential attitudes）的承担者——无非是特定历史条件下随语汇中陈述语句的使用，某些意向的在场或缺席”。“创造一个人的心灵，也就是创造一个人自己的语言”，因为只是“言语……让我们成为自己”。[2] 虽说语言可以为我们提供最具普遍性的生活母体，但毕竟还存在某种非命题性、非话语性的经验维度，我坚持认为，此维度对哲学认识而言非常重要，通过在我所谓身体美学领域对身体经验赋予更多的关注，它也可以是被认识和培育的。当然，话语在培育这种关注方面仍是至关重要的手段，所以身体美学会涉及身体经验的话语性和非话语性两个层面。

176

然而，罗蒂却彻底否定了经验概念，说它在哲学上比无用更可怕，理由是他觉得此概念会误导我们，迷失到认识论的“假定神话”即某种经验观念当中——经验毕竟是直接呈现出来，不可能是错误的，所以可以充当证实知识判断不容置疑的基础。[3] 而我则相信，哲学借助各种基础主义体系论证之外的方式，尽可以有效使用经验这个概念，不致因此陷入假定的神话之内。例如，通过强调艺术哲学中的审美经验，杜威没

---

[1] 罗蒂自己也承认这点：“有个意见舒斯特曼是对的，即我持有‘某种像本质主义语言观一样的本质主义人性观’”（RSS,155），之后他接着讲道，这种本质主义并不那么有害，因为它不想成为某种“形而上学的主张”，去“在某些节点上分离出本质”（这些节点类似于我对领悟要点的分析）。我对罗蒂语言本质主义（正如我在本章后面所说明的那样）的非议，不仅包括对其文本主义形而上学，也包括对其实用主义观点的批评，我们需要认识到，生活中除了语言之外，还有其他有价值的东西，由此我们就可以开发非语言领域以改善我们的生活。

[2] Richard Rorty, *Contingency, Irony, and Solidarity* (Cambridge: Cambridge University Press,1989), 27, 88, 117; 后文缩写为 CIS。

[3] 罗蒂反复重申，“杜威应该放弃‘经验’这个术语”，不让它成为自己哲学的核心。见 Richard Rorty, “Dewey Between Darwin and Hegel,” reprinted in *Truth and Progress: Philosophical Papers*, vol. 3 (Cambridge: Cambridge University Press, 1998), 297; also his “Dewey's Metaphysics,” reprinted in *Consequences of Pragmatism* (Minneapolis: University of Minnesota Press, 1984), 72–89; and his “Afterword: Intellectual Historians and Pragmatism,” in John Pettegrew (ed.), *A Pragmatist's Progress?* (Lanham, MD: Rowman & Littlefield, 2000), 209, 在此他讲道，“放弃环境的因果影响与对此环境的语言反应之间的中介——经验，此思想时代已经来临”。回应罗蒂的批评，对经验概念更为详尽的实用主义辩护，参见 Richard Shusterman, *Practicing Philosophy: Pragmatism and the Philosophical Life* (NewYork: Routledge, 1997), ch. 6。

有说（像叔本华所做的那样）艺术可以提供抵达“真正实在”（柏拉图思想中的）的路径。恰恰相反，他切实有效地提醒了我们，艺术本来就不是自律和具有高等价值的对象，在更为基本的意义上，而是那些对象在经验之内发挥作用并对经验有所助益的方式，这种对经验的助益丰富，是艺术最为重要的价值源泉。讨论审美经验而不是艺术，同样可以让人更清楚地看到，在常规艺术领域之外，还存在着其他值得关注和开发的审美维度，正如它也提醒我们，艺术欣赏不必像话语性批评文章那样复杂。艺术完全可以在无言的惊叹中为人享受，而经验也同样可以用作一般的术语，来有效地指称那种难以言传（甚或流利表达）的行为结局、效果与思想。[1]

177

在批评经验概念必然是一种基础主义形而上学的时候，罗蒂看起来总像是在否定所有形而上学。可他又反复坚持说，现实本质上完全是偶然的，这本身就可以理解为一种形而上学的观点，一种为人熟知的，关于一个充满连续性和偶然性之流的自由变化世界的实用主义形而上学。对我们来说，不管罗蒂的观点是不是形而上学，我都认为他毕竟夸大并由此搞乱了实用主义基本的偶然性思想，让偶然性太过随机任意或意外难测，而实际上，它无非意味着在逻辑或本质上不那么必然而已。比如他曾坚持认为，假如不存在与历史无关的人性本质，或不存在“永恒不变、非历史性的人类生活语境”，来规约自我一定是什么，那么，人性就完全是某种“随机的”产物，“某种可能的东西，某种纯粹的偶然”。因此，哪怕是我们的道德倾向与责任感，也无非是“一大群奇特、偶然事件”的产物。[2] 由于没能掌握完全变化莫测、随机或奇特的偶然性，

[1]　正如杜威所指出的那样，“我们需要一个像经验这样具有警醒与指导性的字眼，来提醒我们注意，我们所生存、经历、享受及按逻辑思考的这个世界上，所有人的探究与推想还是有定则（the last word）的”。参见 John Dewey, *Experience and Nature*, 1925, rev. 1929 (Carbondale: Southern Illinois University Press, 1981), 372。关于审美经验概念应用价值的进一步讨论，参见 Richard Shusterman, *Pragmatist Aesthetics: Living Beauty, Rethinking Art* (Oxford: Blackwell, 1992), ch. 2; *Performing Live: Aesthetic Alternatives for the Ends of Art* (Ithaca: Cornell University Press, 2000), ch. 1; and “Aesthetic Experience: From Analysis to Eros,” *Journal of Aesthetics and Art Criticism* 64 (2006): 217–229。

[2]　Rorty, CIS, 26, 37; and *Essays on Heidegger and Others: Philosophical Papers*, vol. 2 (Cambridge: Cambridge University Press, 1991), 157.

同那些实践上不可或缺（可以说成是“可能的必然性”或“具历史真实性的本质”）、无所不在并具牢固社会性与功能性的偶然性之间的差别，所以面对那些时常表现在强有力的社会规范当中，并为社会习俗所强化的顽固现实，罗蒂的态度是傲慢地无视。而且他还进一步展示了某种对社会科学令人震惊的（而且根本不是杜威哲学的）不屑，因为社会科学从事的正是对那些现实、规范及习俗的经验研究。追随他特别喜爱的文学批评家哈罗德·布鲁姆（Harold Bloom）的想法，罗蒂说这种科学是“空洞无物的”[1]。

178

将其整体性的文本主义、解释学同他的偶然性思想整合到一起后，罗蒂提出了一个很有迷惑力的观点，认为哲学原本就是个人对完美的追求。[2]假如我们的世界与自我果真是偶然与语言性的，那么，我们就可以根据我们自己的趣味，借助艺术大师用新语汇做出的重新解释来重塑它们。准此，罗蒂才会公开支持布鲁姆和雅克·德里达（Jacques Derrida）所讲的那种极富感召力的修正式文学理论，而对福柯文化习俗谱系式的批评方式则不屑一顾。他完全忽视了诸如皮埃尔·布迪厄这样的社会批评理论家的美学理论，正是后者将哲学理论与社会经验研究整合在一起，遵循以前杜威的实用主义精神，极大地推动了社会的前行进程。罗蒂并未将社会科学看作诊断问题、探讨并验证解决问题方案的资源，而是片面地“寄望于某种文学宗教”，认为文学可以给予我们极具感召力的梦想，教会我们清楚把握他人的需求、愿望与问题，以善待他人，进而来改造我们的世界（AC，第136页）。

尽管罗蒂支持用这种文学想象而不是经验性社会科学的方式，来应

---

[1] Richard Rorty, “The Inspirational Value of Great Literature,” in *Achieving Our Country* (Cambridge, MA: Harvard University Press, 1999), 127; 后文缩写为AC。

[2] 罗蒂宣称，有些哲学更多行使的是某种公共功能，批评性地考量正义与民主的进程。然而，他却极少关注这种功能，更多注意的却是推进个人完美与自我改造的梦想，对此他赞颂不已，同时却也警告说不要让它们进入公共领域，成为某种所有自我都一定要了解的程序。在罗蒂对文学价值的描述中，存在着一组稍微有点儿类似的功能，在此，文学因教我们与人为善而备受赞美，但更多的赞美（至少更多的关注）似乎在于文学为我们提供了自我丰富和自我改造的语汇。请特别关注罗蒂的CIS, ch. 2–8; 以及我在*Pragmatist Aesthetics*, ch. 9及*Practicing Philosophy*, ch.2中的批评文字。

对并改造现实，但他的政治哲学依然一再在他所谓“现实政治学”（real politics）和备受其贬损的“文化政治学”之间划出一条非常明显的界线，后者却恰恰是许多学术机构的进步文人所持的立场，其政治激进主义在罗蒂看来，主要表现在通常所谓身份政治学的女权主义、同性恋、种族与族群问题上。他抱怨说，这种激进主义只是专心于处理这些学术生活中的问题（从反歧视运动、为边缘人设置课程，到修正文学艺术规范，更多考虑少数群体的不同）。在“区分开文化政治学”与现实政治学时，罗蒂并未给予“现实”以“形而上学的地位”，而是将其定义为“选举政治”，或“政治领域的现实行为与事件”，它们“可能会有助于恢复贫富之间的平衡”。[1] 在别的地方他还解释说，“强调现实与文化政治学之间的不同，一方面［意味着］减少迫害，机会均等，另一方面则意味着知识与闲暇的重新利用”[2]。

179

相比之下，我认为在罗蒂所划分的现实与文化的政治学之间，存在着基本的连续性和有益的重叠部分。之所以如此，是因为文化意象与文化生产的政治、社会与经济力量，种族、性别及少数民族的身份所构成的文化问题，远远超乎学术范围之外，明显与罗蒂所谓的现实政治有关，不仅因为它们关乎职业歧视与司法制度问题，而且也是由于种族、性别及民族属性在政治选举中扮演了重要的角色——2008 年美国总统初选及全国大选已经很说明问题。同样的道理，有关能否接受同性恋、同性关系的文化问题，也明显从校园内的学术探讨转移到司法行为乃至全民公投上来。对我来说，罗蒂用贫、富这样狭隘的经济学术语来描述政治迫害及不公问题，这种过于简单化的做法（虽然体现出新自由主义的典型特点）也大成问题。身份政治学有个令人不快、最难以回首的历史；富有的犹太人买不来雅利安人的自由，逃不开纳粹现实政治学的残酷迫害。

我不认可罗蒂在文化与现实政治学之间所作的绝对区分，所以对其所谓“个人与公众之间的截然不同”（CIS，第 83 页），我（像许多其他的人

[1] See Richard Rorty, “Intellectuals in Politics: Too Far In? Too Far Out”? *Dissent* (1991): 488, 489; 后文缩写为 IPP。

[2] Richard Rorty, “The Intellectuals at the End of Socialism,” *Yale Review* 80 (1992): 7.

一样）也持有批评的态度。在一些特殊情形下，虽然我们可以在公共事务与个人事务之间做出清楚的区分，但这种区分并不像罗蒂想象的那样泾渭分明。我们不可以将公共问题，限制在构成我们民主制度的官方公共机构的规程之内，同样也不好以为，个人就是关乎纯粹个人化的美好生活或自我实现的梦想，这即是“我该如何解决我的孤独”问题。[1] 或许正是出于对社会科学的无视，罗蒂才体会不到公众、社会与经济领域，是如何（通过我们共享的公共语言、社会规范及众所周知的理想追求）无孔不入地塑造着他所谓的个人创造性、私密的自我完善梦想。他在自己不断寻求新语汇过程中体现出来的自由主义反讽家的道德理想，在我看来明显类似于消费者对新商品的追逐，二者显然都是支撑着新自由主义金钱帝国的公共体系的产物。同样的道理，罗蒂将自主定义为独创性、纯粹个人化的自我创造，好像也明显类似于新自由主义者的利己主义（self-seeking）与自私自利（self-absorption）。这种哲学或许恰好反映了罗蒂的黑格尔式观点，即哲学必然是：“在思想中被把握的时代。”（PCP，第 ix 页）可是，他修身的成功门槛未免太过苛求与超凡，让我们不得不怀疑，究竟能有多少人真心想那样活着，是否我们确实期望（乃至需要）他们这样去做。[2]

180

罗蒂被迫承认，所谓的个体自我及其自我创造所依赖的语言，总是在受到社会的制约，并由社会公共领域构造而成，由此他重新定义说，“我所期望的个人与公众间的区分，即是对我们自己的责任与对他人责任之间的区分”（RSS，第 155 页）。可对大部分人（甚至是新自由主义社会中的）而言，这些不同的责任却太过盘根错节，很难清楚分开。同时也很难想象能接受这样的自我实现方式，即可以完全摆脱我们所感受到（并十分珍惜）的联系——与那些重要的他人之间的联系，那些人是决定我们之所是和欲所是的关键因素。因此，像杜威和米德（Mead）这样的实用主义者强调说，一个人的自我的含义，主要是由他与别人的关系，及

[1] Richard Rorty, *Objectivity, Relativism, and Truth: Philosophical Papers*, vol. 1 (Cambridge: Cambridge University Press, 1991), 13.

[2] 我对于这些看法的详细讨论，参见 *Pragmatist Aesthetics*, 255–257。

对他人会如何看待自己的揣度决定的。在宣传美国新自由主义、追求独特的自我创造的过程中，罗蒂却忽视了这一点。他在这些方面对杜威思想独出心裁的改造，极具成效地重新唤起了国际上对实用主义的关注，然而，这也相应引发了对实用主义的强烈质疑，怀疑它是一种阴险的意识形态工具，是美国全球化统治策略的文化表达。

四

罗蒂 20 世纪 90 年代初期的著作，对文化政治学思想的批评十分尖锐，所以我很奇怪，他最后那本论文集《作为文化政治学的哲学》却分明接受了这个概念，将其作为哲学研究的核心对象。[1] 尽管罗蒂声称，“他以前那些书的读者”不会在这本新书中发现“新思想或新观点”，但他其间对文化政治学的重估，却绝对是值得注意的新发展（PCP，第 x 页）。按我们的分析，虽说罗蒂更多是让文化政治学有了词义上的变化，而不是说对这个词以前的指称对象有了新的看法，但变化本身还是很重要的。[2] 他对文化政治学的新解释尤令我好奇，因为借此就提供了一个途径，可以让他介入我身体美学研究的核心话题，而放在以前这绝对是难以想象的。为了将此问题置于一个合适的语境之下，我还是应该简单介绍一下我们审美文化领域其他一些不同的看法，审美经验方面的歧见已经讨论过，这里就不提了。

181

特别是谈及文学解释（并不是比较深奥、比较一般性的哲学意义上的解释）的时候，我认为罗蒂太过片面地轻信哈罗德·布鲁姆，以为解释就是“坚定的误读”。罗蒂断言说，好的批评家“无非是将文本打造成自己想要的样子”，这种策略我觉得是对异己性（alterity）的毁灭，因为正是这种异己性才让阅读成为某种对话性的解释活动，让我们可以从中学到新

[1] Richard Rorty, *Philosophy as Cultural Politics: Philosophical Papers*, vol. 4 (Cambridge: Cambridge University Press, 2007); 后文缩写为 PCP。

[2] 罗蒂的变化可以描述为从第二种文化政治学观念到第三种的转变，有关三种文化政治学观念的概述参见本章第一部分。

的东西。[1] 此外，坚定的误读那种极富侵略性的专横方式，对罗蒂认识“文学杰作的感召价值”而言，也很难说有什么帮助（AC，第125页）。与此相反，我们需要的是一种机会较为均等和多元化的解释学，在阅读中体会更具包容性立场的价值，让文本引导着我们，而不是让我们的目的强加于文本。罗蒂认为，布鲁姆那种胁迫文本顺遂人愿的大男子主义策略，有助于增进对新解释的批评与文化需求。然而，假如我们让文本引导着我们来到做梦也不曾想到的地方，而不是将我们的意愿强加到它潜在的意义上，以此来践行不同于过于专断之阳的解释性的阴，那么我们可能还会发现更多意想不到、更有价值的新奇。

任何情况下，我都不会将解释的新奇性当作文学领悟的唯一价值。而且通常来说传统的文本领悟，除了可以为激进的创新解释提供背景或基础这种关键作用外，也会带来交流、情感及情操陶冶方面的满足。[2] 罗蒂对文学的赞美有时候给我的印象是，它太过褊狭地只看到文学在生成新词汇以促进道德反省方面的作用，而未能充分关注有关愉悦、美、娱乐的美学。在我看来，愉悦必须要连同文学的社会向善功能一起来强调（认知、道德与社会的），而不该只是由于它与后者有实际的联系，能带来好处，才去重视它。

182

愉悦很容易把我引向通俗艺术的审美欣赏与哲学分析，对此，罗蒂却持有深刻的偏见。他拒绝考查通俗艺术可能以何种方式切实有益于文化美学、个人的语汇及自我塑造；相反，他不加鉴别地对通俗艺术做出全面否定，指责它们“是性别歧视、种族主义及军国主义的”“次品”，远不及令人惊叹、“为托洛茨基（Trotsky）、杜威及杜波依斯（Dubois）所分享的‘高雅文化’”（IPP，第488页）。这里我要再次指明，实用主义

---

[1] Richard Rorty, *Consequences of Pragmatism*, 151. 我的批评文字参见 *Pragmatist Aesthetics*, ch.4。

[2] 同样出于多元论的缘故，我不赞成罗蒂片面地将审美生活归属为杰出天才与独创性的做法——不是因为我对独创性的天才有什么看法，再强调一下，这只是因为这种排斥其他审美生活价值的做法很不明智，尽管那些生活方式要求更低，也更容易理解。参见 Shusterman, *pragmatistAesthetics*, ch. 9; and *Practicing Philosophy*, ch. 1。

持有的是某种更卓有成效的多元立场，它诚然赞美高雅文化，同时也承认许多通俗艺术作品的价值，但即便如此，实用主义仍以社会向善的观点坚持认为，通俗艺术仍然存在许多上升的空间。由于通俗艺术作品可以被更多的人理解，所以它们能让我们的社会对道德与政治的不公更加敏感。所以就其道德与政治影响而言，像《汤姆叔叔的小屋》这样的通俗小说，可以让亨利·詹姆斯的小说《一位女士的画像》相形见绌。为了维护通俗艺术的审美权益，探索其文化贡献，对其做出建设性的批评，以让它变得越来越好，这似乎已成为实用主义文化政治学美好的发展方向。正是这种社会向善论的立场（处于全面否定与一味纵容之间）一直指导着我，写出了关于说唱、乡村音乐以及其他风格的通俗文化的著作。[1]

五

同样的社会向善倾向也影响了我的身体美学研究，若还记得的话，此研究也可以简单定义为对一个人身体体验及应用的批评性改良研究，这样的身体正是一个感性审美欣赏及创造性自我塑造的核心场所。在考 183 量身体照护或身体改良实践的认识与训练方式方面，身体美学必然会涉及对社会上身体价值及身体行为的批判性研究，以便能调整我们的身体意识和身体实践，远离那些充斥于广告文化中极为狭隘、有害的模式化身体成功者形象，转而专心探索更值得追求的身体价值与身体成就的理想模式，探索更为有效地实现这些理想的方式。尽管事实上罗蒂非常尖锐地抨击了我的身体美学研究，但这种抨击在他最后将哲学描述为文化政治学的时候，恰恰接受并构成了我的这项研究。

罗蒂说他这种描述源于黑格尔与杜威的历史观，即“哲学是在思想中被把握的时代”，而非由一种永恒的上帝视角看到的世界，因此，哲学家的工作就应该是“促成人类之间的持续对话”，着眼于如何改善我们的时代与实践。“这种对话的顺利进行会催生新的社会实践，催生道

[1] See Shusterman, *Pragmatist Aesthetics*, ch. 7–8; and *Performing Live*, ch. 3–4.

德与政治行为中语汇的变化。提倡不断创新就是对文化政治的干预”，罗蒂得出了这个结论，也确证了杜威的希望，希望“哲学教授们将这种干预视为自己的主要工作”，罗蒂同时也认可了“实用主义的箴言：哲学会随实践的变化而变化”。他还引用了杜威极具想象力的断言：“哲学无论如何也不会是一种知识形式”，而是“社会对一系列有效行为的希望，一种对未来的预判”（PCP，第 ix 页）。

罗蒂的引文完全表达出杜威的远见卓识，为强调这一点，我们还可以从杜威那里拿出其他的引文。杜威对同时代学术界的同行们颇有微词，责备他们“缺少创造新思想的想象力”，认为哲学的价值唯在于“提供导引性的假设，而非目空一切地自诩掌握普遍性存在的知识”。[1] 在提供具体的目的与手段时，哲学应该是“有效的思考——形成并设定何为可为的观念，并利用科学的结论来作为工具”。在早期著作中，罗蒂似乎比较怀疑哲学的社会政治用途。他说“尚不能发现哲学在社会民主人士的目的方面，能提供多少服务手段”，所以他断言哲学的“最大用途”，就是通过提供我们在追求自我实现过程中所拥有、改变并超越的语汇，帮助我们考虑清楚我们个人的乌托邦梦想；所以“哲学的重要性在于帮我们追求个人完美，而不是任何社会性的工作。”[2] 然而，如果我们坚信个人与公众之间的连续性，那么，个人为了强化自我实现工作所使用的那些新语汇，就总是不可避免地受到社会环境的影响，而且它们也会掉过头来反哺、充实那些环境资源。

184

如果哲学果真作为文化政治学，而不是对绝对永恒真理的求索，那么如罗蒂所言，其历史“最好视作不断修正人之为人、人之所求之意义的一系列探究”，这会导致自我与社会新形象或新理想的诞生。“对文化政治的干预”，罗蒂接着讲道，“有时会采取建议的方式，对男人和女人可能扮演的角色提出新的建议：苦行者、预言家、不偏不倚的真理追

[1] John Dewey, *Philosophy and Civilization* (NewYork: Capricorn, 1963), 11; and *The Quest for Certainty* (Carbondale: Southern Illinois University Press, 1988), 248. 后面的引文引自同一本书，第 227 页。

[2] Richard Rorty, "Thugs and Theorists," *Political Theory* 15 (1987): 569; and CIS, 94.

求者、模范市民、审美家、革命家等”。但他又补充说，文化政治学也可能采取不同的方式，诸如“理想社会的蓝图——完美的古希腊城邦、基督教会、文学界、合作联盟”，或“如何调和那些似乎不能共存的看法——来解决古希腊理性主义与基督教信仰或自然科学与一般道德观念之间存在的问题”。罗蒂认为，对文化政治的所有干预中最常见也是最关键的形式，就是影响“人们的生活方式”，而不仅仅是让学术领域的专家发表一些“专业讨论”(PCP，第 ix—x 页)。

罗蒂进一步宣称，作为文化政治学的哲学，其定位应该是跨学科的，因为通过介入应对多维存在的其他学科领域，哲学就可以丰富自己的资源，以有效改善我们的生存：“哲学与其他人类活动的配合越多——不只是自然科学，还包括艺术、文学、宗教以及政治——它就越切近于文化政治学，因而也就越加有益。它在自律方面付出的努力越多，其重要性就越小”(PCP，第 x 页)。不过还请注意，罗蒂何以在他的学科清单中漏掉了社会科学。为什么它就不能出现在清单当中？特别是虑及，人类生活如此彻底地由其社会属性所决定的情况下，为什么社会科学就不能帮助哲学“影响人们的生活方式”呢？除了个人的审美趣味令他觉得，社会科学相比文学显得太过沉闷，太过缺乏想象方面的感召力，罗蒂实在拿不出任何拒绝社会科学的理由。可是，那似乎也构不成什么理由，因为自然科学也有其乏味、沉闷的一面，而社会科学的经典著作的深刻见解，也可以极具感召力和想象力。想一想韦伯（Weber）、齐美尔（Simmel）、莫斯（Mauss）及布迪厄的作品就清楚了。

185

罗蒂力主各学科活动间的交互活动，并视之为哲学文化政治学非常重要的举措时，他根本没有说清楚这种交互活动的本质或风格。哲学是如何与其他活动衔接在一起的呢？它只是在理论层面，靠对自然科学、艺术、宗教等等的理论批评来进行干预吗？或者说，哲学是否通过对其他具体活动形式详密的批评分析，通过提供新的实践改良方法（比方说新的科学或艺术方法、新的宗教冥想或政治参与技巧），更深入地参与那些具体活动实践呢？在赋予其他实践活动以一种其本身所独具的哲学形式时，文化政治哲学还能同它们紧密地结合在一起，给我们的生活带来意义吗？比方说，文化政治哲学若自觉采用某种文学创作的方式——如以下以文学形式出现的哲学：蒙田或爱默生的随笔风格；萨特、加缪（Camus）、波伏娃（Beauvoir）或穆齐尔（Musil）的虚构风格；柏拉图的戏剧对话风格，卢克莱修（Lucretius）或但丁（Dante）的诗意风格，或罗蒂有时巧妙采用的文学批评风格——它还能介入文学实践中去吗？

如果哲学想影响我们的生活，为什么它不可以像大多数古代哲学家所建议，像现代一些杰出人物（诸如维特根斯坦、詹姆斯、杜威及福柯）所支持的那样，尝试让自己成为一种生活艺术呢？在这一点上，哲学文化政治学完全可以采取典型实用主义的方式来助益生活，不仅靠文本，也可以利用其他具体的社会实践方式，利用比较持久的具身化行为与教化，包括能给实践者知觉、行为及意向带来积极影响，能提高她对身边人群及环境的认识与有效交流能力的身体训练。

然而，罗蒂似乎并不想在这方面走得更远。从其一生的职业生涯来看，他基本是将哲学文化政治学限制于文本政治学或写作上面，尤其是在“争辩用什么言词最好”的时候（PCP，第 3 页）。在持续经年的许多交谈当中，我时常劝他再多做点儿什么。如果他觉得分析哲学已经日薄西山，虚有其表，杜威的实用主义应该东山再起，代表了更有前途的哲学发展方向，那我就问了，他为什么不利用他身为美国最著名哲学家的象征性影响力，参与学会建设活动，来帮助他发起的实用主义理论研究转向呢？他完全可以通过这方面的工作，把受其感召的新实用主义哲学家聚拢在一起，在他任弗吉尼亚大学特聘教授期间，或许能建立一个跨学科实用主义研究中心，或者创办一些新的实用主义理论研究的刊物或丛书。这样的文化政治活动超出了单纯哲学写作的范围，将学会实践包括在内，有助于重新定位哲学，可以让实用主义在美国和国际哲学界产生更广泛的影响。在他的声望超出哲学学术圈子，赢得了国际文化名流的地位，成为美国最具原创性的知识分子时，我一再提醒他，他疏忽了重新定位哲学与文化的具体实践，而这通常正是他

186

所提倡的实用主义思想方向。[1] 不管怎样，我认为罗蒂著名的欧洲同行，大都参与到学会发展及蓬勃的文化政治实践当中，宣传他们的理论诉求或他们所希望的社会变化；罗蒂心目中伟大的英雄约翰·杜威，也是位激进政治运动与学会建设活动（包括他著名的实验学校、各种各样的工会、全国有色人种促进协会及社会研究新学院等）的积极参与者。[2]

187

罗蒂答复说，这种学会建设活动太过浪费时间，让他不能专心于研究和写作，通过组织手段建起来的实用主义哲学家群体，最可能吸引来的是最平庸的人。我记得他说过，聪明人读他的书（假如他们想读），就可以掌握实用主义的主要思想，他们写好自己的书，就可以传播这种思想。这种看法从未让我全然信服过。不过它却有充足的理由让我相信，这可能正是罗蒂回避那种文化政治学实践最主要的原因：他的个性——太过腼腆、书生气和个人主义，缺少团队意识和世故练达——让他觉得成为社会、组织及公共实践活动的领导与活跃角色太过乏味，他接受不了。我同意也尊重这一点，对罗蒂事实上为哲学与文化做出的所有伟大贡献，同样也是心怀感激。

六

然而，我并不愿意接受他对身体美学的否定。所以在收束本章之前，我还是先考虑一下他的批评，之后再说明，身体美学如何在罗蒂所

[1]　这些担心也表现在《纽约时报》有关罗蒂的文章里，里面提到了我对罗蒂的批评，批评他不愿意利用他在知识界的影响，扮演“一个积极的公共角色”，为文化政治及社会事业服务。见 Larry Klepp, “Every Man a Philosopher King,” *New York Times Magazine* (December 2, 1990): 124。不过我很高兴地承认，后来罗蒂扮演过很积极的公共角色，至少在文本政治学方面是这样，他以非哲学的立场写了比较有社会意义的评论文章，刊发后广为流传，产生了很大的公共影响。

[2]　例如，可以想想福柯为监狱改革和同性恋权益组织的激进活动；德里达和利奥塔（Lyotard）为挑战法国大学保守哲学的学术传统，所创立的国际哲学学院；布迪厄的欧洲社会学中心，他所创立的刊物（《社会科学的研究行为》），以及他和午夜、门槛、行动动机出版社主持的系列丛书。德国的例证可以考虑一下哈贝马斯在保持法兰克福学派的连续性，深化其学会影响方面的领导作用，他作为苏尔坎普出版社“理论”文集丛书共同负责人所起的作用，他身为马克斯·布朗克研究院科技世界生活条件研究所所长所起的作用。

要求的文化政治哲学里面，有效发挥了自己的关键作用。尽管不断强调“所有意识都关乎语言”，但罗蒂还是对我和身体美学做出过让步，说我们可以体验并创造出一些对象，让我们可以“沉醉于非话语性的肉体快乐，即便是短暂的”。[1] 然而，他依然质疑身体美学这项研究或“项目”，说它无非是通过思考并影响身体，可以更多地带来这种非话语性的快乐，更充分地认识这种快乐是如何达成、体验并应用在我们的生活当中的。更准确地说，罗蒂对身体美学的质疑，源自他将身体美学归入康德传统的审美分类理论，即试图抽离出某种纯粹的审美本质，以此界定所有审美对象，并将它们同其他一切对象区别开来。罗蒂怀疑我们“需要的是‘一种身体的美学’”，因为我们不“需要一种审美的理论，或根本不需要一种审美的项目”。他还为其质疑直接拿出了反本质主义的根据：“关于什么让绘画、文学、音乐、性与观鸟联系在一起，并令这些活动与科学、道德、政治、哲学及宗教区分开，我觉得没什么好说的了。”（RRS，第 156 页）

188 我完全同意罗蒂对传统本质主义美学的抵制，甚至我还批评过我们的英雄杜威和这种美学靠得太近。[2] 然而，“怀疑美学属于某种”传统本质主义的“探究领域”，这种罗蒂称之为“康德另一糟糕的思想”和身体美学项目却没有丝毫关系，它没有界定并划分一个纯粹审美领域的想法。恰恰相反，身体美学的特点就在于它是一个跨学科的事业，以身体——意味着身心本质性统一的生动、情感性、有感知能力、有目的性的身体——概念为中心向周围扩展的事业。身体美学项目研究的是我们在知觉、行为及自我塑形过程中使用身体的方式；研究的是生理机能与社会塑造并限制身体使用的方式；以及我们已经开发或可以开发出来，以提高身体应用、提供较新较好身体意识与身体功能的方式，此项目意味着与科学、道德、政治、艺术、宗教、历史及其他学科的密切配

[1] 正如这句引文（PCP, 12）所表明的那样，罗蒂终其一生都在坚持意识专属语言的特性。其让步参见 RRS, 155–156。

[2] See Shusterman, *Pragmatist Aesthetics*, ch. 2; *PerformingLive*, ch.1; and “Aesthetic Experience: From Analysis to Eros,” *Journal of Aesthetics and Art Criticism* 64 (2006): 21 7–22 9.

合与协作。

对身体美学而言，其目的不是给出本质主义的哲学定义，而是把各种各样我们所知道（或可以知道）的具身化知觉（感觉）与行为、社会上根深蒂固的身体规范及实际身体训练结合在一起，善加利用，以便在实践中借助这种知识丰富我们的生活，将我们目前所知所想的人类经验边界加以扩展。正如我再三强调时所讲，身体美学关乎实践与理论两个方面，是个非常广阔的领域，任何一个探索者单凭自己，确实不可穷尽或掌控，同时它也太过复杂，这里我很难做出概括。不过，回想一下这个领域的三个主要分支还是不无裨益的。第一个分支（分析性身体美学）是哲学、经验与批评研究，研究的是身体知觉功能的原理，我们文化中的身体规范、身体实践、身体价值，及影响着它们的意识形态与习俗制度等。第二个分支（实用性身体美学）是对促进身体意识、身体行为、身体关怀的那些实践方式所进行的比较研究与批评。第三个分支（实践性身体美学）则是为达成上述改善所施行的实际身体训练实践。

按罗蒂的设想，文化政治哲学的目的是“助益于人类之间持续的对话，以改善自身”，是通过促成新的实践或“语汇变化”——我们用以思考自身与社会以及“调和那些似乎不能共存的看法”——来“努力修正人之为人、人之所求的意义”，如果罗蒂确实将哲学看作表现在有效“行为程序”中的“某种社会希望”，能够“影响实践”，那他就该支持身体美学，让它发挥这种干预作用（PCP，第 ix、x 页）。认真考量我们文化中那些狭隘得令人难以忍受的美貌和身体满足标准，同时也仔细研究下其他身体美的观念及身体愉悦的起因，那么就该相信，身体美学的确可以帮助我们改善“人之为人”及“人之所求的意义”，更新我们对更自由、更满意的具身化自我的思考方式。通过身体美学的比较批评和对各种身体训练方式的探索，了解这些训练何以能有效引入哲学项目，成为一种生活艺术，再通过生活中这些训练的切身实践，身体美学不仅可以为个人修养提供好的建议，也可以为“社会希望”与“行为运作程序”提供充足的资源。此外，如果文化政治学的主要目的是“调和那些似乎不能共存的看法”，调和的是让个人与社会都痛苦不堪的显而易见

189

的冲突，那么身体美学就可以通过身体这个人类生活中整合性的物质、心理与精神维度，通过对身体的认识与培育，来解决我们文化中无所不在的身 / 心、物质 / 精神的分裂问题。

我们通常以为，强化的身体意识一定是个人的、自私的。然而事实上，由于身体自我从来都是处于某种环境当中，身体意识就不可能单单是自我的意识。感受自我，总是意味着以某种方式感受着它的环境，至少是感受着我们所坐、所立、所卧之处的外观；感受着环绕着我们的空气，及加诸我们身上的重力。不过一般而言，除了物理环境，身体环境还包括社会环境，所以强化的身体意识让我们对社会关系变得非常敏感，由此我们也可以改善这些关系。

例如，可以回想一下早前章节中我提到的种族和民族敌意问题。这种敌对状态并非源于理性思考，而是发自于具有身体特征的严重偏见，表现为不同身体引起的模模糊糊的不适感受，这种感受是隐约体验到的，因而潜藏于明晰的意识之下。正因如此，这些感受及由其激发的负面意向，假如不借助培养出来的强化的身体意识，置之于清晰的意识当

190 中，就不可能得到适当的控制。[1] 一样的道理，正如古代希腊和亚洲哲学家一再宣称的那样，照料好自己的身体功效，是有效照料别人的必要条件。犬儒学派的狄奥根尼并不是唯一用它倡导严苛身体训练的人，“借此训练，日复一日地练习，知觉就被塑造成可靠的美德自主行为”[2]。当航空安全措施指导父母在操心自己孩子之前，先照料好自己的供氧设施时，这并非自私的训练，而是一种基本的洞见，若想有效照料好别

[1] 目前在转变这种令人不快、“难以忍受的”身体感受方面，身体美学的努力显然比诊断与隔离的疗法更进了一步。身体感受可以通过训练加以改变，因为它们一直都是训练的产物。一个人的日常感受与趣味很大程度上是习得的结果，而非天生的本能；正如习惯来自我们的经验和社会文化构造，它们在革新努力之下都是可塑的。因此，身体美学的训练可以重构我们的感受态度或习惯，面对不同的身体感受与身体行为时，它也可以给我们更多的机动性和伸缩空间。虽说这早是烹调法、体育运动和身体疗法的老生常谈，但现代哲学伦理学和政治学理论显然没给予足够的重视。

[2] See Diogenes Laertius, *Lives of Eminent Philosophers*, trans. R.D. Hicks (Cambridge, MA Harvard University Press, 1991), vol. 2, 71. 对古代希腊和亚洲哲学家美德实践中身体照护与训练基本价值的更多讨论，参见 Shusterman, *Body Consciousness*, ch. 1 及本书第九章。

人，要确定有能力照料好自我。正如孟子站在孔子的立场所主张的那样，我们只有保证自己的身体处于良好的健康状态，才能履行对父母或社会的责任，因为我们只能借助自己的身体去帮助别人。[1]

此外，既然罗蒂自己也极力主张，情感反应是道德和人类团结的真正基础，那他就该承认，身体美学有非常可观的伦理与社会潜能。罗蒂反复重申，我们在人权和其他核心道德法则方面的义务，不能凭借各种理性，而要靠人们待人接物时正当的普通情感（sentiments）才能得到有效证明。罗蒂注意到，有些文化群落和我们持有不同的道德信仰，却可以完美执行各种困难的理性工作，所以他认为，它们对所压迫族群不道德的做法是合理的，因为它们并没觉得自己所压迫的生物是“像我们一样的人”（PCR，第 53 页），具备“充分的人格”。[2] 照罗蒂的讲法，我们之所以比其他动物更道德，原因是“在极大程度上，我们比那些动物更能感受**彼此**”，并且我们在道德方面越是先进（同时表现在个人和社会身上），我们就越能同情更多的人（RR，第 358 页）。因此，重要的不是专心寻找普遍性的理性准则作为我们自己道德信仰的基础，让别人相信这些准则的绝对合理性，而应该“彻底抛开基础论”，“把精力集中在调控情感和情感训练上面”，以让我们和更多的人产生共鸣，在想象中让我们自己“换位”感受“那些被歧视与被压迫的人”（RR，第 358、360 页）。“这种训练能让那些不一样的人更充分地相互了解，以让他们尽量避免在不知不觉间，把那些与自己不同的地方当作准人类的（quasi-human）。这种情感调控的目的是扩大准入”阶层，即那些我们将之视作像我们一样、“和我们相同之人”的阶层（RR，第 358 页）。因此，道德说服更主要关乎情感的“修辞调控”（rhetorical manipulation），而不是“真诚寻找合理依据”的事情（PCP，第 53 页）。

191

[1] *Mencius: A New Translation*, trans. W.A.C.H. Dobson (Toronto: Toronto University Press, 1969), 138–139.

[2] See also Richard Rorty, “Human Rights, Rationality, and Sentimentality,” in Christopher Voparil and Richard Bernstein (eds.), *The Rorty Reader* (Oxford: Blackwell, 2010), 358; 后文缩写为 RR；及“Feminism and Pragmatism,” 同上书，第 348 页。

罗蒂对文学情有独钟，视之为最好的“情感调控”工具，不过，身体和文学一样也可以是有效的身体调控手段。通过和陌生人（甚至是敌人）分享一起吃喝的快乐，可以让他们彼此之间都会感到比较舒适。正如威廉·詹姆斯广为人知的说法，采用一些能表现出我们特定情感和情绪的姿态及身体行为，这样，我们也可以在某种程度上改变我们自己的情绪与情感。[1] 此外，设身处地想象被压制或被鄙视（哪怕仅仅是被侮辱或被冒犯）的感受，即是一种身体意识行为，当我们的身体想象愈加成熟，当我们的身体情感与身体意识培养得愈加敏锐和精微，这种身体意识行为就会愈加有效。所以说，在身体美学和罗蒂视作道德进步工具的情感培养之间，存在着内在的联系，尽管罗蒂忽视了这点。

身体美学是社会希望的有效资源，对此价值，罗蒂似乎视而不见，192 因为他倾向于将它（或许也该包括所有与身体相关的哲学）当作 20 世纪晚期最著名的身体哲学家的观点，他们强调极富争议性的身体使用，表现在激进、暴力的“极限体验”及大部分与性和毒品有关的社会僭越行为当中。身体美学认为，身体是我们可以超越话语理性（discursive reason）界限的场所，罗蒂在反驳这种观点时写道，“福柯、巴塔耶与德勒兹(Deleuze)的身体观让我不寒而栗”(RSS，第 156 页)。出于某种难以理解的原因，他全然无视我对这些人极端主义身体观的直言批评，批评他们将超越话语理性界限的需求，与从事极度非理性、僭越性的“狂热酒神过激”行为的需求混为一谈。我批评道，“在巴塔耶、德勒兹及福柯这样的思想家那里，将这两种感受混为一谈，完全是因为他们将身体美学观念与激进僭越和极端震惊的先锋派意识形态等量齐观”，与此相反，身体美学更关注的是非话语性经验与行为，它们尽管不受制于“话语理性，却仍受智慧的指引”。[2]

“然而，”罗蒂接着说道，“尽管他们 [福柯、巴塔耶与德勒兹] 让

[1] William James, *The Principles of Psychology* (Cambridge, MA: Harvard University Press, 1983), ch. 4.

[2] 这些引文出自 Shusterman, *Practicing Philosophy*, 128。

我感兴趣，但我还是拒绝谈论何处为话语理性的界限问题。我看不出‘话语理性’和谈论事情之间有什么不同，也看不到谈论事情有‘界限’或者‘其他’限制。”（RRS，第156页）这种说法似乎和作为有效行为程序的实用主义哲学精神无关，也不符合经典实用主义的洞见——在话语理性之外存在着重要的生活维度，而且哲学应该介入这些维度当中。因此，威廉·詹姆斯和杜威很看重非话语性的情感与身体，认识到蕴含着智慧的具身化习惯的重要性，它们不可能被拆解成话语理性的言语规则。

即便我们坦率承认，话语本身总是涉及行为维度（不管是写作、阅读还是谈话），却也不该由此否认，纯粹言语与现实行为之间，谈论做某事和实际做某事之间，存在着极为有益的常识性分别。对我们伦理、艺术、商业、运动及司法等全部实践网络而言，这种纯粹谈论事情和实际做事之间的区分是至关重要的。演奏贝多芬的奏鸣曲，或四分钟内跑一英里，就和单纯谈论这些事情完全不同。罗蒂执意认为，“谈论事情也是我们所做之事的一部分”，“对感官快乐时刻的体验则是另一部分”，在话语和非话语经验之间根本不存在有价值的联系，值得理论的关注或系统化的调节。“此二者并无任何逻辑关联，彼此并不相互依存，也并不需要在规划或理论上的综合。”（RRS，第156页）对罗蒂而言，为产生一次感官快乐体验而执行的某种具身化的非话语性行为，它依然是我们所做的另外一件事吗？或者说，它还是要并入它所产生的快乐体验当中吗？ 193

不过这没什么关系，因为情况很清楚，许多领域基本上都明显依赖于话语和非话语的联系。比如在音乐当中，话语与非话语经验之间就存在一种目的明确的有效联系——例如，一方面涉及对一首音乐解释性的批评讨论，对音乐和表演理论有关方面的评述，以及具体的话语方式表演指南；另一方面则是非话语性的动作与被表演者和观众体验到的非话语性的音乐快乐。无语的性交愉悦同样也是如此，它不仅仅以某种方式依赖于非话语性行为，也要依赖能带来帮助的情色话语：明确下一步要做什么、怎么做、何时做，依赖有利于调动情绪的言语表述（当然，不只是在音乐当中，做爱时巧妙的话语也需要巧妙的行为，这是话语与行为之间常识性的区别为什么往往很有用的另一个原因）。身体训练基本上是由系统程序、方法以及将话语与非话语联系在一起的理论构成的，在各种不同的文本中我曾试图表明，在改变习惯、磨练技能的过程中，身体美学是如何将话语与非话语联系在一起。[1] 罗蒂拒绝承认话语认识与非话语性享受之间含义丰富的联系，这种二元论的做法似乎显得太过严苛，其实也是徒劳的，不但与实用主义对理论和实践之间连续性的强调格格不入，也与其社会向善的初衷背道而驰，即运用其话语理论——作为文化政治学的——介入现实实践，以改善我们的生活。

罗蒂声称，“我们可以同意伽达默尔的意见：‘能被领悟的存在就是语言’，同时也要认识到，在领悟之外，生活中还有很多其他东西”，可他还是否定了非语言性领悟的存在（RRS，第 156—157 页）。然而，非语言性领悟，不仅在非话语性艺术中是相当明显的事实，比如音乐、绘画、舞蹈及（如你愿意接受的）情色艺术等，而且在各种日常身体交流中也有突出表现，比如依赖大量内隐性领悟的交流，其中绝大多数交流从未达及清晰而明确的意识层面。此外，按罗蒂自己的文化政治学的理论逻辑，也不该只因宣称存在非语言性意识或领悟，因这般本体论的主张，就断然拒绝身体美学。因为按照罗蒂在《作为文化政治学的哲学》中最终表达的观点，这种政治学应该总会胜过或“取代本体论”（PCP，第 5 页）。换言之，根本问题不在于是否存在非话语性的领悟或意识，而在于相信它们存在是否有益，因为益处就是由这种相信（包括各种各样本于这种相信而出现的实践与行为所带来的益处）产生出来的。

194

身体美学即是阐述、探究并且努力扩大那些益处。相比之下，通过否定非话语性领悟及意识的存在，罗蒂试图堵住这条探究之路，将应对生活非话语性层面并改善我们体验它们方式的有益训练与探索，讥之为毫无价值的空想。在人类历史上出现过的大量身体训练方式中，我们确实能看到一些巫术（mumbo jumbo）与迷信，但其中许多身体训练方法经

[1] See for example, Shusterman, *Practicing Philosophy*, ch. 6; and *Body Consciousness*, chs. 2–6,

由许多世纪成功的实践传统及当代临床研究，却也得到过大量的经验证明。[1]

罗蒂得出结论说，“编造理性之外的他者（others to reason），然后声称，这样会为这些非话语性的他者提供更好的话语性领悟”，这种编造“对我而言似乎是一个极好的例证，就像先踢起一片沙尘，之后抱怨说我们什么都看不到一样”。（RRS，第157页）为证明对我研究项目所作批评的合理性，他直接（毫无根据地）就将身体美学归入历史悠久的认识论传统当中，说它是“一个肇始于英国经验主义，经由柏格森一直延伸到存在主义现象学思想的研究项目”（同上），目的是让我们同真正的实在产生话语性联系，这是一种直接、原生、纯净的实在性知觉，所有其他认识都是据此知觉以某种方式构成的。他再次臆断说，或许对身体的任何哲学关注，都必然会有基础主义认识论的考虑。

作为对罗蒂最后这种不同意见的回应，首先我要说明的是，身体美学并未编造理性之外的他者；它无非是对生活中靠话语理性本身不能说清的问题与生活愉悦的解答，因为那些有问题或愉悦的东西存在着重要的非话语性维度。[2] 其次，身体美学与罗蒂所讲的传统基础论研究毫无共同之处。其目的并不是用话语描述（甚或非话语式占有）某种假定的原生世界观——某种基础、纯净、被普遍共享的世界图景；也不是那种为梅洛-庞蒂称颂的原生性知觉，此知觉依其所述，能将“事物本身”“最初呈现给我们”的样子呈现出来，这种最初呈现在我们最基本的自发性知觉中的原生知觉状态，尽管会为传统观点所遮蔽，但其自身却一直保持不变。[3] 作为一个非基础论的实用主义者，我几乎从未考虑过表述这样一种基本的知觉，不仅仅是因为它显得太过原始（在其绝对原生的意义

195

[1]　其中一些证据参见 Shusterman, *Body Consciousness*, ch. 5–6 及本书第三章。

[2]　詹姆斯和杜威同样讨论过非话语性经验——难以名状的感受、非语言性的特质、无语的领悟及非话语性的合作交流——这种讨论并不是想编造出某种东西，百无聊赖地拨弄其理论轮盘，而是一种必不可少的手段，以此来解释并推进他们的干预策略，改善这种非语言性的经验。

[3]　Merleau-Ponty, *The Phenomenology of Perception*, trans. Colin Smith (London: Routledge, 1962), ix, 57; and *In Praise of Philosophy and Other Essays*, trans. John Wild, James Edie, and John O'Neill (Evanston, IL: Northwestern University Press, 1970), 63.

上)，没什么用途，或者说很难勾起人的兴趣，而且也因为我怀疑，是否存在这种基础性的原生知觉，不但一成不变，而且还被普遍共享。即使我们最为基本的非话语性体验，也明显由我们蛰居其中的文化与环境塑造而成，从不会齐整划一、一成不变。我们本来就是由文化母体构造而成。

此外正如我反复强调过的，身体美学的核心目的，并不是想成为某种定义非话语性经验真正原生性本质的话语理论，恰恰相反，其话语目的专注于清楚表达出某些架构和改进方法，以其为手段，改进我们的非话语性经验和众多的话语实践，因为正是这些实践构成了我们和其他人看待和使用身体的方式。当然，也会有些身体美学话语用于文化政治学，来反驳罗蒂这样的理论家，因为他们拒绝承认对身体及其非话语性体验的思量是一件有价值的事情。

我乐于相信，罗蒂若按其进化的文化政治哲学立场，来重新考量我的身体美学观，他必然会对身体美学项目于个人与社会的总体贡献深表赞许。在其生命的最后几年，我和罗蒂曾有过几次会面，正是在对我的身体美学项目做过批评责难之后，他委婉地对我提到，他对我的研究逐渐有了些认同，尽管此研究与他的个人风格和他文化政治哲学专业取向还有着相当的距离。[1] 他态度的明显变化很令人开心，对此我却不感到太过惊讶，因为罗蒂不仅是个非常友好的人，而且也非常开明和包容，对一切新的事物充满了好奇。他的离世，标志着其一段勇敢而广博的哲学探究生命的终结，然而，他也留给了我们一份伟大的遗产，即不断以勇敢和试验的态度进行他所提倡的对话。

196

[1] 我们有一次在巴黎散步时，他问我（虽不以为然却又深感兴趣的语气），身体美学训练对一个正步入中年、体重超重的哲学家有什么好的建议。但在我做出更多的解释之前，街上发生的偶然事情把我们的谈话导向了一个完全不同的话题。

第九章　身体意识与身体行为：东西方的身体美学

一

具身化是人类生活的一个普遍特征，身体意识也同样如此。就我的理解，身体意识不仅仅是心灵对身体对象的意识，也是一个活生生、有感知力的身体，指向世界并体验自身的具身化意识（据此，身体其实既可以将自己作为主体，也可以作为客体来加以体验）。强化一个人的身体意识以获得更好的自我意识与自我运用，是身体美学的核心课题，也有助于促进认知、自我认识、美德、幸福与正义等哲学传统目标的实现。 197

存在着不同层次的意识。其中最为基本的原始身体意向性，我们又可以貌似自相矛盾地称之为无意识的意识层次。这是一种颇具临界性的模糊意识，比如睡觉时，我们会有目的地（通过无意识）移动让我们呼吸不适的枕头。[1] 在此层次之上，指的则是我们清醒的时段，这时我们会清楚意识到我们的知觉对象，比方说我们手持饮用的咖啡杯，但此时 198

[1] 我们也应注意到，睡眠时明显存在不同层次的意识。在非快速眼动睡眠（non-REM sleep）时，"特别是脑电图慢波较为常见时"，活跃的是更低层次的意识或经验感受；而在"下半夜进入快速眼动睡眠时，随着梦境的展开和逐渐生动明晰，意识又重新恢复到接近清醒时的层次"。参见 Giulio Tononi and Christof Koch, "The Neural Correlates of Consciousness: An Update," *Annals of the New York Academy of Science* 1124 (2008): 239-261。不同意识层次的界定非常复杂，特别是考虑到不同程度的麻醉诱导（induced anesthesia）就会形成不同层次的意识这个事实，包括轻度麻醉状态下的意识，相比正常睡眠、完全没有反应的深度麻醉状态乃至痛觉刺激（painful stimuli）下的意识，显得更为清醒（more conscious）。同上书，第 243—244 页。在我这里所提到的清醒（非麻醉）状态下的意识层次中，亦可区分开不同程度的意识，因此，我这里所做的层次划分并不是想穷尽所有，只是提醒一下讨论此问题时，容易为人视而不见的意识的复杂程度。

我们并未将之作为一个明确的意识对象，这就像我们心不在焉地喝着咖啡，只是注意到了咖啡的味道，对杯子如何却毫无所知。当然了，即便没有明确的意识，我们仍可以轻而易举地拿好咖啡杯。这种不假思索、不具意图的知觉层次，正是为梅洛－庞蒂所欣赏的“原始意识”，是解开我们的知觉与行为成功之谜的根本所在，尽管我们对此尚未予以充分的重视。[1] 当我们清楚地意识到这个杯子，后者也作为一个突出的意识对象引起我们关注的时候，我们就达到了一个更高的意识层次；如果我们不仅清楚地意识到这个对象，且意识到我们是如何（并正在）意识它的时候，我们达到的则是更具反省性的第四个层次。这时我们会有意识地监测我们对此对象的意识，将此意识作为明确的意识材料；比如关注我们对杯子的关注，何以会让杯子变大或变沉。

我们在枕头或杯子这样的对象身上看到的不同意识层次，在我们具身化的自我那里也可以看到。睡着的时候，身体对自己的位置和呼吸都有很好的觉知，一旦感觉离床边太近，它会自己调整枕头和身体的位置。我们往往不会关注自己的双脚，对它们如何走路也缺少清晰的意识。可有些时候它们会成为我们明确的意识对象——比如穿过崎岖的路面，需要处理平衡问题，或者脚受伤的时候。同理，有些时候，比如我们气喘吁吁之时，本来并不清晰的呼吸意识就会成为我们清晰的身体意识对象。最后，我们还有很多反思性身体意识的例子，比如我们不仅清楚地意识到我们正在呼吸，还会注意到我们对呼吸、对反省意识如何影响我们呼吸及其他身体体验有着明确的意识。这些明晰的反省意识层次可以交错或交叠在一起，我分别称之为身体意识知觉和身体意识反思。[2]

199

这种知觉和反思无疑会有助于自我认识，问题是，它们在何种程

[1] See Maurice Merleau-Ponty, *The Phenomenology of Perception*, trans. Colin Smith (London: Routledge, 1962), xv-xvi, 他宣称现象学的基本目的即是恢复那种不假思索的洞察力（unreflective vision），它是“这样一种哲学，对它而言，世界在反省出现之前，就一直作为某种浑然一体的在场，‘已经在那儿’了；因此哲学的所有努力，无非是专注于重新建立与这个世界的直接而原始的联系，并赋予这种联系以应得的哲学地位”（同上书，第 vii 页）。

[2] 有关这些意识层次更详尽的讨论，参见 Richard Shusterman, *Body Consciousness: A Philosophy of Mindfulness and Somaesthetics* (Cambridge: Cambridge University Press, 2008), 53–56。

度、以何种方式真正帮助我们改善自我行为呢？我们的行为若想如愿以偿，需要身体工具和身体的控制，但这并不必然意味着，如此控制或娴熟的引导一定需要强化、反思性的身体意识。恰恰相反，娴熟的身体行为，通常靠的是不假思索的感觉运动图示（sensorimotor schemata），它来自训练和习惯。而且正如许多理论家们所注意到的，反思还会阻遏这种娴熟、平顺的自发行为。我本人也曾长期宣传这种不假思索的身体认识与身体行为积极的重要作用。[1] 不过，我们依然需要某种双重的办法，一方面要着重应用明晰、严谨的身体意识或身体感受反省，另一方面还要说清楚，如何有效地将不假思索与反思性身体意识结合起来，以改善我们的经验质量，提高自我应用的效能。我们知觉与行为中存在大量重要的非反思习惯，但不能说有这些就足够了，就不需要通过某种严谨的反思意识过程，对这些习惯加以调整。无论其好坏，习惯的养成是容易的。[2] 为了改正我们的不良习惯，不能单单指盼自发性，因为它作为习惯的产物，恰恰也是问题的一部分。[3] 因此，经过改良的反思性身体意识，是修正这些坏习惯、达成更好的自我控制必不可少的条件。这也是各种各样身体训练方法，为什么通常会求助于身体再现并强化身体自我意识，以此来修正我们那些错误的自我知觉与自我应用的原因。这些训练并不是试图（那是不可能的）让我们对所有的知觉与行为都有明晰的意识，借此抹除重要的非反思行为层面。它们无非是想改良伤害我们经验活动的非反思行为。为实现这种改良，一定要将非反思性的行为或习惯

200

[1] 尤请参见 Richard Shusterman, "Beneath Interpretation," in *Pragmatist Aesthetics: Living Beauty, Rethinking Art* (Oxford: Blackwell, 1992); and "Somatic Experience," in *Practicing Philosophy: Pragmatism and the Philosaphical Life* (NewYork: Routledge, 1997)。

[2] 其中的一个原因是，习惯会把影响习惯形成的环境因素吸收进来，但其中许多环境因素远不能说是最好的或毫无问题。而且正如米歇尔·福柯和皮埃尔·布迪厄所讲，暴虐的政治制度与习俗为维护其统治，往往会逐渐灌输让我们盲目、自发顺从的身体习惯，这些比我们通常认为的坏习惯更要糟糕。但这些顺从的习惯（往往被我们的社会视作良好的习惯）可能是些坏的习惯，因为它们会削弱我们的判断力和抵抗力，由此促使我们无望地屈从于那些控制着我们的不当力量，阻碍着更好社会秩序的出现。

[3] 我们也不能单单靠反复试验来确立新的习惯，因为这种确立的沉积过程太过缓慢，很可能会重复坏的习惯，除非它在明晰的修正意识中经过明确的评断。

带入意识的反思批评中（哪怕仅仅是一段有限的时间），以便更好地领会它，保证它在良性轨道上运行。

二

在说明身体意识反思的价值时，之前我所举的案例都着眼于西方哲学及其对这种反思的批评。现在我想考察的是亚洲的思想。尽管东、西方具身化哲学之间的差异颇为常见，但在倡导对具身化自我做出反思分析、自觉控制的哲学与力主自发性的哲学之间，仍存在着类似的分歧。在儒家传统中，其经典著作《论语》要求人们每日三省吾身（此处的自我或本人等词，意思同于“身”）。[1] 后来的孟子则倡导养“浩然之气”，以心、意导之，则此气会“充盈周身”，荀子则认为，君子需掌握“治气养心之术”，“内省”而“外物轻矣”。[2]

相比之下，尽管道家传统在调理身体方面非常强调身体专注的作用，[3] 但在力主不假思索的自发行为并超脱于自觉的自我意识控制方面，也是广为人知。《庄子》（《道德经》之后最为著名的道家经典）鼓励人成为“忘己之人”，因为“忘己之人，是之谓入于天”[4]：“在己无居，形物自

201

[1] Roger Ames and Henry Rosemont, Jr. (trans.), *The Analects of Confucius: A Philosophical Translation* (NewYork: Ballantine, 1998), Book 1: 4, 72.

[2] D.C. Lau (trans.), *Mencius* (London: Penguin, 1970), 77. J. Knoblock, Xunzi: *A Translation and Study of the Complete Works*, 3 vols. (Stanford: Stanford University Press, 1988--1994), vol. 1, 154; 后文缩写为 X。

[3] 例如，其传说中的创始人老子就曾说过，“爱以身于为天下，若可托天下”。D.C. Lau (trans.), *Lao Tzu* (London: Penguin, 1963), 17。除引用翻译过来的著作时，依旧采用过去的威氏拼音法（比如 Lao-Tzu），翻译中文姓名和术语时我用的是更现代的拼音音译（比如 Laozi）。在文本正文中引用这些著作时，我会将中文术语和姓名改为拼音，括号里仍采用韦氏拼音。道家的身体修炼包括特殊的呼吸训练、膳食学、健身及房术。关于这方面的详细介绍，参见 Joseph Needham, *Science and Civilisation in China*, vol. 2 (Cambridge: Cambridge University Press, 1956); and R.H. van Gulik, *Sexual Life in Ancient China* (Leiden: Brill, 2003)。

[4] 庄子显然生活于公元前 4 世纪下半叶，人们一般认为，以其姓名冠名的这本书至少部分是他本人写的，有些篇目内容可以回溯到他那个时代，有些篇目则稍晚。道家的奠基著作《老子》或（后来更广为人知的）《道德经》，据说是公元前 6 世纪的作品，作者是比孔子稍早一点的老子，但现在大部分专家认为他根本就是个传说中的人物。关于《道德经》的（转下页）

著。”其意思显然不单单是反对自我中心，而且完全摒弃自省，只对外部世界做出批评性的反思省察。不受理性控制的自发性，仿若是生活与行为的成功秘诀。因此，“目无所见，耳无所闻，心无所知，汝神将守形，形乃长生。慎女内，闭女外，多知为败”（Z，第 119 页）。在《庄子》非常著名的一个段落中，把这种对反思的排斥同简单的坐（sitting）联系在一起——明显是禅宗打坐冥想（坐禅）的预演，日本禅宗道元禅师（Dōgen）后来将其描述为“坐定想空”。[1] 正如《庄子》更为明确的提法：“堕肢体，黜聪明，离形去知，同于大道，此谓坐忘”（Z，第 90 页）。

还有一种类似的非反思自发性，表现在娴熟的行为中：“工倕旋而盖规矩，指与物化而不以心稽”（Z，第 206 页）。《列子》是第三部广为人知的道家经典，似乎同样推重不假思索的自发行为，其译者，著名学者安格斯·查理斯·葛瑞汉（A.C. Graham）解释说，“思考有害无益”，而且“专注自我非常危险”。[2] 一个没什么清醒意识的醉汉和一个清醒的人从车上掉下来，可能后者更容易摔伤，因为他设法不让自己跌下去时，身子会变得僵硬。《列子》同样也记载了一位善泳者的话：“不知吾所以然而然”（L，第 44 页）。该书还提到，老子的一个道家门徒，是如何与自我及自然融洽无间，尽管他也承认，对身边的一切自己也无所不知。“乃不知是我七孔四支之所觉，心腹六藏之所知，其自知而已矣”（L，第 78 页）。同理，“不觉形之所倚，足之所履，随风东西……竟不知风乘我邪？我乘风乎？”（L，第 37 页）除了对不假思索的自发性颇为赞赏之外，我们

202

（接上页）年代，人们众说纷纭，有人认为是公元前 6 世纪，大部分认为是公元前 4 世纪。《庄子》我用的是伯顿·华生（Burton Watson）的译本 *The Complete Works of Chuang Tzu* (NewYork: Columbia University Press, 1968), 133; 后文缩写为 Z。

[1] Carl Bielefeldt (trans.), *Dōgen's Manuals of zen Meditation* (Berkeley: University of California Press, 1988), 181.

[2] A.C. Graham (trans.), *The Book of Lieh-tzu* (New York: Columbia University Press, 1990), 32; 后文缩写为 L。葛瑞汉说，此书书名取自于《庄子》中提到的一位著名的道家圣人，但“是否确有其人尚不得而知”，其生存年代也不清楚，“一些迹象表明其人生活在公元前 600 百年前后，或者是公元前 400 年前后。”葛瑞汉（L, xiii）鉴定此书的成书时间“不会早于其注者张湛的生活年代（公元 370 年）”。

还可以在这些道家经典文献中发现对自省的推重。《庄子》这样讲道："吾所谓聪者，非谓其闻彼也，自闻而已矣；吾所谓明者，非谓其见彼也，自见而已矣。夫不自见而见彼，不自得而得彼者，是得人之得而不自得其得者也，适人之适而不自适其适者也"（Z，第103页）。相反，圣人则"反已而不穷"（Z，第273页）；"行修于内者，无位而不怍"（Z，第317页）。"券内者，行乎无名……行乎无名者，唯庸有光"（Z，第255页）。故而对圣人的智慧来说，即是"内省而不穷于道"（Z，第319页）。在这方面，据说内观可以培养稳定的自我判断力，更有效地促成行为的出现，甚至可以借此内观改善身体行为或身体活动。"不见其诚己而发，每发而不当；业入而不舍，每更为失"（Z，第245页）。

203

《列子》同样肯定了自省的价值："务外游，不知务内观。外游者，求备于物；内观者，取足于身。取足于身，游之至也；求备于物，游之不至也。"（L，第82页）至于那种技巧高超的行为，《列子》认为若想做到这一点，也需要通过专注自身，完全掌控自我，因为支撑自我的是高深莫测、主控一切的道，它会让我们臻于完美。正因如此，乐师在开始演奏前，会先在自己内心达成和谐："所存者不在弦，所志者不在声。内不得于心，外不应于器，故不敢发手而动弦"。（L，第107页）

我们还应注意到，道家经典《道德经》明显意识到了自我认识的重要性（"自知者明也""圣人自知"[1]），同时认为若想达到冷静、灵活及头脑清明的目的，严格的"自检（self-monitoring）"也至关重要。[2] 自检思想在另一部道家经典《管子·内业》篇中有进一步展开。该书大约成书于公元前4世纪中叶，非常注意用"内在修养"的方法来把握道，进而获得最有效的知觉及最成功的行为方式，此方法简便易行，被称为"无

---

[1] Lau (trans.) *Lao Tzu*, 38, 79.

[2] 例如，也可参见《道德经》第十章在下述问题中表现出的自检思想："载营魄抱一，能无离乎？专气致柔，能如婴儿乎？涤除玄览，能无疵乎？爱民治国，能无为乎？"我这里用的是安乐哲（Roger Ames）与戴维·豪（David Hall）的译本，*Daodejing: "Making The Life Significant": A Philosophical Translation* (NewYork: Ballantine Books, 2003), 90。

为”。[1] 这种内在修养需要专心调节身心，使其宁静，以便能够即心见道。下面我简短从《内业》中引用两段加以说明，其他段落强调的也是相同的看法。 204

内业·五

凡道无所，善心安爱；心静气理，道乃可止。彼道不远，民得以产；彼道不离，民因以和 [知]。是故……修心静音，道乃可得。

内业·十九

抟气如神，万物备存。能抟乎？能一乎？……四体既正，血气既静，一意抟心，耳目不淫，虽远若近。

这里我该指出的是，“mind”这个词在汉语里译为心，其原意为“心脏（heart）”，一般译作心灵之心，或“心脏与心灵（heart-and-mind）”之心，以此强调在中国思想中，人之精神生活是本于身体的。因此，专注于心灵，修养以致其宁静，自然也意味着专注于一个人的身体自我。

三

那么，我们该如何解决专注于自我与自发行为中非反思性忘我——保证自我应用有效进行的关键因素——之间的对立呢？这种对立不仅存在于道家和中国哲学那里，西方传统哲学也有，甚至更具体地说，实用

[1]　无为的概念并不意味着纯粹被动的静止或不作为，而是某种非强迫、非存心或非殚心竭智妄求的行为方式。我这里用的是罗浩（Harold Roth）的译本，载于 *Original Tao: Inward Training (Nei-yeh) and the Foundations of Taoist Mysticism* (NewYork: Columbia University Press, 1999), 7。

主义哲学也并不例外（比如威廉·詹姆斯与约翰·杜威之间的差异）。我在以往的著作中曾提到过一个解决办法，即对不同时期或不同阶段进行换位思考。尽管一般而言，自发的非反思行为是最有效的行为方式，可即便是自发性虔诚的拥趸也会承认，在学习感觉运动技能（比如骑自行车或演奏乐器）的早期阶段，我们必须得细心、审慎地关注行为中的相关身体部位。但这些反思行为的批评家们坚持认为，这个阶段过去之后，也就没必要再去清晰关注身体所做的事情。

不过我的看法（和亚历山大、费尔登克拉斯这样的身体理论家及杜威这样的哲学家观点一致）是，学习过程结束后，也需要审慎的自我关注，因为这个过程永远没有终点。正如以前荀子所讲："学不可以已。"（X，第135页）学无止境，因为后天的技能尚有进一步完善和拓展的空间，也由于我们往往沾染坏的行为习惯，或遭遇新的自我境遇（比如受伤或变老）及新的环境，需要我们重新学习，以调整或校正自发的行为习惯。这并不是说我们所有的行为都需要明晰的关注，这不可能，也没必要。我们需要关注的是最需要关注的对象——通常是我们这个行为的世界（尽管我们从未忘记，细心而审慎关注一个人活动的身体，也总离不开对其环境的关注；但还是需要提醒，一个人感受的不仅仅是他的身体）。[1]

可很多时候，为了更有效地处理行为世界的事务，我们既要养成新的习惯，也需完善或重整我们已有的习惯行为模式，在此过程中，需要重新审慎关注我们的身体行为。一旦掌握了新的或改造过的习惯，我们就不好再特别关注一个人的身体行为，反应将注意力放在不自觉、不假思索的自发方式，放在行为的目的和结果，而非达成它们的身体手段上面。

我们在《列子》中看到，它同样倡导对自我的审慎关注，以此配合自发行为的顺利达成。好的射手即便使用一把破弓，也依然能射中目标，不仅是因为"他用心专"于目标，而且身体训练也非常到位，拉弓

[1] 从更一般的意义上讲，单纯感受一个人的身体是一种抽象。一个人其实总是在感受着外部世界的某个对象，尽管直到他有意关注到它才明确注意到它。即便我躺下来闭上眼睛，集中感受我的身体本身，也会感受到我身体是躺在什么上面；即便我试图关注自己的内脏器官，也免不了会注意到加诸其上的重力（或者比方说我吸进肺部的空气）。

射箭时能够“动手均”（L，第 105 页）。[1] 而且就箭术而言，须“先学不瞬”，且“必学视而后可”（L，第 112 页），也需要我们在“瞬”和“视”时审慎审查我们的动作。这一点同样适用于垂钓和驾驭之术，自发性及对目标的凝神反应，均有赖于对身体的控制，用沉着和敏锐的双手去关注和应对。为了让自我获得必要的宁静，唯一可靠的方式是全神贯注地内观自己的情性，而改善其德行：“彼将处乎不淫之度……壹其性，养其气，合其德，以通乎物之所造。夫若是者，其天守全，其神无郄”（L，第 37—38 页）。它接下来就断言说，这种情形非醉汉可及，因为醉者无惧于坠，得之于醉酒后的无知，而非心壑藏天道。

此外，《列子》还说明，我们既得的自发行为技能，在遭遇新的情况时何以需要重构。技艺娴熟的射手立足山巅临渊施射时，会完全失去他自发的习惯技能及“雕塑般”的沉稳姿态，他会两股颤颤，惧而伏地，因为他还没有学会控制自己，从而在令人不安的新情形下也能“神气不变”（L，第 39 页）。一个人一旦患得患失，其技能在做其他事情时同样也会失效：“有所矜，则重外也。凡重外者拙内。”（L，第 44 页）

同样的道理，《庄子》里的巧匠梓庆干活时轻松自如、技艺通神，说明他的技能得益于斋戒（fasting）时身体的自我准备过程：“必斋以静心。斋三日而不敢怀庆赏爵禄；斋五日而不敢怀非誉巧拙；斋七日辄然忘吾有四肢形体也。当是时也，无公朝，其巧专而外滑消”（Z，第 206 页）。为了忘记身心，这位巧匠先做的，是借助身体斋戒以达内心的凝神与平静。正因如此，他才可以全神贯注于眼前的工作，而不为身体的奖惩或心灵的褒贬所动。

这些兴味盎然的寓言故事道出了事情的要点所在。威廉·詹姆斯和其他自发性倡导者认为，许多情形下，考虑我们行为中的身体手段时，容易让我们摔跤、口吃，做不成事情，但这些情形却很好地说明，摔跤、口吃的真正原因并非出自对我们身体（双脚或舌头）的关注。准确地

[1]　同样的道理，承蜩者不仅要全神贯注于蝉，而且还要必须学会如何“直臂若槁木之枝”(L, 45).

讲，是对摔倒或失败的担心，才在某种程度上导致如此过失，是这种担心，一直伴随着对我们对身体部位的关注，希望它们能帮助做好我们害怕它们做不好的事情。换言之，关注我们活动中的身体动作，似乎会干扰行为的顺利进行，如此患得患失或担心自己在别人眼中形象的情绪与想法，事实证明，的确可以影响到对身体部位的关注。例如，当我用筷子笨拙地夹起一颗滑溜溜的豌豆时，我真的专心致志于指掌的动作吗？或者说，看着手掌时，我的注意力是否同时也飘散开，或是为能否成功夹起豌豆的思绪所掌控，或是为别人的旁观（或看法）而分神？我的意识是在平静地凝视，还是慌乱不安？另外，还有自我观察方面身体感知技巧和准确度的问题，有对自我身体感知是否很不清晰的问题，这些都会令我意识不到自己的不安，由此也令我对手指的关注质量与精确度大大降低，尽管眼睛依然盯着它们。

有些人的知觉与行为技巧比别人要好，这是通过训练习得的。莫里斯·梅洛－庞蒂的实在论现象学可能以为，所有正常人均同样具备原始状态的自发知觉和自发行为，其效率令人惊叹（唯有明显表现出大脑损伤或其他创伤的非正常个人病例，才会出现功能障碍）。然而，实际情形要复杂得多。我们许多人（如果不是大多数），都是靠习惯性的感觉运动自发性来努力活着，这些习惯有些小问题，尽管在发挥正常功能方面无伤大雅，但还是会带来本可避免的伤痛、不适、低效，以及更易疲劳乃至错误或意外的倾向。就“正常”一词意味着典型、良好的功能运行而言，这些轻微的症状会让人的行为不那么正常。

208

为强调那种普遍而强韧的原始身体意识的功效，梅洛－庞蒂描述了我们自发行为无与伦比的效能。[1] 尽管同意梅洛－庞蒂对那种不明晰、

[1] See, Maurice Merleau-Ponty, *Signs*, trans. Richard McCleary (Evanston, IL: Northwestern University Press, 1964), 65–66, 及我在 *Body conciousness* 一书第二章对其思想的详细阐述。当代现象学家如肖恩·加拉格尔（Shaun Gallagher）一直在为梅洛－庞蒂“身体的行为性健忘”观点辩护，说自发的、身体方面不经意的行为尽可以运转良好，而“强化的身体意识反倒会对行为造成阻碍”。见 Shaun Gallagher, “Somaesthetics and the Care of the Body,” *Metaphilosophy*, 42 (2011): 305–313, quotation p. 305; 我的回应文章见“Soma, Self, and Society,” *Metaphilosophy*, 42 (2011): 314–327。

不假思索的身体知觉的理解，可同时我们也应该意识到，这种知觉（连同其支配的行为）往往都是极不准确并伴随严重的功能障碍。挥动高尔夫球杆时，我可能以为自己的头低下来了，可别人一眼就看出并非如此，所以我会出现击球失误。为了改正抬头不看球的习惯，我们必须将自己的身体行为置于清晰的意识审视之下。除了修正错误习惯或去除不良行为这方面的价值之外，这种强化的反省意识还能激发新思维方式的出现，提高头脑的灵活性和创造力，甚至改善脑神经网络的可塑性和工作效能。[1]

新近的研究表明，对各个阶段的技巧学习及其后续扩展和提高而言，明晰、审慎乃至反思性的身体意识均具价值。[2] 甚至中国自发性的著名提倡者们也意识到了自检的重要性，证实它在超越自我以达至天人合一或“道”人合一过程中所起的作用。学习、遗忘以及为改善习惯再学习，这些令人信服的看法，对确立明晰的身体意识和身体反思之重大价值而言，理由已足够充分。然而，我们可以做得更好一些吗？我们清晰乃至反思性的身体感知专注力，可以有效运用到不同于各学习阶段的行为上去吗？如此就可以表明，我们已处于全面掌控状态，注意力已放在顺畅的行为而不是学习上。

209

当然，有种明显基于现实生活经验和某些实验研究的假定认为，在

---

[1]　现在人们已经普遍认识到，基于学习的大脑可塑性完全可以适用于成年人的大脑（而不仅仅适用于大脑成长的早期阶段）。See B. Draganski and A. May, “Training-induced Structural Changes in the Adult Human Brain,” *Behavioural Brain Research* 192 (2008): 137–142; and Norman Doidge, *The Brain That Changes Itself* (NewYork: Viking, 2007), 27–92。

[2]　许多研究已经证实，对某项活动或行为步骤做出明晰设想、大脑预演或心理默念的精神实践，会对行为产生重大的积极影响，并能改善我们的学习过程。这类研究可参见 Stefan Vogt, “On Relations between Perceiving, Imagining, and Performing in the Learning of Cyclical Movement Sequences,” *British Journal of Psychology* 86 (1995): 191–216; A. Pascual-Leone et al. “Modulation of Muscle Responses Evoked by Transcranial Magnetic Stimulation during the Acquisition of New Fine Motor Skills,” *Journal Neurophysiology* 74 (1995): 1037–1045; and J. Driskell et al. “Does Mental Practice Enhance Performance?” *Journal of Applied Psychology*, 79 (1974): 481–489。 对运动行为作明晰的心理说明，甚至可以在执行此行为时刺激肌肉力量的增长。见 G. Yue and K Cole, “Strength Increases from the Motor Program. Comparison of Training with Maximal Voluntary and Imagined Muscle Contractions,” *Journal of Neurophysiology* 67 (1992): 1114–1123。

某种程度上，明确关注活动中的身体工具，会分散我们对行为目的的注意力，我们的行为也由此受到牵累。然而，这或许是因为，我们的专注度和协调力训练得都还不够，不足以同时覆盖多重目标和信息点，比如既要监控我们的身体动作，也要顾及我们的行为目的。我们专心致志于电视画面时，耳朵似乎也可以同样留意着画面外播报的新闻声音，就像我们开着车并关注交通路况的同时，也能认真听新闻广播一样。或许上述对自己身体行为老练而娴熟的专注，完全可以将那种明晰或反思性的专注，和同样关心行为目的的流畅有效行为合为一体；或许在熟悉的工作中，我们当中许多人已经在这样做了。比如系上自己的衬衫纽扣时，我关注自己手指的动作和位置，并未妨碍我注视着纽扣以便把它系紧，恰恰相反，它改善了我系纽扣的动作。

四

日本能剧大师世阿弥·元清（Zeami Motokiyo）对专注力可以训练的想法鼓励有加，认为经训练的专注力可以同时覆盖不同乃至相反的方向。在其最重要的一本理论著作《花镜》（*Kakyō*）中，世阿弥讲解能剧表演技能训练时，详细描述了“五种舞蹈技巧”。第一种是“自觉活动的技巧”，它需要对身体技巧有种明晰的意识关注，“让身体的每个部分都动起来，做出适当的手姿，控制好自己的表演，以呈现出序、破、急（*jo*，*ha*，*and kyū*，情节发展的节奏）的有序条理”。[1] 第二种是“超意识活动的技巧”，它无关乎演员的具体动作，而在于具体技巧之外“氛围的营造”（Ze，第 80 页）。这并不意味着用第二种技巧取代第一种，也就是用自发性的娴熟行为，取代技巧学习时对身体姿态或动作明晰或反思性的关注。

210

世阿弥详细解释了对自检行为的持续需求，他强调说，这种自我反省“是创造超意识活动……的一个关键要素”，其间“眼瞻前，思顾后”

[1] See J.T. Rimer and Y. Masakazu (trans.), *On the Art of the Nō Drama: The Major Treatises of Zeami* (Princeton: Princeton University Press, 1983), 79; 后文缩写为 Ze。

(Ze，第 81 页)。此时，演员并未特别留意自己手脚的摆放位置，而是“用他的肉眼看着眼前”，看着其他演员和观众，力求自己的表演同整体剧场环境融洽无间；“不过，其内部注意力肯定会在背后悄悄凝视着自己的外显动作”(同上)。换言之，这位演员是在用明晰反省过的自我形象进行表演，这种自我形象一则指其身体姿态的内在形象（他对平衡感、位置感、肌肉紧张感、表现感、优雅感等的本体感受），再则是指他自己觉得会呈现给观众的形象。

针对这种复杂的意识行为，世阿弥做了如下解释：“观众从坐席所看到的演员形象，不同于演员自己体验到的自我形象。观众看到的只是演员的外在形象。与此相反，演员本人看到的却是自己的内在形象。”因此，演员“必须要格外努力，掌握自己内化的（internalized）外在形象，要做到这点，唯一可行的办法是勤勉训练。唯有如此，演员和观众看到的形象才有可能合二为一。唯有此时，他才好理直气壮地说，自己真正掌握了自身形象的实质”。换言之，“一位演员要真正掌握自己的形象，就必须能控制前、后、左、右的空间”。可事实上，大部分演员只能看到前面和两侧，“一旦演员意识不到后面的情形，就不可能注意到自己表演中可能出现的瑕疵。准此，演员一定要用自己内化的外在形象来看自己，看观众之所看，用自己的心灵之眼审视自己的形象，让全身始终都能保持优雅的姿态”(Ze，第 81 页)。[1]

从世阿弥的话中我们看到，纵使在谈所谓超意识活动，而非身体四肢“自觉活动”之时，他仍坚持认为，精彩的演出需要维持自我意识的高度集中，说这种自觉不是与生俱来或唾手可得的技能，需要“勤勉的训练”才会得到它。实际上，即便演员纹丝不动，世阿弥说他们此时也正专注于他们表演中的“内在张力”或“内部控制状态”，正是这种状态给表演注入了生命（Ze，第 97 页）。即使没说什么，也没做什么，演

[1]　“再强调一遍，一位演员一定要掌握这种能力，像观众那样来看自己，要理解事实的实质，明白眼睛看不到眼睛自己，要努力获取掌握全局——前后、左右——的能力。一旦演员达及此境，其形象就会如鲜花或宝石般璀璨夺目、优雅无双，就会成为其领悟能力的鲜活明证。”(Ze, 81)

员对“内在张力的意识”能力，也会创造出此时“无声”胜有声这般充满戏剧化魅力与意义的效果。[1] 事实上，对世阿弥而言，自我意识是精彩表演不可或缺的必要前提，正如技艺精湛原本就是指借自知（self-understanding）而掌控自我一样：“如果一个演员真想成为大师，就不能简单地依赖舞蹈和姿态技巧。恰恰相反，大师级的掌控靠的是演员自己的自知程度，靠的是他对自己既有风格的领悟。”（Ze，第 90 页）

因此，演员若想借提高明断的自觉与自检能力，以追求卓越，他如何才能达成这一目标呢？一个人如何获得非凡技能，得以专注地意识到自己表演时的身体行为，意识到他所表现的内在情感或形象，意识到观众的反应，意识到他在观众眼里表现出的形象，包括从背后和其他角度看到的形象，也包括他自己不方便看到的形象（比如他自己的眼神）？世阿弥当然会回答说，勤勉训练就行了。然而，这种训练的实质、基础和说明究竟是什么？世阿弥并未给出答案，他是位秘传思想家，甚至他的著作也只是流传在他的表演团队内部。[2] 古代冥想传统为促进自检，为促进敏锐的自觉技能提供了许多办法，其中有一些应该为世阿弥所熟知，这由其与禅宗的密切关系便可见出。不过，这些办法的目的，似乎处理的并非世阿弥要求演员具备的最为神秘的自觉技能：演员要像观众那样能看到自己背后的形象。结束本章时，我拟用三种可能的方式，来简单解释这种不可思议的秘诀，靠的不是世阿弥时期或内部小圈子流传的特殊文本及其他材料，而是我们自己的哲学构想，以及某些神经科学的最新研究成果。

212

五

我们至少可以通过三种不同的方式，来解释演员何以能分享自己在

[1] 世阿弥一度断言说，演员一定要以某种“超意识”的方式，关注艺术创作中演员一动不动时内在张力出现之前和之后发生的事情，不过，这种关注仍需要艺术家在心理上掌握自己的意识活动，即“通过注意力的高度集中将各种技艺（arts）联系起来”(Ze, 97)。

[2] 世阿弥将他的能剧著作交托给他的女婿金春禅竹（Kamparu Zenchiku，1405—1468），他们都视之为“秘藏”，“绝不轻易示人”，尤其“不能给其他剧团的演员看到”(Ze, 110)。

观众眼中的视像（vision），并了解自己的身后视觉外观，哪怕事实上，他的肉眼根本就看不到。第一种方式是对镜训练。通过仔细观看一组精心配置的镜子，演员可以看到不同姿势下自己的背面是什么样子。之后，留心不同姿态下自己的本体感受，于是就可以将不同的视觉形象和不同的本体感受联系或对应起来。[1] 经由这般缜密的对应训练，演员应该就可以从其本体感受中推断出，实际表演时他的姿态从背后看去会是什么样子（不用任何镜子），尽管他根本不可能从后面看到自己。这种视觉与本体感受间的跨形态训练（transmodal training），随这些感觉形态间基本的神经学关联被揭示出来，从而得到有力的声援。本体感受和视觉的联系是存在的，例如，掌管平衡的前庭神经系统，就会将头部位置、眼睛运动信息以及身体其他部位的本体感受信息整合起来。[2] 同时，本体感受与视觉的联系也可以经由视动镜像神经元系统（the visuomotor mirror neuron system）而达成。无论一个人执行某一特定的具体行为动作，或看到其他人做出如此动作，这些神经元系统都会由此激活。我们之所以有模仿他人、理解他人、与他人交流的自然能力，亦可由此神经元得以说明。它们也有助于理解，为什么我们具有将视觉与运动性本体感知整合起来的基本能力。[3]

第二种方式更具有他人指向或超个人的（other-oriented or transpersonal）特点。

[1] 有关这种本体感受在美学和情感方面的深入探讨，参见Barbara Montero, "Proprioception as an Aesthetic Sense," *Journal of Aesthetics and Art Criticism* 64 (2006): 230–242; and Jonathan Cole and Barbara Montero, "Aflective Proprioception," *Janus Head*, 9 (2007), 299–317。

[2] 此外，由于视觉会受到前庭神经刺激的影响（如摇头或转动脑袋），所以前庭神经会对本体感受和视动（optokinetic）刺激有所反应。一旦内耳前庭器官出现问题，人们就可以利用视觉信息来维系其平衡；与此相反，正常的视觉与前庭神经信息一旦遇阻，其他的本体感受或触觉输入信息就会出来帮助确定位置感。有关视觉和本体感受系统多项联系（intermodal linkage）的更多讨论参见J.R. Lackner and P. Zio, "Aspects of Body Self-Calibration," *Trends in Cognitive Science* 4 (2000) : 279–282; "Vestibular, Proprioceptive, and Haptic Contributions to Spatial Organization," *Annual Review of Psychology* 56 (2005): 115–147; and Shaun Gallagher, *How the Body Shapes Mind* (Oxford: Oxford University Press, 2005), 45–47, 73–77。

[3] See, for example, G. Rizzolati and L. Craighero, "The Mirror Neuron System," *Annual Review of Neuroscience* 27 (2004): 169–192; and V. Gallese et al., "Action Recognition in the Premotor Cortex," *Brain* 119 (1996): 593–609.

它需要其他人扮演演员的姿态与动作，演员（扮演观众的角色）则从后面观察他们，感同身受地欣赏他们，在头脑中模仿他们。这种感同身受的移情式知觉与模仿意图，不再只用含混、空幻的想象力加以解释，而是有了牢固的实验研究与神经学调查的依据。事实证明，对某一动作的内心排练或扮演，不仅可以激活动作本身的大脑对应区域，同时也可以激活对应于如此动作或行为的肌肉或其他生理反应。[1] 而且正如最近镜像神经元系统研究所显示的那样，一个人观看某一动作，会激活与此动作执行相对应的大脑区域，所以习得性实验研究也随之证实，只是观察别人不断重复做一个指定动作，就能帮助学习中的观察者接下来有效执行这个动作。[2] 这就意味着，看另一位演员摆出某种姿态，能刺激起身为观看者的演员对此行为的本体感受，这是种感受性的领悟力，让演员模仿此种姿态，看看摆出这种姿态是否真能激发出那种本体感受，或许就可以证实这种领悟力的存在。看到别人优雅的形象姿态时，通过视觉形象与本体感受形象对应性的大量训练，也包括模仿这些姿态时，通过与自己本体感受对应性的大量训练，一位技艺娴熟的演员，就可以从自己的身体本体感受中直觉或直接推断出，旁观者眼中自己的姿态，甚或他们从背后看到自己的姿态，会是个什么样子。

这两种方式不能同时由同一位演员来施行，却可以在一系列的训练程序中结合在一起，且二者靠的都是对应性训练，据此训练，即可推断出一个人的姿态外观。无论这种推断如何直接，我们真的能称之为看吗？世阿弥可能会形象地说，一个人可以用精神之眼看到肉眼所不能看到的东西。然而，镜像神经元观念却提供了第三种可能的方式。此方式尽管有很大猜测成分，可能性不大，却仍值得注意，因为它提供了一种认识世阿弥思路更为直接的途径，即他认为演员能用心灵看到自己肉眼看不到的身体。通过镜像神经系统，对姿态的本体感受如果可以产生与此姿态对应的视觉信息，那么从原则上讲，经训练、具有明敏本体感受

[1] See Alain Berthoz, *The Brain's Sense of Movement* (Cambridge: Harvard University Press, 2000), 31–32; also Yue et al., "Strength increases."

[2] See Vogt, "On Relations," 209–213.

意识的人，也有可能在头脑中产生其姿态的视觉形象，该形象并非得自于现实中的镜子，亦非得自于看别人时的移情镜像，而是得自于对他姿态或动作自我观察时的本体感受。所以就理想意义而言，对敏锐的本体感受自我意识的严格训练，完全可能让世阿弥的演员直接掌握或在意识中再现其身体的视觉效果，甚至包括从身后看到的样子。

此方式可能看上去很是牵强，因为有关大脑视觉与动觉区域的镜像神经元研究，关心的是视觉输入信息如何刺激相应动觉区域大脑的活性（activation），而非其他。正如镜像神经元研究方面的权威维托利奥·加莱塞所言，似乎还没有盲目动作及其相应本体感受如何刺激大脑视觉区域的实验研究。不过，他和合作者最新的研究表明，“在受试者闭上眼睛接受触觉刺激的过程中，动作感应的视觉区域得以激活”。他认为在原则上，“一个人受到诸如肌腱震动这般的本体感受刺激后，应该可以体会到视觉区域的活性”，因为“多通道整合是……我们大脑的一个普遍性功能特色”。[1] 当然，这种视觉活性并不意味着，剧场中那些外部观众所见之物的清晰、准确并具审美辨别力的视知觉就一并产生了。所以这个方式像其他方式一样，还只是个猜测，世阿弥的秘密仍未完全解开。尽管如此，强调对身体行为予以明晰的自觉关注，仍是其学说的价值所在。[2]

215

[1]　见 2008 年 5 月 29 日加莱塞给笔者的电邮通信。论文参见 S. J. H. Ebisch et al., “The Sense of Touch: Embodied Simulation in a Visuotactile Mirroring Mechanism for Observed Animate or Inanimate Touch,” *Journal of Cognitive Neuroscience* 20 (2008): 1-13。

[2]　我要感谢广岛大学（2002—2003 年我在此作访问教授）青木孝夫教授，感谢他首次将能剧介绍给我，并帮我加深了对世阿弥著作和术语的理解。

第三部分

艺术与生活艺术

第十章　身体美学与建筑：一种批判的选择

一

在最近的建筑学理论中，人们广泛讨论且争议最多的一个话题就是建筑的批判性（criticality）。[1] 这也显然是建筑学与哲学共同关心的话题，因为长期以来，哲学基本上是以批判的立场与方法标榜自身。至少自苏格拉底伊始，对教条的批判就已是哲学核心的课题，或许成为哲学讨论的标志性风格。无论何时，所有哲学领域都充斥着这种批判，从逻辑学、认识论、形而上学到伦理学、政治学及美学，无不如此。现代时期，批判功能甚至成为某些现代哲学最具影响的著作必不可少的主题，不仅包括康德著名的三大批判，也包括马克思某些对后世产生重大影响的著作（《黑格尔法哲学批判》《政治经济学批判导言》《资本：政治经济学批判》《哥达纲领批判》）。当批判风靡现代哲学研究之时，20 世纪也见证了身具鲜明特色的“批判理论”思想流派或思潮的出现。

至于既关乎于现代性，又明显与 20 世纪现代派运动有染的建筑，批判性也逐渐成为其中一个核心概念。我们看到，在进步、合理、民主旗帜下改造生活环境方面，建筑发挥着重要的批判功能。其每一种创新形式均成为某种批判与自由精神的表达，它们每提供一种新的居住形式，就意味着一种新的生活方式的出现，为社会上存在的不公、困苦及

[1]　Criticality 包括文中出现的 criticism 译成中文均有“批判”或“批评”的意思，在有些语境下译成“批判”，比如作者提到的康德三大批判；在有些语境下则译成“批评”，比如 criticism in the arts 就不好译作“艺术批判”。——译注

剥削提供了一种替代性的选择。下面就看看几个简单的例子。

220 20世纪早期一些玻璃建筑的提倡者认为，利用玻璃及其透过的光线，让房间从封闭而沉闷的环境中解放出来，人们也会由此得到解放：“为了达到较高的文化水准，不管喜欢与否，我们都不得不改变我们的建筑。”[1] 包豪斯学院（Bauhaus school）的创立，同样是以批判性的乌托邦方式介入建筑之内，正如其重要成员奥斯卡·施莱默（Oskar Schlemmer）在回忆中所讲：

> 之所以创立包豪斯学院，原初的目的无非是建造社会主义大教堂，工作坊也是按照教堂房舍（*Dombauhütten*）的样式修建的。不过有关大教堂的想法现在已经渐行渐远，隐而不显，包括随之而去的那些明确的艺术本质观念。现如今，我们所能考虑的至多是房屋，或许也只能这样想……面对经济困境，做简约性（simplicity）的先行者是我们的使命，即为一切迫切的生活需要寻找一种简单的形式，一种体面且真诚的形式。[2]

学院最后一任负责人密斯·凡德罗（Mies van der Rohe）同样认为，建筑借助“极简结构”和“移动墙”灵变的空间分割等“理性化的建筑方式”，是在批判理性和批判自由观方面“建构新的价值观念”。[3]

勒·柯布西耶是现代派建筑另一位极具影响力的人物，也是建筑批判改良主义主张的拥趸：“社会机器……［出了］很大问题……现在社会上不同阶层工人的居所并不能满足他们的需要，工匠和知识分子的遭际也是如此。今天社会动荡的一个根本问题就是建筑问题，是建设抑或摧毁的问题。”[4] 正如最近一位评论家在总结现代派批判性乌托邦项

---

[1] Paul Scheerbart, *Glasarchitektur*, 1914; cited in Kenneth Frampton, *Modern Architecture: A Critical History*, 4th ed. (London: Thames and Hudson, 2007), 116.

[2] 选于奥斯卡·施莱默1922年的一封信；引自 Frampton, *Modern Architecture*, 124。

[3] Ludwig Mies van der Rohe, “The New Era” (1930), cited in Frampton, *Modern Architecture*, 164, 166.

[4] Le Corbusier (Charles-Édouard Jeanneret-Gris), *Vers une architecture*, 1923; cited in Frampton, *Modern Architecture*, 178.

目时所讲："新式建筑内部空荡，物件包括厨房的摆设疏落有致，由此它告诉人们一个道理，相比其社会精神，物品本身不那么重要，它们会将妇女从繁重的家务中解放出来，会将生活调剂得更趋完美，更加灵活机动。"[1]

随现代主义的式微（不仅由于各式各样后现代主义思潮的出现，也在于其自身固有的危机与自信的丧失，加之后殖民世界新的社会、经济与政治现实的影响），建筑的批判功能也逐渐成疑。[2] 在现今复杂的政治经济环境下，最为壮观与先进的建筑，往往都是由压迫性的专制政体授权而成，完全无须采取民主的方式顾及居民的反应，也无须考虑既定规划或建筑规范。而且一般而言，设计师们似乎也很愿意接受这种委托，对此政体的意识形态问题也毫无批判、抵制的意思。许多人谈到当代建筑（及在相关的建筑理论中）的时候，均认为其处于后批判时代，一个意识形态批判与反抗消隐，追求行为成功、实用效率与自由创造的热望膨胀的时代。

在某些后批判理论家看来，极端的反抗思想明显已作为徒劳的"否定性"而予以弃置，包括唤起这种思想的乌托邦批判冲动。所以迈克尔·斯皮克（Michael Speaks）才会兴奋地宣告，"空想已为'喋喋不休'的信息（intelligence）让路"。时至今日，先进建筑不该再寄望乌托邦理想，而应取决于"设计信息"，这种信息是对网上流布的那些平凡（prosaic，若此词未被成见所歪曲）而"微不足道的真理"的有效利用与操纵，是为

[1] Hilde Heynen, "A Critical Position for Architecture?" in Jane Rendell and Jonathan Hill (eds.), *Critical Architecture* (London: Routledge, 2007), 48–56, 引文见第 49 页。

[2] 为避免错误地将现代派建筑与批判性的反抗片面等同起来，我们应该要想到，一些现代派大师也提出过现实主义的务实主张，试图在建筑理想和社会经济现实之间做出协调。例如，在包豪斯空想主义者瓦尔特·格罗皮乌斯（Walter Gropius）与路德维格·密斯·凡德罗（Ludwig Mies van der Rohe）表示坦然接受工艺生产、新材料与生存现实的时候，就已宣告他们离开了早期浪漫乌托邦的表现主义建筑。如果说，格罗皮乌斯要给予毫无"浪漫美化色彩"的"机器与自动化汽车生活环境以充分肯定"，那么密斯则认为，"我们须承认经济与社会条件变化的事实"，因为"这些事实无视其他价值，在按自己的逻辑运行"。设计师也只能接受这个现实，以从中发掘出有价值的东西。见 Walter Gropius, "Grundsätze der Bauhausproduktion" (Dessau), 1926. In Ulrich Conrad (ed.), *Programme und Manifeste zur Architektur des 20. Jahrhunderts* (Bauwelt Fundamente: Braunschweig, 1975), 90; Ludwig Mies van der Rohe, "Die neue Zeit," 1930, in Conrad, 114; 由本人英译。

中央情报局和大财阀集团所用的“开放信息”资源，目的都是讲求实效，追求行为或后果的更大效能。如同最近一位建筑理论家所讲，“在今天，‘批判性’饱受攻击，被其批评家们视为一个过时、落伍的因素，并（或者）沦为设计创造的阻碍”[1]。虽说很多后批判理论主要来自法国后结构主义或后现代主义的催发，但哲学上的实用主义也被当作后批判的一个源头。[2]

如果说许多建筑理论家还在忠诚地为批判性辩护，那也无非是用不同的方式予以阐释；其含混之处使得批判性建筑这个概念更趋复杂且充满争议。有些理论家基本上还是将建筑批判性看作推动社会批判，为现有居住与工作处所提供新的选择；同时也视其为推动社会向更加公正方向前行的手段，为所有人提供更好的社会生活条件。还有像建筑师彼得·埃森曼（Peter Eisenman）这样一些人，他们认为，建筑批判性的目的并非反抗并改变社会政治现状，而是捍卫建筑的自律性（autonomy），从所有给定的社会或政治规条中脱身出来。在他们看来，所谓自律，就是让建筑同现有社会规范和制度力量保持一段批判的距离。如此距离令建筑以某种方式与这些规范两相隔离，也与建筑传统（埃森曼说它们依然充满现代主义的气息）迥然有别，是真正在创造新的东西。这种与传统建筑的隔绝很不容易，毕竟最具批判性、怀疑性和探索性的设计师的基本建筑观念，正是由传统造就的。因此，埃森曼的批判工作只是种努力，试图走出或取代以往的建筑话题，摒弃其中根深蒂固、影响深远的假定。

迈克尔·海斯（Michael Hays）根据建筑相对自律性的概念，提出了一

[1] George Baird, “Criticality, and its Discontents,” in A. Graafland, L. Kavanaugh, G. Baird (eds.), *Crossover: Architecture, urbanism, technology* (Rotterdam: 010 Publishers, 2006), 648–659, 引自 649 页。

[2] See Baird, *Crossover*, 651, n. 4; K. Michael Hays, “Wider den Pragmatismus,” *ARCH+* 156 (2001): 50–51; Hans-Joachim Dahms,Joachim Krausse, Nikolaus Kuhnert, and Angelika Schnell, “Editorial: Neuer Pragmatismus in der Architektur,” *ARCH+* 156 (2001): 20–29. 这里讲的实用主义趋同性，主要涉及纽约现代艺术博馆（MOMA）的一次会议及一本书的出版，二者的中心话题都是实用主义与建筑，也都是由哥伦比亚大学的琼·奥科曼（Joan Ockman）组织发起的。书是 *The Pragmatist Imagination* (New York: Princeton Architectural Press, 2000)，里面收录了我的一篇短文“On Pragmatist Aesthetics,” 116–120, 文章最后呼吁身体美学的研究，但未提及它在建筑方面的应用。

种类似的建筑批评方式，此自律既有别于各种会影响到建筑的社会、经济、政治及个人力量，亦不同于纯审美的建筑形式观念。海斯的表率是密斯·凡德罗，他认为后者的一些著作充满批判性、抵制性、反抗性，主张“一种既不向外部力量妥协，亦非固守、重现形式系统的建筑”。为较为清晰地说明二者之间的这种自律性，海斯讲道：

> 将建筑同各种影响到建筑的力量——由市场和趣味所决定的环境因素，包括建筑设计者个人的志向、建筑的技术来源及由其自身传统所决定的意图——区分开，是密斯的目的。为做到这点，他将其建筑置于生生不息的庞大观念躯体与一般而言无涉于环境因素的形式之间，授其以批判的立场。[1]

眼下的当代建筑理论热衷于批判性的论争，但论争中的概念和立场并未充分厘清。比如人们理解的批判性就各不相同，后批判性这个概念也同样如此。后批判时期的所指或意思是什么？它在何种程度上真正摒弃了建筑的批判指向？或者是否仅仅重新修订并调整了这个指向？答案远未清晰。本章的任务就是说明，身体美学何以有助于廓清并处理今天有关批判性的两个核心要素：自律与环境的问题。不过，在着手这些细节问题之前，我先概略介绍一下身体美学与建筑之间的关系。

二

假如承认身体与建筑的关系，就该承认身体美学与建筑的相关性，尽管这种相关性显而易见，我还是应该简单强调一下身体作为建筑核心的某些特征。首先我们应该注意到，身体——我们借以生存的复合结构——本身就是借建筑概念在象征意义上为人理解的。这种象征性的关联肇始于古希腊哲学家如柏拉图、古罗马建筑师如维特鲁威（Vitruvius）

---

[1]　K. Michael Hays, “Critical Architecture between Form and Culture,” *Perspecta: The Yale Architectural Journal* 21 (1984): 15–29; 引文见第 17、22 页。

及早期基督教思想家如圣保罗，经文艺复兴时期作家如亨利·沃顿(Heny Wotton)，一直到宗教的现代科学批评家如弗洛伊德。[1] 正如柏拉图将身体建筑结构类比为监狱，维特鲁威和保罗也将身体类比为神殿：维特鲁威是就其部分与整体间迷人的和谐比例而言，保罗则强调说，“你的身体即是你心中圣灵的神殿”（1，《科林斯建筑》6:19）。这种类比后来在弗洛伊德那里得以世俗化，他的《梦的解析》认为，建筑无非是身体的造梦标志，一个远非纯净的灵魂居住的场所。

除了这种象征性的关联，身体还从根本上构成了某些最具基础性的建筑设计概念。这一点从如下特征便可见出。

1. 如果说建筑空间的连接方式（articulation）是出于改善我们生存、居住和体验的目的，那么，身体则是空间连接最为基本的工具，因为它提供了体验并连接空间的关键节点。正如我在第一章所讲，为了完整观照世界，我们必须从构成我们观察向度的某些视点来看它，确定上下左右、内外前后。而身体由其在自然与社会中的定位，为我们提供的正是这种原始视点。

2. 我们对空间的生活体验主要与距离有关，正是通过身体的位移能力，我们才获得了距离感和空间感。因此，身体让我们体验到的，不仅是距离与深度知觉的视觉效果和空间形态特征，还包括多重位移感受（肌肉感觉、触觉及其他本体感受特征），这些感受对我们的各种建筑生活体验而言至关重要。由身体在结构上决定的具体生存空间，并非一个抽象、完全均质化的空间，而是由身体定向性（身体的前后左右等）构成的

---

[1] 柏拉图有关这方面的著名比喻出现在影响深远的《斐多篇》(82D)；见 Vitruvius, *The Ten Books on Architecture*, trans. M.H. Morgan (Cambridge, MA: Harvard University Press, 1914), book III, i。亨利·沃顿在基于维特鲁威思想的 *The Elements of Architecture* (London, 1624) 一书中，建议其建筑受众“按照一个有良好外形之人的特征反复审核整个建筑”。有关沃顿的讨论，包括这段引文，参见 Vaughan Hart, “On Inigo Jones and the Stuart Legal Body: ‘Justice and Equity. . . and Proportions Appertaining,’” in George Dodds, Robert Tavernor, and Joseph Rykwert (eds.), *Body and Building* (Cambridge, MA: MIT Press, 2002), 137–149; 引文见第 138 页。弗洛伊德有关身体与建筑的类比见 *Introductory Lectures on Psycho-analysis*, trans.James Strachey (NewYork: Norton, 1966), 153, 159; See also Freud’s *The Interpretation of Dreams*, trans. James Strachey (New York: Avon, 1965), 117, 258–259, 381–382。

空间。建筑的基本外观特征所呈现的即是这种定向倾向。

3. 既然建筑涉及体积与空间，那么身体同样给予我们最为直接的体积感与容积感。我们可以感受到自己身体的立体体积与厚度，也可以感受到其中液体与气体的流动。如果说建筑的基本特征是垂直状态，那么身体就是我们对垂直性的基本体验方式，其间涉及对重力的顺应和抵制，以此来保证垂直。身体的垂直姿态以及在移动中维持垂直的能力，不仅让我们得到观览对象的特定视点，还解放了我们的双手，让我们有效地使用双手处理对象，以便更好地完成绘画、设计和建筑。而且肢体结构（我们面对的基本事实是头重脚轻——较重的头部、双肩、躯干明显由相对细小的双腿来支撑）也促成了身体的移动，因为垂直的平衡只有在移动而非静立时才容易维持。在某个地方一动不动地站立几分钟就难以忍受，可若是走动更长时间，我们也不会感到有任何压力。

4. 如维特鲁威很久以前所讲，建筑形式的基本原则肇始于身体。他说，“没有对称与比例，就绝不会有任何神殿的设计原则”。就建筑“不同部分与整体尺寸”间的“联系”来确定这些形式规则，“就像拿一个具有良好外形的人作标准一样”，而且证明这些关联原则的根据在于，“自然设计出人体的目的，就是让其各个部位按恰当比例构成一个整体”。[1] 据此他认为，方、圆的基本形式可能也来自身体，这是出自设计上测量的需要。身体同样也有决定建筑比例关系的功能，就像有人讲的那样，身体集中反映出建筑的柱式特征，维特鲁威就视其为对男体或女体的模仿。

5. 尽管具有非话语性的物性特点（意味着静默的无言），但作为艺术设计，建筑却是表现性的。身体借其姿态（gesture），其静默的表现性为建筑表现力提供了一种基本模式，正因如此，维特根斯坦甚至用这种表现性来界定建筑，将其同纯粹的房屋区别看待：“建筑是种姿态。并不是每一个人有目的性的身体动作都是姿态。道同此理，也不是每个设计出来的房屋都是表意的建筑。”[2]

---

[1] Vitruvius, *The Ten Books on Architecture*, 72–73.

[2] Ludwig Wittgenstein, *Culture and Value* (Oxford: Blackwell, 1980), 42.

226 6. 身体还为建筑设计与环境的关系提供了一种基本模式。一个成功的建筑既要考虑到协调，也会有自己独特的闪光点，就像一个身体为了存活与强健必须要做的那样，它要依赖广阔的自然与社会环境资源，需要从中汲取营养，同时也要维护其独特的个体性，这就需要一种平衡的行为。正如我们总是在一定环境格局背景下体验某个建筑物，我们也不能离开环境因素单单来感受身体。回想下第九章（206 页注释 [1]）所举的那个例子。如果我们躺下来，闭上眼睛，静静地只感受我们自己，稍作留意就会发现，我们所感受到的是自己躺在什么东西上面，呼吸着周围怎样的气息，以及暴露在空气中体肤的感觉。

7. 这种非视觉性的身体感受提醒我们，如果建筑设计以身体为基础，目的是改良身体体验，那就应该以批判的态度多加留意身体的多重感受。这些感受正如今天的神经生理学所揭示的那样，已超出传统五觉范围，将一些独特的身体感受囊括其内，即在严格意义上通过身体本身而非具体感官（眼、耳、鼻、舌等）来传达感官知觉的感受。这些感受中最突出的一个是本体感受（proprioception），它确定着身体各部位间相互关联的方向，确定着身体的空间定位，包括我们的平衡感和运动感，后者或者说是我们身体在空间中的位移感。在视建筑为环境方面，本体感受，尤其是运动感，起到的作用非常关键。正是参照建筑环境，我们移动并确定着身体的位置，在我们进门、穿过走廊及上楼梯时得以维持动态的平衡。在本章稍后部分讨论氛围（atmosphere）时，我会再回到感受这个话题，这里先看看歌德在此问题上的卓见。尽管有人可能“以为，建筑作为美的艺术只对眼睛起作用”，可他还是坚持说，建筑“对人们极少留心的方面，对人体力学运动的感觉作用尤巨。在按一定规则进行的舞蹈动作中我们收获了愉悦的感受；领着一个蒙上双眼的人走过一所建得很好的房子，在他身上可以看到同样的感受”。[1]

227 如果身体是建筑体验和建筑创造的核心媒介，提高身体的辨别力，就可以极大丰富建筑的批判与创造资源，因为批判性知觉本即为创造过程的

---

[1] Goethe, Johann Wolfgang, “Baukunst,” in Friedmar Apel (ed.), *Asthetische Schriften 1771–1805, in Sämtliche Werke,* vol. 8 (Frankfurt: Deutscher Klassiker Verlag, 1998), 368.

一部分。日本设计师安藤忠雄（Ando Tadao）似乎就在做这方面的工作，他特意用日语的神体（shintai）而不是身体（body，标准的英语译法）来区分并强调我所用的 soma 而非 body。身体（soma）是与意图、心灵和精神相关的一种活生生的有知觉力、感知力且生机勃勃的智慧性肉体存在，而非与心灵、精神隔离并对立的动物性物质存在。安藤明白无误地表示，他使用神体而不是身体一词，并不是"解释身心的区别"，而是想指出某种"与世界处于动态关联"下"精神与肉体的结合"。他坚持认为，"唯有在这种意义上的神体才能建造或理解建筑。神体是种会与世界相呼应的有感知力的存在……建筑必然要经由神体的感觉才会为人所理解"。[1]

为证明安藤的理论观点（在其建筑实践中也有所反映），我会对身体美学的实际训练方面加以强调和展开，包括感觉的训练以及批判性、反思性辨别力的训练。安藤在我之前将身体感觉的方法应用于建筑，这一点不足为奇，因为东亚的身体理论与实践对我身体美学观的形成有很大的影响。日语"神体"一词源于中文的身体（shenti），后者同样指称那种活生生的身体，由身和体两个字构成。"身"在中国古代指的是整体的人（包括可进行教化的道德与精神自我，而不仅仅是物性、肉质的身体），这个字可以追溯到一位站立着的孕妇形象，一个生动、充满想象力、动态身体的情感符号，字体造型头重脚轻，并不对称。[2]

三

让我们从亚洲的词源学分析，回到西方当代理论语境下的建筑批评话题。浏览一下最近有关建筑批判性的文献就会发现，在这种批判性的　228

[1]　Ando Tadao, "Shintai and Space," in Francesco Dal Co (ed.), *Tadao Ando: Complete Works* (London: Phaidon, 1995), 453.

[2]　简体字"体"的两个字符与基础性的"本"或者一个人的主体部分有关，由此暗示了躯体部分对我们之所以为人来说是多么的重要。而"体"原来的繁体形式写作"體"，两个字符分别指称骨骼和容器。在古汉语中，"身"和"体"两字都意指身体，"身"强调更多的是具身化的人，而"体"更多是指生命和生成性的成长，广义上也指非人类的身体。有关此字古代的更多用法参见 Deborah Sommer, "Boundaries of the *Ti* Body," *Asia Major* 21 (2008): 293–324。

意旨及目标方面，有很多不同的看法。有些时候，社会现实中占统治地位的压迫力量，或一般而言的社会生活问题，被描述为批判的靶标。另外一些时候，建筑（或一般意义上的建筑物）本身传统的主流常规实践则成为人们的批判对象。这些作为批判靶标的实践，可以理解为那些不良社会现实在建筑上的反映、表现或具体化，不过它们像某种习以为常的相对自律性那样，也可解作建筑本身所固有的问题。因此，比如那些所谓后批判建筑理论的批判性，批判的即是建筑上自律性的主张，或简单地说就是学科规训。建筑理论同样支持并鼓励各种不同的批判方法、行为和态度。对绵延不绝的现代派传统而言，这些批判模式的最大影响体现在否定和抵制方面，往往针对的是建筑自律性的观念；其他批判方式强调更多的则是社会干预和社会斗争，它们拒绝的正是自律性思想，并视其为一种过时的现代主义意识形态，专注于危险的精英主义的共谋串通。考虑到多样化的批判方式（我只注意到其中一部分），我觉得从逻辑上看，拒绝某一批判目标或方法，并不意味着全然放弃批判性，也不意味着这样做就一定是后批判式的轻率，或沦落为毫无原则的实用主义。[1] 229 尽管实用主义明显是多元的哲学，但以其非庸俗化的哲学意义及其改良主义的立场，它毫无疑问也持有一种批判的态度，所以约翰·杜威才会将哲学定义为“批判的批判”[2]。正是出于这种考虑（包括其他理由），简单地认为哲学实用主义持有一种无批判或后批判的立场，这并不合适。

杜威将艺术批评看作社会、政治及哲学批评，同时从根本上看也是

---

[1] 采用某种批判方法也不意味着舍弃所有其他方面的东西。一个人可以对社会（及建筑的社会功能）持批判态度，同时也可以攻击建筑的自律性。面对多元化的批判观，正如我在别的地方指出的那样，实用主义持有一种兼容并包的基本立场，而非独断的非此即彼，迫使自己只接受一种批判方式而排拒其他。实用主义多元论认为，非此即彼的做法在日常生活中往往并不适用——正如一个人可以选择喝酒或喝水，也可以既喝酒又喝水。假如我们的目的是让我们的利益最大化，包括批判所带来的好处，我们就应该假定，我们可以包容并利用不同的方式方法，直到事实证明，它们非但相互不同，且互不相容。我要强调的一点是，实用主义多元论的这个基本倾向，在本章副标题中表达得并不明确，我目前所倡导的身体美学对建筑而言，也无非是一种可能的批判性选择或视角，并非唯一有效的批判视角或最好的一个。建筑问题（以及建筑必然涉身的世界）太过繁复，靠某种单一、通用的批判方法并不合适。

[2] John Dewey, *Experience and Nature* (Carbondale: Southern Illinois University Press, 1981), 298.

知觉批评。批评判断的主要价值不在于表扬、责备或等级评价这类话语裁定，而是增进“知觉训练”的辨别力，借以改善我们的生活与艺术。人们常说“批判”一词源于古希腊语的法官（krites，Κριτηζ），但此词最终是取自于古希腊语的动词 *krinō*（Κρíγω），意思是区分、辨别、分离，所以其形容词（κριτικὸζ）英文对应词是“critical”，意思是“可以识别”或分辨的。[1] 利用身体美学来追想辨别一词的基本意思，可以让我们更好应对建筑批判性的两个最大挑战：自律性问题及氛围（atmosphere）问题。

1. 自律意味着独立，这一著名的（空间意义上）独立性观念，意味着与一个人无须依赖之物的隔离。这种隔离也反映在批评距离观念中。批评家在某种程度上站在她所判断的对象或情境之外，而不是根本上参与或置身于其中，并以此视角维持其判断的客观性。像法官一样做无利害感的观察者，说的就是批评距离的意思。然而当代理论已经表明，在逻辑上，完全置身于自然、社会与文化世界之外是不可能的，这种看法有如空中楼阁，从中得不到什么有价值的东西。我们做不到置身事外，离开自身的利害关系来评价对象。时至今日，愈演愈烈的全球化政治、经济及媒介网络，以具体的社会文化符号传达出这样一种信息：我们越来越依赖并无可避免地置身于这个世界，卷入这个世界的规则当中。

230

设计师们也迅速做出反应，质疑一些建筑批判理论所尊奉的自律观念。苏摩（Robert Somol）与怀汀（Sarah Whiting）提出了一种“后批判”的建筑方法，将批判立场（以不同方式体现在迈克尔·海斯和彼得·埃森曼的思想中）视作臆断，想当然地认为，“自律性是约定俗成的先决条件”，意味着与他物分离或保持距离，有时还认为它处于其他学科或话语形式“之间”。[2] 然而，在今天这个万分复杂且充斥行政调控的世界上，为了

[1]　所以杜威又将批判描述为“辨别判断”（同上）。有趣的是，设计——建筑的这一核心术语在词源上都有相当类似的辨别或区分的意思，源于拉丁语 de+signare，意思是去“分辨”或“区分”——就是在空间结合部做出标记或记号。

[2]　Robert Somol and Sarah Whiting, “Notes Around the Doppler Effect and Other Moods of Modernism,” in *Perspecta* 33 (2002): 73.

建造现实而又有意义的建筑物，就不能不和这个世界有所瓜葛。只要你还需使用社会机构提供的能源、习俗、许可、资金和其他资源，设计师就会不可避免地与这个社会产生纠葛，沆瀣一气。雷姆·库哈斯（Rem Koolhaas）说，设计师在某种程度上是“一个社会众多力量浪潮中的冲浪者”，必须承认这是对建筑批判原则的一种质疑，他推测说，“在建筑冲动的最深处，存在着某种并非批判性的东西”，这让他（在与建筑相关又超出建筑、很难驾驭的都市生活领域）力主一种非批判性的主张：“我们不得不完全抛弃批判的立场……抛弃以天下为己任的想法”，“像尼采那样去价值化”。[1]

假如批判性倾向要的是一种外在的自律立场，超然而无关利害，上述后批判的理论观点似乎不无道理。不过，这种假定完全可以由身体出发加以驳斥。我们可以批判性地审视身体经验的方方面面，而无须走出我们的身体之外，傍依某种假定的超然、脱离肉身的心灵。我们用手指查究脸上的小疙瘩，用我们的舌头发现并剔除上唇或齿间的食物残屑，在我们的痛苦体验中分辨或体会我们的痛苦，而不仅仅是在痛苦消失之后，否则我们就是在痛苦之外了。除了这些日常的身体意识实践，还可以组织多种形式的冥想训练，加强身体意识方面批判性的自省。而且即便是在清晰的自觉意识深处，身体也会据其根深蒂固的自动模式，不知不觉间批判性地监测并调整着自身。事实上，哪怕是在无意识的睡眠中，身体也会知道自己已经靠近床沿了，并会相应调整自己的体态。

231

总之，身体自省提供了一种内在的批判模式，一个人无须完全站到批判性反省的情境之外发表自己的看法，而只要对不能直接体验到的部分做出反思；如此得出的看法，角度或许有些剑走偏锋（或者说不合常规），却身处情境之内。这种看法可以通过严格训练后的专注来获

[1] Rem Koolhaas, “What Ever Happened to Urbanism,” in Rem Koolhaas and Bruce Mau, *S, M, L, XL* (New York: Monacelli Press, 1995), 971. 有关尼采哲学非批评性的去价值化引文见第 971 页。其他引文见 Hilde Heynen, “A Critical Posture for Architecture?” in Jane Rendell and Jonathan Hill (eds.), *Critical Architecture* (London: Routledge, 2007), 51; and George Baird, “Criticality and its Discontents,” *Harvard Design Magazine*, 21 (2003–2004) : 649, 他引用了库哈斯关于建筑最深处（非批判性）冲动的口头表述，由贝斯·卡普斯塔（Beth Kapusta）引自 *The Canadian Architect Magazine* 39 (August 1994) : 10。

得，但有时候也可以自发闪现出来，比如非反思性的协调被打断，身体体验不协和的时候，注意力就会从眼下之事中暂作游离，对其采取一种批判性的关注态度。批判性的身体意识，与监测身体复合系统序列其他方面的某些机制有关。我们也可以用同样的方式来解释那些为无处不在的社会力量所塑造的个人，说明他们何以能通过内在的紧张或协调感的破裂发展出批判性的社会意识，这种破裂指的是深植于社会传统中的各种理想同现实实践出现了裂痕。从古代开始，身体就被当作一种建筑结构和社会结构的模本——被当作某种综合性、有凝聚力、相对稳定的系统，会把那些较小的系统纳入自身（即便被整合进来，也能在某种程度上独立发生作用）。但如此一来，那些不同的系统功能在整合过程中，有时难免出现龃龉，一旦这种龃龉被人体验到，就会激发出批判意识。

不假思索的直接性与反思之间是怎样的关系，如何将这些不同的意识方式整合起来，最大限度地改善我们的经验与行为，其中有很多话题值得探讨。不过，批判无须持有独立或外在的立场，为加深前面对这一主要观点的认识，我现在转向建筑批判性的第二个重要挑战：氛围问题。

2. 氛围一词源于古希腊语的蒸汽（vapor）和天空（sphere），基本的意思是空气（air），指那些分量轻、无色无形、难以捉摸的特性，容易给人带来轻浮或不庄重、缺乏结构和实质的感觉。在现代主义建筑理论话语中，环境这个概念明显带有微妙的否定意义，意指某种模糊的主观特性，没有清晰的结构形式或功能，也指某些无根据、无价值、不自然与虚假或不洁净的东西。[1]

232

[1] 现代主义并没理会氛围最初的空气与轻灵之意，集中批评的是那种人为处理过的氛围，因为此氛围被重重涂抹上了一层装饰效果，以此烘托气氛或迷醉知觉。尽管空气实质上轻飘虚渺，我们却可以说成凝重抑或污浊。沃尔特·惠特曼（Walt Whitman）的诗中就可以见到这种比照，即芬芳的空气（人为加工的）与真实氛围之间的对比，真实的氛围纯净无味，却更加令人迷醉："房间内充满芳香……这般花蕊精华同样令我如痴如醉，可我却不会真的如此沉醉。氛围非为香料，并没有花蕊的芬芳，它是无味的……可我还是深恋着她……我是多么渴望着她的依偎。" Walt Whitman, "Song of Myself," in *Whitman: Poetry and Prose* (New York: Library of America, 1996): canto 2, 188–189。

随着现代主义建筑范式（及其实证主义、理性主义、客观主义及极简主义思想体系）的逐渐式微，代之而起的则是对氛围的重要建筑功能的认可。建筑的意义与价值不能简化为构造学及可以明确定义的视觉或结构形式。建筑的一个关键维度是，建筑组织缜密的空间对居住于其中并在其中过活的人们而言意味着什么，又能为他们的生活经验带来什么。建筑理论家现在一般认为，那种生活经验的意义与价值的一个重要所指就是氛围。这个值得深入分析的氛围概念，似乎涵盖了各种序列的知觉特质，包括主导性的情感或情绪及其他众多感受，它们来自空间组织的形式、联系及材料的多重刺激，同时，也和复杂的实践与环境因素，以及充斥建筑生活空间或其他方面的建筑结构因素有关。

对氛围日渐增长的关注，最初始自于新的美学理论倾向，不过也可以追溯到众多反传统的文化思潮，它们质疑的是传统上将重要性、实在性、抵抗性视作真实的做法。我们的新媒体技术（及其相应的新的经济状况与道德风尚）正在荡除传统生活世界的沉重气息，以前环境中无形的氛围维度（借此，电子与纳米技术逐渐引领了我们的生活体验），现在变得更具真实性与必要性。正如一位著名的思想家（以其对此方面前景近乎偏执的信心）233 所言："随着现代时期出现的剧烈震荡，沉重泛出水面——'实质'现也已变得轻松，活在大气与环境之中。"[1] 然而我们应该还记得，在我们的文化历史中，空灵（airiness）与精神性有着异常紧密的联系。[2] 这个词甚至还波及建筑，正如彼得·埃森曼提到的那样，与奇形怪状的物质性相比，"空灵"（the airy）则关乎崇高。[3] 光晕（Aura）一词也通常用来表达氛围的意思（源于古希腊语的大气或气息），往往有崇高或精神的含义在内。例如，瓦尔特·本雅明著名的光晕理论，显然就与膜拜仪式上庄

[1] Peter Sloterdijk, "Against Gravity," 与贝蒂娜·凡克（Bettina Funcke）的对话，载于 *Bookforum* (February/ March, 2005), 引自 http://www.bookforum.com/archieve.feb_05/funcke.html。

[2] 精神性（spirituality）这个词有多重词根，其古希腊语词根就与梵文气息或灵魂（*atman*）的意思有关。

[3] Peter Eisenman, "En Terror Firma: In Trails of Grotexts," *Architectural Design* 1–2 (1989): 41.

严的宗教氛围有关。[1]

在最近的建筑理论中，氛围转向和所谓的后批评研究是分不开的。然而，后批判不该混同于不批判（acritical）。后批判的氛围转向对早期建筑观在知觉方面的限制也有严肃的批判，批判它们贬低或无视氛围因素，以为其无关乎建筑学科的实践与使命，用自律性来框定建筑学科（及其批判性）。所以苏摩和怀汀才会断言说后批判是一种运动趋势，"它改变了自律性的学科认识，而视其为行动或实践。"而且它还就广义的设计范畴来理解建筑实践的要点，将氛围因素考虑在内："设计不仅考虑到对象性质（形式、比例、物性、构成成分等），而且也包括感性特质，诸如感受、格调与氛围。"[2]

如果在宏大意义上将传统批判性理解为对权威、实在性力量的严肃反抗，那么，当它指向氛围这般明显轻飘与非实在性的靶标时，似乎就很难维持批判的庄重与严肃。然而，纵使我们在较为广泛和实际的意义上看待批判，不只把它看作否定、抵制与对抗，而且还有建设性的评估、阐释与肯定性鉴定的意思，却仍不能去除氛围对批判性提出的挑战。面对氛围时，批判之所以变得左支右绌，是因为任何批判都会宣称自己是合理的、有原则的、某种程度上还是客观的，绝不会说自己是武断的，它们必然会需要某种批判对象，用精确和深刻的理论标尺予以衡量。遗憾的是，氛围并不能提供这种对象，因为它正是与传统的物性对象（objecthood）相反的东西，明显没有通常空间对象所具有的清晰外形、坚实而永恒的实在及个体特征。氛围也不是纯粹个人内部空间里的某种东西，不纯粹是个人稀奇古怪的反应，因为不同的个人往往明显对氛围有种共同的知觉。氛围理论家已经注意到，氛围游走在客观与主观的中间地带。[3]

234

[1] Walter Benjamin, "The Work of Art in the Age of Mechanical Reproduction ," in *Illuminations*, trans. Harry Zohn (NewYork: Schocken, 1969), 221-227; 后文缩写为 IL。

[2] Robert E Somol and Sarah Whiting, "Notes around the Doppler Effect and other Moods of Modernism," *Perspecta* 33 (2002): 75.

[3] See Gernot Böhme, "Atmosphere as the Fundamental Concept of a New Aesthetics," *Thesis Eleven* 36 (1993) : 113- 126.

在我看来，最好还是将氛围理解为某种情境（situation）的经验特质。人们都清楚，这种特质拒绝概念界定和话语分析，拒绝做出主观与客观的清晰分类，这是因为，氛围具有情境的特质性，在情境被划分为主观与客观之前就以独特的方式为人领会。氛围表现为主体体验到的某种产生于情境并充斥于情境的知觉感受；与其他知觉感受类似，氛围主要体现为一种身体感受。瓦尔特·本雅明同样将光晕描述为身体在特定情境氛围——“某种独特的时空网络”——中，通过“呼吸”而知觉到的东西。[1]

通常说来，这种身体经验特质很难分析，因为它们并不是固定在不变的对象身上，而是通过无以名状、难以捉摸且往往转瞬即逝的感受被感觉到的。这种难以捉摸的无名状态（namelessness）部分出于它们并非客体（比较容易辨认和区分，因此也容易命名），而是特质的缘故。对身体知觉到的氛围特质进行批判性的分析还有更多的难处，这些困难在于我们还不习惯自觉关注与我们知觉有关的身体感受，我们习惯也乐于关注的重点是外部对象世界。知觉感受是身体在不同层次的意识状态下体验到的，其中大部分运行于充分的意识层面之下。正如早前提到的那样，即便睡着了，我们也可以注意到枕头妨碍着我们的呼吸，无须回到清醒状态就能自动调整它的位置。道同此理，纵使在清醒的时候，我们也持有众多未呈现在清晰意识层次的身体感受，因为我们的注意力指向了他处。下楼梯时，我们很少意识到肌肉的运动感受、在空间中的平衡感和肌肉伸张感、双脚和阶梯接触时的触觉特质。然而，我们至少会隐约感受到身体完美协调自身动作时产生的这些特质，这些隐约体会到的特质对我们的行为、态度及情绪均有重要影响，它们是氛围的核心因素，往往在尚未上升到经验清晰的意识层面为我们意识到时就影响到了我们。就像某种模糊的不适感受，在其强度达到痛苦的极限之前的很长时间内，我们很可能注意不到，氛围也是如此，除非其强度足够引起我们的

235

[1] 我这里引述的内容出自本雅明文集德文第一版，再版于 Walter Benjamin, *Gesammelte Schriften* (Frankfurt: Suhrkamp, 1991), vol. 1, 440。

注意，否则很大程度上我们感受不到这种氛围，哪怕其无所不在的特质可能在深深地影响着我们的情绪与行为。

构成氛围的许多特质明显是通过身体官能——我们本体感受、肌肉感觉、脑前庭及触觉官能——被知觉到的。当我们审视并穿过建筑空间时，我们对它的感性体验远远超过变幻万千的视觉信息。我们的肉体也会对明暗有所感受，而不仅仅限于视觉。就在经过建筑空间时，我们感受到了气温的高低变化，感受到了空气在我们肌肤上的滑动（也感受到了空气刺激鼻腔和口腔时带来的味道）。同样步行于建筑空间时，我们还会感知到所有的触觉和肌肉感觉——我们脚下材质表面带来的感受；有节奏的脚步声；穿过庭院、上下楼梯或调整步态身姿通过狭窄的过道或低矮的门框时的肌肉感、本体平衡感与肌肉张力感。经过训练，身体可以或已经习惯于随不同的空间状况（包括自然与社会空间）来调整自己，所以它的本体感受不知不觉间，会对变化着的个人空间（kinesphere）有所反应，通常却不为人知；这种反应的情感维度，往往伴随着真正的审美价值与社会政治意义。一处能给置身其间的游客以震撼力的庞大个人空间，一段向权威宝座不断攀缘的陡峭阶梯，均为耳熟能详的例证，它们证明，236 建筑氛围能同时给人带来强烈的审美与政治威严。

触觉和本体感觉与神经学家所讲的身体感觉系统有关，一般来说不同于更远距离的视觉和听觉，后两者由于其认识上的清晰与可靠，长期以来享有哲学上的特权。视觉在这方面的体现尤为突出，建筑也随之一荣俱荣。我们对建筑绝大多数的了解与激烈的批评，均是就其视觉外观而发；视像远程通讯的文化控制，以及设计过程中数字图像的大量采用，更是提高了我们对视觉的依赖程度。

如果建筑理论承认，触觉和本体感觉是建筑氛围更为关键的体验要素，那么就可以假定，除却唯利是图和政治的恶意用途之外，这些环境因素由于太过飘忽不定，很难为批评实践把捉得到。这个影响广泛、最具权威性的假定，是瓦尔特·本雅明在谈及建筑经验时的一段著名的话中提出来的，里面对触觉与视觉、建筑与电影体验做了比较。《机械复制时代的艺术作品》这篇论文快收尾的时候，本雅明初步论述了他的光晕理论，断言说，与绘画（伴有过去所谓独一无二的光晕）不一样，从审美感受方面讲，电影和建筑“在广大受众那里”能获得一种“即时性、集体性的体验”（IL，234）。不过，之后本雅明又比较了电影和建筑，说电影借助具体化、再现性的摄影技术，为批判意识提供了更多的可能性。相比之下，建筑在此方面则表现出对批判意识令人头痛的抵制，显然这是因为对它触觉感受更加依赖。

本雅明写道，“建筑是在双重意思上为人接受的 [德语系指缺少主动性的 Rezipiert]：使用和知觉——更确切地说，是触觉和视觉。这种接受 [Rezption] 不能理解为游客在著名建筑前的专注。触觉并无视觉的反省能力，掌控触觉接受的是习惯，而非专注”（IL，240）。我们应该注意，本雅明的用词，是如何丝毫没给予触觉经验以足够的知觉（Wahrnemung）地位，后者意味着认知和活跃的意识能力，相反，触觉经验在他那里仅指借助生硬的机械习惯所进行的盲目接受（Rezption）。继而本雅明又宣称，这种触觉接受由习惯而来，盲目且未经思索，“甚至在很大程度上决定了”建筑的“视觉接受”（同上）。

237

此外，借其在建筑诸领域之内持久性的影响，这种缺乏批判力的习惯性、身体性接受方式“拥有权威的价值”，或者说拥有对其他文化生活领域的渗透力。在剧烈的历史动荡时期，对人们知觉及适应能力的挑战，“无法单单由视觉或者说反省 [或意识的高度集中] 手段来解决”（同上）。此后本雅明又转向电影经验，认为大众的接受哪怕仅仅是视觉方面的，仍基本受制于习惯，具有“心不在焉的”（IL，241）的不经意特征。因此，机械复制的艺术由于离不开习惯机制，注意力分散、心不在焉、缺乏批判力，就成其为接受上的特点。他就此总结说，“大众成为审查官，一位心不在焉 [或神情恍惚、漫不经心] 的审查官”（同上）。

然而本雅明并未证明，我们在建筑中体验到的触觉感受归属于漫不经心、心不在焉、机械性习惯领域的必然性，由此阻断了清晰意识的评断之路。实际上在我们所面临的许多情形下，触觉和其他具体身体感受中并没什么东西能阻断我们对它们有意识的专注知觉。日常经验中，我们时常能注意到各种各样的疼痛、瘙痒、抚摸、肉体快感、晕眩、加速感、冷热感以及皮肤接触不同衣物表层和质地的感受，甚至还努力去描述这些感受。当然，论及我们体验建筑的习惯方式时，本雅明对那种漫不经心的盲目习惯的说法是对的。但习惯作为习得性的行为（尽管是不知不觉中习得的行为）并非不可以改变；也并非所有的习惯都是盲目且漫不经心。本雅明在习惯与专注之间做出对比诚然可以体谅，可毕竟在事实上存在着专注的习惯，改善这些习惯更是让我们教育与生活取得进步的一个极为关键的因素。

与触觉或身体感受相比，我们大部分人在视觉表现方面付出的批判性专注程度要更高，这当然是事实，但也许有足够的理由说明，这绝不仅仅是习惯带来的效果（比如进化论的根据和事实就表明，距离和视觉空间排列，明显有利于对象的个性化和具体化）。然而，我们不该就此在视觉和触觉之间划出一条二元界垒，事实上，前者根本离不开后者，视觉活动必定会利用我们眼睛的肌肉运动，也因而涉及我们本体感受的触觉，或肌肉运动感受。而且正如近来视动神经系统方面的研究所证实的那样，知觉显然是跨形态的，所以观看某一行为，也将刺激与此行为相关的自动或肌肉活动神经。

238

如果本雅明坚持认为，我们对建筑习惯性、心不在焉的触觉接受，也让视觉接受不经意间同样地心不在焉，那么，为什么不将视一触觉的联系引到一个积极的方向呢？为什么就不能化不利为有利，通过增强我们对建筑知觉在触觉或身体感受上的专注强度，来证明我们不仅可以让这种知觉变得更加敏锐、透彻而富有批判性，而且也可以提高我们在建筑视觉体验方面的专注度与洞察力呢？一个人视觉的转动幅度和舒适程度，可以通过提高本体感受的敏锐性，调节脊椎的转动幅度来加以改善，这是解剖学方面的事实。道同此理，通过身体感受专注度的培训和锻炼，我们尽可以提高对建筑氛围体验中那些模糊却又重要的身体感受意识，由此获取一种更加集中而明敏的意识，以增益于建筑氛围的批判性分析。

对改善批判性的识别力而言，这种训练的价值自不待言，其改善的不仅是建筑设计师的识别力，也包括居住在建筑空间之内的各种居民，如果这种设计的目的真的是全力造福于民，那么他们对建筑设计的反馈信息就不容忽视。训练这种身体感受识别力的方式多种多样，其中一些在我的《身体意识》与《生活行为》两本书中有所介绍。不过，这些方式的最好证明是在实践性、体验性的工作坊环境里；而不是宣读此文本于坐满听众的讲台上，或者读者们在这里看到的印刷文字中。

第十一章　作为行为过程的摄影

一

摄影在我们的生活中随处可见，并在范围广阔的领域中发挥着各种各样的功用。有身份证件照，各种风格的广告图像，新闻与体育运动纪录片，罪犯“通缉”海报，供启发科学探索、论证和教学使用的照片，个人、家庭或其他团队的肖像照（包括学校或会议合影），个人留作存念的私密照，私人旅行照（现在广为流行的是数码照片，并可以通过若干网络形式与朋友分享），除此之外还有艺术摄影，即我这里所要谈的对象，本身具有多重复合的风格。　239

作为一门具有鲜明现代特色的艺术（在19世纪黑格尔的著名艺术分类中是找不到的），摄影与新奇性的结合不仅具有时代性，而且也反映出不断创新的倾向。其最初的光学成像技术带来了电影和录像这样的新形式，也促成大量新颖的数码摄影的出现，光学胶片被淘汰，转而采用传感元件将光线转为电荷，再经数码分析转回成影像。摄影在艺术方面的使用是创新行为的不断展示，比如20世纪70年代末大规模兴起的拍照潮流就很是标新立异，它们意味深长地被特意张贴在美术馆墙壁上，明显“是在召唤观众的对抗性体验，与过去照片影像正常接受与服务的使用及表现过程形成鲜明对比”[1]。　240

[1]　Jean-Francois Chevrier, “The Adventures of the Picture Form in the History of Photography,” Michael Gilson (trans.), in *The Last Picture Show: Artists Using Photography, 1960-1982*; 见道格拉斯·福格尔（Douglas Fogle）编订的展览目录。迈克尔·弗里德（Michael Fried）（转下页）

在理论上说明摄影时，异质与创新总是绕不开的话题。面对其桀骜不驯的多样性（被描述为“无法归类的”“无序”），罗兰·巴特（Roland Barthes）怀疑摄影是否有它的本质，可接下来他就认为，其“本质……只能是（果真有这么个本质的话）随之而出现的新奇”[1]。瓦尔特·本雅明的说法更具影响力，他甚至将摄影的特征概括为变革性的创新。除了进一步促成电影革新，摄影的机械复制力还“改变了艺术的本质”，将艺术从本质上的独创性仪式化功能（及其真正独创性的光晕膜拜价值）转为“对其展示价值的绝对重视”。此外，其精准捕捉那些迷人影像的自动装置，也将艺术家的双手从熟练技巧的需求中解放出来。“在图像复制过程中，摄影首次解放了承担主要艺术功能的双手，自此之后，只需把工作移交给查看透镜的双眼就行了。”[2]

考虑到上述各式各样的创新趋向，我不好妄自断定确然存在某种永恒的摄影本质，尽管确认这点是理论家义不容辞的责任。假如存在这么一种本质，我希望本文能把它讲清楚。不过我这里的目的主要是强调为241 人忽视的摄影艺术，它正是审美经验及价值的核心所在。这部分内容涉及人类主体拍照的行为过程，涉及与此过程相关的种种艺术表现行为

（接上页）在其书中引用并深化了谢弗里耶（Chevrier）的洞见，见 *Why Photography Matters as Art as Never Before* (New Haven: Yale University Press, 2008)。较早的时候苏珊·桑塔格（Susan Sontag）认为，“这本书提供了编排（及通常微缩）相片最具权威性的方式”，载于其极富影响力的著作 *On Photography* (New York: Farrar, Straus and Giroux, 1977), 4; 后文缩写为 S。

[1] Roland Barthes, *Camera Lucida: Reflections on Photography*, trans. Richard Howard (New York: Hill and Wang, 1981), 4; 后文缩写为 Ba。可是在此之后，当巴特集中探讨相片摄影时，他认为摄影的“真正本质”是对过去的引征（conference）：“在一幅相片中我想发现的既不是艺术也不是交流，而仅仅是引征……因此，摄影思想（noeme）的名字应该是‘曾经是（That-has-been）’。”（Ba，第 76—77 页）作为一种“过去实体的投影”，他接着讲道，“照片……没有未来（这是其令人怜悯和悲伤之处）”（Ba，第 88、90 页）。巴特将摄影本质与过去及未来混为一谈的矛盾界定，在他强调摄影（photography）与照片（photograph）的区别时可能有所缓解。我在本章想要说明的是这种区别的主要价值，但着眼点不在于巴特的自相矛盾之处，而是出于其他的考虑。

[2] Walter Benjamin, “The Work of Art in the Age of Mechanical Reproduction ,” in *Illuminations*, trans. Harry Zohn (NewYork: Schocken, 1969), 227, 225, 219; 后文缩写为 IL。

与审美体验。[1] 这些行为与体验明显具有身体方面的内容，但最初的时候我并没有注意到，尽管我也很想从身体感受方面提出一些对艺术的看法。摄影行为中同样还存在戏剧化方面的重要内容，我也没有注意到，尽管在戏剧艺术方面我也有过进一步的思考。[2] 只是到了最近，由于同爱好身体美学的摄影艺术家及策展人有过合作，摄影这些身体与戏剧化方面的意义于我而言才明朗起来。之后我认识到，摄影的身体与戏剧化行为过程这个方面的内容（及其提升艺术效果与审美体验的可能），为我们对摄影本身（一个静态的对象）的片面关注所遮蔽，往往以为它才是摄影艺术。

不过我还是认为，摄影与照片有很大的不同。尽管一般而言，照片（不论是冲印还是数码显示的）的确是摄影的最终产品，通常还被看作摄影艺术的目的和作品，但摄影的意味还是远较照片丰厚。[3] 品鉴这种不同后我们会看到，照片及其审美接受不过是构成摄影行为和摄影艺术众多元素的一部分。为了解这点，我们首先需要核实那些其他元素，包括摄影师、他拍摄的对象、摄影器材以及对象拍照时所处的时空环境及场

242

[1]　在 *Art as Performance* (Oxford: Blackwell, 2004) 一书中，大卫·戴维斯（David Davies）提出一种颇为极端的主张，认为一般而言，艺术作品（不限于摄影）并不是通常认定的物理对象，而是创造出这些对象的艺术家实际的表现行为。从严格意义上讲，欣赏这些对象也需要将它们同身为作品（照此理论而言）的表现行为联系在一起。我并不赞同这种极端修正派的本体论审美理论，它离令我们信服的既定观念体系距离太远；我同意摄影（戏剧化、身体性）的行为过程具有艺术的质涵与审美价值，但我并不认为此过程是对照片艺术品地位的褫夺，取而代之成为摄影最终的衡量标尺；我也并不同意一定要根据拍出照片的行为来衡量照片，过程与结果可以分开，并用不同的价值尺度予以评定。我坚持认为，摄影是门复杂的艺术，会为审美欣赏提供各种不同的审美对象（比如照片及摄影行为过程或事件），而且这些对象会以各种不同的个性化方式满足我们的审美欣赏目的。我们个性化的合影行为过程，明显不同于指认一张具体摄影图像或洗印照片的方式，它们出现于某一特定瞬间，或属于行为过程的一部分。

[2]　See Richard Shusterman, "Art as Dramatization," *Journal of Aesthetics and Art Criticism* 59 (2001): 361–372, 修订重印版收于 *Surface and Depth: Dialectics of Criticism and Culture* (Ithaca: Cornell University Press, 2002), ch. 13。

[3]　在其颇具历史价值的著作中，帕特里克·梅纳德（Patrick Maynard）同样认为，摄影不同于照片，也不仅仅是照片。但他主要是拿这种区分印证自己的看法："摄影是一种工艺"，更准确地说，是"工艺的一个分支"或"一套工艺流程"，而不像我在这里所做的那样，将摄影艺术的行为与经验过程视作审美的内容。见 Patrick Maynard, *The Engine of Visualization: Thinking Through Photography* (Ithaca: Cornell University Press, 1997), x, 3, 9。

景。一旦将摄影降格为照片，就意味着对展示艺术价值与审美体验的其他元素的限制，我们就缩减了审美的范围与力量。而且照片的本质意义（至少在哲学讨论中）往往被归结到所拍摄的对象身上，于是将摄影美学归结为照片美学，就有让它降格对象美学之嫌，此对象（即现实世界的所指对象）实际上处于照片之外，因而也在所谓的摄影之外，这就令摄影的审美价值大成问题。[1]

考虑到摄影艺术的多样性，我会对我在摄影艺术方面的分析做出限定，将一位心照不宣且自觉自愿的个人主体作为摄影对象，我的意思是，这个主体既清楚自己是被拍摄的对象，同时也愿意这样做。在阐述 243 艺术摄影过程的关键要素时，我会说明，其中一些要素何以能展示重要的艺术创造和审美体验方面的内容。无论是摄影师本人、摄影机及其作为摄影场景与过程主体的场面调度（mise-en-scène），还是在摄影情境的调度下及与摄影师吹毛求疵的沟通中，拍摄对象在摄影机前的造型、自我展示或个人风格（self-styling）营造，所有这些内容都会明白无误地解释清楚。事实上，如果艺术创造过程中的沟通表达能给审美经验带来很大价值的话，那么，场面调度与拍摄过程中摄影师同对象间的相互交流，就能为这种经验价值提供丰富的资源。

摄影过程的这些审美方面为什么以前为人所忽视呢？将之归诸我们对照片的片面专注，并视其为唯一理由，这还远远不够，因为某种程度

---

[1] 不管是欧陆的理论家还是分析哲学家，都强调照片所提供对象直接而透明的展示（而不是媒介化的再现），理由是，照片无非一个机械、具有因果过程的结果。巴特就认为照片是种"纯粹直指性的（deictic）语言……一幅照片总是隐匿不见的：它并非我们看到的样子"，而是"其所指"的所拍摄的对象（Ba，第 5、6 页）。桑塔格论及这种透明性时，根据的是照片"形象与对象的同一性"，是照片通过"机械发生机制"对"一方世界"的展示。因此在欣赏照片时，对象或"照片所**指涉的**东西才是最重要的"（S，第 98、158 页）。罗杰·斯科拉顿（Roger Scruton）从分析美学的角度出发认为，"照片对其主体而言是透明的，这是它吸引我们的理由，因为它是其所展示对象的替代物"。之所以如此的根据在于，照片与其产生过程的关系是"因果性而非意向性"，所以"摄影不是一种再现的艺术"。见 Roger Scrution, "Photography and Representation," in *The Aesthetic Understanding* (London: Methuen, 1983), 103, 114。肯德尔·瓦尔顿（Kendall Walton）也谈到了照片的透明性问题，见"Transparent Pictures: On the Nature of Photographic Realism," *Noûs* 18:1 (1984): 67–72。对斯科拉顿观点一种有益的分析性描述与反应参见 D.M. Lopes, "The Aesthetics of Photographic Transparency," *Mind*, 36:1 (2003): 335–348。

上，这种专注本身，可能是阻止我们将摄影视作行为过程的其他原因的结果，所以我会对其他方面的原因做出概要说明。最后，为了清晰阐述摄影行为过程的艺术与审美特征类别和相互作用，我会拿出我与巴黎艺术家扬·托马合作过程的体验予以讨论，其称之为辐射通量风格的摄影作品，可以让我们回到摄影的词源之根，也会以有趣的方式，暴露出摄影可以透明传达拍摄对象这种传统思想的问题。我很清楚，在当代哲学美学讨论中，第一人称的证词并不足为凭，但尽管有此局限，第一手个人亲证资料毕竟有若干证明价值，特别是它语涉艺术创造与欣赏的体验层面时。

二

这里所要考虑的最简单的摄影情境包括一位摄影师，一位心照不宣且自觉自愿成为摄影对象的个人主体，摄影机（及其配套的必要摄影器材），还有摄影活动所需的场景或语境。[1] 我想强调的摄影行为过程，主要是指摄影期间的配置、准备及具体拍摄时发生的一切。尽管胶片摄影技术涉及进一步的显影过程，以制作出底片（或正片）影像（negative or positive image），但此程序与艺术过程及摄影师与拍摄对象的相互作用无关，它们以往被忽视的审美潜能也是我本章想要探讨的内容。[2] 道同此理，尽管艺术摄影也涵括后续重要的筛选过程，选出哪些镜头值得展放，以及最好的安置或展示方式，但这里不会讨论这个过程，而是集中看作为结果的照片出现之前摄影的审美体验过程。

244

1. 像我们所做的任何行为一样，拍一张照片总会与若干身体行为有关。一个人最低程度也要用某一身体部位按下摄影机快门线（shutter release），通常用的是手指。可显然还会用到更多的身体技能，比如正确地用手持稳摄影机，以确保拍出清晰的照片，能够有效且熟练地操作摄

[1]　从原则上讲，摄影师和摄影对象完全可以是同一个人，尽管各自发挥的功能有所不同。

[2]　可以瞬时提供摄影影像的数码摄影，无须显影和定影的过程，却允许进一步的加工创造，比如扩充或裁剪摄影影像。

影设备，调整自己的体位、姿态及平衡，以便对好镜头，拍出理想的视像。摄影是一种需要付出一定努力和身体使用技能的身体行为，尽管广告杜撰出的摄影技术魔幻般的简单，弄得一个小孩或一个莽汉好像都能拍出一张精彩绝伦的照片。摄影的机械魔力尽管在巴斯特·基顿（Buster Keaton）的《摄影师》（*The Cameraman*）中得到集中而有趣的展现，男主人公与摄影器械进行了笨拙的抗争，用三脚架敲坏了窗子和门，而他的宠物猴却灵巧而成功地装好并对准了相机，拍出了几组精彩的纽约唐人街街斗片段，但身体技能还是需要的。

在真实生活里，我看到过摄影师在缺乏身体控制和身体意识方面很多滑稽的例子，比如有的朋友后退着为了得到一个好的拍摄角度，眼睛盯着摄影机里的视像，手紧紧抓着相机，不料却失去了平衡，从马路沿石上滑落下来，或掉进水池里。有些人喜欢摄影，却由于摄影对身体方面的限制而不愿意拍照；他们更喜欢让自己的双手无拘无束，眼睛自由地眺望远方的地平线，而不是受制于手上小小的光圈或屏幕。从进化论意义上讲，有充足的理由说明，为什么一个人本能地要放开双手，自由活动，为什么一个人喜欢自由地眺望地平线，由此更容易地认出远处的朋友、猎物和捕食者。相反，尽管许多人喜欢用摄影机，喜欢手持摄影机时的把控感，但很明显的事实是，手持摄影机，通过它去看，关系到通过学习才能控制的感觉运动技能。

245

除控制摄像机、姿态和平衡方面的身体技能之外，为获得拍摄对象的信任，也需要摄影师具备一定的技能。非常重要的一点是要让拍摄对象感觉到较为舒适，愿意去配合，而不是心怀提防、惴惴不安。因此，要让她满足摄影所需的两个主要目的，不仅要拍出真实，还要拍出美感对象和审美体验，哪怕对象在现实生活里毫无魅力可言。所以苏珊·桑塔格很赞赏戴安·阿勃丝为“畸形人和社会遗弃者”（freaks and pariahs）拍的正面照，认为它们准确捕捉到了“拍照主体……摄影师不希望这些主体如此顺从、毫无机心地自沉于镜头……为了让这些人摆好姿势，摄影师不得不获得他们的信任”（S，第35、38页），这同样需要身体方面的社会技能。摄影师的身体语言绝不能给人威胁感，一定要友善，甚至多少有点亲近，但不要强人所难。它需要顾及拍摄对象的感受，表示出真实的体贴和热情方面的素养（即便如此殷勤和意愿只是暂时、职业性的），而且，这种体贴和热情方面的素养是通过身体姿态、手势及面部表情表达出来的。

摄影师令人愉悦、体贴而热情的表情不仅让拍摄对象放松下来，也有助于唤起拍摄对象体贴的热情，增加其对摄影情境或活动的专注程度。摄影师的体贴和仪态素养仿佛也感染了拍摄对象，由此提高了对象的仪态素养，并在最后的照片中反映出来。这种仪态甚至改变了平常的面容，令其靓丽而生动。摄影大师理查德·艾夫登（Richard Avedon）对此感染过程有过描述，说拍摄对象向他走来“拍照，就像走向一个医生或者算命先生——想了解自己究竟是怎么回事”，并希望在一个具有超凡魅力的观察者面前袒露自我，借如此别样的体验令自己感觉好点儿：“我必须要让他们参与进来，否则照片就毫无意义。我必须要自己做到专注，再影响他们。有些时候，这种专注的力量来得非常强烈，使得摄影 246 室里的声响听而不闻。时间停滞了。我们共享着某种至简又极浓烈的亲密氛围。然而……当拍照的时间悄然而逝……除了照片，没有什么东西留存下来……留下的只有照片和某种不安。”[1] 这种交流方式浓烈的深度体验，贯穿于摄影过程的场面调度当中，是一种审美经验形式，其别样的浓烈强度随摄影这出戏剧的终止，会令参与者们尴尬不安，在此之后他们就又回复到生活常态。

当然，接近拍摄对象而令后者浑不自知，这种寻找真实性与戏剧性的摄影方式，需要一种基本的拍摄技巧。其秘密一般而言与精湛的身体技能有关，目的是让摄影机（或者至少是它的使用）不为人知。比如可以想想沃克·埃文斯（Walker Evans）的办法。他“把相机镜头藏在大衣两个纽扣之间”，偷偷拍摄纽约地铁乘客的特写正面照，这样拍下他们时，他们并不清楚自己成了拍摄对象，由此拍出的照片就摆脱了所有伪装、造型或自我意识。有人喜欢这种偷拍，其他人则怀疑他们有违道德规

[1] 艾夫登的这段引文来自桑塔格（S，第 187 页）。

范。然而毋庸置疑的是，人们一旦知道自己被拍，一定会展示出不同的姿态，而且往往有所不安与做作。[1]

2. 不管摄影师多么有办法，哪怕能让被拍对象面对镜头时感到自然而然且无拘无束，却也需要拍摄对象的某些天分和努力，这样才能克服摆拍（posing）所带来的不安。罗兰·巴特吐漏自己摆拍遇到过的棘手问题时，就曾百味杂陈。他一方面知道自己"身处镜头之下"，觉得必须调整自己，"摆造型时……我瞬间得再造出一个自己的身体，预先改变自己的镜头形象"（Ba，第 10 页）。另一方面，巴特也很清楚，自己的形象最终取决于摄影师和摄影设备，所以对能否真正控制造型摆出的自我多了层担心，那是种"极度的痛苦"，痛苦在于不知道再造出来的是一个"令人厌恶的个人形象"还是"好的"（Ba，第 11 页），而且这种焦虑加剧了造型时的不安与尴尬。

更大的难处在于，按照一个人想要的样子摆拍时，如何调整好自己的身体。控制好一个人的面部与仪态表情并不容易，特别是在没有镜子必须靠自己本体感受的时候。针对如何努力摆出合适的姿态，巴特给出了极好的描述："我不知道怎样由内而外控制自己的外观。我决定让我的双唇'顺其自然'，双眼泛出一丝'难以名状'的微笑，也许与我的天性一起，显示出对整个拍照程式愉悦的心情。"（Ba，第 11 页）对巴特

[1] 这些看法请参见桑塔格（S，第 37 页）。当拍摄对象知道自己在相机前摆造型时，同样会引出重要的道德问题。例如，摄影师可能滥用了那位摆出造型拍照的对象给予他的信任与期待，利用了这位对象的坦诚与配合，拍出来的照片并不完全是她想要看到的样子，以一种固定、可以无限复制和展示的图像方式亵渎了她的自我形象。阿瑟·丹托注意到，理查德·艾夫登如何粗暴地冒犯了一位异装癖者（transvestite）的信任——心理脆弱、身体"婀娜"的蜜糖宝贝儿坎迪·达琳（Candy Darling）——将"她"拍成"浓妆艳抹打着吊袜腰带，留着一头长发"，但阳具却露在外面的正面裸体形象，令她看起来并不像一位她自认的纤弱女性，反倒像"一个性变态"。丹托正确地将其描述为存在道德问题的一种"特别粗暴的图像"，继而从更一般的意义上用艾夫登为以赛亚·伯林（Isaiah Berlin）拍的肖像照为例，指出，艾夫登"对被拍照者的意愿毫无兴趣"，只是自私地"坚持自己对被拍主体的掌控"。见 Arthur Danto, "The Naked Truth," in Jerrold Levinson (ed.), *Aesthetics and Ethics: Essays at the Intersection* (Cambridge: Cambridge University Press, 2001), 270, 274, 275。丹托的分析让我们想到，艾夫登描述的他与被拍者那种强烈的沉迷与亲密，本质上是种利用甚或捏造，而非道德上的诚实。这种对他人的掠夺、操纵与欺瞒，可能很好地解释了"拍照结束"，他得到了他想要（而非被拍者想要）的照片后，艾夫登"不安"的感受。

而言，拍照造型或自我展示时，有两个重要又令人不适的矛盾。第一个是希望照片形象能“与（深处）的‘自我’一致”，可心里又明白，“‘我自己’从不吻合自己的形象……因为随照片而来的总是作为他者的自己”（Ba，第12页）。第二个矛盾是，通过摆造型时的自我呈现或重新塑形，造型主体总会变成一个客体，不管是在实际打印出来的照片上，还是在摄像机前具象化的过程中。巴特承认，这样一个过程让他“总是忍受某种不真实感，有时甚至感觉是欺骗”（Ba，第13页）。“我不是主体，也不是客体，而是一个感觉到自己正在变成一个客体的主体”（Ba，第14页）。这样一些感受很难让人摆出好看的造型。

因此，拍一幅照片时的造型主体担负着重要的审美使命：避免这些不真实的感受，摆造型时尽量少些尴尬、勉强、欺骗，或者显得乐观积极一些，借更生气勃勃的真诚展示，让自己多些生动的魅力。尽管巴特自己缺少这方面的才能，却在其母亲那里有过体验——通过这种造型能力，“她能‘让’自己拍照时”无拘无束、自然而然，以这种方式展示 248 出她的“本质特性”，哪怕个别照片没有充分拍摄出这种特性时也是如此；“她顺利达成了审慎（却无丝毫或谦卑或阴郁的紧张兮兮的舞台做派）置身于镜头前（此行为必不可免）的目标……她并不像我那样，纠结于她的形象：她并不预设（suppose）自己”（Ba，第66—67页）。

3. 摄影机是摄影情境中必不可少的元素，此情境将摄影师与自愿拍照主体的邂逅转化为一种造型场景，哪怕这个主体愿意拍照，但此场景也往往会令她拘束不安。人们并不是总想将某种形象公开给公众，想让别人看到的可能根本不是那时候她真实或感觉到的样子。这种想法社会上许多场合都存在，其间我们展示着日常生活中的自我，没特别意识到自己在做什么。而摄像机让这种自我展示戏剧化了，使此瞬间得以集中而明晰的展现，并凝聚在永恒的图像之内，借此体验呈现并确认了自我，如此图像可以无限重现传播，成为真实自我的再现。

摄像机由此给摆拍带来了一种特殊的压力，不只是因为它特别要求被拍主体能抑制她的动作（或者至少能控制它），以便拍出她清晰的图像，而且还因为它提高了自我展示的门槛，隐藏着将自我永久呈现为一个对象的危险，那是作为主体的自我可能不想被展示或被框定的方式。尽管体验本身容易飘散、淡忘，且主观性很强，但照片却具备真实物质对象耐久性、不变性及客观性的力量，这些力量正是摄影经验过程何以被作为对象的照片所遮蔽的原因之一。因此，在构建这么一个现实的瞬间，给予其持久、公开展示及广泛再现与传播的特性时，摄影机强化并扩展了这一瞬间，并以明晰的方式使之戏剧化。对此我认为，所有艺术都是对象的戏剧化，令对象置身于某一强化的背景之内，给予其突出的现实感或生动感。[1]

249 4. 让对象主体在镜头前摆拍的行为过程，总是与此主体在特定环境下的造型有关——某种情境化或与周围环境相关的背景，若处理得好，此背景就会提升摄影行为及其照片的趣味与质量。重大的情境（比如婚礼或葬礼）会给予一幅摄影作品以独特的内涵与庄严，为个性化的背景提供充满情境意味的相关属性。如果说摆拍主体可以与一位演员媲美，那么具有决定性意义的背景就相当于舞台布局。如果摄影室提供的情境和背景很有限，出于弥补的考虑，就可以较好地调控其中的场景设施（例如，可以调节灯光、温度，排除过度的噪音、过多的人、或者其他妨碍拍出主体理想照片的因素）。这里再强调一遍，在情境或背景的选择和调节方面，有很多审美性的场景调度余地——一种艺术性的戏剧化处理方式，它可以借助形式设计或舞台布局来强化体验，最好是在摄影师用摄影器械创作出照片之前就完成这些工作。

三

除了先入为主，将照片看作一个客体，还有其他一些因素也在遮蔽着摄影行为过程的意义。首先，与拍照有关的自动装置——即此事实：

---

[1] 见我的“Art as Dramatization,” 234–238。在其具有广泛影响的摄影著作中，（包豪斯建筑学派的）拉兹洛·莫霍利·纳吉（Laszlo Moholy-Nagy）谈到过这种艺术“让一个日常对象具备突出现实感”的创造方式。参见他的著作 *Painting, Photography, Film*, trans. Janet Seligman (Cambridge, MA: MIT Press, 1987), 62。

按下相机快门无须特别的技巧或思想，相机装置能自动做好其他所有事情，拍出一张逼真的照片来——会减损摄影作为一种行为的成就感。[1]所以桑塔格谈道，“拍照的轻松自如，是促成权威艺术作品产生的唯一行为，其间只需一个动作，手指的一碰，即可创作出一幅完美的作品”（S，第 164 页）。快门打开的瞬间行为同样说明，此动作花不了多长时间的气力，也符合人们对行为过程的期许。[2]不过，这些理由忽视了发生在按下快门及此后相机拍出照片程序之前的复杂行为过程，而此前的过程——涉及摄影师与摆拍主体场面调度的行为活动——对于在镜头前获得理想的视像而言不可或缺，是之后照片定影的前提条件。

250

从存在论的意义上讲，此行为过程十分复杂，很难在经验层面给出界定，这个事实也是人们怠慢它的又一缘由。其复杂性在于，此行为涉及摄影师和摆拍主体双方面的思想与行为。而界定的难度则在于，它不仅仅涉及这两方面主体变幻莫测的体验流动，还因为通常摆姿态与造型时的身体行为，并无正规的脚本或方案规程可循，来说明其场面调度，清晰界定它的基本构成元素及组织安排。[3]此外，这种行为作为某种体验活动是短暂的，从严格意义上讲，如果我们承认摆拍主体的表情和意识状态（这还是不计摄影师的态度和感受的情形下）在某种程度上总是变动不居的话，它就是不能被完全重复的，哪怕我们能意识到，一个人在重复以前拍照时做出的场景调度。照片虽说以某种方式记录着它由之而来的行为过程，却也仅仅是此过程中某一特定的时刻，而且是从某一特定角度，就其视觉特质而言。然而，此行为过程本身还包括其

[1] 桑塔格写道，“1888 年第一代柯达相机的商品广告词是：‘你只需按下快门，剩下的交给我们。’消费者被许诺说，照片将‘无任何瑕疵’”（S，第 53 页）。

[2] 有趣的是和绘画艺术的对比，绘画的名词是动名词的形式，意味着有时间跨度的行为，这是摄影一词所不具备的。尽管我们用动词表示“拍照”（to photograph），但更多时候我们用的是“taking/making a photograph”或者“taking a picture”。

[3] 界定的一个结构方面的问题是行为过程的开始时间。可以确定的一点是，摄影师在选定的场景同摆拍主体会面前，可以设想好背景布局、摄影机配备及想要的造型或摆拍主体所需的全部行头，这意味着行为过程开始时可以无须摄影对象或摆拍主体在场，尽管这样一个主体一直暗含于其中。

他具有审美意义的感觉、身体及情感特质，对摄影中的审美体验资源不该视而不见。

忽视摄影行为过程还可能出于另一个原因，即摄影师和摆拍主体——他们是观察与欣赏行为过程最好（往往也是唯一）的人选——可能太过投入于此参与过程，结果不能恰当地关注其中的审美特质与潜能。我们的意识能力毕竟有限，如果同时也专注而明晰地反省我们参与那些251行为时准确的感受和我们体验到的特质，往往会损害行为效率。所以不难体谅的是，摄影师和摆拍主体执行此行为过程时，并未以明晰、反省的方式突出其行为及特质，尽管隐约感受到了它们，并利用它们来指导和激励自己的行为。

如果这种“意识简约”现象是心理学上的老生常谈，那么在审美距离这个为人熟知的概念那里也有类似的情况或必然结果，即与对象或事件保持某种心理距离或超脱，以便于对其审美特性的欣赏。当一个人处于行为进程中时，显然离之过近；在他看一幅照片时，无疑与真实的拍照时刻拉开了距离，那个时刻已经过去或者死亡。桑塔格写道，“审美距离似乎是看照片经验的内在组成部分”（S，第 21 页），出于这个缘故，她和罗兰·巴特将摄影和死亡紧紧联系在一起。桑塔格认为，“照片是死亡的象征（*momento mori*）”。“拍照意味着介入另一个人（或事物）必死的运命之内……准确地说，是通过切掉这个时刻并使之冻结。所有照片都是时间不断融化的残酷证明”（S，第 15 页）。对巴特而言，由于照片呈现的是“造型的一去不返”，所以它带来的是一幅“想留住生命时却偏偏创造出死亡的影像”（Ba，第 96、92 页）。

摄影理论接受史，为忽视摄影行为过程的艺术提供了其他两方面的原因。从一开始，摄影就被看作绘画艺术的替代品和竞争对手。如果波德莱尔（Charles Baudelaire）将“摄影工业 [视作] 每个想成为画家的人，每位受先天限制或者太过懒散以致完不成自己描绘工作的画家之避难所”，并因而视作“艺术在道德方面最大的敌人”，那么其他人就是在维护摄影，视之为将绘画从精确模仿任务中解放出来的力量，照片可以在这方面做得更轻松，做得更好。[1] 由于绘画被归类于非时间性、非行为性的艺术，其最终产品为描摹二维图像的一个平面对象，并且可以瞬时把握而无须时间延展，所以摄影（借助与绘画的联系）就全然将其二维的最终产品或照片等同为客体，其行为性、时间性的维度就被忽视掉了。 252

可我们应该还记得，摄影在早期的历史上与戏剧和绘画有着牢固的联系。达盖尔（Daguerre）是位极富影响力的巴黎摄影先驱，在着手其摄影事业时，他“正在斯特拉斯堡城堡广场（the Place du Château）运营一家全景剧院”（Ba，第 31 页）。其时，波德莱尔已开始责备摄影，说它“犯了一个双重的错误，同时亵渎并侮辱了神圣的绘画艺术以及高贵的演员艺术”[2]。将摄影的行为、戏剧化过程排除在外，说它事实上不属于摄影本身，而仅仅属于戏剧，这不仅有违历史事实，而且从观念上讲也是错误的，因为它假定摄影艺术只存在于某种纯粹的形式之内，没有任何促成它产生的其他艺术的痕迹。

瓦尔特·本雅明关于摄影具有广泛影响力的观点，是将照片视作摄影审美体验的唯一场所，这就在理论上进一步加剧了对摄影行为过程美学的忽视。本雅明（桑塔格称之为“最具原创性、最重要的摄影批评家”（S，第 76 页）认为，摄影通过机械复制对艺术划时代的改变，就是将艺术的本质从膜拜价值（cult value）转为展示价值（exhibition value）。如果艺术最初出自“巫术”与宗教仪式，“伴随着注定要服务于膜拜的仪式对象”，其超然的特质令艺术品染上“光晕”及“独一无二存在性”的崇高感，那

[1] See Charles Baudelaire, “The Salon of 1859,” in *Art in Paris, 1845—1862*, trans.Jonathan Mayne (London: Phaidon, 1965), 153–154. 德拉克洛瓦（Delacroix）很早就是摄影的拥护者，认为相比素描，照片能提供远为清晰的现实对象视像。而下个世纪的韦斯顿（Edward Weston）也极力主张说，摄影是给予绘画的伟大礼物，将其从“再现”的“公共需求”中解脱出来，让“写实绘画变得多余”，所以绘画可以做精确再现之外的其他事情去了。见 Edward Weston, “Photography - Not Pictorial,” *Camera Craft*, 37 (1930), 313–320。

[2] See Baudelaire, *Art in Paris*, 154. 巴特将摄影与戏剧联系在一起，不是就体验过程的美学方面，而是通过“死亡……这一唯一的中介”。正如“第一位演员通过扮演往生者（the Dead）这个角色（他在传统戏剧延续下来的化装和面具中看到的一个主题），将自己与社会群体分隔开一样”，所以“照片……是对静止与鬼脸背后我们所看到的死亡的表现”（Ba，第 31—32 页）。

么摄影（作为“第一个真正具备革命性的复制手段”）“就将艺术品从它对仪式寄生性的依附当中解放出来”，从它作为“‘真正’作品独一无二的价值”当中解放出来，尽管这种价值在仪式或膜拜当中扮演着重要角色，所以“寻找[一件]‘真正的’原作毫无意义”（IL，第220、221、224、225页）。

因此本雅明认为，艺术的本质从强调“膜拜价值”（艺术作品即便逸出视野之外，也会被认为隐匿于一个神圣之处，有效发挥着这种服务价值），转而突出“作品的展示价值”，因为艺术品借助摄影新的“机械复制”力，“对展示的适应性增长了”（IL，第225页）。借助这种机械复制得以广泛展示的东西就是照片复制（或者目前而言即是日益增长的数码图像）；因此，如果艺术失去了作为仪式（即一种行为过程）的本质功能，由“完全强调其展示价值”的东西所替代（同上），那么，摄影就将等同于照片，其行为过程就将作为不相干或落伍的东西而招致冷遇。

253

这种说法虽说很有势力，但一些独特的仪式因素仍在摄影中保留下来。许多仪式活动（婚礼、毕业典礼、葬礼、洗礼、会议、颁奖典礼等等）均须摆拍一些照片，不仅让人在将来的某些时候能想起这些活动，还能规划并提升当下的时刻，将此时此刻置于某种仪式化的背景或场面调度之内，生动表现其存在与意义，从而在当下的体验中令其成为值得玩味享受的时刻。摄影尽管受展示价值无情的推动，却依然显示出行为、戏剧化过程的仪式化维度。由丰富多彩的审美仪式传统（比如日本的）强力建构的当代文化，展示出某种特别明显的趋向，即拍照时怀有一种仪式行为般的虔诚与做派，这难道只是一种巧合吗？

而且仔细看看本雅明对摄影的意见就会发现，他实际上很清楚保留照片艺术光晕“膜拜价值”的魅力，比如在“纪念不在场或已逝去的爱人时的膜拜”就是如此（IL，第226页）。在一篇早期少为人知却明显关涉于摄影的文章中，本雅明强调了这种“魔力价值”与“光晕现象”，证实“早期摄影”的肖像主体确实“身边有一层光晕”。不过，在“商人无孔不入地入侵”摄影之后，这种光晕价值就消失了，商人们“更关心的是销路而不是领悟”，迎合的是“时尚的变化多彩”，而且会尽量缩减体验的时间及对造型的投入，倾向于瞬时的“快照”。本雅明也对早期的摄影方式欣赏有加，认为它让肖像主体拍照时“浸沉于那刻而不是留在外面”。“在这些持续的拍摄时间内，他们可以说已经进入了画面，如此呈现方式与快拍的形象截然不同。”本雅明进一步表明，主体的这种投入与摄影师相仿，后者有能力让他的拍照对象产生“宾至如归”的舒适感，比如说“小心谨慎”地使用相机。[1] 一个人可以就此认为，这种摄影可以提供某种深刻、持续的行为过程体验，假如一个人能付出时间、责任与努力去促进摄影艺术的维度，今天依然可以获得这种体验。 254

四

一位叫扬·托马的巴黎艺术家，曾让我为其所谓辐射通量摄影风格的作品摆造型，直到此时，我才对作为身体行为与戏剧化过程的摄影美学有所重视。托马试图捕捉并在视觉上表现摆拍者无形的光晕，在其设想和知觉中，这种光晕是从人身体里释放出来的随时间而变化的能量活力。为做好这项工作，托马让人在全黑背景下摆出造型，通常在室内的时候较好控制，有时也选择在室外的夜晚。将相机固定在三脚架上，对着特定背景长时间曝光，并且对准摆拍主体，之后，托马——为了淡化自己，会身着黑色的衣服，手持一盏提灯（有时两盏不同的提灯，一手一

---

[1] Walter Benjamin, “A Short History of Photography,” trans. Stanley Mitchell, *Screen* 13 (1972): 7, 8, 17, 18, 19, 24. 有必要记住的是，本雅明也曾力主摄影于复制之外领域的重要改造价值，及可供审美享受的艺术品创造。他尤为赞许摄影的认知力，认为它能揭示出隐藏在我们日常（不借助技术）意识下的事物，比如利用特殊的摄影镜头，放大照片，或者就简单地定格某一视觉时刻，因为其细节在日常视觉体验中从未被人看到过。本雅明强调说，摄影机可以“抓住短暂而隐秘的画面”，它们不能为我们的肉眼所见，可以用作科学和伦理、政治的目的。比如，可以“披露罪状及识别在［其］图片上的罪犯”。“摄影第一次让人意识到视觉无意识，正如心理分析对本能无意识的揭示一样”（同上书，第 7、25 页）。有关摄影（包括电影）类似的想法也可以在《机械复制时代的艺术作品》中见到，诸如利用照片“提供证据”及其“隐含的政治含义”（IL，第 220 页）。对比膜拜价值和展示价值，我们可称这种价值为“认知、揭示价值”。当然，这种认知价值也有其审美与艺术意义。

个）——打开快门，靠近摆拍主体，力图检测主体的光晕，用灯光去查探。[1] 为了做到这点，他会在离主体身体很近的地方走来走去，围绕着身体轻快而敏捷地移动脚步，提灯会绕着身体轮廓线不停转动，试图追踪艺术家感受到的光晕活力。

255

托马需要快速移动，不只是为了捕捉到此人流动变幻的光晕活力之流，也是为了确保摆拍的静止主体和光线的追踪结果（不是艺术家身体或追踪它们的提灯）能拍到胶片上。他仰仗他的移动背景，做出这种快速、接近旋转的动作，伴随着审美的优雅与专注，以便不会吓到、扰乱或意外影响到他的摆拍主体。在一阵这般充满活力的快速移动之后（其持续时间取决于他的感觉，就我的体验而言，通常不到一分钟），托马回到三脚架前，关掉快门，然后屏住呼吸，做下一步的拍摄工作。这样拍出的照片呈现的摆拍主体非常生动，周遭为光线环绕，那是由托马便携式提灯的移动轨迹营造出来的。

这种对主体光晕的追踪，是托马用光线素描或绘画，事实上也反映出摄影一词的本义，因为“照片”(photo) 的词源来自古希腊语光线 (light) 一词，而古希腊语动词形式的 γράφειν（*graphein*）意思就是素描、绘画或书写。曼・雷（Man Ray）[2] 是第一位在其 1935 年开始的所谓《空间书写》系列中，使用这种光线绘画技术的著名摄影师。1949 年，巴勃罗・毕加索（Pablo Picasso）给予这种技术以世界性的声望，当时《生活杂志》摄影师琼恩・米利（Gjon Mili）刊印了毕加索的一组照片，是在一间黑屋子里用小手电筒拍出人在空中的形象。[3] 托马的作品明显也是用这种技术探究并描绘个人光晕或活力难以名状的特质，因而其艺术赋予了一般而言不可见的东西以生动鲜明的可见性。

---

[1] 尽管有时也用数码相机，但托马更偏爱胶片摄影，他选的是蔡司潘太康六（Zeiss Pentacon 6）相机，使用手动快门控制“B 背景”，这可以让人手控打开快门和胶片曝光的时间。

[2] 曼・雷（1890—1976），美国达达主义奠基人，先锋摄影大师、诗人、雕塑家、超现实主义电影的开创者。他使用中途曝光、实物投影法等暗房技术与实验手法，让摄影成为一门艺术，他本人被称为 20 世纪最具影响力并且是最全方位的艺术家之一。——译注

[3] 其中一些照片最初刊发在《生活》(1949 年 1 月)，参见网站 http://www.life.com/image/50695728/in-gallery/24871#index/o。

有时候，托马还会让他的拍摄对象身着金色紧身衣裤而非平常衣服摆造型。他相信，这种全身弹力紧身衣可让光晕更具感知性，这样不仅仅可以增强它本身的活力及托马追踪光线的效果，还可以更直接而明显地展现身体线条和微妙的活力特质。[1] 此外，由于极不同于日常着装，这种金色紧身衣裤有效地让摄影情境营造出真正特殊化、戏剧化、陌生化的效果，给予拍摄对象一种全新的外观和感受，进而创造出新的活力与某种新的自我认同感。尽管最初穿上这种全身弹力紧身衣极不适应，但后来我意识到，它终究是行为过程和场面调度的基本成分，会给我们的摄影合作带来某种难忘的审美体验。现在我就上面所讲摄影情境的关键要素，对这种体验重要的审美维度及审美特质加以强调，并以此结束本章。

256

1. 要认真选好我们的摄影环境，以增强其审美特质与意义。若约芒阿比修道院（The Abbey of Royaumont）——由法国国王圣路易（Saint Louis）建于 1228 年，法国大革命之前一直由西多会的修士们使用——坐落于瓦勒德瓦兹省的一处美丽乡村，在巴黎北面约 30 公里的样子，周围环绕着小溪、森林和一望无际的麦田，其公共管理部门现在主要致力于发展先锋艺术项目。它之所以在哲学上名闻遐迩，是因为 1958 年在此举办了一次重要的会议，那是分析哲学的主要代表（比如奥斯汀、赖尔、奎因、斯特劳森及艾耶尔[2]）与梅洛－庞蒂等法国重要哲学家首次联合举办的会议。会议论文后来由子夜出版社（Minuit）以《分析哲学》之名结集出版，首次将分析哲学介绍给了法国读者（其中第一篇即我在牛津大学的导师厄姆森的文章）。作为一个深受分析哲学训练，并努力把分析哲学和法国思想调和起来，以创立出一种新型普世性实用主义的哲学家（同时也作

[1] 出于这种考虑，托马还拍摄裸体对象。

[2] 约翰·朗肖·奥斯汀（John Langshaw Austin，1911—1960），英国牛津学派的重要代表人物；吉尔伯特·赖尔（Gilbert Ryle，1900—1976），英国哲学家，日常语言哲学牛津学派的创始人之一；威拉德·冯·奥曼·奎因（Willard Van Orman Quine，1908—2000），美国哲学家，分析哲学传统的逻辑学家，20 世纪最具影响的哲学家之一；彼得·弗雷德里克·斯特劳森（Peter Frederic Strawson，1919—2006），英国分析哲学家，牛津大学形而上学哲学教授；阿尔弗雷德·朱尔斯·艾耶尔（Alfred Jules Ayer，1910—1989），英国逻辑实证主义哲学家。——译注

为子夜出版社的一位作者），很久以前我就想造访阿比修道院。然而，我第一次到那里（2009年8月）并不是做哲学讲座，而是给一些舞蹈编导和演员上了三天身体美学实践的课。[1] 这是我第一次应邀给舞蹈演员（他们给我的身体美学思想带来很多启发）上课，由此对我个人而言，阿比修道院就有了一种特别的意义。但扬·托马与若约芒的联系要更深。他是阿比私人住宅业主的好朋友，同时也是阿比修道院公私厢房之间中心庭院喷泉艺术装置的设计者。在我给舞蹈班上课期间，一个偶然的场合我们在那里相遇，托马和我都开心地一致认为，阿比修道院的房间与花园，是拍摄辐射通量与身体美学邂逅的绝佳场所，我们选了6月中旬（2010年）的一个周末，当时阿比鸟语花香、优美宜人的奇妙氛围特别令人振奋。

257 户外松树与玫瑰怡人的芬香透过感官和想象隐隐袭来，令迷人的6月阳光与黢黑、陈旧、装有百叶窗的小室形成强烈的戏剧化对比。托马带我走进来，然后关上房门准备拍照。从明亮的优美到黑暗的崇高这段体验，是向扣人心弦的奇异艺术创造世界的转换，需要闭居的苦行和对阳光的剥夺，可与此同时，于一片黑暗中努力看托马摆弄他的相机，去拍摄我于此暗室中内在的身体辉光时，这也让我的其他感官随之专注、敏锐起来。因此，第一天下午拍摄的准备工作，就已经在审美特质和审美意义上有了丰富的体验，特别是那些来自黑暗与光明、室内与室外的戏剧性对比。环境美学涉及的不仅仅是空间，还有时间。午夜后穿过中世纪风格的庭院，我们相聚在阿比同一间小室，令其本身产生了别样的惊悚与崇高的审美感受，正如熬夜工作时，疲累与创造性的刺激交织在一起时的兴奋。

2. 令一个不起眼的环境摇身一变为摄影背景或情境，要归功于有相机可以为我们所用。也正是相机，令一个普普通通的人成为一个拍照对象。一旦知晓相机可以拍出她持久且随时可以复制的影像的魅力，拍摄对象就会本能地重新调整自己的形象，改变自己的表情或姿势，通常会

[1] 那次上课的录像剪辑参见 https://sites.google.com/site/somaesthetics/home/video-clips。

停下自己的动作，摆出一个印象深刻的造型。她会在相机前令自己个性化，尽管对此没有多少自我意识。巴特痛心这种造型效果，说是对个性特征的背叛，是对对象的客体化，将一个难以名状的活生生内在本质个体转变成一个刻板的外在形象，抑制并扼杀了其主体性的感觉流动。但这里的问题（正如巴特可能意识到的那样）可能在于，主体把自己或自己的个体性看得过重，太过绝对。如果抱有一种创造、随心的态度，一个人会把相机的诱惑视作一次机会，创造出一副新面孔、新姿态、新元素，这种自我塑形的个体性并非某种固定的本质，而是一种持续的工程，其持续的塑形既可以强化习惯性的存在方式，也可以创造性地寻找新的自我。

为大部分公共机构和新闻媒体拍标准照、摆造型时，尽管我也有过巴特感觉到的不安，但托马展现新的自我维度的艺术摄影工作——某种以前从未展示过的强烈光晕——反倒提供了极度的放松。为了找到这种新的自我，面对新的自我造型我应该敞开自己，实验不同的造型、表情、姿态；而且特殊的摄影艺术情境提供了一处限制性、保护性的舞台去实施这种实验，如果出于日常生活的需要，一个人更喜欢习惯的存在与自我展示方式（或者需要它们），那此后他尽可以回到这种方式上来。在三脚架上配置相机，是创造摄影艺术独特转换空间之仪式的一部分，就像单击快门就仪式性地表示光晕探索期的开始及之后的结束。我能像享受某种音乐元素一样享受那些单击节奏性的停顿，这样也有助于形成一种基本上是静谧的审美体验，因为它们会表明，何时我该一动不动地保持住造型姿态，何时我该放松下来，换成另一种姿势。拍摄期间，我们会默契地不说话（以便减少干扰非语言性身体交流的“噪音”），而是让造型和拍摄探索，自由接受我们共同分享和即兴生发出的体验特质与意向的导引。

258

3. 如果说相机是一种基本的仪式化道具，解放了我的自我感觉，呈现出新的表现形式与姿态，让我从一个普通人变成富有艺术个性的主体，那么金色紧身衣裤的实际作用也是如此。虽说穿上它会面临许多挑战，最后却将我塑造成一个更加多才多艺、无拘无束的摆拍者，为塑造新形象、新感受、新个性铺平了道路，在某种程度上，从中已很难感受到自己熟悉的日常身影。[1]这套金色弹力紧身衣，让我享受到着装角色扮演想象游戏的审美体验，一种儿童时很喜欢，却为我忘却经年的角色假扮审美游戏。这种游戏创造冲动，也让我在摄影场景中扮演了一个更加主动的艺术角色，所以（拍摄的第二天）在那间黑暗而又封闭的小室中，259 静默的摆拍让我变得苦不堪言，就突然奔出这间屋子，沿着长廊和楼梯无忧无虑地扑向阳光明媚的庭院，托马急急忙忙追在我后面，拿着他的相机拍下了不同光线下奔跑着的我。阿比的居民看到了身穿紧身衣裤的我，亲昵地给我起了个外号叫小金人（*L'homme en or*），这是我很喜欢的一个虚构审美身份，在和托马后续的合作中一直用它，由此发展成专门的身体波动（SOMAFLUX）摄影系列，包括一些小金人（the Man in Gold）的电影。

4. 在这般创造性参与的愉悦中（不仅来自造型的自我风格化，也包括对一定摄影背景或情节的改变），如果我作为摄影对象的审美体验尚算丰富，那么对托马移动艺术的审美欣赏，就愈加充实了这种体验。在他对快速旋转肢体及波状起伏手提灯灵敏而优雅的控制下，它们旋绕在我身边，以优美而灵活的线条勾画着我身体的光晕。对这种移动的审美欣赏显然是交互式的：身着黑衣的托马在提灯的映射下离我很近，身体也隐约可见，此时，我同样能感受到他的身体及其在我身边充满活力的移动，正如我看到波动的光线时也感受着它。我能通过沉重的呼吸和匆忙的脚步声，听到他身体的努力，在他围着我近距离移动并偶尔无意识碰到我时，能通过呼吸和衣服的气味与触觉感觉到他的移动。另外，当托马在我的身体活动范围内移动时，我对肌肉张力的变化和体姿的调整也会存在某种本体感受。就自己的感觉体验而言，我也能在想象中推测出托马的动觉及本体身体感受。对其技术和方法感到放心的时候，我有时就会

[1] 身着为体态优美的年轻舞者设计的紧身衣装，展示我六十岁哲学家的体型，除了这种心理障碍之外，还有穿上尺码非常紧的衣服时身体方面的挑战。如果中世纪前的炼金术士曾找到过神奇的点铁成金的点金石，那么中世纪风格的若约芒修道院就变成了艺术炼金术的炉灶，将一个普通的哲学家炼为一件黄金艺术作品，哪怕这件作品肯定不会因其美而为人赞叹。

闭上眼睛，集中精力，不动用眼睛对其舞蹈做出审美欣赏，其间我的身体觉得仿佛是由光线和移动做着推拿，而不只是为它们所描画。我知道，托马也非常享受自己勾画光之舞的审美体验。

不过，若以为在我们所分享的摄影行为过程中，摄影师和摆拍对象的审美体验可以截然分开，那就错了。我们二人之间非话语性的身体交流，我们彼此活力相互感知与反应的方式，系此行为过程里面最有力、最令人振奋的审美维度。随着工作的进行，我逐渐理解了托马及其提灯和身体的动作，也理解了这些动作所表达的意图和情感，同时他也明显在全神贯注地理解我，感受并反映着我的活力，这反过来也唤起了我的信任，让自己更充分地投入他理解的体验当中，试图更多地理解他，这种共同探索和问答实验的分享式体验，有其自身审美合作的光晕特质，也改造了我们双方。所以说，托马在追踪并描绘我的活力时，也在用自己的活力改造着我的，反过来通过探究、加工我的活力，也在改造他自己的活力。于是一切变得顺理成章，每一次拍摄的最后阶段，他都会停下来，靠近我摆出一个造型，只用他的手臂调控着光线，追踪我身体旁边他自己身体的所感光晕，有意识地让自己成为自己摄影对象的一部分，令其展示出应有的活力，所以他的身体和我一起，出现在最后经曝光的照片影像中。[1]

260

然而，不管是托马还是我本人，当时都不怎么看那些影像（尽管有一些可以在数码屏幕上看到）。我们完全沉迷于拍照体验、戏剧化摄影游戏

[1]　此种复杂性令传统对摄影透明度的假定大成问题——即摄影直接、真实地表现人或拍摄对象。托马的工作是对常规想法的挑战。这种想法以为，摄影——借其自动装置——只是简单地显示对象是什么，而不是通过某一特别视角或光线创造性地阐释或描绘对象。在托马的摄影中，何为摄影对象？是所拍摄的人，在特定光线条件下特定角度特定时刻的人，此人随时变化的（通常是不可见的）光晕，此人及其稍纵即逝的光晕，连同艺术家用光线描摹的活力与动作轨迹（在照片影像中是可见的），或者还是所有这些，再加上描摹出那些轨迹的隐身艺术家的身体与提灯（或者也包括艺术家由于在某个地方待的时间过长，而在相片影像中变得可见的身体）呢？

行为过程的审美享受当中。[1] 应邀为一次摄影双年展编写目录时，我首 261 次就专注于摄影过程丰富的审美体验这项工作写了篇文章，若不是策展人让我至少引用其中一幅影像，我根本就不会提及。[2] 由于其行为过程方面的审美情趣，我欣然同意并认识到自己的确忽视了摄影美学，不过我希望这篇文字能让读者相信，摄影美学不该因我们关心影像本身而招致冷遇。摄影是门综合性的艺术，对此，我们理当采取审美多元化的态度。[3]

---

[1] 这种戏剧化的行为过程，应该不同于迈克尔·弗雷德（Michael Fried）这样的批评家所批评的那种与专注相反的戏剧化风格。此种风格的主导趋向或诉求指向戏剧场景或行为之外的观众，是想吸引或打动这种观众，而不是充分投入行为本身当中。弗雷德发展了狄德罗（Diderot）戏剧观的这一方面，并首次应用到绘画上面，新近又应用于摄影。见 Michael Fried, *Absorption and Theatricality: Painting and Beholder in the Age of Diderot* (Chicago: University of Chicago Press, 1980); 及 *Why Photography Matters as Art as Never before*, 如前所引。但托马和我是全身心投入我们自己戏剧化的相互交流之内，从未想过表演给观众看，哪怕是一个想象中的观众，想象他最后可能会看到这些来自我们艺术探索和交流表达工作的照片影像，从来没有。

[2] 这里所讲的双年展指的是 Le Mois de la Photo à Montréal 2011, 文章是 "A Philosopher in Darkness and in Light," 发表于（双语）Anne-Marie Ninacs (ed.), *Lucidité. Vues de l'intérieur/Lucidity. Inward Views: Le Mois de la Photo à Montréal 2011* (Montréal: Le Mois de la Photo à Montréal, 2011), 210–219; 280–288。在若约芒期间托马的一些照片也被刊印出来，作为有关我身体美学工作法语采访文章的一部分，见 http://www.tales-magzine.fr/style-hamony-life-vision/richard_shusterman。我和托马合作期间另外三幅小金人的照片及三段小电影，在"审美交流：艺术与生活中的实用主义哲学"中展出，这是一次由我策划在巴黎尼亚克美术馆（michel journiac gallery）举办的艺术展（2012 年 5 月 24 日—6 月 6 日）。这些影像的一部分及我与托马（及其他参展艺术家，包括 ORLAN、Carsten Höller、tatiana trouvé、潘公凯、Luca Del Baldo 及 Thecla Schiphorst）工作的进一步分析，请参见我为展览目录所写的文章 *Aesthetic Transactions: Pragmatist Philosophy through Art and Life* (Paris: Galerie Michel Journiac/L'éclat, 2012)。

[3] 在我想来，其他艺术同样是综合性的，同样需要对其创造过程的审美体验。比如肖像画，应该就存在我描述摄影时的那种行为过程。

第十二章　亚洲情色艺术与性美学的问题

一

最近一次参观维也纳豪华的艺术博物馆（Kunsthistorisiches Museum）时，没想到我能看到一幅以最直接的艺术方式表达出本章主题的风俗画。此主题即是哲学对性方面的诱惑美学顽固的抵制姿态，赫里特·凡·洪特霍斯特（Gerrit van Honthorst，1592—1656）的这幅《坚定的哲学家》（*The Steadfast Philosopher*），描绘的是一位可爱的年轻女人裸着胸，试图诱惑一位用功的哲学家的画面。[1]

画中的哲学家正值壮年，是一个蓄着胡子、很有男人味的形象。他坐在书桌前，右手边摆着一堆书，面前是一本打开的书。很显然，他的写作过程被打断了，因为他右手拿着一支鹅毛笔，左手向前抬起，手指张开，摆出“停下”的手势，好像在身体和暗示两层意思上阻止那位性感女郎的进袭和诱惑，这位女郎就在他书桌的近旁，似乎正在去掉他左肩上的外套，温柔地拉着他的上衣袖。女子的蓝色外套及内衣围在腰间，一顶得体的蓝帽（上面的羽毛很好地呼应了哲学家的鹅毛笔）下，她开心地微笑着，含情脉脉的双眸动人地望向那位哲学家，后者的眼神躲闪在一旁，双唇紧闭，面庞羞红（不是出于尴尬，就是出于其他情感）。在画面的明暗处理方面，女子自信、开朗、坦白的姿态沐浴在柔和的光亮下。相反，那位哲学家的形象则躲闪着缩向暗影中，不但对令人愉悦的性诱之

[1]　此画绘于1623年，其数字图像现已挂在如下网站：http://www.fau.edu/ humanitieschair/Steadfast%20 Philosopher%20medium2.jpg。

263 美持冷淡的不合作态度，而且也不愿勇敢面对其魅力的事实——暴露出哲学对情色美学顽固而极端的无知，一种由画家凡·洪特霍斯特以某种批判性反讽刻画出来的无知。[1]

如果此画让我们想起古代哲学与模仿艺术耳熟能详的争论，那它同样会让我们记得传统上哲学对情色艺术的敌意与无视，会让我们回到苏格拉底的谴责，说性是“一个野蛮而专横的主人”，尽管他又挑逗性地说自己是“好色之徒的主人”。[2] 肯定性爱的审美潜能，意味着要正视现代西方哲学将审美体验与性体验对立起来的问题。[3] 下面对此历史做一简单概述。

性的感受是被（且由）人类身体所唤起，通过与这种感受的明晰对比，夏夫兹博里认为，审美静观并无利害感，且与对象保持一定距离。性的感受是“一种强烈的欲望、期盼与渴求，绝不适合……于你理智而优雅的审美静观”。尽管“它们也很奇妙”，但性感的迷人身体“激发不出任何专注或静观。思考它们越多，与纯粹思考所带来满足的距离就越远”。[4] 静观无利害性观念是康德规定审美愉悦（及判断）的一个基准，与同样能带来愉悦的感官享受及欲望满足的快乐感受正好相反。叔本华对审美无利害性概念做出进一步改善，与柏拉图的理念思想联系起来，264 在性体验和审美体验之间做了更为尖锐与明晰的对比。在“审美愉悦”中，我们享受的是无利害感的体验，体验的是“与意志相反的无利害性纯粹知觉领悟的快乐”，“审美静观”是“纯粹无意志的认识，随之出现

[1] 哲学家对性诱之美的抵制是艺术的经典主题，约翰·济慈的诗歌《拉弥亚》（*Lamia*）即是典型例证。里面的哲学家试图将他的学生从一个美丽妇人的欺骗当中解救出来，实际上，此妇人就是拉弥亚（这种生物长着女人的头和胸，下半身却是蛇，据说她会喝她所诱惑猎物的血）。洪特霍斯特描绘的这位女性形象头和胸都露在外面，下半身却隐藏起来，其代表的就是这种生物。

[2] 见 Plato’s *Republic* 329c, 此处苏格拉底接受了最初由索福克勒斯（Sophocles）所做的责备；*symposium*, 198d 则将自己描述为一个好色之徒的主人（δειυοζ τὰ ἐρωτικά），203c—212b 叙述的是他在情色方面找寻并创造美的哲学探索。

[3] See Richard Shusterman, “Aesthetic Experience: From Analysis to Eros,” *Journal of Aesthetics and Art Criticism* 64 (2006) : 217–229.

[4] Anthony Ashley Cooper, (Third Earl of Shaftesbury), *Characteristics of Men, Manner, Opinions, Times*, ed. Lawrence Klein (Cambridge: Cambridge University Press, 1999), 319.

的必然是对理念的领悟”。与此相反，性体验则关系到“最强烈的”生命利害感——“生存意志”——受此迫切意志所累，在认识方面是不充分、有所扭曲的。对叔本华而言，“生殖器是真正的意志中心，因此与代表领悟的大脑处于相反的一极”。[1]

在第七章我们看到，博克何以成为反性体验传统的一个例外，尼采又何以嘲笑此传统假装正经的天真：“当我们的美学家们为支持康德不厌其烦地重申，美的魅力可以让我们‘无利害感地’观赏裸体女性塑像时，稍稍嘲弄一下花在它们身上的开销还是允许的。艺术家在如此优雅事体上的体验毕竟存在较多的‘利害感’，当然，皮格马利翁也并非全无审美感受。”[2]然而，尽管尼采机敏地承认，“符合审美要求的奇妙芬香与华美，可能源于其中的肉欲成分”，却仍拒绝认定性行为的情色体验是美的。他坚持认为，“审美要求出现后……会以某种方式改变［性的感受］，令其不会被体验为某种性刺激”，随后他踏上了反性体验传统的老路，警告说，现实的性行为有害于审美创造，进而建议艺术家和哲学家做到“性自律”：“每位艺术家都熟悉性交对高强度理智展开与准备工作的副作用。他们身上最强烈、本能上最确定的东西，无须靠经验习得，因为他们的‘母性’本能一开始就有严格安排，让所有的动物本能都服从于那个主要目标，次要能量均汇入主要能量”，并指向更高的艺术目的。[3]于是，人们性行为的情色游戏，就降格为纯粹的动物本能，审美权利也随之被剥夺。

性体验与审美体验之间的巨大反差，在西方哲学传统中已根深蒂固，权威性的《牛津美学指南》甚至强调说，审美体验理论急需的四项主要工作之一，即是说明这种体验与性体验及嗑药体验的不同。[4]但假

265

[1]　Schopenhauer, *The World as Will and Representation*, trans. E.F.J. Payne, vol. 1 (NewYork: Dover, 1958), 200–202, 330–331.

[2]　Friedrich Nietzsche, *The Genealogy of Morals in The Birth of Tragedy and The Genealogy of Morals*, trans. Francis Golffing (NewYork: Doubleday, 1956), 238–239.

[3]　Ibid.，247.

[4]　Gary Iseminger, “Aesthetic Experience” in Jerrold Levinson (ed.), *The Oxford Handbook of Aesthetics* (Oxford: Oxford University Press, 2003), 99–116.

如我们撇开哲学上的偏见，回想一下最满意的性行为，难道我们还不承认其中一些可以是真正的审美体验吗？我真诚地希望，我们许多人有过非常美好、强烈、快乐且很有内涵的性爱体验，显示出协调的组织与活动方式，无论思想还是感受，包括兴奋的身体、精神与灵魂都能深深参与其中。审美体验的界定自然会有很多争议，因为对此含义丰富而重要的概念，存在很多不同乃至相互矛盾的看法。然而，认真分析审美体验概念后就会发现，适合这种体验的最主要特征，也同样适用于某些性体验。

审美体验一个最为著名的规定特征是其内在价值，即对体验本身的欣赏。性体验当然可以出于其自身的缘故为人追求、享受和高度赞许，而非出自生儿育女、获取物质或社会收益方面的作用，或者为了编织亲昵关系的心理纽带。在出于其本身而为人欣赏的意义上，而不是为其服务于其他利益或外在动机的工具性，性爱实际上可以看作无利害感的，尽管里面也有欲望的满足（当然从传统意义上讲，无利害感可以归为审美体验的另一特征，尽管争议日益增多）。审美体验的另一重要特征是不同形式的愉悦。无论是在亚里士多德愉悦、沉醉、专注的行为享受，还是在伴随性行为本身的舒畅感受方面，性都是令人愉快的。正如审美体验往往以实感性的现象学特质、意向性及意义为其特征一样，性爱不但具有现象学特质的主体享受意味，也存在指向某一对象（最典型的是另一人类主体）的意向性，此对象建构着情色体验，赋予其特质，并给予其相应于

266

对象特征与内涵的重要意义维度。[1]审美体验的统一性与认知性同样为其重要特征，并在性爱中有突出表现。通过认识一个人自己包括性伴侣的身体和心灵，性行为如审美体验一样，突出展示了某种独特的连贯性与完整性意义上的统一性，展示出各种事件稳定而有力地走向完满终结（fulfilling consummation）时的某种意义。也正如非凡的审美经验一样，性高

[1] 在特定情色体验中，更准确的意向目标可能不简单是约定好的性爱对象，还包括性爱片段、情节或互动关系等（众多组织形式），它们通过一个人的意向行为而构成，里面当然也包含“具体的”欲望对象（比如性伴侣）。在这种情形下，行为过程中的情节意义随时呈现于脑海，影响着我们的行为与享受，情色体验的审美特性就更可能清晰地展示出来并为人欣赏。

峰体验独具特色地从平常乏味的经验之流中脱颖而出，其间百味杂陈，有一些且在强度上无与伦比。此外，如同审美体验不仅有充满活力的施与行为（doing），也有较为被动的经受（undergoing），性体验既展示出主动的专断占有，也表现为自我屈从的承受。

如果人们的性行为明显可以是美的，那我们就可以在真正审美意义上将情色艺术（ars erotica）视作艺术，而不仅是在“艺术”这个词通常（非美的）作为系统化的专长、技能或学科的意义上才这样来看。当挑战艺术一定要与“现实生活”行为区分开这种假定时，这种重新定位不仅在扩大美学和情色的理论视野方面有价值，同时也能以最具实践性与愉悦性的方式丰富我们生活中的实际审美体验，增强我们情色活动的艺术效果及对其的鉴赏力。它反过来也可以深化我们对其他身体实践审美潜能的鉴赏，由此进一步促进对身体美学新生领域的探索。鉴于我们西方的知识传统在性美学方面给予的导引和鼓励实在有限，对亚洲情色艺术传统的探索就显得尤为必要。

二

古代中国及（尤其）印度的情色艺术为本研究的重点，若将它们置于当代西方哲学抵制性美学时两个有趣的相反意见背景之下予以考量，其鲜明的特色会显得尤为清晰。第一个是著名盎格鲁血统美国（Anglo-American）分析哲学家罗纳德·德·苏萨（Ronald de Sousa）提出来的，他“赞成为‘临时’‘自由’甚或交易性性行为中某些特定形式的性爱想象预演（imaginative rehearsal）正名”[1]。其极具煽动性的宣言来自一个同样大胆的主张，即“浪漫的性爱行为其实并不合乎逻辑，或者说是不可能的”（LT，第483页），因为这种爱自相矛盾地既要恪守完满终结，又要承诺不是占有；既要柏拉图式地理想化所爱对象，又要反柏拉图式地承认 267

[1] Ronald de Sousa, “Love as Theater,” in Robert Solomon and Kathleen Higgins (eds.), *The Philosophy of (Erotic) Love* (Lawrence: University of Kansas Press, 1991), 477–491; 后文缩写为LT，此句引文见第478页。

所爱对象各不相同；既要独一无二的新奇，又反过来渴求天长地久，但这无非是和爱人完满终结的不断重复而已。

考虑到实现这种浪漫之爱的不可能，德·苏萨认为，恪守其理想（并明知其不可能而寻求慰藉）的个人，可以在他所谓“爱的戏剧”中寻找满足，此戏剧是“现实性爱与审美想象的调和”（LT，第489页）。与婚礼（德·苏萨认为基本上与性爱正好相反，因为它们突出的是社会与家庭的关系）的戏剧传统相比，他所荐举的“戏剧性礼仪”是两性的邂逅，“着眼于快乐的爱之情色姿态，是爱之激情、不可占有性及时间如逝水的审美创造与再创造”（LT，第485页）。他坚持认为，“这种礼仪”“同样需要一些艺术及最好的非情色之爱的品质——正直、忠诚、专一、机智及乐人之所乐的能力，所以它是在按所有审美体验的要求来要求自己。当然，它基本上属于一种审美体验，属于一出戏剧、一种游戏，因为当事双方都想让这种浪漫之爱，具有不同于他们其他生活与期盼的独特场景”（同上）。

遗憾的是，德·苏萨未能充分解释清楚性经验的审美维度。很明显，他提到的必备品质指的是礼仪参与者所需的品质，而非这种礼仪体验的审美特质。他有关两性邂逅之审美状况的主张，全然基于戏剧的真实，而这种戏剧真实又似乎全然基于某种虚拟模仿的理念，与生活是两相隔离的。他爱之戏剧的美学，以“在自我意识中表演完成某种与世隔绝的情感”为特征（LT，第486页）。尽管这种戏剧并不像大多数戏剧那样，明确出自虚构的“编撰”，但德·苏萨却力图证明，它潜在地由我们的过往行为——人们可以补充说，由我们的幻想——所编撰。此外他想当然地以为，这种戏剧虚构、模仿的真实，已由其所表现的浪漫之爱的虚幻性所证实。德·苏萨得出结论说，在“卖淫美学与伦理学”已获礼貌默许的情形下，“如果在意识中模仿由性本能所驱动的性爱，是种有价值的戏剧形式，那人们为什么就不能从事这项职业呢？”（LT，第488页）

我不会就此止步，考量德·苏萨所谓浪漫之爱充满争议的真实性问题，也不会坚持认为，还有其他值得探究的浪漫之爱的观念，不致陷入他认为十分荒谬的自相矛盾的泥沼。我也不想反复强调说，真实并不见得一定意味着永恒与逻辑，所以即便短暂而互不相容，浪漫之爱还可以是真实的。与此相反，我想强调的是他为性美学所做的辩护，何以在本质上是对一种观念的坚守，即认为性行为之所以是美的，只因为它与戏剧虚构或对其他东西（即某种不具现实性的浪漫之爱的理想或情感）的模仿有关。它之所以不美，则是因为（或鉴于）性行为的意向性与领会性的审美特质作为真实事件，深深植根于（而非“脱离于”）性爱双方生活与期待的其他领域之内。这种性美学及其对虚构性与独立性的恪守，反映出古时哲学将艺术与真实对立、将美学与现实生活事务——不论是实践、政治还是两性间的——分开的独断信条。出于对这些信条的质疑，实用主义美学不仅会充分证明艺术与美学在各种现实生活之流中的重要作用，还会拿出证据，说明将其归为虚构模仿的主张，意味着剥夺现实生活艺术性与审美性的可悲做法与后果。[1]

后禁欲式的（post-puritan）实用主义[2]与身体美学理当认识到，性行为为人们提供了一个艺术与审美的领域，并可在现实生活与现实性爱中予以践行和享受，而无须任何戏剧虚构。我们可以在古代亚洲情色艺术传统那里，发现这种现实生活的性美学巨大的潜能，米歇尔·福柯（我认为他是当代西方位列第二的杰出人物）对此有过强调，并以此反对现代西方文化中的性科学。 269

与德·苏萨不同，福柯的性美学主张具有极为广泛的影响。其最为著名的性艺术理论主张涉及同性恋，更具体地说是两相情愿的同性性虐待（consensual homosexual S/M），福柯赞其为“一种全新的性实践艺术，试图探索性行为所有的内在可能性”。这种“规则与开放两相混合”的艺

[1] See, for example, John Dewey, *Art as Experience* (Carbondale: Southern Illinois University Press, 1987); and Richard Shusterman, *Pragmatist Aesthetics* (Oxford: Blackwell, 1992).

[2] 古典实用主义者对性爱问题讲得不多，威廉·詹姆斯甚至还肯定了“反性本能”的功用，见 *The Principles of Psychology* (Cambridge: Harvard University Press, 1983),1053。保罗·泰勒（Paul C. Taylor）注意到了杜威对性爱问题的忽视，并认为杜波依斯坦率承认了性的自我实现维度，这有助于丰富古典实用主义的至善论（perfectionism）思想。见 Paul C. Taylor, “What's the Use of Calling Du Bois a Pragmatist?” in Richard Shusterman (ed.), *The Range of Pragmatism and the Limits of Philosophy* (Oxford: Blackwell, 2004), 95–111。

术，将两相情愿的规范（主要负责设计性行为情节）与实验整合起来，通过引进性行为所缺少的新奇、变化和不确定性，“以变革和创造各种增强性行为快感的新方式”。[1] 此外，纵使也运用编撰的情节及专门的虚构行为场景（比如性地牢），福柯却并未将性行为从一个人生活及主体世界的其他领域中孤立出来。就其“生存美学”而言，一个人作为性主体的构成过程，也是其自我思想塑造的一个重要组成部分。[2]

福柯的性理论主要不是受亚洲情色艺术的启发，而是来自他对古希腊和古罗马情色文学的研究，也来自他本人的情色欲望与冲动。不过，270 他的确在亚洲情色艺术那里得到了支持，发现它们对我们现代西方的“性科学”而言，是一个极有价值的替代品。[3] 我们的性科学所讲述的真理，是将性行为及性功能视作古代的忏悔手段及现代的“医疗需求”，是二者的结合体。与此不同，亚洲情色艺术的真理则“来自快感本身，是作为一种实践来理解，作为体验而被累积”（HS，第 57、68 页）。福柯解释道，在这些艺术中，情色艺术的快感：

> 不能认为与准许和禁止的纯粹法规相关，也不能看它有什么用，而首先要看是否关乎它本身；要把它作为快感来体验，就快感

[1] Michel Foucault, “Sexual Choice, Sexual Act” in *Essential Works of Michel Foucault*, vol. 1 (NewYork: New Press, 1997), 151–152. 在举例说明对“这种性行为的审美欣赏”时，福柯对同性性虐待赞不绝口，因为“所有在异性恋关系中为求爱而花费的精力与想象，现在都用来强化性行为本身，于是发展出一种全新的性实践艺术，试图探索性行为所有的内在可能性”。在把旧金山和纽约的同性性虐场所（gay leather scenes）比作“性实验室”时，福柯声称这种实验严格受两相情愿规范的控制，正如中世纪的骑士法庭，“在那里，对私人的求爱有严格的规定”。福柯解释说，“实验过程不可或缺”，“因为性行为变得太过简单易得……有很快变得单调乏味之嫌，所以不得不做出各种努力，以变革和创造各种增强性行为快感的新方式”。福柯断定，“这种规则与开放的两相混合，通过引进简单的行为结果所缺乏的持久的新奇、持久的张力和持久的不确定性，就能产生增强性关系的效果。这种观念同时也会把身体的各个部位用作性工具”（同上书，第 149、151–152 页）。福柯将哲学视为一种生活艺术，又将性视作其哲学观念的一部分。对其这种身体美学的批判分析，参见 Richard Shusterman, *Body Consciousness:A Philosophy of Mindfulness and Somaesthetics* (Cambridge: Cambridge University Press, 2008), ch. 1。

[2] Michel Foucault, *History of Sexuality,* vol. 2 (NewYork: Pantheon , 1986), 12, 89–93.

[3] Michel Foucault, *History of Sexuality*, vol. 1 (New York: Pantheon, 1980), 57–71; 后文缩写为 HS。

> 本身的强度、具体质量、持续时间、身心的反应来估量。此外，为了让性实践看起来是从内部发展成型，进而增强其效果，这种认识必须要返回性实践本身。于是便有了一种必须要继续保密的知识，并不是因为这种知识可能会让其对象变得声名狼藉，而是出于最大限度守护它的考虑，因为按照传统观念，一旦公开出来，这种知识就会失去它的效能与功用。因此，与保持这种秘密的主人的关系，就显得至关重要；只有独自工作的他，才能以秘传的方式和极端出色的启发性传播这种艺术，以可靠的技术和严谨的态度引导信徒不断进步。这种精湛艺术的效果，比药方能让人想象到的微末功用要丰富得多，据说接受这种艺术的特殊优待还足以改变一个人的命运：可以彻底掌握自己的身体，得到一种奇妙的至乐，忘却时间和有限，犹若生命的妙药灵丹，放逐了死亡及其威胁。（HS，第 57 页）

在后来的一次采访中，福柯总结了自己的情色艺术观，并就“行为、快感与欲望”三个因素，概括了古希腊、基督教与中国对性实践的不同文化态度，之后他断言说，古希腊人通过定义性行为的数量、节奏、时机及环境方面因素的分析，将性行为及行为的控制视作“核心要素”；而基督徒就限制甚或阻止性行为本身的快感过程中，如何与之战斗、如何将其消灭在萌芽状态的情况，将欲望当作重心所在；与上述二者不同，中国人将快感地位看得很高，视其为性行为当中最高、最重要的因素。“如果高罗佩讲得没错，中国人性爱过程中最重要的就是快感因素，为了增加、强化、延长这种快感，需要尽可能推延性行为本身，并直至其极限。”[1]　271

本次采访表明，福柯对亚洲情色艺术的理解主要基于中国的资源，

[1]　本次采访的英文版本“On the Genealogy of Ethics: An Overview of Work in Progress,”首次以英文形式刊载于 Herbert Dreyfus and Paul Rabinow (eds.), *Michel Foucault: Beyond Structuralism and Hermeneutics* (Chicago: University of Chicago Press, 1983), 不过我是从更为完整的法语版本引用（并翻译）过来的，此版本经福柯本人修订并刊载于其 *Dits et Ecrits*, vol. 2: 1976–1988 (Paris: Gallimard, 2001), 1428–1450; 引文出自 1441 页。在这次访谈中福柯承认，古希腊与古罗马人事实上，并没有可与中国人相媲美的对情色艺术的详细描述（见第 1434 页）。

尤其是高罗佩在其开创性的经典《中国古代房内考》中收集、翻译并分析的那些资料。[1] 遗憾的是，他似乎误解了高罗佩在某些重要方面提供的文本和注释，对此，我接下来会予以说明。

三

首先，夸大中国古典情色艺术文本同性科学、性医疗方法的不同，绝对是种误导。[2] 这些作品（中国人往往将其描述为医疗性的“房中术”或“房中书”）更多关心的话题与主要创作动机是健康问题，所以它们被列入古代不同王朝历史的书目栏时，通常出现在医书的标题之下，或者分开列时，也会排在医书之后（SL，第 71、121、193）。高罗佩反复申明，“房中书……是医学文献的一个特殊分支”，因为据它们所讲，性交的两个主要目的都是为了促进健康——丈夫、妻子及他们所孕育的孩子的健康（SL，第 72 页）。[3] “从根本上讲”，他说，“性行为是为了让女人怀孕”，（首选是个男孩）以延续家族血统。“其次，性行为通过吸取女人的阴精 [yin essence，据说是种让人精力充沛的力量]，是为了让男人增加元气，与此同时，女人阴性生命力的勃发也会对她的身体有好处”（SL，第 46 页）。

272

于是便有了双重的性经济管理：由于“男人的精子 [其阳气汇聚之所] 是他最珍贵的财产，是其健康与生命的泉源，所以其每一次喷射都是生命力的损耗，除非从女人那里得到等量阴精的补偿”（SL，第 47 页）。因此，男人的性行为应尽力确保他的女性伴侣能得到充分满足，以便他

[1] R.H. van Gulik, *Sexual Life in Ancient China: A Preliminary Survey of Chinese Sex and Society from ca. 1500 B.C. till 1644 A.D.* (Leiden: Brill, 2003); 后文缩写为 SL。

[2] 同样值得注意的是，中国的情色艺术文本并非一成不变，而是随历史时期、影响到其作者的主流哲学意识形态（例如，在性方面较为宽容的道家与比较刻板的儒家相比）的不同，而呈现出某种不同的样态。印度情色艺术的经典文本同样清晰显示出不同时期的不同风俗。

[3] 福柯对这些艺术重要秘传性的强调，同样是极大的误解。按高罗佩所讲，中国漫长历史中的许多时期，配有插图的房中书都“流传极广”，“非常有名，并且它们给出的方法也为人大量采用”，不仅仅是那些性专科医生，还包括“普通人”。宋朝时，这种“房中书”开始衰落，到了明代随儒家假道学的日趋严重，这种衰落趋势也随之加剧，但其实践与“原理依然充斥于性生活当中”（SL，第 79、94、121、192、228、268 页）。

能吸入由他们多次性高潮中流溢出的阴精，“不过他应让自己只在特定场合达到高潮”，特别是最适于让妻子怀孕的场合（同上）。于是出于提供大量阴精的需要，妻妾成群的做法便顺理成章，因为单靠一个女人多次高潮，最终会耗光她的阴精，容易损害她自己的健康（及后来的生育能力），也包括她男性伴侣的健康。[1] 每晚同多个女人交媾而不高潮，只是偶尔射精以节省精液，男人不仅会增加自己的活力与阳（yang，即雄性）气，还会由此提高生男孩以延续家族血统的概率。

高罗佩解释说，这些性逻辑的原则“意味着，男人必须要学会尽可能延长交媾时间而不高潮，阴茎在体内停留的时间越长，男人吸取的阴精也就越多，由此扩张并强化他的元气”（SL，第 46 页）。所以“房中书”建议，男人“遏制射精既要靠精神训练，也要靠诸如用手指压迫输精管这般的物理手段。之后他的阳精（yang-essence）经与女性阴精接触后得以强化，将沿着脊椎上涌，既能健脑，又会滋补全身各个系统。所以男人若等到女人易孕期再射精，那些场合消耗的阳 [Yang，原文如此] 精，将由得到身心健康的孩子而获补偿”（SL，第 47 页）。[2]

273

此外，按某些激进道家流派文本的讲法，男人给许多女人带来高潮而吸入她们的阴精时，通过不完全性交（coitus reservatus）而保留下自己的精子，不仅会维护自己的健康，而且会变得更年轻、更不易衰老，甚至能达到长生不老的程度。[3] 高罗佩从唐代文献（标题是《房中补益》[Fang-nei-pu-i]，“转译为‘健康的性生活’”）中引述过一段文本作补充说：“但能御十二女而不复施泄者，令人不老，有美色。若御九十三女而自固者，

[1] 见 SL，第 138 页：“男人若不断变换与他交媾的女人，好处会非常大。一晚上若能与十个以上女人交媾最好。一个人若总是与同一个女人交媾，她的精气就会逐渐衰弱，最后不会给男人带来任何好处。而且这个女人本身也会变得憔悴不堪。”

[2] 由这种逻辑可以推断，男性手淫是“被禁止的 [特殊场合除外]……梦遗也会令人忧心”。只要不牵扯到射精，中国古典文化并不排斥同性恋，但古代房中书也并不鼓励（SL，第 47、48 页）。

[3] 在后汉的一部文献当中，我们看到一位道教真人（Daoist master）“借助和女人交媾的艺术活到 150 岁之久”，通过这种实践艺术，“人的灰发会再次变黑，从牙齿脱落的地方会长出新牙”。（SL，第 71 页）

年万岁矣”（SL，第 194 页）。尽管女人最具活力的部位在阴部，但阴精充盈也可以由口、胸处分泌物中获得，或者是通过情色前戏，或者是借助性交本身。这些分泌物往往又被称作“三峰良药”（Medicine of the Three Peaks，SL，第 98、283 页）。

不完全性交还有与健康相关的另一种功能：稳定情绪及平和心境，这要靠协调好家里的女人，令她们得到满足。早在古代儒家的《礼记》（*Book of Rites*）一书中，男人对妻妾的性义务就有严格的规定，性交的顺序与次数甚至还详细写在协议书里，违背的话要记“一次大过”。如《礼记》所讲：“故妾虽老，年未满五十，必与五日之御。将御者，齐、漱、浣、慎衣服、栉、縰、笄、总角、拂髦、衿缨、綦屦”（SL，第 60 页）。这些义务（除了服丧期间的短暂休息）在丈夫“唯及七十”才能终止（SL，第 60 页）。若没有借助不完全性交储备下阳精，若没有性能力给妻妾现实的性（及情感上的）满足，丈夫和他的女人们在一起，尚不及满足她们就轻易掏空了自己，由此就给家庭带来不满和无序，不善管理的坏名声就“会败坏一个人的名誉，并毁掉他的前程”（SL，第 109 页）。

274

上述概况应该已经很清楚地说明（高罗佩那里有更为浩繁的证据），和福柯的想法一样，中国人的情色艺术有深刻的健康动机，非常关心医学方面与性科学的问题（尽管不是以现代西方医学所主导的那种方式）。所以福柯强调快感是中国情色艺术最重要的方面是错误的，因为健康问题明显压过快感。[1] 福柯更为混乱的地方在于，他认为快感对他们而言比性行为更重要，因为拖延甚至放弃性行为，试图延长的是快感。事实正好相反，性行为本身才是中国男子力图延长的东西，以此增强他的阴阳活力

---

[1] 《房中补益》另一段文本强调说，多个配偶明确证明，数量多并不意味着将快感作为最高目的。“其法一夕御十人，闭固为谨，此房中之术闭也。非欲务于淫佚，苟求快意，务存节欲，以广养生也；非苟欲强身，以行女色，以纵情意，在补益以遣疾也。此房中之微旨也。”这段文本也论述了控制射精的方法，令其“精上补脑”（SL，第 193—194 页）。隋代的一本房中书《房内记》（*Fang Nei Chi*），则按人的年龄、体质强弱，为射精提供了一份以健康为旨归的递进程序表，从一天可以射精两次的十五岁成长期的男子，一直到一月射精一次的七十岁强壮男子；“体弱之人任何年龄都不该射精”（SL，第 146 页）。另外一本隋代房中书《洞玄子》（*The Ars Amatoria of Master Tung - Hsuan*）同样提供了控制射精的方法，但在次数规定上并无多大出入：十次性交“只能射精两到三次”（SL，第 132 页）。

及其给健康带来的好处。对中国人的性理论而言，快感的确很重要，但从整体上看需要服从于性行为，不能脱离性行为独自增进。福柯的错误似乎是，他将性行为与性高潮而不是性交行为混为一谈了，性交行为我们或者也可以称作完整的情色行为，包括前戏、性交甚或（现在所讲的）后戏（postcoital play）。

尽管有时候赞美性快感为“至乐”“情性之极”，并肯定其为“至道”（the Supreme Way）的体现，但中国古典性理论仍将其置于健康和良好管理（自我及家庭）这些更重要的目标之下。这种看法意即，应该通过制订情色艺术仪式化的规程，用快感来调控、改善人的身体、心灵及品性。正如西汉一个文献所讲：“‘先王之作乐，所以节百事也。’乐而有节，则和平寿考。及迷者弗顾［即房中书］，以生疾而陨性命。”（SL，第70—71页）

275

如果中国古典情色艺术的主要目的，是促进健康这样的实际事物，那么，接着我们能不能说它们具备审美特性呢？那种错误的推断来自一个常见的错误假定（根据无利害性的教条），以为功能性与审美性互不相容。事实上，宗教绘画与雕塑都有其精神方面的功能，带有政治倾向的歌曲也不排斥审美价值，即便在我们体会其他方面的功能时，也能欣赏它们的审美特性。一旦将意义维度注入这些作品的审美体验当中，对这种功能性的理解，甚至还能反哺我们的审美欣赏。内在价值与工具价值并非人鬼殊途。吃饭时我们可以欣赏到膳食本身固有的价值，尽管我们知道它也在滋养着我们；同样的道理，我们对良好性行为的内在享受，不代表我们不知道它给我们的好处。

实际上，人们可以有充足的理由，证明高罗佩在其文本中描述的中国古典情色艺术里呈现的审美维度。我们可以在某些评述中分辨出这些审美因素，这些评述包括男女性交的普世意义；在前戏中夫妻精气的协调问题；对“床笫”这个交合舞台的审美配置；不同情色动作与快感的调配及不同样式、深浅、快慢、阴茎插入的节奏等。不过，由于对这些因素审美方面的讨论相当有限，与对健康问题的强调相比明显相形见绌，所以我们马上从中国转到印度的性理论，在那里可以看到对情色艺

276

术审美特性更充分的说明。

四

我对印度情色艺术的论述基于三个不同时期的三个文本：《欲经》（*Kama Sutra*）、《科迦论》（*Koka Shastra*）、《五彩缤纷的性高潮》（*Ananga Ranga*），分别成书于约公元3世纪、12世纪与16世纪。[1] 此传统具有开创性、影响也是最大的著作《欲经》，由一位宗教学者婆蹉衍那（*Vatsyayana*）根据一个更为古老的文本（现已散佚）以散文体写成。据传说，那个古文本要追溯到湿婆神（God Shiva），在与他的女性化身恋爱之后，湿婆知道了性交，并在数以千计的书中赞美它的快感。相比之下，《科迦论》和《五彩缤纷的性高潮》则用诗歌体写成，篇幅也要短一些；而且由于写作年代很晚，当时印度社会逐渐开始禁欲，有了道德上的限制，它们对性的态度或着眼点也和《欲经》有了一些不同。《欲经》针对的是各式各样、范围较为广泛的情侣人群，专注于和婚内及婚外不同的人等发生性关系，而《科迦论》和《五彩缤纷的性高潮》基本是写给丈夫和他的妻子看的，目的是提升夫妻床第间的满足度，让他们能避免婚外情的诱惑。因此，它们相比《欲经》包含了多得多的性禁忌（有关

---

[1] See Richard Burton and F.F. Arbuthnot (trans.), *The Kama Sutra of Vatsyayana* (Unwin: London, 1988), 后文缩写为KS。除了这个最具影响（也饱含争议）的译本外，我也参阅了其他两个译本：温迪·多尼格（wendy doniger）与苏德·克卡（Sudhir Kakar）的译本（Oxdford: Oxford University Press, 2003），及尤帕德亚（S.C. Upadya）的译本（Castle Books: New York, 1963）。另见亚历克斯·康福特（Alex Comfort）译《欲经》，由阿切尔（W. G. Archer）写的前言（Stein & Day: New York, 1965），后文缩写为KKS。还有阿巴思诺特与理查德·伯顿编译 *Ananga Ranga* (Medical Press: New York, 1964); 后文缩写为AR。《欲经》的成书年代极不确定，大约在公元前300年至公元400年之间；《科迦论》（正式标题是性快乐的秘密 [Ratirahasya] 或"性高潮的秘密" [Secret of Rati]）大约写在公元11世纪到公元12世纪之间；《五彩缤纷的性高潮》则大约成书于公元16世纪至17世纪之间。除这些第一手文本（及所引版本的评述）之外，我的研究也参考了J.J. Meyer, *Sexual Life in Ancient India*, 2 vols. (London : Kegan Paul, 2003); and S.C. Banerji, *Grime and Sex in Ancient India* (Calcutta: Naya Prokash, 1980)。

性伴侣、时间、地点等）。[1] 尽管如此，由于这些后期的著作大体上衍生于《欲经》，所以与后者的基本原则并无实质的不同，包括情色艺术对欲望正当实现而言不可或缺的审美特性——欲望（*kama*）这个术语指的不仅是性爱，还有一般意义上的感官享受，它和法则（*dharma*，意指责任或正当行为）、利益（*artha*，通过实践活动获得财富和地位）一起，构成了传统意义上走向解脱或自由必不可少的三重生活方式（KS，第 102 页）。

在详细说明印度情色艺术审美特性的时候，首先要强调的一点是，性艺术方面有所专长，意思就是说非常精通这门艺术。尽管我们承认野蛮的动物也会性交，而且人也在这种野蛮的水准上做着同样的事情，但《欲经》却坚持认为，人的性动机主要出于魅力与快感，而不受发情期动物季节性的本能驱使，所以人的性行为通过知识、方法和优雅情趣的介入，完全可以也应该得到更多的享受与满足，这些都得自于学习、思想和审美敏感度——确切地说，即掌握情色理论想要提升的那种“正当手段”（KS，第 103 页）。正如《五彩缤纷的性高潮》后来所惋惜的那样，男人们的特点在于，既不能给他们的妻子以“充分的满足，他们自己也完全享受不到乐趣”，因为“他们全然不懂”情色艺术，“而且讨厌说不同的女人之间有什么差别 [在印度情色理论文本中，对此细节有过生动的详细描述]，他们只是从动物的角度考虑女人”（AR，第 xxiii 页）。

掌握情色艺术、精通性行为所必须要考虑的艺术训练，主要包括并要重点突出的是那些西方文化所特别指称的美的艺术，尽管它实际涵盖的范围要广得多。在强调男人和女人“应该研究《欲经》及其中的艺术与科学”时，婆蹉衍那认为，技能由之所出的六十四艺研究：“歌唱、乐器表演、舞蹈、歌舞乐三位一体、写作与绘画”是首先要考虑的，但此名单所涵盖的其他实践形式，对西方美的艺术传统而言也属核心范畴，比如“肖像制作（picture making）、风景描绘、舞台剧……建筑……作诗……以及……制作泥人雕像等”。六十四艺中的其他艺术类型也有明显的艺术特性——从文身、彩色玻璃制作、卧室布置与插花、假花

[1] 对《色彩缤纷的性高潮》而言尤其如此。阿切尔注意到，此书将三十多种女子排除在性交伴侣之外，而《欲经》只列出两种（KKS，第 30—31 页）。

制作到珠宝时尚、装饰，再到各式各样的装潢乃至厨艺等（KS，第101—117页）。

278 不过，注重这些不同艺术对情色艺术的贡献，并非说它们的最高目标就是性或性快感，因为《欲经》本身所表露的目的，自始至终都不是性或更宽泛意义上感官欲望的满足。更确切地说，其目的是利用并训练人的欲望，以培养和改善其感官，造就出一个更完满、更高效的人。婆蹉衍那概括其书的结论时认为，其“意图并非仅仅用作满足我们欲望的工具”，而是让一个人能“掌控他的感官”，由此“在他所做的每一件事上都能获得成功”（KS，第292页）。

审美艺术不仅被印度情色作品列入其建议的训练范围之内，也包含在情色行为本身的观念当中。此行为不只限于性交活动，也包括前戏和后戏娱乐的精巧美学在内。正如婆蹉衍那所描述的那样，“性交的开始”，这位绅士得到了女士的爱，他们身处一个经过精美安排“令人愉悦的房间，里面饰有鲜花，充溢着香水浓郁的芳香”，他及其爱人“由其朋友和仆人们陪伴、照料着……之后他应该让女人坐在左手边，挽开她的长发，同时手伸到她长袍的低端触碰衣结，右手应该温柔地抱住她……于是他们可以一起唱歌……演奏乐器，谈论艺术，彼此敬酒”，直到唤起她浓浓的爱意和性欲（KS，第167页）。

这样，当其他人都遣散之时，更亲密的前戏随之开始，一直带向“性交”（congress）高潮。但性交的终止并不意味着性行为的结束，反而延续到拥抱、抚摸、甜点及愉悦的交谈，其间男士指点夜空中各种别致的美，女士躺“在他的膝上，面向明月”，凝神观望。唯及此时，婆蹉衍那才划定为“性交的结束”（KS，第168页）。性行为过程中从开端、发展到结束，如此分阶段、有筹划的清晰结构观念，意味着一种包蕴审美内涵的戏剧化、风格化的场景调度。

情色舞台的审美设计在《科迦论》那里再次得以肯定，并在《五彩缤纷的性高潮》中有最为充分的描述，它们所推荐的艺术装饰不仅有乐器，还包括“色情诗集”及“悦目的”“春宫图”，另还有“那些空旷而279 美丽的墙壁上”，装饰着“赏心悦目的图画和其他东西”，这种审美快乐通过刺激我们的感觉想象与愉悦，也强化了性的联想与快感（AR，第96—97页）。[1]

性行为表演本身，并不局限于巧妙的空间安排和艺术活动方面的审美考量；时间因素也需要协调进来。按照女人的类型和（太阴）月的日期，会就其不同身体部位及不同的前戏方式激发女性伴侣的情欲；道同此理，不同的女人在一天中会喜欢不同的做爱时间。这些不同的时间、日期、身体部位及前戏方式（包括不同方式的拥抱、接吻、咬、抓、揉、吮吸、抚摸、挤压、发出一些性感的声音），都有非常详尽的描述。爱侣被引导着，“随日期而改变爱抚的地点，你会看到她因地点的变化而变得兴奋起来，就像月光照在月亮石上时上面的画像一样闪亮”。总之，不仅是性刺激的环境和行为，还包括展现出来的刺激本身，都明显得到了美化（AR，第6—14页；KKS，第105—110页；引文出自第107页）。

如果说性爱舞台音乐、舞蹈般的动作、艺术装饰及情侣间的审美话语，构成了印度性行为这个概念外延的一部分，那么，在其性前戏和性交媾的目的、方法和原则上同样存在审美的维度。[2]这些方法和原则的目的有许多是刺激、协调情侣的活力，并确保交媾给男女双方带来充分的快感。因此，充分关心男女生殖器尺寸（有时也包括质量）、欲望强度、满足所需时间方面的分类，情侣间就会意识到这方面的不般配，并通过

280

[1] 《科迦论》（KKS，第133页）描绘了一个布满鲜花和香料的迷人房室中进行的行为表演，男士在里面唱着动人的歌曲；而《五彩缤纷的性高潮》（AR，第96—97页）则描绘了“最适合同女人性交”的环境设计：“在房子里选一间最宽敞、精美、通风的屋室，全用白色将房间粉刷干净，再用赏心悦目的图画和其他东西，装饰在空旷而美丽的墙壁上，房间各处布置一些乐器，尤其是管乐器和琵琶；还有茶点，比如椰子、蒌藤叶和牛奶，这些有助于提神和恢复精力；备上几瓶玫瑰花水和各种木本香料、乘凉用的扇子和马尾掸子（chauris）、色情诗集及悦目的性交姿势插图。璀璨的壁灯（Diválgiri）或墙灯，应该闪烁在大厅周围，百面镜子映射着它们的辉光，同时男人女人都应该努力克服拘谨或矜持，全裸放开自己，无拘无束地尽情享乐，边上是高高而漂亮的床架，架于长长的床腿之上，许多枕头散布床间，上覆华贵的伞状徽章（chatra）或华盖；床单遍洒鲜花，被罩透露着点燃芦荟及其他香木后的迷人香气。爱的王座在此冉冉升起，令男人安逸而舒适地享受着女人，满足了双方所有的祝愿与梦想。”

[2] 前戏与交媾的方法和快乐（在《科迦论》和《五彩缤纷的性高潮》中）被分为“‘外部’与‘内部’的性交形式”（KKS，第125页），或“外部享受”与“内部享受”（AR，第97、115页）。印度人的分类表明，外部行为与快感（比如接吻）可以在前戏后持续很久。

适当的前戏和性交体位加以补救，以克服这些影响到性交审美和谐、优雅平衡及快感释放的不相称因素。相称的性交自然是最好的，但强烈的欲望必须要节制，因为欲望太过强烈的话，情侣们容易沉陷其中，既不能注意也不能对彼此的需求有所担当，更没有耐心投入个性化的性行为当中，扩张其美，令其快感达至最充分的程度（AR，第21—24页；KS，第127—130页）。[1]

审美意图清晰展示在咬、抓情侣身体所现出的这类痕迹上，于是性行为也就成为一种具象艺术（figurative art）行为。除了它们给予情侣的触觉快感，这种情色形象也在审美意义上被人理解为精巧的模仿（representations）。[2] 印在脖颈和胸部的一种指甲抓痕“像一个半月”（AR，第105页；比较KS，第143页），另一种“用五个指甲印在胸上……叫‘孔雀’足”，“是用人们崇拜的对象做成，需要很多技巧才能做好”（KS，第143页）。各种各样的咬痕，包括女人面额、面颊、脖颈和胸上一簇特殊印记，一起构成了用各种不同咬痕汇总起来的曼荼罗“唇状椭圆”，而且我们还被告知说，“它将大大增加她的美”（AR，第108页）。这种抓痕和咬痕也用作爱情的象征，比性行为更为持久，却审美地记录下了此行为，充当了某种温馨的“纪念象征”，能重新点燃情人们的爱欲（AR，第106页；KS，第144页）。[3] 这些痕迹也很受局外人的欢迎，在看到这些痕迹（不管男人还是女人身体上的）时，他们心里也会对此“充满爱意与尊重”（KS，第144页）。[4]

281

[1] 欲望也不能太少。事实上，正是阴茎同其充分的满足与欲望的契合，“才让丈夫的头脑［从机械插入的问题］转到日常的艺术身上，由此令女人臣服”于酣畅淋漓的性爱快感当中（AR，第22页）。

[2] 有些咬痕和抓挠并不是想留下痕迹，而无非是要带来更强烈的触觉快感。

[3] 印度情色艺术也会运用一些不留痕迹的象征性行为因素，用以暗示性行为的其他一些方面，由此努力去改善它们。“间接的吻”（transferred kiss）吻的就不是情人，而是一个小孩或其他对象，同时要让情人看到，以此暗示想吻这位情人（KS，第141页）。“颈”（Ghatika）吻则是通过象征，想刺激起男人的性交冲动，这时女人会“将舌头深入男性口中，讨人喜欢且慢慢地来回搅动，即刻暗示出另一种更强烈的享受形式”（AR，第102页）。

[4] 婆蹉衍那也引用过一些这方面的古诗：“一个女人看到自己身体私处的指甲印，尽管过去了很久，且痕迹变淡，但她的爱仍会被重新唤起、苏醒。如果没有这样的痕迹提醒一个人过往的爱，那就像长时间没有过做爱一样，爱就会逐渐淡漠下去。”（KS，第144页）

作为对各种咬痕方式和指甲使用的补充，还有各式各样的拥抱、接吻、叫床声、情色性抽打身体及抓扯头发的方式等。然而，印度情色艺术中最有名的，可能还是对众多性交姿势详尽的描述、分类和生动的命名。这里讲的各种姿势和在其他地方一样，均出自多样化的审美冲动，这样会不断激起新的兴趣，加深快感，避免单调产生的厌倦。如婆蹉衍那所讲，“如果所有的艺术和娱乐都在探索多样性，那么在这种情形（即情色艺术）下，应该还要探索出多少呢？”正“如多样性为爱所需，所以爱也须借助多样性才能滋生出来”（KS，第144页）。

这些性交姿势（或 bandhas）中有许多彼此间似乎稍有重复或交叠，说明这种多样性体现在一次性交行为当中，而不是让性交行为局限于某种单一的姿势。换言之，在任一具体的性交行为中，许多不同的姿势均可以作审美的安排，像一序列舞蹈步骤般，编入性行为过程之内。这些姿势的变化不仅带来了多样性，通过拖延男人的射精时间延长性交行为，而且也会有它们的名字和联想所赋予的特定象征意义。因此，比如说“通过相继采用‘鱼’‘乌龟’‘车轮’及‘贝壳’的姿势（*mātsya, kaurma, cakra, śankhabandha*），一个人就融入毗湿奴（Vishnu）最前面的四个化身的角色当中”[1]。而且在这种以动物命名的姿势中，得到鼓励的情侣努力去戏剧化“这些不同动物的特征……让自己的举止像它们一样”，因此，性行为当中就添加进了更进一步的艺术模仿维度（KS，第152页）。

性行为与舞蹈的相似性虽说别的文化那里也有，但在印度传统中的表现却尤为突出。例如，在其情色文本与《戏剧论》（*Bharata Natya Sastra*，古代关于戏剧、舞蹈与美学的经典文本）第二十四章之间的紧密联系，如一位评论家所讲，视“卖淫训练……为舞蹈技术的一部分。某种艺术门类的名家不仅仅练习其他艺术，而且还会根据雕塑模仿［通常可以在神庙那里看到］做出判断，认为雕塑遵循的即是仪式［特别是密宗的］、可能也包括世俗性交所表现出的舞蹈精神”[2]。在此文化语 282

[1] Alex Comfort, “Introduction,” KKS, 63.

[2] Ibid.，49,63.

境下，伴有神圣的快感体验及满足感的性交，或可以视作与神灵作较高层次交合的模拟，或可视为达此交合的手段。[1]

完全超出密宗（Tantrism）强烈的性体验框架之外，印度传统颇为得体地将情色艺术视作受神性感召、走向宗教性的过程。婆蹉衍那认为，其《欲经》就是“遵循宗教经典的精神创作出来的……主导着宗教信徒的生活……并完全专注于对神的静观”（KS，第92页），而《五彩缤纷的性高潮》也说，认真研究性交艺术，据其快感满足并改善自己，一个人“处于成长期时，就会平复他的激情……学会关心造物主，研究宗教学，习得神灵的知识”（AR，第xxiii页）。

性交的宗教含义——不管是作为与神（比如性力女神[shakti]和湿婆神）性交，还是作为更为抽象意义上基本的两性原则的象征（比如神我Purusha与自性Prakriti，或中国的阴阳理论）——进一步丰富了情色艺术的象征意义，激励它们在仪式方面的审美化，哪怕在明显不是宗教性的文本中也是如此。[2]这种可以巧妙改变最基本生活功能的审美仪式化，是亚洲文化至关重要的洞见，可以疗治我们基于艺术/现实、审美/功利二分法且占统治地位的柏拉图—康德审美传统。艺术对凡物的转化并不需要虚构现实世界的副本，而只需日常生活实践（不论是性交还是茶饮）中较为强烈的体验和专注的个性化行为，由此会令这些实践充满独特的美好、生动与意义。[3]这种对真实世界的转化，反过来也会激发艺术的虚构造型。

283

因此，说印度情色艺术只是在利用美术（fine art）的对象和实践，这远非实情；我们必须承认，印度的美术反而是对情色艺术的吸收和利用。《欲经》里描述的性交姿势，无疑启发了中古时期印度庙宇对性交

---

[1] 见《广林奥义书》（Brihadaranyaka Upanishad）：“在挚爱之人的怀抱中，一个人会忘记整个世界——里里外外的所有东西；同样地，怀抱自我的他，对身内身外之事也会一无所知”，引文同上书，第28页。

[2] 这种仪式方面的审美化也可以在日本茶道（tea-ceremony）那里见到，后者源自禅寺中的茶饮（中国要早于日本），但长期以来就盛行于这些宗教语境之外，保留着某种强烈的审美仪式感，像禅宗一样专注于融洽、心境的平和、恭敬、纯朴与宁静。见D.T. Suzuki, *zen and Japanese Culture* (Princeton: Princeton University Press, 1989), 272–274。

[3] 在第十三章，我会继续探究这种日常生活审美转化的实例。

的雕塑表现，其中最著名的是康纳拉克（Konarak）、卡朱拉霍（khajuraho）、白鲁尔(Belur)及赫莱比德(Halebid)神庙，也包括诸如龙树山(Nagarjunikonda)这般佛教中心，那里的许多性交雕塑“有时正如诗人所解释的那样——均可视为婆蹉衍那《欲经》的雕塑版”[1]。其影响深远的情色艺术文本，事实上已成为梵语诗歌中情爱（及情侣形象）文学描写的主要范本。其对史诗及戏剧作品（传统意义上也包括舞蹈和音乐）的影响尤为深重，且也波及爱情抒情诗甚或某些宗教诗歌（比如《纪达－戈文达圣歌》[Gita Govinda] 就将一个女牧童对黑天神 Krishna 的爱，类推为人类灵魂对与神性交之狂喜的渴求）。文学与雕塑中的这种核心角色，也让情色艺术进一步推动了它对印度其他美术的影响力。[2]

在我们对美的传统定义中，多样化的统一是最为著名的。印度情色艺术里丰富的多样性，不仅见诸多样化的拥抱、接吻、抓、咬、抽打、抚弄头发、时间安排、叫床、性交体位（包括口交和肛交[3]），乃至阴茎在阴道里不同的动作方式，也见诸这几种方式汇为审美统一体的方式，用一位评论家的话说即是，完成了“将一种精致的性爱感受转成积极艺术作品的创作”[4]。对这些不同方式中最适合汇聚一体以刺激并满足欲望的因素，由于给予了认真的关注，性行为由此得以升华并达成协调。例如，《欲经》一整章都在探讨“适合这些因素的各种抽打和叫床方式”，这些方式也会根据男女孰为抽打方或承受方的具体情况，根据前戏或性交中情侣们适合自己的步骤，适当调整自己（KS，第 154、157）。要对这种混合状态做出动态协调性的审美引导，就必须要承认，这些艺术规则并非绝对不变的处方，而须根据对多样化语境的明敏感知加以灵

284

[1] K.M. Pannikar, “Introduction,” KS, 74.

[2] 因此，正如对情爱的经典表现方式，画家们也开始采用情色文本及受其启发的文学作品所描绘的各种女性类型与情境。KS，第 75 页；Comfort, 70。其中有八个经典形象在《五彩缤纷的性高潮》第 113—114 页中有过描绘。

[3] 《欲经》专辟一章（第九章）写口交的体位与方法，却丝毫未提及肛交的方式，只是记录了有这种做法（KS，第 153 页）。在此之后，比较古板的《科迦论》据说也极少提及口交与肛交。依然古板的《五彩缤纷的性高潮》干脆就没提这两种体位，尽管当时的情色作者们已经认可了口交。See Comfort, KKS, 124。

[4] Comfort, KKS, 49.

活运用，包括从情侣个人可能出现的偶然情况（其身体状况、社会地位、习惯爱好及当下情绪）到时间、地点及文化环境等，均须考虑进来。“各种不同的享受方式既不适合每时每刻，也不见得适合所有人，它们只能用在特定适当的时刻、适当的区域与地点。”（KS，第157页）

在吸收如此多感觉、形式、认知、普适、社会文化及道德方面内容的过程中，印度情色艺术的审美多样性，自觉地服务于多种目的。其中一个日渐受人重视的目的，是维系已婚夫妇的性吸引力和性爱，以保持家庭的和睦及由此而来的社会稳定。《五彩缤纷的性高潮》总结道，“丈夫、妻子投向陌生女人或男人的怀抱，造成这种离异的主要原因或根源，是快感的匮乏和占有之后的乏味单调”。“这一点毋庸置疑。单调导致厌腻，厌腻后则不喜性交，特别是在不是你就是她有了这种不喜的情形下；恶意于是随之而生，男或女接受了外来的诱惑，另一个受猜忌唆使，也就随之出轨。”由这种单调与失和，“导致了多配偶制、通奸、堕胎及各种形式的不道德行为”，败坏了生活及夫妻的名誉，甚至“令已故祖先的声名也随之受累”。虑及于此，此书对情色艺术的研究目的即是表明，“通过改变妻子的享受方式，丈夫如何像跟三十二个不同女人一样和她生活在一起，经常改变她的享受方式，令厌腻消弭无形”，同时也教给他的妻子“各种有用的艺术与秘技，她也回馈自己的丈夫以纯洁、美丽与乖巧”（AR，第128—129页）。

如果印度情色艺术是在努力给予女人“充分的满足”，并“充分享受她们的魅力”，那么，这种满足的特点就在于其明显的审美方式，即对怡人知觉与动作中感性和谐的分享，其间充满了具象的形式和复杂的意义，并通过戏剧化自我意识与个性化行为精心组织在一起。在优美的乐器上娴熟演奏变奏曲，借此巧妙创造出和谐与快感，这种审美目标在《五彩缤纷的性高潮》中表露得尤为明显：“所有在读此书的你们都将知道，当演奏其上之时，女人这种乐器是多么的优美宜人，在创造最为精美的和谐，在表演最复杂的变奏及给予最神圣的快感方面，她又是多么的才华横溢。”（AR，第xxiii页）一个人在将女人客体化为取悦男人的审美乐器时，可能会犹豫不前，这不难体谅，但这种伤害性在印度一贯的情色主张面前多少会缓和下来，这种主张认为女人反过来也会演奏男性乐器，有时甚至扮演男人，采用男人的行为和性交体位。这里用角色互换（purushayita）的不同方式，女人骑在仰卧的男人身体上，插入进去，有节奏性地进行性交动作，由此“享受着她的丈夫，充分满足了自己”（AR，第126页）。

除了借它们创造出的性爱快感与亲昵关系，来维系幸福的婚姻，印度情色传统的审美多样性还有更广泛的认识与道德目的。《欲经》在性与肉欲快感之外，还涉及整体的感性认识领域。情色艺术丰富的感官刺激性与复杂性，连同其对各种不同肌肉协调性及身体姿态的掌控与改善力，不可能不极大增强对感觉与肌肉运动能力的认识。其知觉培养不仅包括对性格倾向的认知能力训练，也包括对改变其他人思想和情感的能力教育，以便情人面对它们时能做出合适的反应。需要付出极大的专注，来分辨动作和表情，因为这些动作和表情会显示出一个女人的个性、性取向、兴趣、嗜好、情绪变化、性欲及其兴趣与性欲满足的手段和程度。这种知觉训练会提升对他人、对他人不同差异的道德感受性（表现在对不同类型情人包括掮客与交际花等复杂、多重的分类上）。[1] 286

假如这种知觉与道德感受性的目的是提升性行为，那么性行为反过来也会通过探索我们的欲望与压抑情况而对情色实践加以改造，以磨炼道德上的自觉与自律（self-discipline），同时也会通过对我们的感觉与肉欲施以巧妙、令人愉悦的控制，测试并改善我们的自控力。由于“肉欲（kama）是对听、触、看、尝与闻相应五感对象的享受，助以精神与心灵”，所以其于情色艺术中的实践目的，即在于各种“对[一个人]感觉的控制”（KS，第102—103、292页）。这些官能享受的控制目的除了实践、道德、认识之外，也自有其审美价值。

---

[1] 《欲经》也详细推荐了一般性的审美生活方式，而不限于性事。参见其中一章《关于房间及家具的布置；一位公民及其同伴的日常生活与娱乐等》，其中提示人们如何审美地安排一位绅士或城里人（man about town，梵语写作 *nayaka*）的生活环境及日常生活。这些生活方式方面的建议，从沐浴、化妆、穿衣、吃饭、午睡，一直到诸如节假日、宴饮、论艺、审美消遣（如作诗和用花装饰自己、游戏）等娱乐活动。

概言之，古代印度（甚至超过中国）在性行为的审美能力及审美可能性方面，有很多西方要学习的地方。由于我们的文化长期受性科学及笛卡尔哲学人体即机器观念的影响，过度痴迷于用机械、非知觉性的手段改善性行为（比如药剂、滑润剂、阴茎增长术），由此忽视了优化情色体验的艺术技巧。而印度情色理论（包括这里讨论的三个代表性文本）同样也提供了大量机械手段（药物学、人造器官乃至巫术方面的）以优化性行为，增强性欲望，它重点强调的是借助专门审美知识及与性交相关的感觉运动技能的完善，来培养情色的艺术性。身体美学作为一个理论与实践领域，专注于对我们身体的研究与培养，视身体为一个审美知觉与自我审美塑形的场所，对这门学科而言，亚洲，特别是为古典印度文化所系统阐述的情色艺术，提供了一种典范性的资源及无法估量的灵感。

身体美学如果可以视作某种实用主义教育哲学的话—— 一门将身体用作必备工具、一般场所及学习科目，借其改善（在知觉和行为方面），以提高我们学习能力的学科，那么，情色艺术——及其对感性知觉、感觉控制、心灵领悟、道德感受力及艺术与认知能力的培养——为其广泛的教化价值，就一定要被身体美学吸纳进来。于此，我们就可以发现一种大有前途的全新而又古老的性教育观念——借情欲及其在实践中的改造、追求与满足的艺术，而施之以教化的观念。

287

第十三章　身体感知的觉醒与生活艺术：美国先验论与日本禅修中的日常生活美学

一

理论哲学为何如此无视美国最为著名、最具启发性的先验论思想家 288 拉尔夫·沃尔多·爱默生与亨利·戴维·梭罗，为何只将他们降格归于文学家之列呢？这种冷落可能源于他们的主张，说哲学主要是一种实践，一种与自我修养有关的雍容生活方式，而非纯粹的学术事业。正如梭罗非常尖锐的提法，“今天只有哲学教授，而无哲学家。但做教授仍是可敬的，因为他们曾有过可敬的生活”[1]。两位新英格兰地区思想家，都反对将哲学局限为纯粹智力的学术训练，基本上无外乎文本的阅读、写作与讨论。如果爱默生确定真正的“生活并不 [仅仅] 是逻辑推理”，确定“理智的生活趣味不会取代肌肉活动”，[2] 那么，梭罗的解释就更为具体：“要做一位哲学家，不仅要有精微的思想，甚至也不仅是创立一个学派，而是要热爱智慧，按智慧的导引，过一种简单、独立、大度、诚信的生活。它是要解决一些生活中的问题，不仅仅是理论上，而且要在实践中解决。”（W，第 14 页）

对哲学实践维度的这种强调，启发了后来的实用主义者，如威

[1] Henry David Thoreau, *Walden*, in Brooks Atkinson (ed.), *Walden and Other Writings* (New York: Modern Library, 2000), 14; 后文缩写为 W。

[2] Ralph Waldo Emerson, “Experience,” in *Ralph Waldo Emerson: Essays and Poems* (New York: Library of America, 1996), 478, 后文缩写为 RWE。

廉·詹姆斯和约翰·杜威，后二位开辟的基本思想路径，对我的努力方向有筚路蓝缕之功。当我的书《实用主义美学》《哲学实践》及《生活行为》提出重建美学原则与生活实践行为的统一时，这些想法便早已在爱默生和梭罗那里有所预示。[1] “艺术”，爱默生说道，“绝不是一种肤浅的才能”，“就像所有绘画和雕塑那样，只创造跛子和怪物”，它必然要借重塑男人和女人的个性来“提供完美的典型”(RWE，第437—439页)。对此，梭罗有过一段更为明晰的描述：“能画一张画，雕一个塑像，像这样创造出一些美好的对象，是很了不起的。但尤可称颂的是塑造并画出那种氛围和媒介，能让我们从中有所发现，从中正当地活着。能影响当代生活品质的，是最高洁的艺术。每个人都该按照他在最为崇高和明断时刻的所想，来创造自己的生活，甚至包括生活的每一个细节。”(W，第85—86页)

289

在努力开辟身体美学领域，进行实际身体训练，以优化我们的体验与行为，增加我们自我塑型的手段时，我再一次注意到了梭罗这位先驱的作用[2]：“每个人都是神殿的建造者，神殿即是他的身体，在里面，他完全按自己的风格来膜拜他的神灵，哪怕他转过身来雕琢大理石，也离不开这种崇拜。我们都是雕塑家，都是画家，材料就是我们自己的血、肉、骨骼。任何高贵，一开始就会改善一个人的外观，任何卑琐或淫欲，也会马上让人沦为禽兽。”(W，第209页)

本章我考虑的是爱默生和梭罗描述过的另一种重要生活方式，具体表现在哲学生活上，是一种简单到让人难以察觉，所以很容易被忽视掉

---

[1] RichardShusterman, *pragmtist Aesthetics: Living Beauty, RethinkingArt* (Oxford: Blackwell,1992); *Practicing Philosophy: Pragmatism and the Philosophical Life* (New York: Routledge, 1997); and *Performing Live: Aesthetic Alternatives for the Ends of Art* (Ithaca: Cornell University Press, 2000). 尽管杜威在实用主义美学上是我的第一位美国引路人，但后来我逐渐认识到，他的许多核心思想在爱默生，尤其是在梭罗的“艺术”随笔中已有表述。见 Richard Shusterman, “Emerson's Pragmatist Aesthetics,” *Revue Internationale de Philosophie* 207 (1999): 87-99。詹姆斯同样也讲过这种基本美学观点，后来在杜威那里得到系统阐述。见 Richard Shusterman, “The Pragmatist Aesthetics of William James,” *British Journal of Aesthetics* 51 (2011): 347-361。

[2] Richard Shusterman, *Body Consciousness: A Philosophy of Mindfulness and Somaesthetics* (Cambridge: Cambridge University Press, 2008), 47-48; *Practicing Philosophy*, 108-109, 176-177.

的生活方式。哲学化生活这种想法的意思是活在清醒中，而不是活在沉睡状态。为弄清这个非常模糊的想法究竟所指为何，我会把重点放在爱默生和梭罗对此想法的使用方式上，同时也会留意哲学史上其他一些重要的相关表述。然而，若想拿出这种想法（也是一种理想）更为具体的当代例证，我就要谈谈，清醒生活的训练何以能为我们的日常经验提供丰富的美甚或精神启蒙。这里我将拿出我个人在一家日本禅寺的清醒生活体验。

290

然而在讨论清醒生活的时候，我们最好还是先把它放在其他重要的哲学生活方式当中予以考量。至少我们应该回想一下西方三个重要的哲学生活观念，它们都可以追溯到柏拉图那里。如果说《苏格拉底的申辩》（*Apology*）描述的是苏格拉底的哲学生活方式，体现出阿波罗神谕的诉求，渴望自我认识，追求正当的有益于自我与社会的自省生活方式，那么柏拉图的其他对话则提供了其他不同的方式。在《克力同篇》（*Crito*）、《高尔吉斯》（*Gorgias*）及《理想国》当中，他把哲学家与医生的工作做了比较。医生关心的是身体健康，而哲学家代之以灵魂。不过，假如灵魂不朽且较身体高贵的话，那么按柏拉图的意思，哲学就该视为高等实践。这种对灵魂健康医学或医疗方面的关切方式，在古代哲学当中有非常大的影响力，皮埃尔·哈东特（Pierre Hadot）对此曾有过令人信服的说明，他也强调此方式在精神训练方面的应用，以服务于灵魂健康。[1]

在其《会饮篇》中，柏拉图提出了一种我认为审美多于疗治的哲学生活方式。爱美的渴望，据说这种渴望正是哲学的源泉，哲学生活即是一种对更高层次美的持续追求，会令哲学家变得高贵，并直至美本身最完善的境界，形成美的知识以促成“真正美德”的诞生。柏拉图说这种美的生活是“唯一值得过的生活”，会令哲学家“不朽，假如有人真能不朽的话”（198c–213d）。[2] 将美、和谐、诱人的高贵、新颖的创意表现带

[1] Pierre Hadot, *Philosophy as a Way of Life* (Oxford: Blackwell, 1995) . See also Martha Nussbaum, *The Therapy of Desire* (Princeton: Princeton University Press, 1994).

[2] John Cooper (ed.), *Plato: The Complete Works* (Indianapolis: Hackett, 1997), 481–495

入哲学生活当中，也就是我所倡导的审美的哲学生活方式，而且在《哲学实践》中，我曾详尽介绍了其在当代不同哲学家那里的表现，比如米歇尔·福柯、路德维希·维特根斯坦及约翰·杜威。从本章开始所引用的段落中，我们可以清楚地看到，爱默生和梭罗都赞成审美意义上高贵的生活艺术这种想法，在这种生活艺术中，主体会“按照他在最为崇高和明断时刻的所想”，努力用迷人的形式塑造自己和环境。然而，本章关注的重点不是这些，而是他们对过一种清醒生活似简实繁的禁制。

291

二

在梭罗更详密而系统地阐述这种清醒的哲学生活方式时，爱默生这位年龄大一些的导师，则采用饱富诗意的暗示指点着这条路径。其著名的随笔《经验》，就是以这个主题作为发端。“我们从哪里找到自我？在某些我们根本不知，也深信并不存在的极限之处。我们清醒过来，发现自己置身于楼梯之上；往下看，阶梯无数，我们似乎就是从那里爬上来的；抬眼上望，依然是无数的阶梯，越升越高，望不到边际。”（RWE，第471页）爱默生的话并不是说给少数纯粹的梦游者们听的，而是针对大量的正常男女，他们并未在某种清醒的状态下执行着自己的生活行为（我们所讲的“连续”阶梯或连续动作）；这样，当我们在我们生活的某一特定阶段或时期突然“清醒过来”，或意识到自我的时候，我们并不真正清楚我们的准确位置，包括从哪里来的，到哪里去。生活在某种沉睡状态，是对非自省生活准确的隐喻性说法，是苏格拉底所反对的哲学生活方式。即便我们以为自己是清醒的，因为“正值午时”阳光最为灿烂之际，爱默生也仍认为，“我们无法摆脱困慵”，随我们昏昏欲睡的意识而来的倦怠（RWE，第471页）。“睡眠终生流连于我们的眼前，犹如夜色整天在枞树枝头盘旋……我们的生活并不像我们的知觉那般，遭遇着如此多的威胁。”（RWE，第307页）

梭罗在批评常识的时候，也重申了这种不满：“为什么总是将我们的知觉降低到最呆滞的程度，而又赞美它为常识？最平常的常识是人睡着时的意识，并通过鼾声表达出来。”（W，第 304 页）我们不能看到事物真正的样子，看到它们完整存在时丰富多彩、赏心悦目的炫丽，因为我们只是用常规习惯的观看方式，用已被为一成不变的意义弄得昏昧盲瞎的双眼去看它们。像其他习惯一样，这种观看方式在效率方面自有其优势，在某些时候还是有用的。然而，一旦我们被这些习惯压倒并取代真正的观看（这还是很有可能的，因为习惯的天性就是强化自身），它们就会非常不幸地弱化我们的知觉与体验，用常识自以为真的虚幻陈规，取代我们对真理的洞见。梭罗悲叹道，“由于闭上了双眼，神情恍惚，任凭自己受假象的欺骗，人们才建立了他们日常生活的常规与习惯，并无时无地都在巩固它们。其实它们一直都建立在虚幻的沙滩上”（W，第 91 页）。然而，是哲学为我们提供了一种苏醒的手段，让我们可以更清楚地观看事物，更充分地体验它们，那是我们沉睡时（真实或比喻的沉睡）做不到的，因为此时我们的双眼已闭，意识呆滞，头脑一片空白，或陷入梦幻的混沌状态。

292

无论在东方还是西方，逃出这种神志不清的梦幻状态，都是其哲学一直关心的老生常谈。古代中国道家学派的庄子有个著名的困惑，想知道他是一个梦到自己变成一只蝴蝶的哲学家，还是一只梦到自己变成哲学家庄子的蝴蝶。勒内·笛卡尔在其《第一沉思录》（*First Meditation*）中表述自己的怀疑论观点时，同样提到过著名的梦的幻觉现象（虽说情形很不一样），说尽管看起来他是清醒的，并有意识地在挪动着自己的某些身体部位，但他时常为梦所骗，觉得“根本没有任何确定的标志，能区分开清醒与睡梦”[1]。更晚一些的时候，我们在一个和做梦不同的语言使用场合发现，伊曼努尔·康德赞美大卫·休谟（David Hume）将自己从教条主义的迷梦中唤醒，并由此激励他创立了自己的批判哲学。按康德这里的用法，沉睡与其说是一种梦的状态，不如说是一种盲目的信仰与行为状态，通常虽作清醒状态来看，可是它并没有真正或完全觉醒到

[1] René Descartes, *Meditations on First Philosophy*, in John Cottingham, Robert Stoothoff, and Dugald Murdoch (trans.), *The Philosophical Writings of Descartes*, vol. 2. (Cambridge: Cambridge University Press, 1984), 13.

一种感知的、批判的敏锐状态。沉睡即无批判力的清醒状态，需要更大程度的真正苏醒，这种隐喻意义可以追溯到苏格拉底。在《苏格拉底的申辩》中，他把自己比作“一只牛虻，被神派到这个城邦的牛虻”，目的是通过自己的批评质疑，确保“唤醒”人们，因为若无这种“叮刺”，他们“将在昏昏沉沉中度过[他们的]余生”(30e)。

对事物本质有个更为清晰的批判性认识，这种清醒观念在佛教哲学里也是一个极为核心的范畴。佛陀（Buddha）这个名字在梵文中的意思即“觉醒者”（源自词根“budh”，意即“唤醒”“唤起”或“觉知［know］”），把此名赋予悉达多·乔达摩（Siddhārtha Gautama，释迦牟尼），无非是表达这个事实，即他也是从我们传统信仰的教条和幻影中觉醒过来的，更为清晰意识到苦难、虚假自我意识与世事无常的人类境况，意识到通过对这种境况的准确认知，来摆脱这种苦难的方法。这里所说的觉醒，意思是一个人比在平常清醒的时候有更多的觉知，而且正念（mindfulness）或强化的觉知，一直就是佛教传统的绝对核心主题。[1]

293

梭罗劝人们早起并赞美晨光之时，也同样持有上述看法，因为清晨正是“清醒时分”(W，第84页)。在此时分，“我们极少困倦，而且在一整天的时光中，我们部分人至少有一小时的时间是清醒的”(W，第84页)。清醒意味着我们在较高的意识层次上振作起来，其程度自然高于一天中其他平常思考和活动的时刻；意味着“我们在比睡着时感受到的更高生命状态中”觉醒过来（W，第84—85页）。梭罗解释道，黑夜当然也有其价值，是我们觉醒的准备：“感性生命局部沉眠后，人的灵魂或其器官每天反倒得以激活，其天资再次开始创造其高贵的生活。我该说的

[1] 比如说，这个主题从佛陀早期“正念基础”的训诫，可以追踪到日本禅宗道元（Dōgen）大师的“圣者八念”（The Eight Awarenesses of Great People）。尽管爱默生和梭罗是古亚洲哲学的热心读者，但我还是应该注意到一种有关精神觉醒更为本土化的宗教语境。“第一次伟大觉醒”（First Great Awakening，18世纪30年代至18世纪40年代）这场广为人知的宗教运动，在新英格兰地区（及其在北美的殖民地）极具影响力，对此，马萨诸塞州著名神学家、哲学家乔纳森·爱德华兹（Jonathan Edwards）有过令人信服的表述。“第二次伟大觉醒”（18世纪90年代至19世纪40年代）在爱默生和梭罗的新英格兰地区也很有影响，它不仅激发了精神觉醒，也包括诸如废奴主义及禁酒这样的社会改革运动，这些对爱默生和梭罗来说都非常重要。

是，所有重要的事情都是在清晨时分、清晨的空气中发生的。”（W，第85页）援引《吠陀经》“一切才智均于清晨苏醒”之后，梭罗强调说，早晨清新的空气无关乎时段，而应始终充溢于一个人的心灵之内。由于心灵“灵活而蓬勃的思绪一直与阳光同行，白天即是永久的清晨。不管时钟走到哪里……清晨总是我清醒的时分，总是有曙光在我心间”（W，第85页）。

在赞美艺术家有“唤醒其他心灵”，并可提升其到更高生命层次的“本领”时，爱默生断言，伦理方面“比较高尚的灵魂”具有同样的功能，因为一种高尚的品格“可以借其行为与言辞、容止与礼貌唤醒我们，雕塑或绘画美术馆展示出的魅力和美同样可以做到这点”（RWE，第244页）。梭罗也认为，“诗歌、艺术以及人们最为公正与难忘的行为，始于”同时也有助于早晨清醒的灵魂。“所有诗人与英雄都是曙光女神的孩子，会在黎明时分奏响他们的乐章”，当然是在梭罗所讲的心灵而非时段意义上（W，第85页）。 294

梭罗说“道德改革意味着努力摆脱沉睡”时，意思或许是清醒意指一种努力，努力战胜宜人的倦怠和舒适的懒散，这些都和睡眠及其躺卧姿态有关。圣·奥古斯丁的《忏悔录》也强调了这一点，他将自己的肉欲沉疴比作极具诱惑的睡眠，说很难摆脱，纵使人们很想苏醒并站起身来（这里的意思是上升到与上帝分享的较高生命层次）。他这样写道，“我像进入睡眠一样，已在宜人的红尘脂粉中沉沦经久；事实上，您就是我苦思冥想的对象，正如一个人挣扎着想从睡梦中醒来，可他睡得是如此深沉，以致又一次次沉睡过去”。“没人想总是沉睡——因为任何明智的判断，都认为最好是醒来——可是，在感到四肢乏力、迟缓沉重之时，一个人往往百般拖沓，不愿醒来，又舒适地陷入另一次沉眠中，尽管他也明白不该这样，毕竟已到起床的时间。我同样以为，最好的办法是投入您爱的怀抱，而不该继续放任自己的欲望；但首先要学的是愉悦并坚定自己的心灵，其次要学的是预约并控制自己的身体”。[1]

[1] Saint Augustine, *Confessions*, trans. F.J. Sheed (Indianapolis: Hackett, 1992), 135–136.

梭罗认为，理智方面的贡献能力，同样也要从昏睡中苏醒过来："百万人觉醒，足以从事体力劳动；而一百万人中只有一个人觉醒，也足以促成理智的高效运行；但一亿人中，只有一个人能过着诗意而神圣的生活。清醒就是生活。我还没有遇到过一个完全清醒的人。若是见了，我怎么才能坦然直视他呢?"（W，第85页）因此，觉醒是一种特殊、批评性、改良性的生活方式，是自我向更高端意识修养自身的途径，需要反省性的自律苦行，此即为首先由苏格拉底描述的哲学生活方式的特点。然而，一个人理智方面经严格训练的凝神觉知，并不排斥受过训练的身体意识实践，苏格拉底也同样以其身体训练本领著称于世。

为我们所需的这种觉醒，梭罗认为不能靠药物或其他兴奋剂之类的外在手段。即便我们的梦幻完全由我们清醒生活中有意识、改良性的努力塑造而成，"我们也必须学会再度觉醒，保持住清醒状态，但我们不能求助机械的方法，而应永远寄望于黎明，哪怕在最深度的沉睡中，黎明也不会抛弃我们"。换言之，我们必须要运用"一个人无可置疑的能力，通过自觉努力，来提升他的生活"。此外，梭罗直接将这种强化觉知的努力，与对清醒生活的审美想象联系在一起，值得这里再次引用，因为它对日常生活美学的说明很具说服力，也适用于哲学的生活艺术[1]："能画一张画，雕一个塑像，像这样创造出一些美好的对象，是很了不起的。但尤可称颂的是塑造并画出那种氛围和媒介，能让我们从中有所发现，从中正当地活着。能影响当代生活品质的，是最高洁的艺术。每个人都该按照他在最为崇高和明断时刻的所想，来创造自己的生活，甚至包括生活的每一个细节。"（W，第85—86页）

295

---

[1] 对颇具民主精神的爱默生和梭罗而言（如同最初的苏格拉底），哲学生活对每个想做出必要苦行努力的人来说，都是开放性的，做出这些努力，也是每个正当关切自己的人义不容辞的责任。这种具有民主精神的开放性，是他们二人为何极少说如此生活专属"哲学"的缘故，因为那样的话就可能暗示说，诗人、艺术家、英雄甚或卑微的农夫，就无权过这种生活，此权利唯属职业（或至少是自诩的）哲学家。

三

如果爱默生和梭罗将清醒的生活誉为其理想的答案，那么，除了这种很了不起的觉知，这种生活还有什么其他特点呢？受改良愿望的驱使，由批判意识、自我探索及向世界活力无私敞开的自我修养所导引的这种训练成就，确实是他们所宣扬的清醒生活的一部分。然而，什么是这种生活想要达及的目标？又用什么办法来实现觉醒呢？爱默生和梭罗首先称颂了觉醒在催生艺术、道德领域天才和崇高人物方面的作用。如果这是需要持之以恒的训练和修行的“崇高目的”（W，第 87 页），那么里面就存在一个矛盾，因为天才并不完全是个体自我完善的意愿方面的问题，相反，它也涉及一种在比个体更大、更强力量面前的“放任”或“忘我”（self-abandonment）行为，结果那些更强的力量就可以借个体天才来表达自己（所以正如爱默生所强调的那样，天才一直都不仅仅是个体）。[1]

除此之外的另一个难题是，在觉醒的生活被誉为它所创造的艺术、道德、理智与精神成就令人振奋的礼物时，这些成就（美、道德、知识及深刻智慧）反过来又恰恰是把我们唤醒到清醒生活的东西。这种交互的行为或相互依赖性，绝不会损害这个循环，阻挠新的觉醒和连续的创造，因为作为典范，以前在这些艺术、知识及行为领域所取得的成就，会持久不衰地在场，不断提示新的个体再创清醒的生活，取得新的成就。爱默生和梭罗著作经久不衰的启发性就是不容置疑的证据，证明了过去的觉醒对当下的影响。 296

除孕育天才作品的杰出创造性之外，觉醒更具普适性的价值，是能让我们对日常生活的意识更加敏锐与专注。由以前的一些章节我们了解到，即便某些哲学家也清楚，专注的意识并不总是好的。用最少量的意识不自觉地去做时，许多这样的自动工作效率是最高的，而总是谨小慎微、意识专注地考虑它们，反倒会妨碍它们的平顺进行。即便与自动控制有关的理智工作（比如弹钢琴，即兴回答某个哲学问题，用合适的语调朗诵

[1] 参见我的文章“Genius and the Paradoxes of Self-Styling,” in *Performing Live*, ch. 10。

一篇事先准备好的讲稿等），也往往是在我们意识不到自己正在做什么的时候，才做得最好。然而，前面那些章节同样也告诉我们，对我们行为与情感高度专注的批判意识，也自有其价值，可以借此改造不良习惯，改善既得的技巧，学习新的技能。此外，更为清醒、明确地觉知我们的所作所为，也有助于保持自我认识与自我修养的目标，它们对身为一种自省性、批判性、改良性生活艺术的哲学观念来说，是最为重要的东西。清醒状态也有助于更充分领会我们所作所为的意义，因为我们毕竟花费了很多时间，比较清晰地留意着自己的思想、情感与行为。如果我们还记得蒙田的意见，即强化的意识可以通过专注的享受，有效增加我们的快乐，那么这里我们也该将意义带来的快乐囊括进来。[1] 再者，姑且不论快乐，清醒地领会意义（甚至令人痛苦的意义）也是有别样价值的，特别是当一个人把哲学的生活艺术作为一项认识性、批评性、改良性工作的时候。

那么，他们所讲的觉醒方法是什么呢？先验论者特别强调的有两点：简单（simplicity）与缓慢（slowness）。梭罗反复（而非简单地提到过一次）强调又自相矛盾的第一点是："简单，简单，再简单"，他就是这样来要求的，因为我们的"生活零零碎碎地被耗费掉了"，我们的意识也因琐事，无法避免地被分散开了注意力（W，第 86 页）。假若能专注于较为有限的一个对象领域，觉知就可以更为敏锐，注意力就可以更为集中。几行字之后，他又重复了节俭的告诫："简单化，简单化，大可不必一日三餐，必要的话，吃一顿就够了；大可不必百道菜，五道就行了；至于其他，按同样比例减少就可以了。"（W，第 87 页）爱默生同样认为简单是精神觉醒的关键，因为简单让我们触及了"最高法则超乎寻常的简单与活力"（RWE，第 386 页）。因此他呼吁说，"个性的基础一定是简单"，简单让一个人更适合"大自然的简单本性"。"没有什么比伟大更简单；事

297

[1] See Michel de Montaigne, *The Complete Essays of Montaigne*, trans. Donald Frame (Stanford: Stanford University Press, 1965), 853.

实上，简单就是伟大。”[1]

梭罗为专注的觉知提供的另一个办法是缓慢。我们很难仔细而从容地注意到快速移动的东西；它们太过匆匆，几乎不可能很好地把握住它们。所以梭罗批评美国文化“过得太快了”（W，第 87 页），主要表现在 19 世纪高速交通的标志——铁路，及其带来的快节奏生活上。铁路之例启发了梭罗，让他借“沉睡者”（sleeper）一词——同时有铁轨铺设其上的枕木之义，详尽阐发了睡和醒这个主题。“我们并未骑在铁轨之上，反倒是铁轨骑着我们。你有没有想过，铁轨下面的那些枕木是什么?”梭罗这样问道。“每根枕木都是一个人啊，一个爱尔兰人，或一个北方佬 [他们尽着铁路工作职责的时候，精神却在沉睡着]……列车在他们上面平滑驶过，我向你们保证，他们是彻底的沉睡者。”只有在列车隆隆碾过另一种沉睡者的时候——“一个在沉睡中行走的人”——留意或留心到的人才会去“唤醒他”（W，第 87—88 页）。因此梭罗劝告我们，莫要在事业的狭窄轨道上跑得太快，而是要慢下来，用更集中的意识领会经验与创造性生活的奇迹。

对爱默生而言，从容不迫的缓慢与耐心的美德有关，同时他也道出了一个事实，大自然通常是通过缓慢的进化与成熟，而不是匆忙的爆发创造出它的奇迹。“自然的脚步是那么的缓慢”，他以赞赏而非不满的语气写道，不只有钓鱼、帆船运动、打猎或种植，专心按缓慢的“自然方式”教我们要有耐心，而且学者也“必须要有很大的耐心”，慢慢审核他所研究的问题，不致忽视隐藏的部分与事实。[2]“耐心是研究最重要的果实”，爱默生总结说，敦促我们“抛开战争期间的匆忙，跟随自然 298

[1] Ralph Waldo Emerson, “The Superlative,” in *Lectures and Biographical Sketches* (Bostton: Mifflin, 1904), 174, 176; “Literary Ethics,” in *Emerson: Essays and Poems* (NewYork: Library of America, 1996), 100.

[2] Ralph Waldo Emerson, “Farming,” in Brooks Atkinson (ed.), *The Essential Writings of Ralph Waldo Emerson* (New York: Modern Library, 2000), 674; “Powers and Laws of Thought,” and “The Scholar” in *The Complete Works of Ralph Waldo Emerson* (New York: Houghton Mifflin, 1904), vol. 7, 49; vol. 10, 286, respectively.

的步调，后者的［自然的］秘密就是耐心”。[1] 缓慢的原则作为更清晰意识到我们所做所感、并付诸更有力控制的手段，对提高身体意识的某些身体感知训练而言，是极为重要的因素。[2]

先验论者专注于当前（the here and now）的主张，与简单而缓慢的方法有密切的联系，本身值得做一些详细说明。思想集中于当下，会提高我们的注意力，免于分散到某一往事庞杂的繁文缛节当中，往事太过幽深难追；或散佚于某一不明又无限的未来，未来的奇幻毕竟浩渺难测。从容的缓慢通过时间延长的方法，有助于我们专注于当下，在这个意义上，占据当下的行为会花费更多的时间，较为缓慢地施行。此外，这种缓慢可以让我们对任何行为都能付出更多的专注，注意力在此行为的每一阶段都能持续更久，因为每一阶段实际上都要持续较长一段时间。正因为这样，爱默生和梭罗都主张专注于当前。

“我们总是打算好好地活，但从未真正地活过”，爱默生在日记里抱怨说，所以他大胆地决定：“往昔不可追，未来无可为，我要活在当下。”[3] 梭罗在一篇有关散步的重要的随笔中随之说道，“最重要的是，我们无法不活在当下”。“他这个受诅终有一死的凡人，即便在回想往昔的时候，也离不开当下生活的瞬间。”[4] 对当下的这种专注与梭罗的清晨激励（morning inspiration）哲学有着直接的关联，其在场时的清新力量，可以让我们摆脱思想与行为的陈习枷锁，“除非我们的哲学听到了远方谷仓场院里的鸡鸣，否则我们依然行走在暗夜里，鸡鸣声往往会提醒我们，我们的思想活动和思想习惯已在逐渐迟钝，趋于古旧”（W，第662页）。梭罗意识到，借其故事里表现出的辉煌，过去与未来（凭借历史与愿景在文化上的丰富多彩）似乎使得转瞬即逝的当下相形见绌，所以他反

299

[1] Ralph Waldo Emerson, “Address at Opening of Concord Free Public Library,” and “Education” in *The Complete Works of Ralph Waldo Emerson,* vol. 11.505; vol. 10. 155, respectively.

[2] 详情参见 *Performing Live,* ch. 8。

[3] Ralph Waldo Emerson, entry April13, 1834, in E. W. Emerson and R. W. Forbes (eds.), *Journals of Ralph Waldo Emerson* (Boston: Houghton Mifflin, 1910–1914), vol. 3, 276; 及其后来 1839 年 9 月 18 日的日记，卷五，第 255 页。

[4] Henry David Thoreau, “Walking,” in *Walden and Other Writings.*

驳说，“真实与崇高……就在此时此地。上帝本人也是在此刻显示出伟大……我们能够完全领会什么是崇高与尊严，正是靠周围现实经久不衰的灌输与渗透”，是此时此地（W，第92页）。

爱默生也赞美了灵魂真正投入其中时当下的崇高。即便当前仅仅是些司空见惯的对象、微不足道的事情，专注的当下也是一扇窗，通过它，现实向我们敞开它所有的充裕与辉煌，无论是物质还是精神。爱默生将悉心地关注当前与前面简单的主题结合在一起，认为“上升的灵魂……是简单而真实的；没有玫瑰的嫣红；没有出色的挚友；没有骑士的义行；没有刺激的冒险；也无须崇敬的赞美；就生活在当前，生活在日常真切的体验中——正是由于当下，微不足道的小事也有思想的渗入，有光明之海的润泽”（RWE，第397页）。叹息于人们仍未觉醒，没清醒觉知到当下，“仍是用一成不变的看法哀叹往昔，不曾留意身边的富饶”，所以爱默生认为这样的人“不会幸福与强大，除非他和当下的自然生活在一起，忘情于其间而忘了时间”（RWE，第270页）。这是因为当下——尽管转瞬即逝——在某种意义上也是超越时间的，因为其本身被理解为完全的在场，并由此超出了从过去到未来时间线性延展的观念之外。

然而，除了对永恒当下这些崇高、近乎神秘的领会时刻之外，专注于觉知我们的世俗经验，还有一种比较基本的重要价值，完全呈现于我们的所为与所在之中的价值，使得我们可以比较充分地从当下周围环境的所与中受益。在他那篇有关散步的随笔里，梭罗举了一个十分精彩的例子，说明一个人如何失去了对当下的专注，并由此错过了其中蕴含的意义：“事情发生时，我被吓到了，当时我已走进森林一里远的样子，完全不知道怎么走到了这里……但它就是在我从不轻易走出村庄的情况下发生了。某个与手头事情相关的念头会跑到我的脑海里，全然不知自己身处何地——我这是精神不大正常了。我在散步时，很高兴能恢复正常。如果我考虑的是森林之外的事情，我跑森林里做什么来了？”（W，第632页）

300

我们可能惋惜，梭罗用华丽的辞藻在身体和心灵之间做了太过鲜明的对比，但我们一定要理解他的意思，理智就在身体那里，我们应该满怀欣喜地专注于理智于当前所知觉到的东西，而不应用不在场、遥远的东西塞满我们的心灵和思考。以强烈的专注与清晰的意识领会当下，活在当前，这种生活观念也是我在日本邂逅的禅宗所关心的核心问题，对此，我会在本章结束的部分予以说明。

梭罗另一个被过分夸赞的精神觉醒方法，是受心灵指导的身体训练，与苦行修炼及净化的目的有关。在讨论我们的吃、喝习惯时，梭罗一度认为，精神觉醒和我们饮食习惯方面的典型动物意识，是种反比的关系。在“吃吃喝喝”这种我们习以为常、“野兽般流着口水的生活”中，梭罗评述说，“我们知道我们的身体里面，有一只野兽，随着我们更高级的本性沉沉睡去，这种动物性就会随之觉醒。它类似于爬虫般的天性，耽于官能享受，或许难以整个驱除掉”（W，第 206 页）。

但是受孟子和《吠陀经》（*Vedas*）的启发，梭罗断言，用精神控制我们身上的兽欲，用训练和礼制规约它们，完全可以借此提高我们的纯洁程度：“‘控制我们的情欲和身体的外在官能，并做好事，按吠陀经典的说法，是在心灵上接近神的不可或缺条件。’然而，精神只是在当时能渗透并控制身体上的每一种官能和每一个部分，并把外表上最粗俗的淫荡转化成纯洁与虔诚。而我们一旦放松生殖的冲动，它就会让我们荒淫放荡、猥亵不洁。若加克制，我们则会精力充盈、头脑清明。”（W，第 207 页）对梭罗而言，“所有的纯洁即是唯一性”，所以我们对吃、喝的自觉训练，就可以指导我们更专注地控制其他欲望，结出精神觉醒的丰盛果实。“贞洁是人绽放开的花朵；天才、英雄气概、神圣等等诸如此类，无非是它结出的果实。纯洁的海峡一旦畅通，人马上会流向上帝那里。”（W，第 207—208 页）

专注的身体训练并不是摧毁身体，而是将它带到更高的水准；因为身体不单纯是肉体、骨骼和皮肤，而是一个有知觉力的人体（soma），包括所有构成我们自发习惯的那些根深蒂固的身体天性——导引我们无意识“梦游”一生的习惯。为了完成身体生活的净化，我们必须让它变得更为自觉、审慎而克制。于是梭罗再一次把目光转向印度哲学文化，在

301

那里，每一种身体“官能都可以虔诚的谈论，并接受法律的制约”。“印度的立法者……教我们如何吃、喝、同居、大小便等等诸如此类，令那些微不足道乃至卑贱的事情得以升华”（W，第208—209页）。但在此之后，他又描绘了一个虚构的美国普通人约翰·法梅尔（John Farmer），后者唤醒“沉睡于他身体里的[精神]能力”唯一的办法，就是“实践一种新的苦行生活，让心灵沉降到身体之内，以完成对它的救赎”（W，第209页）。从身体美学的立场来看，这种身体与心灵的二元对立是令人遗憾的，身体美学更喜欢把身体说成身心（body-mind），或者是可以把自身既体验为主体又体验为客体的具身化意向性。不过，身体美学也分享了梭罗情感与行为方面有价值的洞见，似乎纯粹与粗野、肉身相关的情感和行为，可以有效完成意义的转化和性质的改善，只要我们在尽心尽力去关注它们，并用较好的方式对它们加以改造的时候，用培训过的意识给予更多的关注，就完全可以做到这点。

甚至被梭罗视作卑微、“野兽般流着口水的”进食行为，借助强化的专注意识，也可以提升其精神价值，因为这种意识能精确分辨食物及进食方式的滋味及意义，并由此让品尝同时也变成了一种认知性鉴别的精神活动。他十分坦率地承认说，“谁不曾有过吃得津津有味，却忘了是否吃饱的时候呢？我曾非常兴奋地想到过，我应该把这种精神上的感觉，归功给一般意义上粗鄙的味觉，是味觉给了我感悟，是我在半山腰吃过的那些浆果滋养了我的精神”（W，第205页）。如果强化的鉴别意识可以将品尝行为从浅薄的纵欲，提升至启人心智的优雅，那么，“能知道食物真味的人绝不可能是个饕餮；反之必然”（W，第205页）。以适当的正念态度（而非盲目的欲望）进食，可以保持我们的纯洁，滋养我们的身体，启发我们的灵魂。“食物入口不足以玷污一个人，而食欲却可以。问题不在于食物的质，也不在于量，而在于口腹的贪欲；这时所吃的东西不是为了维系我们的肉体生命，也不是为了启发我们的精神生活，而是供养身体里控制我们的馋虫。”（W，第205—206页）

爱默生也同样认识到，借助强化的意识，即便我们最基本、最低等的肉体需要，也可以加以改造，体现为优雅的精神生活和精神观念。我

302 们的吃、喝、呼吸，不该仅仅是为了之后有力气创作出带有艺术之美并超出（或独立于）生活的理想作品；相反，我们应该“服务于理想的吃喝、呼吸及实际生活［行为］”（RWE，第 439 页）。借助这种强化、有鉴赏力的意识，及由此产生的专注的活动与行为，一个人就可以创造出精彩的日常生活审美体验，正如我在哲学阅读中得到的收获，远不如在日本濑户内海（Inland Sea）道场跟禅宗大师一起训练期间的个人体验，也包括2002—2003 年我作为客座教授在广岛（Hiroshima）的体验。

四

哲学作为一种具身化、启蒙性及高度意识化的生活艺术的观念（我最初了解到这种观念，是阅读古希腊、蒙田、先验论者、尼采及实用主义作品的时候），在事实上促成了我与禅宗的相遇。我试图体验这种生活，但在当代西方却没有找到能吸引我的相应机构，所以我希望半道出现的禅宗能够帮助到我。我知道，找到一家正宗的禅宗道场（Zen dojo），找到一位经验丰富且能收我当学生的禅宗大师，并不容易，对我来说，也很难在那里找到足够的训练时间。

通过强化身体意识与身心结合的方式来丰富认知的身体美学项目，激起了广岛大学对新的学习方式的兴趣，因此，当该大学教育研究院邀请我作 2002—2003 学年客座研究教授（全薪且没有教学任务）继续我的身体美学研究时，我自然是十分兴奋的。尽管实际禅宗技巧研究确实同身体美学（它宣传的就是理论与实践的结合）有关系，但这所大学的东道主们，似乎不大喜欢我的禅宗僧侣生活实验。显然他们是在担心，我不仅会因完不成启蒙而失望，也会因禅寺（Zen cloister）严酷的苦行生活而招致痛苦的打击。经过不止六个月时间的请求，让他们帮我找位合适的老师和道场（我不想要那种专为外国游客设计的迪士尼式禅宗体验节目），此后我意识到，我得到别的地方寻求帮助了。

幸运的是，在东京大学做完一次演讲之后，我遇到了一位叫角谷正则（Kakutani Masanori）、研究传统日本文化中教师思想的博士后。他找到我，只因我是他知道的一名著名教师，之后就非常热情地安排了我与禅宗大师（Roshi）井上城（Inoue Kido）的首次会面。角谷博士也非常慷慨地教我如何准备道场的训练时间，并耐心帮我翻译日程表（道场网站上虽有，却是日文的，远远超出我当初的基本交流水平）。他还帮我参详该买什么样的训练服，在哪里可以买到。他甚至还建议我拿出额度适当的款项，作为晋见大师的礼物，并解释在日本文化中，多少数量的钱意味着幸运或者不祥，此外还提醒我，只能在礼品信封中放新钞票（clean new bills）。他的技术性建议非常管用，但要应付这种在大师道场所体验到的日常生活美学，仅仅这些，还远远不够。 303

在试图详述这种美学之前（其活生生的特质，很难用清晰的观念术语予以诠释），我应该提一下两种相当不同的日常生活美学思想。尽管两种思想都关系到对日常对象或普通事件的理解，但第一种观念强调的是这些日常东西的日常性（ordinariness），后者则相反，它关心的是，这种东西如何通过一种非常专注的审美欣赏，将这种东西转化为某种具有更丰富意义的体验，进而被知觉到。第二种日常生活美学观念强调的是美学最为根本的知觉意义，同时还把审美经验看作一种有意识的全神贯注，主要是将此过程本身视为专心或强化的体验，并且也作为体验而为人所欣赏。如果第一种日常生活美学观念执意于把日常理解为日常，而不是特殊，那么，这种美学所理解的审美特质，本身就不会引起特殊的关注，被视为一种强烈的特质或强烈的体验。恰恰相反，审美特质会被理解为这样一种东西，就像欣赏阴沉的天气，只是用日常、阴沉的理解来理解它的阴沉，而不是把它理解为一种突如其来的壮丽景观，或对其阴沉的一次特殊体验。相比之下，第二种日常生活美学观念做的则是日常对象或普通经验的转化，将它们转化为一种更强烈的知觉体验，具有明晰、突出的鉴赏意识特点的知觉体验。

就我的理解，爱默生是第二种观点的支持者，因为他谈到过，我们要欣赏普通生活事物（“锅里的牛奶；街头的歌谣；船上的趣闻；眼睛匆匆的一瞥；体型与步态”）中“潜藏的最高精神始源的崇高显现”，这样一来，“世界就不会封闭在灰暗的杂物堆和破烂存放室里”，“所有微不足道的东西” 304

都闪烁着“形式与秩序”的光亮（RWE，第69页）。尽管我承认第一种日常生活美学观念说得也没错，但还是觉得第二种更令人期待，因为它把美学当作一个改良性的研究领域，目的是通过提供较为丰富和有益的审美体验，来美化我们的生活。从这个角度来看，对日常对象与实践的审美欣赏，就有助于改善和强化对它们的知觉，让我们可以从中得到最为丰富的体验和最为睿智的知觉。如果说，这种方法因强化的知觉，令普通的东西有了不同寻常的体验，而多少显得自相矛盾，那也不要紧，因为相比第一种日常生活美学，这种清醒的普通知觉性矛盾，存在的问题要少得多。在第一种日常生活美学那里，普通的东西是以最普通、最习以为常、最漫不经心或最“麻木不仁”的方式被体验到的，所以不论审美地知觉什么东西，一点儿风险都没有；我们不能这样，不能不用特殊的关注去知觉对象、事件或经验。

第二种观念之所以引人入胜，是因为它用不着使用当代艺术的主要方法，就已可以引人注目地达到相同目的，令我们的知觉更加清醒、专注，或更为集中，由此获得比较丰富而难忘的体验。当代艺术的那种方法与间离效果（defamiliarization）或“陌生化”有关，基本手段是制造更多的困难。正如俄国形式主义思想家维克托·什克洛夫斯基（Viktor Shklovsky）所讲的那样，陌生化是种特殊的“艺术手段”，目的是“通过让对象‘变得陌生’，让形式复杂化”的形式，唤醒我们，更充分地知觉我们的所见所感。这种手法有意“让我们的知觉持续的时间更长、更‘费力’”，因为“艺术知觉过程有其自身独特的目的[本身即为一个审美目的]，应该发展到最充分的程度”。[1]什克洛夫斯基看法背后的依据是现代主义的假定，即艺术的审美形式一定要难懂，迫使人们延长关注的时间，这样一来，我们对事物的知觉就会变得自觉而清晰。

爱默生和梭罗不满平常漫不经心的知觉方式，认为它让我们享受不到日常生活中丰富多彩的意义，什克洛夫斯基发展了托尔斯泰对此意见

[1] Viktor Shklovsky, “Art as Device,” in *Theory of Prose*, trans. Benjamin Sher (Normal, IL: Dalkey Archive Press, 1991), 6.

305

的呼应，主张用陌生化的方法增加艺术的难度，以此唤醒我们，迫使我们专注于对象，“目的是把感觉还给我们的四肢……让我们对对象的感觉”更充分，知觉更清晰，而并不是像我们“习以为常的”知觉和行为那样，只是“不自觉——无意识地运行着”。[1] 然而，这种手法已被证实的一个危险是，这种困难将艺术与人的日常生活隔离开，尤其是那些普通人，他们既没受过文化教育，也没时间学习和思考美术抛给他们、让其知觉“很吃力的”复杂难题。这种难题并不民主，只让精英享有艺术的特权，甚至还让艺术孤立于精英们的日常生活实践之外。

日常生活美学对觉醒意识的看法，同样为意识、知觉和情感提供了理想化的强度，却没有纯艺术（high art）那种疏离性的难度和孤绝凡尘的精英意识。当然，它也有自己要面对的挑战；因为它也需要某种知觉训练或修行，需要一种特殊的专注意识，或一种虚怀若谷、一心一意的正念，经如此正念专注的转化，就可在日常经验的普通对象和事件身上，发现众多不同寻常的美。

我跟从井上城大师在少林窟道场（Shorinkutsu-dojo）学到了这种训练，此道场坐落在一个小山上，山下是一个叫忠海町（Tadanoumi）的小镇，位于日本美丽的濑户内海沿海山区和静谧的乡村之间。它是曹洞宗禅学院（the Soto school of Zen）下属的一个道场，由道元禅师（1200—1253年）创建于日本，他根据以前在中国跟随天童如净大师坐禅（sitting meditation）的个人体验，创设了这所学院的教学方式。与比较重视文学文本和心印（koans）研究的临济宗禅学院（Rinzai school of Zen）相比，曹洞学院更着重强调的是坐禅这种实际身体训练，以及严格、毫不妥协地训练教学纪律，其间，教师有时还靠大吼或抽打的方式来传达信息，加深学生的印象。由于我的日语水平很有限，远低于我的身体感知专注能力（是通过作为一个专业费尔登克拉斯肢体放松法实践者的训练，以及我对瑜伽、太极拳的研究培养出来的），因此，以身体为核心的曹洞宗训练方法，对我来说是再

[1] Viktor Shklovsky, “Art as Device,” in *Theory of Prose*, trans. Benjamin Sher (Normal, IL: Dalkey Archive Press, 1991), 5.

合适不过了，尽管要冒一些听力和挨打的风险。

井上城大师在广岛大学研究哲学，非常热心于向世界推广禅宗教学，认为这非常值得，所以也热情地接纳了我；但他坦率而友好的个性，并不妨碍他作为我老师的严格训导角色。在觉得应该指导我们的时候，老师绝不吝于对学生们的管教。如果我以某种方式成功避免了他教学时的耳光（对学生们这样做的时候，他总是亲切地面带微笑），这无非是因为我的日语太差，提不出什么愚蠢的问题（最容易被罚），也因为我打坐时非常认真。然而，有一次他严厉地责骂了我，因为碗里剩下了三粒米饭。如果我的错误是明显冒犯了禅宗避免浪费的规条，那么我相信，按老师的进食艺术标准，这也是理应受罚的过失，他这个标准，是他清醒的正念日常生活美学不可分割的一部分，也是他通过行动和言语教给我们的一种美学。

306

在他教给我的日常美学的大量课程中，我只拿出三个作为例证：第一个有关日常对象，第二个是日常实践，第三个是生理功能体验。为了将这些例证还原到原来语境之下，我首先该略述一下道场的日常训练规程，对此规程，我是绝对遵守的，到那里后，书、电脑、手机及其他一切与世俗活动相关的私人物品，都收了起来，怕跟老师训练时分心。我也不得不脱掉便装，换上必需的训练套装。在角谷博士的帮助下，在网上我买了这些，包括一件卫衣（dogi，白衬衫），一件黑色的和服式夹克，一件黑和服（hakama，裙装），以及一条把和服同卫衣适当系在一起的宽腰带。腰带很难系好。第一次的时候，就是大师的助理司铎帮我系的，我只是竭尽所能地不让它松开，所以当晨曦微放，需要穿上衣服开始一天坐禅的时候，我就不用自己再系它了，打坐的日程安排如下。

凌晨5点，晨起的木鼓声响起的时候，我们急急忙忙穿好衣服，从我们的寝室沿着山间小径，跑到下面的禅室（zendo），开始练习坐禅（zazen），这时会发现大师或他的首席助理，早就进入坐禅状态了。一个小时的冥想之后，大师通常在相邻的祥云寺（Shounji temple）进行早拜，之后再回到道场主建筑做一次短拜，我们接着就在这里吃早餐。早餐后和餐后祷告前，大师会讲一会儿佛教哲学或禅宗仪式。有些时候，他也

307

会在中餐或晚餐期间讲这些，尽管早餐时这次讲座最正式，内容也非常充实，这一点倒是呼应了梭罗非常欣赏的做法，毕竟早晨会让人神清气爽，精力无限。

早餐后，像我这样的新手要马上回到禅室，继续练习坐禅，而资历较深的受训者在禅室加入我们之前，会做一会儿轻松的体力恢复活动。午餐是在正午的时候，随后我们这些初学者要马上回到禅室打坐，直到下午 6 点晚餐之前。下午除了工作和坐禅，受训者每隔一天要洗一次澡（这个团体中的每一个人，都要轮流准备烧开水用的木材），不过，新来的人刚开始 4 天是不允许洗澡的。偶尔，大师还会提供一次正式的茶道。规定的就寝时间是晚上 9 点，10 点熄灯，但禅室是一直开着的，受训者可以在那里通宵坐禅，只要有这份耐力和专注。

不过大师说，禅宗训练与打坐时的身体耐力没太大关系。他并不要求初学者坐着时一定要打足莲（kekkafuza），只要采取一种注意力能从令身体不适的坐姿上转移开的姿势就行了。除了确信一个人内心（Kokoro，心灵与精神）的凝神专注对冥想而言，远比准确的打坐姿势更为重要，井上城大师也认识到，这种凝神专注很容易让初学者疲劳，不利于正念觉醒。根据钝刀割不了水稻的类比，他建议我说，一旦感觉到累了，就从冥想时的坐垫上站起来，回到卧室小睡一会儿，恢复下身体，让意识更清醒些。他解释说，通过这种精神敏锐度的强化，而不纯粹是固执地坚持打坐，我的持续专注力就会逐渐增强。听从了大师的建议后，我的专注力的确也增强了，希望下面的三个例证，能够解释清楚我所采用的方式。

五

1. 作为一个新手，我花费了大量时间往返于禅室和受训者卧室之间。两地之间有两条不同的小路，我注意到，其中一条附近有一块小小的空地，站在那里，视野非常开阔，可以看到美丽的海景，海面上点缀着一些长着茂密、柔软、郁郁葱葱植物的小岛。空地上有一条比较原始 308

的凳子，下面是一段短短的直立圆木（还带着树皮），上面是一块长方形的小木板，木板不是用钉子或黏合剂，而是靠重力和圆木固定在一起。凳子前面两步远的地方，立着两只锈迹斑斑、涂着油漆的旧铸铁桶，这种桶，我曾时常在美国市中心贫穷的社区见到，它是为那些无家可归的人准备的，当作临时性的露天火炉。[1]坐在这个凳子上瞭望道场下面的大海，视野肯定会受到这两只蚀痕累累的褐色铁桶的影响。我疑惑不解的是，为什么把这两只丑陋的东西放在如此秀丽的场所，用这种难看的工业品损害着大海壮丽的自然景观。

有一天，我终于鼓足勇气问大师，我是否可以在那个能够俯瞰大海的地方练习冥想，尽管我还不敢问他，为什么允许那两只丑陋的铁桶（日本人称之为“鼓罐”），去污染那处景观优美而自然的纯净。我的请求被欣然准许了，因为从根本上讲，禅宗冥想在任何地方都可以，而且大师也觉得，我的进步已足以让我在禅室之外进行修行。就这样，我自己坐在那个凳子上，目光投向铁桶上方，凝思默想大海，同时遵循大师的冥想指导，专心关注自己的呼吸，努力澄空所有的思绪。大约 20 分钟高效的冥想之后，我的注意力松懈下来，便决定终止这次冥想。目光转向最近的这两只铁桶时，我突然发现，我的知觉清醒了，有了更多的穿透力，平常丑陋的对象美得令人窒息，像大海一般迷人；实际上，甚至还不止于此。此时，我感觉到自己第一次真正看着铁桶，享受着其色彩精微的华丽，橘黄色的暗影，蓝、绿的色调，令土褐色的铁桶熠熠生辉。它们非同寻常的质地，硬铁壳上斑驳表皮和薄片的纹理，这种多姿多彩令我兴奋得浑身战栗。这无异于一曲柔软与坚实外观的交响乐，不由让人想到美味可口的千层酥。

在我清醒意识的专注之下，铁桶变得靓丽多姿。锈迹斑斑的铁桶有一种直观、粗粝、非常引人瞩目的逼真感，令我眼中的大海相比之下也

309

[1] 比较熟悉当代艺术的读者可能会发现，它们就是那种克里斯托（Christo）和珍妮·克劳德（Jeanne Claude）涂画后，大量堆积在他们两部著名作品两边的铁桶—— 一部是《铁幕》（*Iron Curtain*），这部装置艺术作品 1962 年一度造成了巴黎威斯康星街的拥堵，另一部是 1999 年的《墙》（*The Wall*），用了 1300 个像纪念碑一般堆放着的明亮油桶。

相形见绌。每日间铁桶映入眼帘（完全是在当前状态下凝神知觉到的），都会散发出辉光与活力，与我们永恒物质世界的奇妙波动交相辉映、谐振共鸣。反过来我认识到，更多是我曾以为迷人的大海的“那种观念”，而不是我透过稔熟的思想面纱——其传统的浪漫意义及美妙的个人联想——所看到的大海本身，才让我这么一个特拉维夫海滩上的男孩变成一个哲学家。相比之下，这只铁桶并未失去它作为日常对象的身份，是作为一种最为具体和最具迷人直观性的美，而为我所领会。但想要看到这种美，需要一段持久的冥想觉知训练。尽管这种专注力训练最初的时候并不是对着这个铁桶，但专注力本身，却是令对铁桶的审美知觉充分置于当下直观的东西，而且我可以——在以后的场合——走在海景的前面，重现这种美的景观，引导我的冥想专注于铁桶本身。

2. 现在，我从这种由清醒知觉所转化的普通对象美景，转到日常实践上来，看看如何借助正念行为清醒的专注，将此实践改造成审美生活的行为艺术。这种艺术化的实例取自我在道场的进食经历。从这方面来看，进餐行为是日常生活最简单的事情之一，房间没有什么装饰，很简陋。我们坐在厨房间的地板上，围着一张低矮的木桌，也没有正规的服务员服侍我们。食物很简单，没有配菜，上面也没有悦目的点缀。餐具和刀叉同样简陋粗劣，在百元店（或日本一美元店）就可以看到；由于经常使用，它们已显得老旧，有的甚至有了轻微裂痕，或已损坏。然而，与简陋的房间和破旧的餐具对比鲜明的是，实际的进餐行为显示出的动作极为优雅，沉思的状态也特别高贵，所做出每个动作和体验都很专注，显得很是认真、专心和爱惜。

在道场进餐，与其说只是停下来，补充身体所需的营养，或者让受训者从基本的冥想活动中暂时解脱出来，其实不如说是我们训练清醒觉知的一种重要拓展，当然，靠的是坐禅冥想之外的其他手段，所处的是禅室之外的其他场所（实际上，即便在禅室里的时候，有时大师也告诉我们要练习散步冥想或行禅［kinyin］，以此作为连续坐禅的休息方式）。进餐是我们可以在现实日常行为中展示清醒正念的一个场所，这样做的时候，我们所处的是一个充满挑战性的环境，在那里，我们的食欲和下意识的习惯非常 310

活跃，很容易将我们的注意力从专心做的事情上，从这种集体进餐所体验到的感受中拉开。

我们静静吃饭的时候，大师极富穿透力的威严目光会扫向我们，由我们的吃饭方式、动作的专心及优雅程度来判断我们在正念觉知方面的进展情况——使用碗筷及品尝、咀嚼、吞咽食物的方式， 我们是如何把食物传递给同伴的，同伴想从我们这里得到一个盘子时，我们是否注意到了（从其目光或姿态趋向）。意识到大师正在判断我们吃饭正念的同时，我们这些受训者也在认真观察彼此的进餐行为，努力让自己的吃相更加专注和优雅。如此一来，普通的日常进食就成了一次正念、协同行为的特别体验，成了一种对进餐活动精致而讲究的设计，注意力高度集中在优雅的动作上，认真关心同伴的一举一动，尊重食物，尊重自己，也尊重老师。

对我而言，吃饭无异于一种特殊的挑战。这倒不是因为道场的厨艺如何，尽管它很不同于饭店特有的菜肴，有其朴素的一面。由于通婚而成为日本家庭的一员，我对各种日本菜肴也都很喜欢，所以幸运的是，我还能适应道场的农家菜。要不然的话，我的经历就会是一场噩梦，就像一个人要被迫吃下摆在面前的所有饭菜一样（一位受训者晚餐时生鱿鱼没有吃完，结果第二天早餐时，在盘子里发现了昨晚剩下的鱿鱼）。不过，进餐对我的特殊挑战是，要用得体而专注的优雅方式进食。深知自己习惯的进餐方式很粗心、随便，往往还邋遢，同时我也知道，井上城大师非常注意我的进食风格。记得第一次我们一起进餐时，他直言不讳地严厉批评，让我目瞪口呆。“你筷子用得很熟练”，他评论说，“或许因为你太太是位日本人。但对一位美学教授来说，你是在用最丑的方式在吃饭。在这儿除了坐禅之外，你还有更多的东西要学！”我觉得自己的呼吸都停止了，脸也霎时红了起来。一时间我不知该说或做些什么。

幸亏大师接下来解释说，我用筷子的技能被糟蹋了，原因在于拿起和放下筷子时漫不经心的轻率举止，也在于端饭碗和茶杯的不雅方式——手拿这些器皿的位置不恰当，把米饭或茶水送到嘴边时的姿势也不雅观。之后他耐心地给我示范，什么才是他认为适当的拿放筷子和端

311

饭碗、茶杯的审美方式。我努力模仿他，刚开始总出错，他一再次向我演示并作说明，直到我掌握了其中的门道和方法，并随后用在具体实践当中。

因此，每天的进餐就成了一种极富挑战性的戏剧化行为，要注意动作的优美，分享食物和饮品时，要清醒、有鉴别性地意识到自己所有的行为和感受（包括和同伴们的交流），保证自己进食行为的美感和高雅。最初的时候，我很恐惧，如果白天总在冥想，有时晚上就会被一些噩梦般的影像所困扰，比如，由于笨拙，从筷子上掉下来的食物，或啜食时一时粗心滴落的残渣，弄脏了我新买的白卫衣。与没有别的衬衣可换相比，我那种不经心的丑陋吃相所带来的不体面的污点，一直逃不开大师轻蔑的指责和修炼同伴们的嘲笑。所以我尽可能仔细、认真、专注地解决我的吃相问题，尽管有一种挥之不去的担心，就是担心吃饭时，恰恰由于顾虑吃相，结果会让我的进食动作更加失控、难堪。因为我很清楚，身体意识理论家们如何不厌其烦地一再强调，明确而集中地专注于自动行为，由于破坏了我们协调运动早已习惯且非常有效的自发性，反倒会阻碍自动行为平顺而优雅地运行，而那种习惯正是我们无须经过大脑，却可以把平时想做的事情做得极好的保证。

然而，在我费力找到一位真正的禅宗老师后，跟他训练时，忽视他的指导似乎是愚蠢的，所以我在行动中专心致志，结果也没令我失望。我的白卫衣始终一尘不染。而且更大的收获是，清醒的觉知方式增加了我吃饭时的满足感。借助训练后专注的目的性，我的意识会顺利地将注意力从筷子尖上的酸梅、海藻或糯米团和糟大豆那里，转移到张开的嘴巴，再转到品尝和咀嚼食物时的各种感受上，然后我会以同样专注的意识吞咽下去。由于对品尝、咀嚼和吞咽的这种关注增加了这些行为的感觉快乐，我对拿起或传递盘子这些手部和身体动作（及相应感受）的专注意识，令这些动作同样有了更多的快乐和优雅。用同伴们的动作与感受来调整自己，进一步充实了进餐的体验，增强了协作行为的和谐性。进餐期间的焦虑不久就荡然而去，取而代之的是迅速增长的喜悦，源自这种过程简单却精心美化过的集体设计所带来的满足感。这种活生生的行

312

为改良体验，借其强化的行为意识，非常明确地反驳了那些抵制身体意识训练的流行哲学观，所以我很怀疑这些观点的适用度，后来在《身体意识》也包括本书中对此作了详细说明。

3. 有关日常生活审美转化的第三个禅宗方面的例证，涉及基本的呼吸功能。经过艺术化处理后，这种不可或缺的生命本能，未必不能带来审美快感。就像梭罗强调呼吸简单却又迷人的快乐时所强调的那样，“一切醉人的事物当中，谁不愿意因他所呼吸的空气而心醉神迷呢？”（W，第205页）所以禅宗倡导专注于呼吸，以此为手段，不仅能带来清醒的身体觉知上的快乐，还有通过较长时间专注于当下（遵循道元禅师的说法，井上城大师称之为“现在”）的具体现实，获得豁然开朗或顿悟（satori）的狂喜。既然呼吸都是当下的呼吸，专注于呼吸，就有助于打破偏离“现在”的思维习惯，因为总是想着过去的事情和未来的打算，会让我们分心，并用悔恨从前、忧心未来的各种影像，像一层面纱般掩盖了当下的真相。

和其他很多冥想老师不同，井上城大师非常重视对当下的专注，这也是他不建议呼吸计数（*sosokukan*）方法的缘故，因为这种序列化的做法容易把心思引到过去与未来。比如数第三次呼吸的时候，我们就会不由自主地想到第二次和接下来的第四次。专注于呼吸这样的某一身体特性，为何有益于坐禅？原因之一就在于，身体一直处于当前的真实体验当中，尽管它通常不出现在清晰的意识之内，也不是（作为知觉的主体方面）被人当作纯粹的物理处所。

在专注于自己呼吸的时候，我逐渐意识到了许多以前意识不到的身体体验内容。当注意力指向它时，我比较准确地觉察到了自己的呼吸是如何变化的。同时我也意识到了两种思考之间难以言表的不同，一种是思考呼吸（此时我全然沉浸于呼吸的在场当中），一种是不充分地思考我的“呼吸”，它更像是思考呼吸的概念，或者是关于呼吸的思考。我也感觉到了竭力集中我的注意力（似乎是紧紧抓住某个东西），与比较温和的关注（就像轻轻拿着柔美的鲜花，或双唇欣喜地迎向爱人柔软而温馨的吻）之间的不同。313
我发现，后一种呼吸方式对我来说效果更好一些，更能保持注意力并带来快乐，比起以前来，也让我的每一次呼吸都比较清新、芳香而清凉。

我可以分辨出自己不同的呼吸韵律及与其产生共振的不同身体部位；也能觉察出每次呼吸发出时起始的身体区域。通过把注意力导向我呼吸的这些不同方面，品察注意力随之带来的变化，我就能较长时间、较清晰地保持对呼吸的专注度，避免走神。

冥想持续到第六天的时候，我突然兴奋不已地体会到一种"用自己耳朵呼吸"的感觉，一种以前自己想都没想到过而且直到今天也想不明白的体验。在随后的冥想中，这种现象一再出现，大师对此持一副理所当然的态度。次日，在专注于这种呼吸的时候，我体验到了头、颈、肩、胸、腹活动所产生的一种整体共鸣。在共鸣的中心之处，都是我心脏清晰的搏动声，及我静静坐着时对其平稳节奏的感受。我能听到它轻重起伏的双重节拍，体会到它收缩时的不同位置（及方向），感受到血液由动脉挤出时的流动。在我呼吸间歇的时候，心跳声最为清晰，所以我有意延缓并拖长间歇的时间，主要是因为它似乎可以让随后的呼吸有更加怡人的清新与芳香。这种身体共鸣的快感，袭来时如波涛汹涌，令我不由喜极而泣。我确信，只要是体验过这种简单、纯净而浓烈的身体幸福的人，所有贪婪、暴力及嫉妒的欲望冲动，均会消散无踪。从这种意义上看，它似乎已不仅仅是日常生活美学的方法问题，可能还关系到某种世界和平的建设工程。

我的发现和熟练的身体控制，并没让井上城大师感到惊讶和满意。他解释说，一旦心灵是凝注的，不受制于它习以为常的习惯，不总是想世界之外那些影像，一个人内在身体生命的诸般奇迹，就会把自己非常清晰地呈现给意识。但冥想的目的，他接着说道，本质上并不是对身体自身的反省，也不是借助屏住呼吸（他认为是不自然的）这般的技巧来增强日常的快乐。不是这样，冥想的目的是一种专注的意识，一种充分浸沉于当下现实的意识，以至意识本身也嗒然自失于此现实之内。大师警告说，我的呼吸技巧是理智主义发育不全的产物，会妨碍我的进步，会让我把身体当一个有待探究，有待用某种明晰、鉴别、观测性意识加以 314 控制的对象来体验。大师讲道，这种分析、操纵性的身体反省意识，在强化专注于呼吸方面最初是有用的，但我若想取得更大的进步，必须要超越它，达成某种比二元论做法更加充分的体验，而不再执念于自我和呼吸，只有一种对呼吸完全忘情的知觉，这种知觉会满盈于我的意识，随着呼吸自然而然地运行。

在道场生涯临近结束之际，我似乎会偶尔达至这个境界，并伴随着某种十分强烈的充实感，而且这种感受也会因清新的空气和有节奏的呼吸运动带来的愉悦而不断增强。尽管我的身体体验到了这种快感，却没有了身体是一个有明确边界定义的独特场所这种感觉，它悄然消隐于广阔流动的体验性场域之中，随着喜悦和某种无限整体性的感受而波动，这种整体的丰盈同时也是一种抹除，意味着意识与其对象及场所之间界限的空无。此时此刻，并没有什么持久的场所，而是由其本性，不断消失于下一时刻。因此，尽管最初的时候，禅宗眼里的身体明显也是冥想实践的场所，可只要实践成功了，身体最终却会被体验为空无(no-place)，这就证明了（尽管是以一种比较有力的狂喜形式）身体如何自失于更加广阔的行为领域的方式，那正是它在最幸福的时刻所起到的作用。

第十四章　身体风格

一

风格是艺术的一个基本特征，无论是美的艺术，还是时装、首饰、香水、烹调、产品与平面设计这样的实用艺术。为了弄清身体为何同样是艺术的核心，我们只需认识到它在风格中所起的决定性作用。美国伟大的思想家和杰出的文体家拉尔夫·瓦尔多·爱默生就曾断言，“一个人的风格就是他心灵的声音。木质的心灵只发出木讷的声音”[1]。在这里，纵使爱默生是在用心灵这个概念来定义风格，但也不意味着对身体维度的否定。风格本质上是具身化的，这就如同爱默生提到声音时明确表达出来的意思。发声显然是一种身体行为，涉及人的呼吸、声带和嘴巴。而且，有关心灵在风格中表现出的物质性，爱默生在提及木质的心灵和木讷的声音时也有所暗示。然而，如果从词源方面看风格概念，我们发现风格的身体维度并非源自声音的口头形态，而是书写时的身体姿态。风格一词出自拉丁语的“刻刀”（*stylus*），它最初的一个意思是指罗马人在蜡版上书写或铭刻时所用的某种锐器。因此，风格逐渐就在一般意思上，用来含蓄指称靠任何锋利或尖锐的工具书写或铭刻的方式，这种行为必然涉及某种身体技能。

风格本来是指一种特定的物质工具或书写方式（明显不同于中国传统

[1]　Ralph Waldo Emerson, “Journal 67” in E. W. Emerson and R. W. Forbes (eds.), *Journals of Ralph Waldo Emerson* (Boston: Houghton Mifflin, 1910-1914), vol. 10, 457.

中毛笔的使用方式），但这种最初的含义几经演变，现已染上了更多抽象、文学及玄妙的色彩。风格不再仅仅是书写或做其他标记的一种手段，而变成某种审美特质。创造并欣赏这种特质，不但成为写作目的的一部分，事实上，创造和欣赏本身也因其内在价值而被追求和珍视。然而，有些理论家却呼吁回到风格一词原始的工具性本源，强调说，我们应该将其功能限制为一种传达思想的实用手段，这样就可以保证风格在思想交流中的明晰和朴直。这便是爱默生的朋友及先验论同路人亨利·戴维·梭罗的看法。“只要它是明白易懂的，没谁在意一个人是什么样的风格，”梭罗讲道，“从字面和实际的意义上看，风格无非是刻刀，他写作用的笔；没必要去打磨、抛光、镀金，除非这样做可以更方便他写下他的思想。风格是拿来用的，不是给人看的。”[1]

316

我们并不赞成梭罗的观点，把风格仅仅当作传达思想目的的物质手段（后面会用梭罗自己的写作情况来反驳这种观点），因为我们完全可以证明，他的观点已包含了对风格基础性身体本质的认可。如果一个人的心灵与思想风格某种程度上是具身的，不管是通过声音还是书写（先验论者最为看重的两种方式），那么，似乎所有人的风格在某种程度上也都是具身的。于是问题就来了，身体风格究竟有何特指呢？其独特要素或独特维度是什么？身体的哪些功能或应用，特别构成或表现了身体风格？我们是以哪种知觉官能和知觉方式来欣赏身体风格的呢？

回答上述问题之前，我们应该先就五个方面的重要区别来梳理这些问题，因为正是这些区别体现并构成了一般性的风格概念，同时也对其中的身体维度做了更加明确的描述。这五种对立的风格观念即是，赞颂与纯粹描述；一般与个别；明确的意识或反思与自发或无意识；自觉与不自觉；持久与语境。在解释这些区别之前，请允许我先给出两个常被忽视或许又令人意外的理由，说明为什么哲学家应该对身体风格感兴

[1] Henry David Thoreau, “Thomas Carlyle and His Works,” in *Miscellanies by Henry David Thoreau* (Boston: Houghton, Mifflin and Co., 1894), 99.

趣，即便他们不赞同我对身体美学领域的独特探索，那也没关系。[1]

二

尽管看起来与理性思想和理性推理没什么关系，但身体风格可以非常有效地传达哲学家的观点，令其更具说服力。威廉·詹姆斯显然相信，一个人只有亲眼看到这位哲学家，才能充分理解他。因为对詹姆斯来说，哲学归根结底是哲学家个性的表达，而个性只在和身体充分相遇的时候，才会更完整地展示出来。[2] 这种现实中的相遇，可以显露出哲学家对生活与社会的各种基本态度，在其文本中这些却是秘而不宣的。如果哲学也可以理解为一种生活方式的话，那么在现实语境下去见这位哲学家，同样能看出他是否言行合一。说比做容易，口头语言比身体语言更容易说谎。但身体风格正好相反，它能赋予语言和哲学思想更强大的力量。

317

我们从乔治·爱德华·摩尔(G.E. Moore)的布鲁姆斯伯里(Bloomsbury)[3]及剑桥著名的同事那里得知，其“神采超群的美”和激情四溢的身体语言，在哲学讨论及论辩中给予了他惊人的说服力。“尽管那些天他还很瘦弱，但摩尔似乎真不是这个悲惨星球上的人，他更像是一个来自遥远

[1]　风格当然是身体美学课题的核心问题，我最初把身体美学定义为“对经验的批判性、改良性研究，并且将身体用作感性—审美欣赏（aesthesis）和创造性自我塑形的一个核心场所”，此定义也可以用“创造性的自我风格化”来表述。见 Richard Shusterman, “Somaesthetics: A Disciplinary Proposal,” *Journal of Aesthetics and Art Criticism* 57:3 (1999): 302。

[2]　詹姆斯有时会在他的通信中提出这种看法。比如可以看 1905 年 5 月 13 日他写给柏格森的信，里面表达了他要求见见这位法国哲学家的想法，并解释说，“面对面见他［柏格森］”，会让自己“较好地理解他［柏格森］哲学中某些观点”，即便见面时他们并未花时间讨论过它们。詹姆斯又补充说，“我觉得两位哲学家彼此近距离的个人接触总是件好事。他们可以更深入地了解对方，哪怕只是闲聊着打发时间”。我引用的是再版的 Ralph Barton Perry, *The Thought and Character of William Jams* (Boston: Little, Brown, 1935), vol. 1, 613。不久后，詹姆斯在 1905 年 5 月 28 日首次见到了柏格森。

[3]　位于英国伦敦，是 1904 年至第二次世界大战期间“布鲁姆斯伯里学派”（Bloomsbury Group）的中心所在地，此学派以剑桥大学新近的毕业生为主体，主要代表人物为弗吉尼亚·伍尔夫等。——译注

而神秘之地的先知，受智慧与仁德滋养，周身环绕着玄奥的辉光。”他的教诲“通过各种各样的辩论手段（瞪大眼睛，扬起眉毛，吐出舌头，不赞同地猛摇脑袋，头发都随之飘了起来），深深铭刻在学生们的脑海里”。如此一来，摩尔思想的感召力就由其身体风格而得以增强，乃至很讲究逻辑性的伯特兰·罗素（Bertrand Russell）也说，此风格散发出“某种高洁”，“优雅而柔美，看着几乎就能让人心旌摇荡”，展示出罗素心目中“理想天才”的形象。[1]

318 身体风格同样也帮助到了罗素另一位著名的剑桥哲学同事路德维希·维特根斯坦，让其超凡的才华熠熠生辉，并通过他傲然睥睨的个性魅力，令其观点及推断也具有了更强的说服力。“他棕褐色的面庞清俊瘦削，鹰般的面部侧影优雅动人……他的神情专注，会做出引人注目的

[1] 分别见 Michael Holroyd, *Lytton Strachey: A Biography* (London: Penguin, 1971), 199, 201; G. Spater and I. Parsons, *A Marriage of True Minds: An Intimate Portrait of Leonard and Virginia Woolf* (London: Hogarth, 1972), 32; and Bertrand Russell, *The Autobiography of Bertrand Russell, 1872—1914* (London: Allen & Unwin, 1967), 90。同时也考虑下伦纳德·伍尔夫（Leonard Woolf）的直接书面证词，他认为摩尔是他所遇到的“唯一一个伟大人物”：“我第一次认识他的时候，他的脸庞美得惊人，优雅得几乎难以言表，正如伯特兰·罗素讲的那样，‘他终其一生，脸上都挂着十分可爱的微笑’。但他又像苏格拉底一样，有着一种深刻的单纯，托尔斯泰和其他一些俄国作家认为，正是这种单纯造出了最完美的人性……这种人性或许正是在如此单纯、无拘无束又热情四溢的姿态中展示出自身，比如听到特别吃惊的事情，或辩论的紧要关头遇到荒谬可笑的说法时，他的眼睛就会瞪得大大的，眉毛会倏地耸起，而且舌头也会猛地吐出来。伯特兰·罗素还讲到过这样的趣事，有人看到摩尔在和人争论一个重要观点时烟斗都没点着。他点着了一根火柴，慢慢往烟斗上放，却烧到了自己的手指，结果不得不扔掉它，重新再来——同时滔滔不绝说个不停，或聚精会神地倾听别人的争辩——结果把整盒火柴都耗光了。”Leonard Woolf, *Sowing, An Autobiography of the Years 1880 to 1904* (NewYork: Harcourt, Brace, 1960), 144, 151。他的另一位来自剑桥的崇拜者，著名诺贝尔奖获得者、经济学家约翰·梅纳德·凯恩斯（John Maynard Keynes）曾说过，摩尔如何用自己的身体风格赢得了辩论，在那种情形下，“胜利属于那些有最强大自信外表的人，他们能充分利用确定无疑的说话语气，似乎永不会犯错。当时的摩尔就是这样一位大师——以一副令人喘不过气来的怀疑神情盯着讲话的人——你真的以为那样？好像听到的东西让他沦为低能儿般的一副吃惊表情，同时嘴巴张得大大的，不赞同地猛摇着脑袋，头发都随之飘了起来。他会发出一声，噢？眼睛瞪着你，好像不是你就是他，一定有个人疯了；而且他什么话还都不说。”J.M. Keynes, “My Early Beliefs,” in *Essays and Sketches in Biography* (New York: Meridian, 1956), 243–44。伦纳德证实了摩尔如何通过令人信服却又动人的姿态来运用这种身体风格：“当摩尔说：‘我完全不明白他讲的是什么意思’时，对‘完全’和‘什么’的强调，以及每读出一个单词都摇下头的样子，给人一种他思绪被扰乱时痛苦不堪的感觉”(Woolf, *Sowing*, 149)。

手势……说话的时候，他的表情异常生动，极富表现力。他的眼神深邃，目光犀利。他的个性睥睨不驯，甚至像帝王般傲慢。”[1]

人的个性的确可以通过身体风格表露出来。一个懦弱或腼腆的人，往往从他弓着腰的样子、躲躲闪闪低垂的眼神、踟蹰的脚步、拘谨或羞怯的手部动作，就可以看得出来。维特根斯坦肯定知道这些，所以才会断言说，不只“人体是人之灵魂最好的写照”，而且“一个人的风格也是他的［这种］写照”。[2] 虽然著名历史学家爱德华·吉本（Edward Gibbon）也说过类似的话，“风格是个性的肖像”[3]，但我觉得，我们还可以进一步证明，它们之间的关系甚至比写照和肖像的喻义更为紧密。因为这些隐喻毕竟内含着身体与心灵的二元论，还允许《道林·格雷的肖像》这样的作品存在，在这部作品中，尽管人物已经堕落到可怕的程度，但其外观写照或肖像却仍被描绘得栩栩如生。所以说，身体风格不仅仅是人物个性的外在形象，而是它内在的表现或内在的样子，因为个性完全不是某种神秘的内在本质，而是通过身体行为、举止和态度表现或构成的本质性的东西。

个性与身体举止在本质上的不可分性，是儒家的一个基本思想，它说明了孔子为何那么强调伦理道德实践中容色或举止的重要性。他告诉我们，既然一个人身体表达的意思是，他正在做他愿意做的事情，那么孝顺这种基本美德，就要过“色难”这道关，需要表现出适当的容色，而不只是履行职责的行为。因此君子们都坚信：“动容貌，斯远暴慢矣；正颜色，斯近信矣。”[4] 身体与道德作风的这种本质联系，也是儒家思想为何将礼仪和美术（尤其是音乐、诗歌、舞蹈和书法）视为伦理道德两大

319

[1] Norman Malcolm, *Wittgenstein: A Memoir* (Oxford: Oxford University Press, 1985), 23–24.

[2] Ludwig Wittgenstein, *Philosophical Investigations*, trans. G.E.M. Anscombe (Oxford Blackwell, 1968), II, 178; *Culture and Value*, trans. Peter Winch (Oxford: Blackwell, 1980), 78.

[3] Edward Gibbon, *Memoirs of My Life and Writings*, in *Miscellaneous Works of Edward Gibbon, Esquire. With memoirs of his life and writings, composed by himself: illustrated from his letters, with occasional notes and narrative by John Lord Sheffield* (Basel: J.J. Tourneisen, 1976), vol. 1, 1.

[4] 引自 Roger Ames and Henry Rosemont, Jr. (trans.), *The Analects of Confucius: A Philosophical Transaction* (New York: Ballantine, 1998), 78, 121。

支柱的原因所在。通过把我们的身体行为和身体姿态程式化，礼仪也在塑造并协调着我们的个性，既要保证自我的统一性，同时也要在社会环境里协调好与他人的关系。通过改善个人的和谐感、优雅感与美感，在自己的行为中，在和其他人交往时，艺术也就能借以提高他表现这些特质的能力；演奏音乐或者跳舞，能共同创造出这种和谐的习惯，无论是身体的，还是社会的。[1]

320

由于对儒家身心合一的思想笃信不疑，教师就可以不用言传，而代之以身教。所以孔子曾欲“无言”，打算像无言的天那样，通过行为和休息时的身体表现实施教育（《论语》，第 17 页第 9 段）。于是他的门徒孟子这样写道：“四体不言而喻。”[2] 身体风格在道德说教中的这种关键作用，说明了为什么《论语》第十篇《乡党》的大部分笔墨都在写孔子的行为举止（他独特的吃饭、穿衣、鞠躬、走路方式等等，以适合其行为所处的独特语境）。这种观念的必然结果则是，一个人不能隐藏自己邪恶的道德品质，哪怕他心里想这样做。孟子问道，既然一个人“其言”及“其眸子”都会让一个人的个性展露无遗，那么“听其言也，观其眸子，人焉廋哉?”[3] 对于儒家这些有关风格与个性的思想，西方并不是没有过类似的思考，比如布封（Buffon）的著名格言“风格即人”（*Le style c'est l'homme mêmè*）就是，可遗憾的是，维特根斯坦借肖像隐喻的掩饰，荒谬地将布封努力想合在一起的东西给隔断或分开了。

风格（无论文学还是其他方面的）与一个人个性和思想实质的分野，除写照或肖像外，也有用其他隐喻来说明的。这种分隔性的隐喻之一是衣服，它只是穿在身体上的，而非身体的一部分。这方面最有代表性的就是查斯特菲尔德男爵（Lord Chesterfield）讲的话：“风格是思想的外衣；一

[1] 儒家有关培养、改善、促进个性或自我的这种重要思想，明确体现在（《大学》及荀子的《修身篇》）修身上，身这个词有“身体”和“人”的意思。艺术与礼仪是修身的主要方式，所以礼仪性的身体行为或工作所特有的身体弯曲，有时就用表示身体动作的汉字“躬”来表达。

[2] See W.A.C.H. Dobson (trans.), *Mencius: A New Translation* (Toronto: U niversity of Toronto Press, 1963), 181.

[3] 引自 D.C. Lau (trans.), *Mencius* (London: Penguin, 1970), 124。

定要让它们十分得体，假如你的风格平庸、粗鄙乃至低俗，它们似乎就会带来类似的劣势，都认为你这个人也不怎么样，即便人很不错，可若是穿得破旧不堪，邋遢肮脏，那也不行。”[1] 因为穿在身上的衣服可以让身体看起来不那么粗鄙，颇有教养，风格自然也就让我们的思想少了份浅薄，多了份品位，从而显得更为优秀。正如衣服隐藏或掩盖了身体，风格也会模糊或扭曲一个人的思想。这时的风格犹如一件造作的外衣，遮蔽了思想的真正实质，或让我们分心，甚至看不到那些思想根本就没有值得交流的地方，无非是金玉其表败絮其中而已。这里的风格是欺骗的同义词，包括做作、矫饰、杜撰与虚伪。

321

梭罗批评“镀金与抛光”的风格纯属庸人自扰，针对的就是这种矫揉造作的虚假风格，说它们非但不谦恭地服务于思想内容，反倒像徒有其表的奇装异服那样，让人过度关注其本身。在提倡一种简约、清晰、实用而诚朴的风格时，他重申了布莱士·帕斯卡尔力推的理想自然风格，说这种风格是通过与人类灵魂清爽而坦诚的交流，令我们倍感欢欣，而绝不是与一个骗子伪装姿态的交流。“当我们看到某种自然的风格时，会叹服不已、欣喜莫名，因为我们期盼的就是看到一位作者，找到一个人。”[2]

对自然风格的推重，暗示了风格与性格或个性的紧密关系。虽然帕斯卡尔这里明显指的是一种写作风格，但我们当然也可以把这种对自然风格的看法，运用到人的身体方面，而不只限于文学表达。因为我们常常反过来批评人们，说他们的身体动作与身体姿态的风格装模作样，或者说他们的外表和打扮矫揉造作。不过，自然风格这个概念也提出了一些有趣的问题：什么使得风格比较自然？凭什么说风格自然了，它就是好的？自然的风格与毫无特点的风格区别在哪里？或者可以这样说，虽没有值得一提的风格，但它却偏偏能有效地以最自然的方式体现出来，或以某种本能、不假思索、未经教化的方式。一个人何以能促进或改造

[1] Earl of Chesterfield, *Letters to His Son: On the Fine Art of Becoming a Man of the World and a Gentlernan* (NewYork: Tudor, 1937), 245.

[2] Blaise Pascal, *Pensées*, trans. A.J. Krailsheimer (London: Penguin, 1966), 242.

自己的自然风格，而不至于令其变得造作或不自然？由于这些问题涉及风格概念的歧义性，所以我们现在有必要先从五个方面，对风格概念的错综复杂情况做出分析。

三

1. 风格常常用作一个评价性术语，表扬某人或某事，比如表扬一个人时就说她有风格。在如此语境下说一个人时髦（stylish），意思就是她展示出来的风格很好。但此术语也有非评价性的一面，意指人人都有他或她的风格（说话、写作、举止、穿衣等），即便这种风格很平庸、过时，或毫无可敬之处，那也没关系。当我们说“那是约翰的风格”之类的话时，风格指的是这个人呈现或表现自己的独特方式。只要我们觉得的确不是过度描述的话，就可以称风格这种非评价性的意义为“描述性的”。说“那是约翰的风格”，或“他有这种风格”，可能是先占一个位置，目的是进一步描述约翰的行为、谈话或穿衣方式，但其本身也可能只是直接指出或标明那种方式，因为这种方式或许对说话人来说，很难用其他术语作进一步描述，或干脆不值得这样做。若穿衣也算作身体风格的话，而且看起来的确如此，那么，身体风格同样也避不开歧义。可是，纵然把着装从身体风格概念中排除掉，我们仍可以看到走路、手势、吃饭、就座和站起的方式，或多或少在赞颂意义上是时髦的，但不管它们如何不时髦，却也会在描述的意义上显示出自己的风格——比如某种毫无魅力可言，却又十分奇特的吃饭或走路风格。

322

2. 风格可以是一般的，也可以是个别的。在绘画领域，我们可以谈论巴洛克风格或立体主义风格，但我们也可以谈论特定巴洛克画家的个人风格。想要成为一个名垂史册的画家（或其他门类重要的艺术家），一个人应该有种独特的个人风格，而不仅要展示某种一般的风格。培养出这样一种标志性的风格是艺术家成功的一部分。一位艺术家当然可以利用各种风格（如立体主义、超现实主义、抽象表现主义），但我们仍要找到某种不同于其他艺术家所用的标志性的个人风格，能表现出个人独特才华的一种多样化风格统一体。有时候，我们可以在艺术家前后期风格间做出划分。同样的区分有时也表现在一位哲学家不同的风格当中。例如，维特根斯坦后期的哲学思想不仅迥然异于他早年《逻辑哲学论》时期，而且他的哲学写作风格也发生了很大变化；这种变化的程度如此之巨，乃至放大了思想内容上的不同。可另一方面我们也可以看到，前后期尽管有所不同，却某种程度上都表现了一种基本的风格或特质，展示出维特根斯坦独一无二与非凡的哲学个性。虽说一般与个人风格间的清晰对比不无益处，可值得注意的是，一个人的风格可能变得非常独特，且影响巨大并广获认可，这样它很可能以更为一般性的方式发挥作用，为确立这种风格的人之外的其他人所用，尽管这种情况通常说明，其他人并未发展出自己的标志性风格（所以我们会说，某人有后期维特根斯坦的哲学风格，或有海明威式的写作风格）。

323

身体风格同样可以是一般和个别的。一般性的着装风格是显而易见的，包括各种不同类型、不同规范的着装风格（比如正装、半正式装、商务非正式装、休闲装、商务休闲装等诸如此类）。其他还有民族风格的着装（如日本装、印度装、犹太装、苏格兰装等），也包括不同品味群体的着装风格（如青春装、邋遢装、企业装、嘻哈装等）。不过，在每一类型的着装风格内，个人还可以努力追求适合自己的个性风格。运动类的身体风格也可以是一般性的。一位军训教官的步态和手势不同于斟酒师，一位修女的步态和手势也异于走秀模特或妓女。他们不同类型的身体风格，是经长期职业实践所养成的习惯。运动同样会养成不同类型的身体风格，我们谈及冲浪、游泳或相扑运动员的身体风格时，就是这样。亚文化音乐群体也可以创造出自己的身体风格，而不仅仅表现在着装方面：比如嘻哈文化中街舞男孩的走路方式和身体姿态。

其他一般性的身体风格与年龄群体有关：有时候我们会说一个成年男子的外貌、身体和动作风格孩子气，或者说一个成年女子的身体风格像个少女，抑或相反，说她有超乎其年龄的稳重。或许最一般性的身体风格是性别本身：女性的观看、走路、手势、坐姿方式等，明显不同于男性的外观、姿态或动作风格。不过，除了这种一般性风格外，这些不同职业、不同亚文化或年龄群体的每一个个体，都可以有他或她自己的个人动作风格，一种广为人知的步态和姿态习惯。特定的个人风格可能十分独特且极具影响，结果变成了某种一般性的风格（例如崔姬的时尚）；可是，一种身体风格即便毫无特色可言，对旁观者来说仍是显而易见，哪怕这个人自己并非有意培养或展示它——事实上，即便她还不知道自己在展示这种风格。

3. 这就涉及风格概念当中第三组区分：风格经明确个性化处理后有意识的自觉形态，相对于风格自发、不假思索的表现方式。就像作家们常常有意识地竭力培养或改善自己的文体风格一样，许多人也是挖空心思并付出很多努力，想形成自己的身体风格。身体的自我风格化，催生出一个巨大的商业市场，养活着化妆、时尚、饮食、体育锻炼及整形行业，也包括借刺激我们塑形欲望来支撑上述行业的广告业。这种欲望往往是自相矛盾的，一方面要适合潮流，却又想与众不同、引人注目。换言之，自我风格化既要在某些方面符合特定社会群体的品味规范（有可能是抵制主流趣味的亚文化群体），又不允许这种对一般性风格的追从伤及个人风格的表现。

324

就这种有意构成的风格而言，我们可以在自觉、用心的风格化和风格的自发选择之间做出区分，后者或多或少属于个性或趣味的无意识表现。在前一种情况下，那些有意识、十分用心的自我塑形，对注意到这种风格的那些人来说，可能心里也是很清楚的。一旦他们发现这种风格太过刻意，太过不遗余力，很可能会批评这种风格，说它做作、勉强和矫情。相比之下，人们可能会认为，后者那种不假思索的自发性才是理想的自然风格。但我们必须要谨慎地意识到，我们这里所讲的那种自发性不是本能的自发性，而是受过很多文化锤炼才形成的。个人只是乐于从周围人类环境（一直也都是社会环境）中，找出自己偏爱的特定身体风格或身体类型，之后不假思索地表现出这种偏爱，自发且心甘情愿地用自己的身体行为模仿它们：学她如何走路、吃饭、穿衣、梳头等等。

在这些情形下，是一个人的习惯而不是自觉的意识，在塑造并表现着自我风格，而且由于习惯可以循环往复自我加固，这种类型的自我风格——尽管隐而不显且属意料之外——可能会十分强大。因此，如果我们这里谈的是自然风格，它也无非是作为习惯的第二自然（也必然包括构成习惯的那个社会世界的周边因素），已经将习惯纳入一个人性格或个性之内。风格（包括身体风格）是种性向或习惯，以某种或某组方式展示或表露出来。尽管习惯是种自动调节机制，可能带来的是毁灭性的陋习常规，可只要它们能调整自身，适应新的环境，融进新的元素和新的用法，借以提高自己的效能，就完全可以是创造性的。实际上，习惯的力量依靠的就是这种创造性的适应，这是它在广泛的不同环境、不同应用中强化自身的保证。

4. 由于身体风格不用自觉选择就可以在不经意间获得或表露出来，所以干脆就不用选择。例如这种不自觉形式的风格，就可以来自我们经过训练的走路或吃饭方式，或者是由职业培养出来的身体习惯，但也可以来自遗传基因对我们身体与嗜好的塑造方式。在这里，我们可以再次区分开两种不自觉的身体风格表现，一种是人们根本没有意识到的，一种是明确意识到了，却不能控制。我可能没有意识到自己的吃饭方式粗俗而不雅，没意识到自己的身姿或步态很特别，或许这就是我不能选择或改变它们的主要原因。可是，即便我意识到了自己有脸红、口吃、易出汗、贪吃、笑声大或爱哭的毛病，却可能还是改变不了这些方面的身体风格。

325

然而，一些理论家也许会反对说，我们本来就不该把不自觉的身体特征当作风格的组成部分。可能他们会认为，难道没有某种本质上蕴含选择可能性的特定风格吗？难道这不就意味着还有其他可供选择的风格，其他可以通过身体来表现或展示自身的方式吗？当然有，不过这并不意味着其他的那些风格（或风格的选择）对此人来说唾手可得，所以从这个意义上讲，一个人的风格可以存在不自觉的维度。同样的道理，即便所有风格都允许一定程度地自由选择行为与外观的内容和方式，但这也不能阻止把一个人风格的其他方面的内容加诸他身上。我们一般用“自由风格”这个术语来称呼某种特定的风格形式，这就清楚地说明，其他风格有更多的限制，并没有充分选择的自由。甚至所谓自由的风格也并不是完全自由的，比如有自己独特风格的人想找一份好的工作就是如此。

5. 由于和时尚有关系，人们往往以为风格短暂易逝。可是，拥有某种个人风格绝不会是短暂的事情；它意味着按一定方式（或一系列相关方式）表现或现身的趋势。因此，风格也有情性或习惯的意思，意味着重复和时间的持久。就某种广为人知、独具特色并随时间流逝不断得到认可的个人风格而言，它在某种程度上必然是稳定而持久的。当然，风格也有其语境性和短暂性的一面；一个人基本的写作或着装风格可能十分固定，但特定的语境（无论是极其正式、重要的场合，还是十分紧急、亲密或非正式的场合）却会要求风格做出改变。无论一个人日常着装风格多么随便和邋遢，但婚礼或其他正式语境，必然会要求他换上其他风格的服装。一个人写求职信的风格不同于写私人手机短信的风格。身体风格同样存在这种持久性与语境性的一般区分。同一个人，可能有他早上的身体风格——动作十分轻快，显得活力十足（喝太多咖啡的话，程度往往会加深）——明显不同于他工作一天后晚上的动作、表情（缓慢而疲倦）及姿态（若看上去不是比较放松的话，就是极度的懈怠与消沉）风格。我过去经常乘火车往返于纽约与费城时，曾亲眼见过这种反差（包括领带松散或者干脆没影了，头发也凌乱蓬松）。正如我们从其他语境了解到的，有的人在教室里身体像羔羊，回到寝室却像头狮子，反过来也是一样。

326

四

身体风格作为身体的表现，理应由各种不同身体因素构成并表现出来，也理应通过我们的身体官能来体会。那么，何为身体风格的身体因素，知觉它的官能形态又有哪些呢？若从后一个问题入手，我们就该认识到，身体风格虽然看上去与身体外貌同义，但它涉及的内容却比所看到的外表要多得多。纵使视觉对身体风格的领会能力出类拔萃，可其他官能也显然会介入其中。紧随视觉之后，哲学通常把听觉尊为仅次于视觉的最精致的认识与审美官能，一定程度上是因为听觉同样可以提供远距离的知觉。不过，听觉以何种方式来知觉身体风格呢？首先，声音——用我们身体调控呼吸道的产物——是作为某人身体风格的特定部分而起作用的。我们知道一个人声音低沉嘶哑，如果他突然用一种尖细的假声或悄声悄气的耳语对我们说话，我们会怀疑他是否在用不同于以往的风格开玩笑，或者是不是他身体出了什么问题。一般来说，特定的身体风格离不开特定的声音，因此，听到一个粗壮的重量级摔跤手发出刺耳的尖叫声（或一个娇小玲珑的少女发出浑厚的男中音），我们就会心一笑，因为这与他或她的身体风格很不协调。同性恋女王的一般风格如同着装和姿态习性一样，也会以特定的声音风格（通常音调高而快，或者吐字不清）表现出来。总是口吃或大喊大叫，可以促成某个人的身体风格，而且我们往往是先留意到这种风格的听觉方面，之后才是这种身体行为的视觉表现，听觉方面不仅会改变此人的面部表情，也会明显改变她的身体姿态。 327

我们对身体风格的听觉领会，不仅仅局限于说话声音。各种笑的风格——如浑厚、疏放的大笑，或因紧张而失控情况下逐渐加剧的不停地傻笑——及哭喊或叹息的方式，都会促成一个人的身体风格；它们也会随大笑、哭喊和叹息对我们身体动作、面目表情及姿态的改变，而在视觉方面有相应的表现。身体风格的声音维度还包括咳嗽、喘息、打喷嚏、打呼噜、打嗝及打鼾的方式。在一位身体风格颇为娇美、温和、优雅的女士那里，我们不希望听到刺耳的喷嚏声或震耳欲聋的呼噜声，更不用说雷鸣般的打嗝声或响亮的屁声。若这些声音反复出现，就会改变我们对她身体风格的判断，从雅致端庄，一变而为粗鲁庸俗。

身体风格的声音维度，不仅指空气通过我们身体器官时发出的那些声响，也包括身体四肢或其他部位发出的动静。我们能听到某人兴奋或惊叹时，猛拍自己大腿所表现出的身体风格，那是生气勃勃的；也能听到一位妇人佩戴叮当作响的珠宝首饰所体现出的身体风格，那是俗丽浮华的。我们能从脚步落地时迟缓而沉重的声响中，意识到某种笨拙、蹒跚的风格，从两只小脚柔雨般的脚步声里，发现一种柔和轻盈、无忧无虑的身体风格。我们时常由其独特的走路风格来识别一个人；大多数情况下靠的是视觉方面的步态，可是，只要我们离得够近（或在正对楼上的房间中），我们就可以通过听觉认出它。我有一位大学同事，腿脚笨重不稳，走路的时候只好拄着一根很大的木手杖。通过脚步声的节奏和木杖点击地板或人行道的声音，哪怕不在视野之内，我们也会轻松知道是他来了。在身体风格的声音方面，当然还有很多诸如此类的例子，比如各种不同吃饭方式发出的不同声响（大声咀嚼或狼吞虎咽，吧嗒嘴唇等等），还有人们从站立到坐下，或反过来从坐着到站起时发出的不同噪音。不过，接下来我们应该讨论其他官能形态了。

从逻辑上讲，第三个要考虑的应该是嗅觉，不仅因为它像视觉和听觉一样，是种远距离的官能，无须直接接触其知觉对象，就可以知觉到它的气味，还因为味道在别人及我们自己身上体现出来的强度和广度。有些身体风格是通过独特的气味无意中表现出来的，就像我们 328 无须看到香烟，单凭一个人衣服和身体毛孔中散发出的陈腐恶臭味儿，就能知道他是个吸烟的人，同样，酒鬼身上也有一种非常浓重、难闻的特别味道。崎岖山林中总也不洗澡的人或城市流浪汉，用浑身的臭气表现出自己的身体风格。饮食风格不仅可以通过食物本身的味道，还可以通过残留在我们皮肤和呼吸中的余味显示出来。记得我到日本我岳母家所在的乡下小镇时，有人跟我说，我闻起来像个韩国人，因为前一个晚上我在首尔吃过有大蒜的食物，味道还在隐隐从身体上散发出来。（先前描述听觉因素时，我提到了打嗝放屁，说它们可以是跨形态的，因而也可以在某人身体风格的味觉层面有所表现，这样讲是不是太过直白、粗俗了些呢？）[1]

当然，令人愉悦的味道更值得特别关注，因为在自觉构建自我身体风格的过程中，它们起到了至关重要的作用。要让身体散发出自己想要的味道，借以形成自己的风格，不仅仅是消除难闻的体臭。一个完全没

[1] 出于明晰阐述的考虑，我才分别讨论了各种官能，可必须要清楚的是，我们的感觉体验明显是跨形态或多形态的，输入进来的各种不同感觉信息，都经过大脑精微的整合。我们往往通过不同官能来领会身体风格，而这些官能同时都体现于这种经整合的多元感知当中。

有气味的身体即便真的存在，也会是索然无味，干净得毫无个性可言。而一个只有芳香气味的身体，也不能让人满意。相反，认真塑造自我风格的人所寻求的香气，不仅会超越芳香本身的蛊惑，同时也能表现出某种他想表现的特定性格、个性或风格——借此，她想让自己变得更有魅力（对她自己或对其他人），无论是在特定语境下（比如一次特殊的活动、求职面试或浪漫的约会），还是就一般情况而言。

人们之所以选择某款香水，不仅仅是迎合别人的品味来吸引他们。像时装款式一样，这是对自己品味的肯定，也是一种诉求的表达，希望自己不仅在官能方面得到欣赏，在认知方面也能表现出独到的风格品味。这也正是为什么一位成功的服装设计师，同时也能成为香水设计者的一个原因。而且，风格表现的不只是身体气味或嗅觉鉴赏表层的东西，而是一个人更深层的性格或道德风格。可以想想安杰丽卡·休斯顿（Anjelica Huston）最近在公开场合讲过的话，里面热情洋溢地赞美了她选择的香水“让·巴杜·米尔”（Jean Patou's Mille），不仅因为此香水能表现出她独特的个性，也因为它得之不易，由此更令其与众不同。 329

对我而来说，“快乐”牌香水（Joy）从未达到过这种程度。我的朋友琼·朱丽叶·巴克（Joan Juliet Buck）当时正任《法国时尚》杂志的主编——以拥有一只嗅觉灵敏的鼻子而闻名业界——在我造访巴黎期间，向我介绍了米尔，说“这款香水最适合我”。从闻到它的那刻起，就感觉它是我童年时第一次从妈妈那里得到“兰草”香水至今，别无替代的唯一选择。它装在半圆形的瓶子里，像花瓣一般，带有暖暖的色调，洒上少许不至于让你变成嬉皮士，花香浓郁又不至于太甜。它闻起来犹如布伦园林（Bois de Boulogne）的午夜——性感而神秘。我感到它营造出了一种氛围。它是迷人的。它说，“我爱生活，用我的嗅觉，也用我的视觉。”它说，“我好想做点儿事情”。它又说，“我是女的，我代表着完美”。它坚持站在我妈妈“一千零一夜香水”（shalimar）旁边，至今还缠着我。我甚至还要伴着它一起入睡：我按老式的做法，把它洒在耳后（除非戴着珍珠

> 项链)。大家是真心喜欢着它。即使在我吸烟时，他们也会跟我说，我闻起来好香——这说明了一切！当你发现你在某个人的怀抱里，他跟你说你闻起来很香的时候，那种感觉是多么的美妙和惊喜。米尔是稀少的，很难得到，所以我喜欢它。这样我就不会碰到许多闻起来和我一样的人。[1]

对各种身体香气风格的艺术与欣赏，不该被误解为是现代资本主义消费时代的产物，因为我们发现，它们在中古时期的日本也颇为盛行，人们满腔热情地将调配各种香气发展成一门美的艺术，热心艺术的贵族们就彼此技艺展开竞争，看谁能调配出更复杂的香气，谁能分辨出它们的味道，谁能说出它们的构成成分。在经典作品《源氏物语》(*Tale of Genji*)中，我们就读到过这种“竞香会”，事实上，该书最后两位男主人公，也的确凭借他们各自精美的熏香风格而各擅胜场——王子“匂宫”(Niou)就以“香皇子”而闻名，因为“调配熏香成了他连续几天的工作”，他的竞赛对手“薰君”(Kaoru)称作“香队长”，因为他的身体有一种本领，能收集周围好闻的香气，所以身体即便不用熏香，也会自己散发馥郁的香味。[2]

330 与嗅觉紧密相连的是味觉，味觉的确非常依赖味觉，一旦因鼻子伤风嗅觉受阻，味觉功能就会随之下降。嗅觉与味觉在词义方面也有交叉，所以我们谈到滋味和香味时，都可说成果味、辣味、鲜味、霉味或辛味。难道我们也用味觉来领会身体风格吗？同别人交往的时候，我们更多是通过看、听或闻，确实极少用味觉，但在最亲密的私人接触时，我们有时就会通过味觉领会对方的身体风格。恋人嘴巴里透出的清新气息、薄荷香气、大蒜味儿、果酒味儿或陈腐的香烟味儿，都是其身体风

---

[1] Anjelica Houston (as told to Christine Mulke), “1001 Nights,” *New York Times*, Style Magazine, Women’s Fashion Summer 2010, Sunday, April 25, 58.

[2] Murasaki Shikibu, *The Tale of Genji*, trans. Edward Seidensticker (New York: Knopf, 2001), 739, 740。此前我们看到，当光源氏遇到“明石姬的时候，迎面而来的是她窗帘内散发的芳香，一种淡淡的混合香气，透露出她优雅的情趣”(第412页)。

格令人难忘的标志，不论好坏，都是我们的味蕾由恋人的皮肤、口液或其他流体品察到的独特滋味。

在领会身体风格时，触觉具有双重的功能：当我们触摸身体时，身体（作为对象）对我们触摸的感受方式，以及身体作为发出动作的主体触摸我们的方式——某人带有某种意向性触摸我们时的触觉感受。这两种不同形式的触觉——我们触摸别人时别人的感觉，与他们触摸我时他们的感觉——在一个人的身体风格中无须完全一致。一个男人肌肉发达、身体强健、胡子拉碴、皮肤粗糙、毛发粗硬，这些粗粝的触觉感显示出一种强硬或粗犷的身体风格。可正是同样一个人，触摸别人时却可以很是灵巧、细心而轻柔，所以我们会抛开身体表面的粗粝，还是把他的身体风格说成是高雅而温柔的。我们触摸某人的肌肤时，她可能觉得很冷，但她触摸我们的方式仍能表达温暖。这就像调配熏香，有意塑造身体风格的人，可能喜欢把各种不同性质的触觉因素混合在一起，构成某种迷人的复合体，借以展示一种令人瞩目的复杂个性，而不单单表现某种身体触感—— 一个柔和、轻软、具有亲切感的身体，或一个粗粝、强硬而冷酷的身体。

虽说这五种传统官能都可以用来领会身体风格，但它们绝没有穷尽对身体的感性知觉方式。本体感受、动觉及其他与身体感知神经系统有关的特殊身体官能，就提供了更多的方式。本体感受指的是内部感受，及由此而来对一个人身体位置、姿态、重量、方向、平衡及内部压力的认知，而动觉，特指的则是对身体运动过程中这种姿态、方向、压力及平衡感所发生变化的知觉。其他一些具体的身体感觉是指对体温的感受及对一个人内部器官的感受（通常与疼痛有关）。领会身体风格时，这些特殊的身体感知官能也会起到作用吗？如果答案是肯定的，又是以何种方式起作用呢？

331

很明显，本体感受与动觉似乎以两种不同的方式发生作用：第一种是主体对她身体风格的自我感受。如果一个人的动作活力四射、明快有力、优雅流畅，或正好相反，动作迟钝笨拙、东倒西歪、犹豫不决、缓慢沉重，那么，一个人就会通过本体感受和动觉，在自己的肌肉、关节和骨骼上感受到这些。本体感受（字面的意思是自我知觉）也可用来知觉别人的身体风格。例如，具有侵略性动作风格的人喜欢尽可能靠近谈话对象，这样就容易引起对方后仰、后退、蜷缩或僵硬的身体反应，因为他们认为此人侵入了他们的私人空间。通过关注自己防御性姿态反应所带来的本体或动觉感受，这些人就能分辨出此人带来如此反应的侵略性风格。

本体感受或动觉，可以帮我们知觉别人身体风格的第二种方式，是我们可以通过移情方式领会对方的动作或姿态。欣赏舞蹈和运动的时候，似乎部分是基于我们对舞蹈家和运动员动作感受的移情想象。这些动作基本上都会关系到本体和动觉的感受，所以我们对它们的移情观赏，会把那些感受（尽管它们不会完全等同于现实表演者本人体验到的感受）也涵括进来。镜像神经系统（早前章节已有过讨论）为这种移情体验提供了一种神经学基础，因为对某种动作的观看，刺激的不仅是相关的视觉神经元，还包括与执行此动作相关的运动神经元。这些镜像神经元有助于说明，为什么一个婴儿可以模仿他看到过的面部表情，而无须经过任何长时间反复试验的学习过程。仅靠观看那些表情，他也能在某种程度上体验到那些动作的本体运动感受（方向感及一个人双唇、嘴巴、舌头及鼻子的感受等），这就让他可以通过模仿来重现那些动作。一样的道理，当看到表现出某种身体风格的行为时（有力的动作、生动的表情，或笨拙、松垮的姿态），我们的镜像神经元会随之对这种风格做出本体感受或动觉上的领会，像我们用视觉领会它时一样的鲜明而敏锐。[1]

332

[1] 有关这些看法的更多细节参见 A.N. Meltzoff and M.K. Moore, “Imitation of Facial and Manual Gestures by Human Neonates,” *Science*, New Series 198 (1977): 75–78; “Imitation, Memory, and the Representation of Persons,” *Infant Behavior and Development* 17 (1994): 83–99; Barbara Montero, “Proprioception as an Aesthetic Sense,” *Journal of Aesthetics and Art Criticism* 64 (2006): 230–242; 及本书第九章。

五

由于不只是这五种官能有助于身体风格的领会，[1] 所以参与这种风格构成的也绝不只限于我们的身体器官。一旦我们认识到，我们穿的衣服、装饰身体用的化妆品和首饰，也有助于塑造并表现一个人的身体风格，那么在这一点上，再纠缠不休就毫无必要。然而，除了这些时尚的物质性身体装饰品之外，难道我们不该意识到，还有一些超出身体器官和身体表面、具有比较玄妙特性（ethereal in character）的身体风格元素或特质吗？有时我们谈论一个人的时候，说他有一种特殊的光晕，令其身体仪态魅力超凡，令人赞叹不已甚或神魂颠倒，但这又不能仅仅归于外表的漂亮。这种光晕并非某种普通的身体特性，而更该是一种充满活力的特质，发自于一个人的身体（正如德语“放射”[Ausstrahlung] 一词所表示的意思），却又不好归于哪一身体部位。从某种程度上看，光晕似乎是一种身体移动方式、身体就位或即位方式的功能，是一种在三维与社会空间中身体相互作用方式的功能。这种语境化的维度表明，身体风格也有赖于自我之外的环境因素。亮丽的头发散发出的光辉，取决于光照情况；肉感双唇与皮肤的湿度则有赖于其他方面的环境因素，正如专横、颐指气使的身体风格离不开一个社会世界，没这个世界也就没有它想影响和指使的人。

从风格上讲，有些身体部位的重要程度明显高于其他部位。如果面部看起来是最重要的，就不仅是凭它突出的可见性，也是因为我们可以用太多清晰而微妙的方式调整面部表情，来表现我们的个性与情感，表现我们的愿望与情绪。如果我们的手臂和其他肢体表现风格的时候，似乎也很重要，那也同样是出于这个事实，即我们能够以极大的可见度、极高的技巧乃至极强的表现力充分展示它们，这是我们的身体躯干和骨 333

[1] 在阐释不同身体官能对身体风格的领会方式时，我并未说没有其他的知觉方式。有些时候，我们在分辨出给我们印象深刻的具体感受之前，就可以通过一般的情绪反应感受到一个人的身体风格（如一种粗暴或侵略性的身体风格）。当然，正如情绪（emotions）本就是具身化的，这种在情绪方面对风格的领会也必然是具身化的。

盆远不能企及的。那么，有没有一些身体部位基本起不到什么作用，就像观察者一般看不到的内部器官一样呢？如果坚决宣称，每一身体器官和身体部位对身体风格都很重要，而未经有针对性的就事论事，这可能也太过武断。但从另一方面来看，对风格而言不那么重要的器官缺失或出现故障，确实会严重影响到一个人的身体风格。身患心脏病的人身体风格发生变化（有意或无意），这既不罕见，也未必不可体谅。膀胱有了问题，显然会让神经高度紧张，身体行为出现异常，从而影响到风格，正如荷尔蒙或血液问题，会改变一个人身体举止的风格一样。

在身体的肉体部分（尽管它们也会以某种方式在场并起作用）之外，科学家和哲学家又区分出一个他们称之为身体图式（body schemata）的部分。此图式与根深蒂固的习惯、意向机制或动作、情感和态度趋向有关，渗透在我们的身体之内，令我们的行为举止灵巧又机智，而无须非得考虑我们正在用自己的四肢做什么。正是它们导引着我们大量的日常活动，不用处心积虑地想要搞明白，我们如何用自己的身体，来做我们的思想和行为必须要做以及也想要做的事情，就能顺利、自然地做好这些事情。尽最大可能控制我们的行为，借此，这些根深蒂固的身体图式或习惯性的行为与经验意向，也必然能构成我们的身体风格。实际上，如果习惯构成我们自我的绝大部分，那么这种知觉、行为与感受的身体图式，就应该是一个人个性的核心部分，而非表层的装饰。要点并不在于这种基本的身体图式没有进驻某人的身体风格，而在于身体风格不仅是自我表层的装饰，更是一个人个性的核心维度。这就把我们带回身体风格内在于性格当中的儒家思想，并让我们进一步思考有关身体风格的一种看法，即身体风格比衣服和肖像这两个广为人知的隐喻，内涵要丰富得多。

六

正如内容相对于形式一样，风格往往与实质（substance）相对，被看作表面和无关紧要的东西。因此，风格只关乎表层而非深度，只关乎现象而非实在，只关乎造作的技巧而非真实的灵魂。然而，如果能借身体图式，渗透到构成自我的最深层情感、知觉与行为习惯当中，身体风格就该被视为个人的基础维度，视为其独特精神的表现。精神似乎确实是风格概念基础性的东西。如果说风格即人，那里面就包含了人的精神。正像爱默生说风格表现了心灵的声音，维特根斯坦也认为，艺术风格的创造与改善，根本不同于技巧或技术方面的提高，因为“精神无关”乎技巧。[1]

334

身体风格同样也蕴含精神。我们之所以能把一个人的身体风格和她的外貌区分开，不只是因为其内涵远非视觉外貌所限，也由于身体风格绝不仅指一般意义上纯粹的身体特性。风格有一种意向性，让一个人的各种行为、感受、思想与愿望方式都生气勃勃——这种生气勃勃的精神隐藏在她的长相和其他感性外观的身体维度之下，帮她确立了自己的性格或个性。

美国著名散文文体家亨利·路易斯·门肯（H.L. Mencken）对风格的看法，是用身体方面的术语呼吸（对生命和精神的常见隐喻）、皮肤和血液来表达的，说一个人有之则生，无之则死：“一种完好风格的实质，在于它不能简约为规则——风格是一种有着生命气息的东西，里面蛰居着旺盛的精力——风格像迎合主人一样紧密迎合着规则，却依然非常疏远，正如他的皮肤迎合着他一样的情形。事实上，风格像皮肤那样，毫无疑问是他不可分割的一部分。他的动脉硬化了，风格也必随之僵化。”[2] 尽管门肯这里谈的是散文文体，但他的看法明显与身体风格有关，用来说明后者也同样有效，身体风格绝不仅是个性的外在部分——身体本身无法单用外观来框定，离开内脏器官和体液，它就无法生存。

如果风格与自我的关系果真如此紧密，那么，培养或创造某种风格的路径就是自我修养或自我创造。正如凯瑟琳·安·波特（Katherine Anne Porter）所讲，“你并不是创造了一种风格。你工作着，在培养着你自己；

[1] Ludwig Wittgenstein, *Culture and Value*, trans. Peter Winch (Oxford: Blackwell, 1980), 3,

[2] H.L. Mencken, “Literature and the Schoolm'am,” in *Prejudices: Fifth Series* (New York: Octagon Books, 1977), 197.

你的风格是从你自己本体中散发出的一种东西”[1]。可是，既然散发还是一种远距离的隐喻，我宁愿修改下她的看法，进而证明，风格无非是人自己本体不可分割的一部分，所以改变一个人的风格，就在某种程度上意味着改变他的自我。

335

这里我们无须纠缠于自我改造的逻辑问题，诸如一个人如何有效改造自己，让自己还是自己，不致变成一个完全不同的人等。这些涉及参照、区分和再认等形式方面的问题，自有各种形式的解决办法。[2]我们当然都清楚，人们在改造或修养自身时，不用完全丢掉他们如其所是的个人同一性。在风格发生重大改变时，我们总是能指出其他一些行为、外貌及认知上的连续性，说明此人的确有逻辑上的同一性，尽管我们也感觉到那个自我身上有了某种重大改变。

更重要的是一个人如何努力创造或改善自我风格的实践问题。尽管此问题十分复杂，这里不可能讲得面面俱到，但可以肯定的是，改造自我的工作，部分会涉及自我认识方面的努力，包括对我们优点、缺陷及嗜好的自省。不过，它也需要对那些令人振奋的修身事例、理论和方式做出批判性研究，帮助我们按自己满意的方式改造自己的风格。在本章剩下部分，我只想提个建议，即如何通过两个互补的维度进行身体风格的自我改造，这两个维度彼此协作的相互作用以另一种方式表明，身体风格是对内部灵魂或实质与外部形式或方式这种简单划分的超越。

为此，我要再次回到梭罗那里，在《瓦尔登湖》的一段话中，他似乎把风格看作性格非常重要且不可分割的组成部分，而不仅仅是他在其他地方所讲的外在写作工具。“每个人都是神殿的建造者，神殿即是他的身体，在里面，他完全按自己的风格来膜拜他的神灵，哪怕他转过身

[1] Katherine Anne Porter, interview with Barbara Thompson, 1963, reprinted in George Plimpton (ed.), *Women Writers at Work: The Paris Review Interviews* (New York: Modern Library, 1998), 53.

[2] 有关这些问题的详细讨论，参见 Richard Shusterman, *Pragmatist Aesthetics: Living Beauty, Rethinking Art* (Oxford: Blackwell, 1992), 93–94; and *Practicing Philosophy: Pragmatism and the Philosophical Life* (NewYork: Routledge, 1997), 37–42。

来雕琢大理石，也离不开这种崇拜。我们都是雕塑家，都是画家，材料就是我们自己的血、肉、骨骼。任何高贵，一开始就会改善一个人的外观，任何卑琐或淫欲，也会马上让人沦为禽兽。”[1]

这种看法似乎把自我风格化或自我创造两个不同的身体维度合在一起了。第一个是改造身体外形的维度，就像一位画家或雕刻家那样去做，赋予作品迷人的审美形式，同时也表现出自己独特的个性。如果此维度让人想到化妆或健美这类做法，只关注表象式的身体感觉及外部身体形式和形象，那么我们就应该记住，梭罗强调的是塑形并非服务于身体本身，而是把身体改造成一座神殿，服务于他所崇拜的神灵，表现他最深层的价值。换句话说，身体外形的风格化只是一种手段，要服务于精神的目的，实际上，它就是一种精神净化和提升的修行工作，一种可以让身体备受折磨的修行，正如雕琢大理石的意象所明晰表露的那样。

336

把身体改造成“神殿”时那种令人痛苦不堪的磨难，是天主教禁欲主义和独身主义的一个核心维度，这可以追溯到圣保罗，甚或更远可以追溯到基督本人，他的道成肉身、所承受的痛苦折磨及各种苦难，为整个世界提供了精神救赎的手段。不过，为精神目的进行身体修行的想法，在古希腊哲学传统里已有突出表现，特别是理念论（idealism）的思想，回溯其源流可追至柏拉图的《斐多篇》及普罗提诺，普罗提诺对身体的憎恶（他甚至拒绝洗澡）众所周知，可即便如此，为了让自我的风格更接近纯净的美德，仍建议做一尊美的雕像。雕塑家“要把这里切掉，那里抛光，把这面磨平，那面弄净，直到让他的雕像呈现出一幅美丽的脸庞”，他劝告说，“所以你一定要切掉多余的，拉直弯曲的，清除黑暗的，把它弄得光艳明亮，切莫停下来，‘专注于做你的雕像’，直到雕像神圣的光辉映照在你的身上”（《九章集》第一集，6:9）。[2]

[1] Henry David Thoreau, *Walden*, in Brooks Atkinson (ed.), *Walden and Other Writings* (New York: Modern Library, 2000), 209; 后文缩写为 W。

[2] Plotinus, *The Enneads*, trans. A.H. Armstrong (Cambridge, MA: Harvard University Press, 1966), vol. 1, 259.

在强调不断趋于完美的简单化雕刻行为时，普罗提诺无疑呼应了梭罗对“简单，简单”的强烈诉求（W，第87页）。然而，梭罗这种自我塑形（self-sculpting）主张的思想背景与天主教和古希腊哲学无关，而是源自亚洲的思想。他似乎并未提出某种片面的理念论思想，排斥身体，并施之以惩戒性的苦行来改善精神，也没有让精神掉过头来帮助美化身体。在其评述身体神殿雕塑稍靠前的几行文字中（第十三章已引用过），梭罗赞美了“印度的立法者”，因为他甚至可以“虔诚地”处理最低级的身体机能。“教我们如何吃、喝、同居、大小便等等，令那些微不足道乃至卑贱的事情得以升华，而不因其为琐碎之事，就避而不谈。”换言之，337 我们进行这些身体活动时的风格，能让这些卑贱的活动得到升华，只要此风格具备正确的精神，表现出适当的尊重并“接受法律［或礼制］的制约”（W，第208—209页）。

在梭罗对自我塑形训练精简的评述中，精神可以改善身体风格的这种想法，展露出自我风格改造的第二个维度。正如塑造身体外形可以带来德行之美，修炼内在的精神美德，也能让人的身体变得更美。“任何高贵，一开始就会改善一个人的外观，任何卑琐或淫欲，也会马上让人沦为禽兽。”就像乔治·爱德华·摩尔对真理诚挚纯净而强烈的爱给了他一幅天使般美丽的仪容，我们也完全可以想见，一个好色之徒猥亵的目光如何损毁了这种美。

即使一个人的道德态度、情感与品性塑造了我们的身体仪表，也不该就此说，在两种截然不同的存在方式之间——内在与精神、物质与外在，存在着某种神秘的联系或相互作用。真实的情况是，我们的道德情感与气质一直都离不开身体表现，正如我们的身体风格一直都由社会世界的精神与道德规范塑造而成。身体——作为有生命、有感觉能力、有智慧的人体——从本质上讲就是性格与细胞；既是内在主观的，也是外在形式的。塑造身体的外形，可以成为修养内在美德与态度的手段，就像修炼内心（通过冥想训练）可以改善我们的仪表一样。健美爱好者声称，他们的训练具有塑造性格的道德价值（通过灌输纪律与自信），古代瑜伽方面的著作同样证实，瑜伽专注的内部冥想活动也会带来显著的外部效果，让瑜伽实践者不仅看起来更健康、更有吸引力，甚至还能让他们身体散发出更迷人的香气。身体风格在保留身体外形可见性的同时，也完全可以走进自我与性格的深处。身体风格实在走得太远，以致被当作微不足道的趣味而招致漠视，它又走得实在太近，让人忽视了对它的培养与分析。

主要参考书目

Abrams, J.J. "Pragmatism, Artificial Intelligence, and Posthuman Bioethics: Shusterman, Rorty, and Foucault." *Human Studies*, 27 (2004): 241–258.

———. "Shusterman and the Paradoxes of Posthuman Self-Styling." In *Shusterman's Pragmatism: Between Literature and Somaesthetics*. Edited by Dorota Koczanowicz and Wojciech Małecki. Amsterdam: Rodopi, 2012.

Aeschylus. *Prometheus Bound*. Translated by Arthur S. Way. London: MacMillan and Co. 1907.

Ames, Roger, and H. Rosemont Jr. (translators). *The Analects of Confucius: A Philosophical Translation*. New York: Ballantine, 1998.

Ames, Roger, and David Hall (translators). *Daodejing: "Making This Life Significant": A Philosophical Translation*. New York: Ballantine, 2003.

Ando, Tadao. "Shintai and Space." *Tadao Ando: Complete Works*. Edited by Francesco Dal Co. London: Phaidon, 1995.

Arbuthnot, F.F. and Richard Burton (translators). *Ananga Ranga*. New York: Medical Press, 1964.

———. *The Kama Sutra of Vatsyayana*. London: Unwin, 1988.

Arnold, Peter. "Somaesthetics, Education, and the Art of Dance." *Journal of Aesthetic Education*, 39 (2005): 48–64.

Augustine. *Confessions*. Translated by F.J. Sheed. Indianapolis: Hackett, 1992.

Austin, J.L. *How to Do Things with Words*. Oxford: Oxford University Press, 1962.

Baird, George. "Criticality and its Discontents." In *Crossover: Architecture, Urbanism, Technology*. Edited by A. Graafland, L. Kavanaugh, G. Baird. Rotterdam: 010 Publishers, 2006.

Barthes, Roland. *Camera Lucida: Reflections on Photography*. Translated by Richard Howard. New York: Hill and Wang, 1981.

Bataille, Georges. *Inner Experience*. Translated by L.A. Boldt. Albany: SUNY, 1988.

Baudelaire, Charles. "The Salon of 1859." In *Art in Paris, 1845–1862*. Translated by Jonathan Mayne. London: Phaidon, 1965.

Baumgarten, Alexander. *Theoretische Ästhetik: Die grundlegenden Abschnitte aus der "Aesthetica" (1750/58)*. Translated by H.R. Schweizer. Hamburg: Felix Meiner, 1988.

Beardsley, Monroe C. *Aesthetics.* New York: Harcourt, Brace, 1958.
______. *The Possibility of Criticism.* Detroit: Wayne State University Press, 1970.
Benjamin, Walter. "A Short History of Photography." Translated by Stanley Mitchell. *Screen,* 13 (1972): 5–26.
______. "The Work of Art in the Age of Mechanical Reproduction." In *Illuminations.* Translated by Harry Zohn. New York: Schocken, 1969.
Ford, Anna, et al. "Treatment of Childhood Obesity by Retraining Eating Behaviour: Randomized Controlled Trial." *British Medical Journal,* 2010. doi: 10.1136/bmj.b5388. Web.
Berthoz, Alain. *The Brain's Sense of Movement.* Translated by Giselle Weiss. Cambridge, MA: Harvard University Press, 2000.
Bielefeldt, Carl (translator). *Dōgen's Manuals of Zen Meditation.* Berkeley: University of California Press, 1988.
Böhme, Gernot. "Atmosphere as the Fundamental Concept of a New Aesthetics." *Thesis Eleven,* 36 (1993): 113–126.
Bourdieu, Pierre. *Distinction: A Social Critique of the Judgment of Taste.* Translated by Richard Nice. Cambridge, MA: Harvard University Press, 1984.
______, and Loic Wacquant. *An Invitation to Reflexive Sociology.* Chicago: University of Chicago Press, 1992.
______. *The Logic of Practice.* Translated by Richard Nice. Stanford: Stanford University Press, 1990.
______. *Pascalian Meditations.* Translated by Richard Nice. Stanford: Stanford University Press, 2000.
Bressler, Liora. "Dancing the Curriculum: Exploring the Body and Movement in Elementary Schools." In *Knowing Bodies, Moving Minds.* Edited by Liora Bressler. Dordrecht: Kluwer, 2004.
Burke, Edmund. *A Philosophical Enquiry into the Origin of our Ideas of the Sublime and Beautiful.* London: Penguin, 1998.
Caillet, Aline. "Émanciper le corps: Sur Quelques applications du concept de la soma-esthétique en art." In *Penser en Corps: Soma-esthétique, art et philosophie.* Edited by Barbara Formis. Paris: L'Harmattan, 2009: 99–132.
Camus, Albert. "The Myth of Sisyphus." Translated by Justin O'Brien. In *The Myth of Sisyphus and Other Essays.* New York: Random House, 1955.
Carlyle, Thomas. *Past and Present.* 2nd edition. London: Chapman and Hall, 1845.
______. *Sartor Resartus.* London: Chapman and Hall, 1831.
Chan, Wing-tsit (translator). "The Great Learning." In *A Source Book in Chinese Philosophy.* Edited by Wing-tsit Chan. Princeton, NJ: Princeton University Press, 1963.
Chevrier, Jean-Francois. "The Adventures of the Picture Form in the History of Photography." Translated by Michael Gilson. In *The Last Picture Show: Artists Using Photography, 1960–1982.* Edited by Douglas Fogle. Minneapolis: Walker Art Center, 2003.
Cicero. *Letters to Quintus and Brutus.* Translated by D.R. Shackleton Bailey. Cambridge, MA: Harvard University Press, 2002.
______. *On the Laws (De Legibus).* In *On the Republic, On the Laws.* Translated by C.W. Keyes. Cambridge, MA: Harvard University Press, 1928.

Cohen, Ted. "Aesthetic/Non-aesthetic and the Concept of Taste: A Critique of Sibley's Position." *Theoria*, 39 (1979): 113–152.
Cole, Jonathan, and Barbara Montero. "Affective Proprioception." *Janus Head*, 9 (2007): 299–317.
Coleridge, Samuel T. *Aids to Reflection.* New York: Stanford and Swords, 1854.
———. *Biographia Literaria.* London: J.M. Dent & Sons, 1975.
Comfort, Alex (translator). *The Koka Shastra.* New York: Stein & Day, 1965.
Cooper, Anthony Ashley (Third Earl of Shaftesbury). *Characteristics of Men, Manners, Opinions, Times.* Edited by Lawrence Klein. Cambridge: Cambridge University Press, 1999.
Croce, Benedetto. *Aesthetic.* Translated by D. Ainslie. London: MacMillan and Co., 1922.
Dahms, Hans-Joachim, et al. "Editorial: Neuer Pragmatismus in der Architektur." *ARCH+*, 156 (2001): 26–29.
D'Avila, Juan. *Epistolario Espiritual.* Madrid: Espasa-Calpe, S.A., 1962.
Danto, Arthur. *After the End of Art.* Princeton: Princeton University Press, 1997.
———. *The Madonna of the Future.* New York: Farrar, Straus, and Giroux, 2000.
———. "Minding his A's and E's: How Saul Steinberg defined aesthetics in a nutshell." *Art News*, November 2006: 112–114.
———. "The Naked Truth." In *Aesthetics and Ethics: Essays at the Intersection.* Edited by Jerrold Levinson. Cambridge: Cambridge University Press, 2001.
———. *The Transfiguration of the Commonplace.* Cambridge, MA: Harvard University Press, 1981.
Davidson, Richard J. "Well-Being and Affective Style: Neural Substrates and Biobehavioural Correlates." *Philosophical Transactions of the Royal Society*, Series B, 359 (2004): 1395–1411.
———, et al. "Alterations in Brain and Immune Function Produced by Mindfulness Meditation." *Psychosomatic Medicine*, 65 (2003): 564–570.
Descartes, René. *Meditations on First Philosophy.* In *The Philosophical Writings of Descartes*, 2 vols. Translated by John Cottingham, Robert Stoothoff, and Dugald Murdoch. Cambridge: Cambridge University Press, 1984–1985.
Dewey, John. *Art as Experience.* Carbondale: Southern Illinois University Press, 1987.
———. "Body and Mind." In *John Dewey: The Later Works*, vol. 3. Carbondale, Southern Illinois University Press, 1988.
———. *Ethics.* Carbondale: Southern Illinois University Press, 1985.
———. *Experience and Nature.* Carbondale: Southern Illinois University Press, 1988.
———. *Freedom and Culture.* Carbondale: Southern Illinois University Press, 1988.
———. *Human Nature and Conduct.* Carbondale: Southern Illinois University Press, 1983.
———. "Introduction." in F.M. Alexander. In *Constructive Conscious Control of the Individual*, 1923; reprinted in *John Dewey: The Middle Works*, vol. 15. Carbondale: Southern Illinois University Press, 1983.

______. "Introduction." in F.M. Alexander. In *The Use of the Self*, 1932; reprinted in *John Dewey: The Later Works*, vol. 6. Carbondale: Southern Illinois University Press, 1985.

______. "Introductory Word." in F.M. Alexander. In *Man's Supreme Inheritance*, 1918; reprinted in *John Dewey: The Middle Works*, vol. 11. Carbondale: Southern Illinois University Press, 1982.

______. "Philosophy and Civilization." In *Philosophy and Civilization*. New York: Capricorn, 1963.

______. "Qualitative Thought." Reprinted in *John Dewey: The Later Works*, vol. 5. Carbondale: Southern Illinois University Press, 1984.

______. *The Quest for Certainty*. Carbondale: Southern Illinois University Press, 1988.

Dickie, George. *Aesthetics*. Indianapolis: Bobbs-Merrill, 1971.

______. *Art and the Aesthetic: An Institutional Analysis*. Ithaca: Cornell University Press, 1974.

Dobson, W.A.C.H. (translator). *Mencius: A New Translation*. Toronto: Toronto University Press, 1969.

Doidge, Norman. *The Brain That Changes Itself*. New York: Viking, 2007.

Draganski, B. and A. May. "Training-induced Structural Changes in the Adult Human Brain." *Behavioural Brain Research*, 192 (2008): 137–142.

Driskell, J., et al. "Does Mental Practice Enhance Performance?" *Journal of Applied Psychology*, 79 (1974): 481–489.

Durkheim, Émile. *Pragmatism and Sociology*. Translated by J.C. Whitehouse. Cambridge: Cambridge University Press, 1983.

Ebisch, S.J.H., et al. "The Sense of Touch: Embodied Simulation in a Visuotactile Mirroring Mechanism for Observed Animate or Inanimate Touch." *Journal of Cognitive Neuroscience*, 20 (2008): 1–13.

Eisenman, Peter. "En Terror Firma: In Trails of Grotexts." *Architectural Design*, 1–2 (1989): 41.

Eliot, T.S. *The Use of Poetry and the Use of Criticism*. London: Faber, 1964.

Emerson, Ralph Waldo. "Address at the Opening of Concord Free Public Library." In *The Complete Works of Ralph Waldo Emerson*, vol. 11. New York: Houghton Mifflin, 1904.

______. "Education." In *The Complete Works of Ralph Waldo Emerson*, vol. 10. New York: Houghton Mifflin, 1904.

______. "Farming." In *The Essential Writings of Ralph Waldo Emerson*. Edited by Brooks Atkinson. New York: Modern Library, 2000.

______. *Journals of Ralph Waldo Emerson*, vols. 3, 5. Edited by E.W. Emerson and R.W. Forbes. Boston: Houghton Mifflin, 1910–1914.

______. "Literary Ethics." In *Emerson: Essays and Poems*. New York: Library of America, 1996.

______. "Powers and Laws of Thought." In *The Complete Works of Ralph Waldo Emerson*, vol. 12. New York: Houghton Mifflin, 1904.

______. "The Scholar." In *The Complete Works of Ralph Waldo Emerson*, vol. 10. New York: Houghton Mifflin, 1904.

______. "The Superlative." In *Lectures and Biographical Sketches*. Boston: Mifflin, 1904.

———. "Works and Days." In *Society and Solitude, Works of Ralph Waldo Emerson*, vol. 2. Boston: Houghton, Osgood Company, 1880.

Engel, Lis. "The Somaesthetic Dimension of Dance Art and Education: A Phenomenological and Aesthetic Analysis of the Problem of Creativity in Dance." In *Ethics and Politics Embodied in Dance: Proceedings of the International Dance Conference, December 9–12, 2004*. Edited by E. Anttila, S. Hämäläinen, T. Löytönen & L. Rouhiainen. Helsinki: Theatre Academy, 2005: 50–58.

Feldenkrais, Moshe. *Awareness Through Movement*. New York: Harper and Row, 1972.

Formis, Barbara (editor). *Penser en corps : Soma-esthetique, art, et philosophie*. Paris: L'Harmattan, 2009.

Frampton, Kenneth. *Modern Architecture: A Critical History*, 4th edition. London: Thames and Hudson, 2007.

Foucault, Michel. *Dits et Ecrits*, 2 vols. Paris: Gallimard, 2001.

———. *History of Sexuality*, 2 vols. New York: Pantheon, 1980, 1986.

———. "How an 'Experience-Book' is Born." In *Remarks on Marx: Conversations with Duccio Trombadori*. Translated by R.J. Goldstein and J. Cascaito. New York: Semiotext, 1991.

———. "On the Genealogy of Ethics: An Overview of Work in Progress." In *Michel Foucault: Beyond Structuralism and Hermeneutics*. Edited by Herbert Dreyfus and Paul Rabinow. Chicago: University of Chicago Press, 1983.

———. "Sexual Choice, Sexual Act." In *Essential Works of Michel Foucault*, vol. 1. New York: New Press, 1997.

———. *Technologies of the Self*. Amherst: University of Massachusetts Press, 1988.

Freud, Sigmund. *Introductory Lectures on Psycho-analysis*. Edited by James Strachey. New York: Norton, 1966.

———. *The Interpretation of Dreams*. Translated by James Strachey. New York: Avon, 1965.

Fried, Michael. *Why Photography Matters as Art as Never Before*. New Haven: Yale University Press, 2008.

Gallagher, Shaun. *How the Body Shapes the Mind*. Oxford: Oxford University Press, 2005.

———. "Somaesthetics and the Care of the Body." *Metaphilosophy*, 42 (2011): 305–313.

Gallese, V., et al. "Action Recognition in the Premotor Cortex." *Brain*, 119 (1996): 593–609.

Goethe, Johann Wolfgang. "Allgemeine Naturwissenschaft." In *Goethes Werke*. Hamburg: Christian Wegner Verlag, 1955.

———. "Baukunst." In *Ästhetische Schriften 1771–1805. Sämtliche Werke*, vol. 8. Edited by Friedmar Apel. Frankfurt: Deutscher Klassiker Verlag, 1998.

———. *Conversations of Goethe with Eckermann and Soret*, vol. 2. Translated by John Oxenford. London: Smith, Elder & Co., 1850.

———. *Maxims and Reflections*. Translated by Elisabeth Stopp. London: Penguin, 1988.

———. "Sprichtwörtlich." In *Goethes Werke*. Edited by Eduard Scheidemantel. Berlin: Deutsches Verlagshaus Bong & Co., 1891.

Goodman, Nelson. *Languages of Art*. Oxford: Oxford University Press, 1969.

Graham, A.C. (translator). *The Book of Lieh-tzu.* New York: Columbia University Press, 1990.
Granger, David. "Somaesthetics and Racism: Toward an Embodied Pedagogy of Difference." *Journal of Aesthetic Education,* 44 (2010): 69–81.
______. "Review Essay of *Pragmatist Aesthetics.*" *Studies in Philosophy of Education,* 22 (2003): 381–402.
Gropius, Walter. "Grundsätze der Bauhausproduktion." In *Programme und Manifeste zur Architektur des 20. Jahrhunderts.* Edited by Ulrich Conrad. Braunschweig: Bauwelt Fundamente, 1975.
Guerra, Gustavo. "Practicing Pragmatism: Richard Shusterman's Unbound Philosophy." *Journal of Aesthetic Education,* 36 (2002): 70–83.
Hadot, Pierre. *Philosophy as a Way of Life.* Oxford: Blackwell, 1995.
Hampshire, Stuart. "Logic and Appreciation." In *Aesthetics and Language.* Edited by William Elton. Oxford: Blackwell, 1967.
Haskins, Casey. "Enlivened Bodies, Authenticity, and Romanticism." *Journal of Aesthetic Education,* 36 (2002): 92–102.
Hays, Michael K. "Critical Architecture Between Form and Culture." *Perspecta: The Yale Architectural Journal,* 21 (1984): 15–29.
______. "Wider den Pragmatismus." *ARCH+,* 156 (2001): 50–51.
Hegel, Georg Wilhelm Friedrich. *Introductory Lectures in Aesthetics.* Translated by Bernard Bosanquet. London: Penguin, 1993.
______. *Hegel's Philosophy of Mind.* Translated by William Wallace. Oxford: Clarendon, 1894.
______. *Lectures on the History of Philosophy: Medieval and Modern Philosophy.* Translated by E.S. Haldane. Lincoln: University of Nebraska Press, 1995.
Heyes, Cressida. "Somaesthetics for the Normalized Body." In *Self-Transformations: Foucault, Ethics, and Normalized Bodies.* Oxford: Oxford University Press, 2007.
Heynen, Hilde. "A Critical Position for Architecture?" In *Critical Architecture.* Edited by Jane Rendell and Jonathan Hill. London: Routledge, 2007.
Higgins, Kathleen. "Living and Feeling at Home: Shusterman's Performing Live." *Journal of Aesthetic Education,* 36 (2002): 84–92.
Hipple, Walter J. Jr. *The Beautiful, the Sublime, and the Picturesque in Eighteenth-Century British Aesthetic Theory.* Carbondale Southern Illinois University Press, 1957.
Holroyd, Michael. *Lytton Strachey: A Biography.* London: Penguin, 1971.
Huang, Liqiang, and Harold Pashler. "Attention Capacity and Task Difficulty in Visual Search." *Cognition,* 94 (2005): B101–B111.
Ioakimidis, I., M. Zandian, C. Bergh, and P. Södersten. "A Method for the Control of Eating Rate: A Potential Intervention in Eating Disorders." *Behavioral Research Methods,* 41 (2009): 755–760.
Iseminger, Gary. "Aesthetic Experience." In *The Oxford Handbook of Aesthetics.* Edited by Jerrold Levinson. Oxford: Oxford University Press, 2003.
Knoblock, John. *Xunzi: A Translation and Study of the Complete Works,* 3 vols. Stanford: Stanford University Press, 1988–1994.
James, William. *The Correspondence of William James,* vols. 1, 4, 8. Charlottesville: University Press of Virginia, 1992–2000.
______. *Essays in Radical Empiricism.* Cambridge, MA: Harvard University Press, 1976.

______. *Talks To Teachers on Psychology and To Students on Some of Life's Ideals.* New York: Dover, 1962.

______. *The Principles of Psychology.* Cambridge, MA: Harvard University Press, 1983.

Jay, Martin. "Somaesthetics and Democracy: John Dewey and Contemporary Body Art." In *Refractions of Violence.* New York: Routledge, 2003.

Jowitt, Deborah. *Time and the Dancing Image.* Berkeley: University of California Press, 1989.

Kabat-Zinn, Jon. "The Relationship of Cognitive and Somatic Components of Anxiety to Patient Preference for Alternative Relaxation Techniques." *Mind/Body Medicine,* 2 (1997): 101–109.

______, et al. "Effectiveness of a Meditation-Based Stress Reduction Program in the Treatment of Anxiety Disorders." *American Journal of Psychiatry,* 149 (1992): 936–943.

Kahneman, Daniel. "Objective Happiness." In *Well-being: the Foundations of Hedonic Psychology.* Edited by D. Kahneman, E. Diner and N. Schwartz. New York: Russell Sage, 1999.

Kallio, Titti. "Why We Choose the More Attractive Looking Objects: Somatic Markers and Somaesthetics in User Experience." *Proceedings of the 2003 International Conference on Designing Pleasurable Products and Interfaces.* New York: ACM (2003): 142–143.

Kandel, Eric R. *In Search of Memory.* New York: Norton, 2006.

Kant, Immanuel. *Anthropology from a Pragmatic Point of View.* Translated by V. Dowdell. Carbondale: Southern Illinois University Press, 1996.

______. *The Conflict of the Faculties.* Translated by Mary Gregor. Lincoln: University of Nebraska Press, 1992.

______. *The Critique of Judgment.* Translated by J.C. Meredith. Oxford: Oxford University Press, 1986.

______. *The Metaphysics of Morals.* Translated by Mary Gregor. Cambridge: Cambridge University Press, 1996.

______. *Reflexionen Kants zur Kritischen Philosophie.* Edited by Benno Erdmann. Stuttgart: Frommann-Holzboog, 1992.

Keynes, J.M. "My Early Beliefs." In *Essays and Sketches in Biography.* New York: Meridian, 1956.

Kierkegaard, Soren. *The Sickness unto Death.* In *Fear and Trembling and The Sickness Unto Death.* Translated by W. Lowrie. New York: Anchor, 1954.

Knoblock, John (translator). *Xunzi,* 3 vols. Stanford: Stanford University Press, 1988–1994.

Koczanowicz, Dorota, and Wojciech Małecki (editors). *Shusterman's Pragmatism: From Literature to Somaesthetics.* Amsterdam: Rodopi, 2012.

Koolhaas, Rem. "What Ever Happened to Urbanism?" In *S,M,L,XL.* Edited by Rem Koolhaas and Bruce Mau. New York: Monacelli Press, 1995.

Kristeva, Julia. *Black Sun: Depression and Melancholia.* Translated by L. Roudiez. New York: Columbia University Press, 1989.

Krüger, Hans-Peter. *Zwischen Lachen und Weinen,* 2 vols. Berlin: Akademie Verlag, 1999, 2001.

Lackner, J.R. and Paul Zio. "Aspects of Body Self-Calibration." *Trends in Cognitive Science,* 4 (2000): 279–282.

______. "Vestibular, Proprioceptive, and Haptic Contributions to Spatial Organization." *Annual Review of Psychology*, 56 (2005): 115–147.
Laertius, Diogenes. *Lives of Eminent Philosophers*, 2 vols. Translated by R.D. Hicks. Cambridge, MA: Harvard University Press, 1991.
Lau, D.C. (translator). *Lao Tzu*. London: Penguin, 1963.
______ (translator). *Mencius*. London: Penguin, 1970.
Leddy, Thomas. "Shusterman's *Pragmatist Aesthetics*." *Journal of Speculative Philosophy*, 16 (2002): 10–15.
Leypoldt, Gunther. "The Pragmatist Aesthetics of Richard Shusterman: A Conversation." *Zeitschrift für Anglistik und Amerikanistik: A Quarterly of Language, Literature, and Culture*, 48 (2000): 57–71.
Libet, Benjamin. "Do We Have Free Will?" *Journal of Consciousness Studies*, 6 (1999): 47–57.
______. "Unconscious Cerebral Initiative and the Role of Conscious Will in Voluntary Action." *Behavioral and Brain Sciences*, 8 (1985): 529–66.
Lim, Youn-Kyung, Erik Stolterman, et al. "Interaction Gestalt and the Design of Aesthetic Interactions." *Proceedings of the 2007 Conference on Designing Pleasurable Products and Interfaces*. New York: ACM (2007): 239–254.
Loland, N.W. "The Art of Concealment in a Culture of Display: Aerobicizing Women's and Men's Experience and Use of Their Own Bodies." *Sociology of Sport Journal*, 17 (2000): 111–129.
Lopes, D.M. "The Aesthetics of Photographic Transparency." *Mind*, 36 (2003): 335–348.
Malcolm, Norman. *Wittgenstein: A Memoir*. Oxford: Oxford University Press, 1984.
Małecki, Wojciech. *Embodying Pragmatism: Richard Shusterman's Philosophy and Literary Theory*. Frankfurt: Peter Lang, 2010.
Maynard, Patrick. *The Engine of Visualization: Thinking Through Photography*. Ithaca: Cornell University Press, 1997.
Meltzoff, A.N. and M.K. Moore. "Imitation of Facial and Manual Gestures by Human Neonates." *Science*, New Series 198 (1977): 75–78.
______. "Imitation, Memory, and the Representation of Persons." *Infant Behavior and Development*, 17 (1994): 83–99.
Mencken, H.L. "Literature and the Schoolm'am." In *Prejudices: Fifth Series*. New York: Octagon Books, 1977.
Merleau-Ponty, Maurice. *In Praise of Philosophy and Other Essays*. Translated by John Wild, James Edie, and John O'Neill. Evanston: Northwestern University Press, 1970.
______. *The Phenomenology of Perception*. Translated by Colin Smith. London: Routledge, 1962.
______. *Signs*. Translated by R.C. McCleary. Evanston: Northwestern University Press, 1970.
______. *The Visible and the Invisible*. Translated by A. Lingis. Evanston: Northwestern University Press, 1968.
Miller, James. *The Passion of Michel Foucault*. New York: Simon and Schuster, 1993.
Moholy-Nagy, Laszlo. *Painting, Photography, Film*. Translated by Janet Seligman. Cambridge, MA: MIT Press, 1987.
Monk, Ray. *Ludwig Wittgenstein: The Duty of Genius*. London: Penguin, 1990.

Montaigne, Michel de. *The Complete Essays of Montaigne*. Translated by Donald Frame. Stanford: Stanford University Press, 1965.

Montero, Barbara. "Proprioception as an Aesthetic Sense." *Journal of Aesthetics and Art Criticism*, 64 (2006): 230–242.

Morrow, Jannay. "Effects of Rumination and Distraction on Naturally Occurring Depressed Mood." *Cognition & Emotion*, 7 (1993): 561–570.

Mullis, Eric. "Performative Somaesthetics: Principles and Scope." *Journal of Aesthetic Education*, 40 (2006): 104–117.

______. "Review *of Body Consciousness: A Philosophy of Mindfulness and Somaesthetics*." *Journal of Aesthetic Education*, 45 (2011): 123–127.

Needham, Joseph. *Science and Civilisation in China*, vol. 2. Cambridge: Cambridge University Press, 1956.

Nehamas, Alexander. "Richard Shusterman on Pleasure and Aesthetic Experience." *Journal of Aesthetics and Art Criticism*, 56 (1998): 49–51.

Nielsen, H.S. "The Computer Game as a Somatic Experience." *Eludamos. Journal for Computer Game Culture*, 4 (2010): 25–40.

Nietzche, Friedrich. *The Birth of Tragedy and The Genealogy of Morals*. Translated by Francis Golffing. New York: Doubleday, 1956.

______. *Ecce Homo*. Translated by R.J. Hollingdale. London: Penguin, 1992.

______. *Friedrich Nietzsche: Sämtliche Werke*, 5 vols. Edited by G. Colli and M. Montinari. Berlin: de Gruyter, 1999.

______. *Human, All Too Human*. Translated by R.J. Hollingdale. Cambridge: Cambridge University Press, 1996.

______. *Nietzsche: Untimely Meditations*. Translated by R.J. Hollingdale. Cambridge: Cambridge University Press, 1983.

______. *Thus Spoke Zarathustra*. In *The Portable Nietzsche*. Translated by Walter Kaufmann. New York: Penguin, 1976.

______. *The Will to Power*. Translated by Walter Kaufmann and R.J. Hollingdale. New York: Random House, 1967.

Nolen-Hoeksema, Susan. "Responses to Depression and Their Effects on the Duration of Depressive Episodes." *Journal of Abnormal Psychology*, 100 (1991): 569–582.

______, et al. "Explaining the Gender Difference in Depressive Symptoms." *Journal of Personality and Social Psychology*, 77 (1999): 1061–72.

Nussbaum, Martha. *The Therapy of Desire*. Princeton: Princeton University Press, 1994.

Ockman, Joan. *The Pragmatist Imagination*. New York: Princeton Architectural Press, 2000.

Pascal, Blaise. *Pensées*. Translated by A.J. Krailsheimer. London: Penguin, 1966.

Pascual-Leone, A., et al. "Modulation of Muscle Responses Evoked by Transcranial Magnetic Stimulation during the Acquisition of New Fine Motor Skills." *Journal of Neurophysiology*, 74 (1995): 1037–1045.

Passmore, John. "The Dreariness of Aesthetics." In *Aesthetics and Language*. Edited by W. Elton. Oxford: Blackwell, 1954.

Perry, Ralph Barton. *The Thought and Character of William James*, 2 vols. Boston: Little, Brown and Company, 1935.

Plato. *Plato: Complete Works*. Edited by John Cooper. Indianapolis: Hackett, 1997.

Plotinus. *Enneads*. Translated by A.H. Armstrong. Cambridge, MA: Harvard University Press, 1966.

Plessner, Helmuth. *Macht und menschliche Natur: Ein Versuch zur Anthropologie der geschichtlichen Weltansicht*. In *Helmuth Plessner Gesammelte Schriften*, vol. 5. Frankfurt am Main: Suhrkamp, 1982.

Plutarch. "Tranquility of Mind." In *Plutarch's Moralia*, vol. 6. Translated by W.C. Helmbold. Cambridge, MA: Harvard University Press, 1939.

Porter, Katherine Anne. "Interview with Barbara Thompson, 1963." Reprinted in *Women Writers at Work: The Paris Review Interviews*. Edited by George Plimpton. New York: Modern Library, 1998.

Price, Uvedale. "An Essay on the Picturesque, as Compared with the Sublime and Beautiful." In *The Sublime: A Reader in British Eighteenth-century Aesthetic Theory*. Edited by Andrew Ashfield and Peter de Bolla. Cambridge: Cambridge University Press, 1996.

Rahula, Walpoa (editor). *What the Buddha Taught*, 2nd edition. New York: Grove Press, 1974.

Rhees, Rush (editor). *Recollections of Wittgenstein*. Oxford: Blackwell, 1984.

Ricket, W.A. (translator). *Kuan-Tzu*. Hong Kong: Hong Kong University Press, 1965.

Rimer, J.T., and Masakazu Yamazaki (translators). *On the Art of the Nō Drama: The Major Treatises of Zeami*. Princeton: Princeton University Press, 1983.

Rizzolati, Giacomo, and Laila Craighero. "The Mirror Neuron System." *Annual Review of Neuroscience*, 27 (2004): 169–192.

Rorty, Richard. *Achieving Our Country*. Cambridge, MA: Harvard University Press, 1999.

______. "Afterword: Intellectual Historians and Pragmatism." In *A Pragmatist's Progress?* Edited by John Pettegrew. Lanham, MD: Rowman & Littlefield, 2000.

______. *Consequences of Pragmatism*. Minneapolis: University of Minnesota Press, 1982.

______. *Contingency, Irony, and Solidarity*. Cambridge: Cambridge University Press, 1989.

______. *Essays on Heidegger and Others: Philosophical Papers*, vol. 2. Cambridge: Cambridge University Press, 1991.

______. "The Fire of Life." *Poetry*, 191 (November 2007): 129.

______. "Inquiry as Recontextualization: An Anti-Dualist Account of Interpretation." In *The Interpretive Turn: Philosophy, Science, Culture*. Edited by David Hiley, James Bohman, and Richard Shusterman. Ithaca: Cornell University Press, 1991.

______. "The Inspirational Value of Great Literature." In *Achieving Our Country*. Cambridge, MA: Harvard University Press, 1999.

______. "The Intellectuals at the End of Socialism." *Yale Review*, 80 (April, 1992): 1–16.

______. "Intellectuals in Politics: Too Far In? Too Far Out?" *Dissent*, 38 (1991): 483–490.

______. *Objectivity, Relativism, and Truth: Philosophical Papers*, vol. 1. Cambridge: Cambridge University Press, 1991.

______. *Philosophy as Cultural Politics: Philosophical Papers*, vol. 4. Cambridge: Cambridge University Press, 2007.

______. "Response to Richard Shusterman." In *Richard Rorty: Critical Dialogues.* Edited by Matthew Festenstein and Simon Thompson. Cambridge: Polity Press, 2001.
______. "Thugs and Theorists." *Political Theory,* 15 (1987): 564–580.
______. *Truth and Progress: Philosophical Papers,* vol. 3. Cambridge: Cambridge University Press, 1998.
Roth, Harold. *Original Tao: Inward Training (Nei-yeh) and the Foundations of Taoist Mysticism.* New York: Columbia University Press, 1999.
Rousseau, Jean-Jacques. *Émile: Or, on Education.* Translated by Allan Bloom. New York: Basic Books, 1979.
Ruskin, John. "Of Wisdom and Folly in Science." In *The Eagle's Nest: Ten Lectures on the Relation of Natural Science to Art, given before the University of Oxford in Lent Term, 1872.* London: Smith, Elder & Co., 1872.
Russell, Bertrand. *The Autobiography of Bertrand Russell 1872–1914.* London: Allen & Unwin, 1967.
Säätelä, Simo. "Between Intellectualism and 'Somaesthetics'." In *Filozofski Vestnik,* 2 (1999): 151–162.
Schiphorst, Thecla. "soft(n): Toward a Somaesthetics of Touch." *Proceedings of the 27th International Conference Extended Abstracts on Human Factors in Computing Systems,* New York: ACM (2009): 2427–2438.
______, Jinsil Seo, and Norman Jaffe. "Exploring Touch and Breath in Networked Wearable Installation Design." *Proceedings of the International Conference on Multimedia,* New York: ACM (2010): 1399–1400.
Schopenhauer, Arthur. *The World as Will and Representation,* 2 vols. Translated by E.F.J. Payne. New York: Dover, 1958.
Schwartz, Barry. *The Paradox of Choice.* New York: Harper Collins, 2004.
Scruton, Roger. "Photography and Representation." In *The Aesthetic Understanding.* London: Methuen, 1983.
Searle, John R. *The Construction of Social Reality.* New York: Free Press, 1995.
______. *Intentionality: An Essay in the Philosophy of Mind.* Cambridge: Cambridge University Press, 1983
______. *Rationality in Action.* Cambridge, MA: MIT Press, 2001.
______. *The Rediscovery of the Mind.* Cambridge, MA: MIT Press, 1992.
______. *Speech Acts.* Cambridge: Cambridge University Press, 1969.
Shechner, Stanley and Judith Ronin. *Obese Humans and Rats.* New York: Wiley, 1974.
Shikibu, Murasaki. *The Tale of Genji.* Translated by Edward Seidensticker. New York: Knopf 2001.
Shklovsky, Viktor. "Art as Device." In *Theory of Prose.* Translated by Benjamin Sher. Normal, IL: Dalkey Archive Press, 1991.
Shusterman, Richard. "Aesthetic Experience: From Analysis to Eros." *Journal of Aesthetics and Art Criticism,* 64 (2006): 217–229.
______ (editor). *Analytic Aesthetics.* Oxford: Blackwell, 1989.
______. "Analytic Aesthetics, Literary Theory, and Deconstruction." *The Monist,* 69 (1986): 22–38.
______. "The Anomalous Nature of Literature." *British Journal of Aesthetics,* 18 (1978): 317–329.

______. *Body Consciousness: A Philosophy of Mindfulness and Somaesthetics*. Cambridge: Cambridge University Press, 2008.
______. "Bourdieu and Anglo-American Philosophy." In *Bourdieu: A Critical Reader*. Edited by Richard Shusterman. Oxford: Blackwell, 1999.
______. "Croce on Interpretation: Deconstruction and Pragmatism." *New Literary History*, 20 (1988): 199–216.
______. "Deconstruction and Analysis: Confrontation and Convergence." *British Journal of Aesthetics*, 26 (1986): 311–327.
______. "Discussion with Peng Feng." *Art Press*, 379, Venice Biennale Supplement (June 2011): 24–25.
______. "Emerson's Pragmatist Aesthetics," *Revue Internationale de Philosophie*, 207 (1999): 87–99.
______. "Entertainment: A Question for Aesthetics." *British Journal of Aesthetics*, 43 (2003): 289–307.
______. "Interpretation, Pleasure, and Value in Aesthetic Experience." *Journal of Aesthetics and Art Criticism*, 56 (1998): 51–53.
______. "Le corps en act et en conscience." In *Philosophie du corps*. Edited by Bernard Andrieu. Paris: Vrin, 2010.
______. "The Logic of Evaluation." *Philosophy Quarterly*, 30 (1980): 327–341.
______. "The Logic of Interpretation." *Philosophy Quarterly*, 28 (1978): 310–324.
______. *Performing Live: Aesthetic Alternatives for the Ends of Art*. Ithaca: Cornell University Press, 2000.
______. "A Philosopher in Darkness and in Light: Practical Somaesthetics and Photographic Art." In *Lucidité. Vues de l'intérieur / Lucidity. Inward Views: Le Mois de la Photo à Montréal 2011*. Edited by Anne-Marie Ninacs. Montréal: Le Mois de la Photo à Montréal, 2011.
______. *Practicing Philosophy: Pragmatism and the Philosophical Life*. New York: Routledge, 1997.
______. "Pragmatist Aesthetics and East-Asian Thought." *The Range of Pragmatism and the Limits of Philosophy*. Edited by Richard Shusterman. Oxford: Blackwell, 2004.
______. *Pragmatist Aesthetics: Living Beauty, Rethinking Art*. Oxford: Blackwell, 1992. 2nd edition. New York: Rowman & Littlefield, 2000.
______. "Pragmatist Aesthetics: Between Aesthetic Experience and Aesthetic Education." *Studies in Philosophy and Education*, 22 (2003): 403–412.
______. "Pragmatism and Criticism: A Response to Three Critics of Pragmatist Aesthetics." *Journal of Speculative Philosophy*, 16 (2002): 26–38.
______. "Regarding Oneself and Seeing Double: Fragments of Autobiography." *The Philosophical I: Personal Reflections on Life in Philosophy*. Edited by George Yancey. New York: Rowman and Littlefield, 2002.
______. "Soma and Psyche." *Journal of Speculative Philosophy*, 24 (2010): 205–223.
______. "Soma, Self, and Society." *Metaphilosophy*, 42 (2011): 314–327.
______. "Somaesthetics: A Disciplinary Proposal." *Journal of Aesthetics and Art Criticism*, 57 (1999): 299–313.
______. "Somaesthetics and Care of the Self: The Case of Foucault." *Monist*, 83 (2000): 530–551.
______. *Surface and Depth*. Ithaca: Cornell University Press, 2002.

______. *T.S. Eliot and the Philosophy of Criticism*. London and New York: Duckworth and Columbia University Press, 1988.
______. *Vor der Interpretation*. Wien: Passagen Verlag, 1996.
Sibley, Frank. "Aesthetic Concepts." *Philosophical Review*, 68 (1959): 421–450.
Skowronski, K.P. *Values and Powers: Re-reading the Philosophical Tradition of American Pragmatism*. Amsterdam: Rodopi, 2009.
Smith, S.J. and R.J. Lloyd. "Promoting Vitality in Health and Physical Education." *Qualitative Health Research*, 16 (2006): 249–267.
Sommer, Deborah. "Boundaries of the *Ti* Body." *Asia Major*, 21 (2008): 293–324.
Somol, Robert, and Sarah Whiting. "Notes Around the Doppler Effect and Other Moods of Modernism." *Perspecta*, 33 (2002): 72–77.
Sontag, Susan. *On Photography*. New York: Farrar, Straus and Giroux, 1977.
Soulez, Antonia. "Practice, Theory, Pleasure, and the Problems of Form and Resistance: Shusterman's *Pragmatist Aesthetics*." *Journal of Speculative Philosophy*, 16 (2002): 1–9.
Sousa, Ronald de. "Love as Theater." In *The Philosophy of (Erotic) Love*. Edited by Robert Solomon and Kathleen Higgins. Lawrence: University of Kansas Press, 1991.
Spater, George, and Ian Parsons. *A Marriage of True Minds: An Intimate Portrait of Leonard and Virginia Woolf*. London: Hogarth, 1972.
Stanhope, Philip Dormer, Fourth Earl of Chesterfield. *Letters to His Son: On the Fine Art of Becoming a Man of the World and a Gentleman*. New York: Tudor, 1937.
Stern, Daniel N. *The Interpersonal World of the Infant*. New York: Basic Books, 1985.
Styron, William. *Darkness Visible: A Memoir of Madness*. New York: Random House, 1990.
Sullivan, Shannon. "Transactional Somaesthetics." In *Living Across and Through Skins: Transactional Bodies, Pragmatism, and Feminism*. Bloomington, IN: Indiana University Press, 2001.
Sundström, P., K. Höök et al. "Experiential Artifacts as a Design Method for Sómaesthetic Service Development." *Proceedings of the 2011 ACM Symposium on the Role of Design in UbiComp Research*. New York: ACM (2011), 33–36.
Surbaugh, Michael. "'Somaesthetics,' Education, and Disability." *Philosophy of Education*, (2009): 417–424.
Suzuki, D.T. *Zen and Japanese Culture*. Princeton: Princeton University Press, 1989.
Taine, Hippolyte. *History of English Literature*. Translated by H. van Laun. New York: Holt and Williams, 1886.
Taylor, Paul C. "The Two-Dewey Thesis, Continued: Shusterman's *Pragmatist Aesthetics*." *Journal of Speculative Philosophy*, 16 (2002): 17–25.
______. "What's the Use of Calling Du Bois a Pragmatist?" In *The Range of Pragmatism and the Limits of Philosophy*. Edited by Richard Shusterman. Oxford: Blackwell, (2004): 95–111.
Thoreau, Henry David. "Thomas Carlyle and His Works." In *Miscellanies by Henry David Thoreau*. Boston: Houghton, Mifflin and Co, 1894.
______. *Walden and Other Writings*. Edited by Brooks Atkinson. New York: Modern Library, 2000.
Thorold, Algar Labouchere (translator). "A Treatise of Discretion." In *Dialogue of St. Catherine of Siena*. New York: Cosimo Classics, 2007.

Tolstoy, Lev Nikolayevich. *Confession.* Translated by David Patterson. New York: Norton 1983.

Tononi, Giulio, and Christof Koch. "The Neural Correlates of Consciousness: An Update." *Annals of the New York Academy of Science,* 1124 (2008): 239–261.

Trapnell, P., and J. Campbell. "Private Self-Consciousness and the Five-Factor Model of Personality: Distinguishing Rumination from Reflection." *Journal of Personality and Social Psychology,* 76 (1999): 284–304.

Tupper, Ken. "Entheogens and Education." *Journal of Drug Education and Awareness,* 1 (2003): 145–161.

Turner, Bryan. "Somaesthetics and the Critique of Cartesian Dualism." *Body and Society,* 14 (2008): 129–133.

Tversky, Barbara. "Remembering Spaces." In *The Oxford Handbook of Memory.* Oxford: Oxford University Press, 2000.

Urmson, J.O. "What Makes a Situation Aesthetic?" In *Proceedings of the Aristotelian Society,* supplementary vol. 131 (1957): 72–92.

Van der Kolk, B.A., J. Hopper, and J. Osterman. "Exploring the Nature of Traumatic Memory: Combining Clinical Knowledge with Laboratory Methods." In *Trauma and Cognitive Science: A Meeting of Minds, Science, and Human Experience.* Edited by J. Freyd and A. DePrince. Philadelphia: Haworth Press, 2001.

Van Gulik, R.H. *Sexual Life in Ancient China: A Preliminary Survey of Chinese Sex and Society from ca. 1500 B.C. till 1644 A.D.* Leiden: Brill, 2003.

Verhaeghen, P., J. Joormann, and R. Kahn. "Why We Sing the Blues: The Relation Between Self-Reflective Rumination, Mood, and Creativity." *Emotion,* 5 (2005): 226–232.

Vitruvius. *The Ten Books on Architecture.* Translated by M.H. Morgan. Cambridge, MA: Harvard University Press, 1914.

Vogt, Stefan. "On Relations between Perceiving, Imagining, and Performing in the Learning of Cyclical Movement Sequences." *British Journal of Psychology,* 86 (1995): 191–216.

Voparil, Christopher, and Richard Bernstein (editors). *The Rorty Reader.* Oxford: Blackwell, 2010.

Watson, Burton (translator). *The Complete Works of Chuang Tzu.* New York: Columbia University Press, 1968.

Walton, Kendall. "Transparent Pictures: On the Nature of Photographic Realism." *Noûs,* 18 (1984): 67–72.

Weston, Edward. "Photography – Not Pictorial." *Camera Craft,* 37 (1930): 313–20.

Whitman, Walt. "Song of Myself." In *Whitman: Poetry and Prose.* Edited by Justin Kaplan. New York: Library of America, 1996.

Wilkins, E.G. *The Delphic Maxims in Literature.* Chicago: University of Chicago Press, 1929.

Wimsatt, W.K., Jr. *The Verbal Icon: Studies in the Meaning of Poetry.* Lexington: University of Kentucky Press, 1967.

Wittgenstein, Ludwig. *Culture and Value.* Translated by Peter Winch. Oxford: Blackwell, 1980, revised edition 1998.

———. *Denkbewegungen: Tagebücher 1930–1932, 1936–1937.* Edited by Ilse Somavilla. Innsbruck: Haymon, 1997.

______. *Philosophical Investigations.* Translated by G.E.M. Anscombe. Oxford: Blackwell, 1968.

______. *Zettel.* Translated by G.E.M. Anscombe. Oxford: Blackwell, 1967.

Wolfe, Leonard. *Sowing: An Autobiography of the Years 1880 to 1904.* New York: Harcourt, Brace, 1960.

Wotton, Henry. *The Elements of Architecture.* London: Longmans, Green, and Co., 1624.

Xenophon. *Conversations of Socrates.* Translated by Robin Waterfield. London: Penguin, 1990.

Yasuo, Yuasa. *The Body: Towards an Eastern Mind-Body Theory.* Albany: SUNY Press, 1987.

Young, Edward. *Night Thoughts.* Holborn, London: C. Whittingham for T. Heptinstall, 1798.

Yue, Guang, and Kelly Cole. "Strength Increases from the Motor Program. Comparison of Training with Maximal Voluntary and Imagined Muscle Contractions." *Journal of Neurophysiology*, 67 (1992): 1114–1123.

Zandian, Modjtaba, et al. "Decelerated and Linear Eaters: Effect of Eating Rate on Food Intake and Satiety." *Physiological Behavior*, 96 (2009): 270–275.

Zerbib, David. "Soma-esthétique du corps absent." In *Penser en corps. Soma-esthétique, art, et philosophie.* Edited by Barbara Formis. Paris: L'Harmattan, 2009.

索 引

（本索引所标页码为原书页码，参见中译本边码）

abilities, 能力，力量，31, 51, 52, 94, 147, 165, 211, 225, 285, 319, 332

Abrams, Jerrold, 杰罗德·艾布拉姆斯，12

accident, 偶然，意外，101, 105, 177, 208

accuracy, 准确度，207, 234

aches, 疼痛，参见 pain

acting, 表 演，9, 37, 50, 135, 169, 211, 212, 281, 321, 322

action, 行为，2, 4, 15, 16, 17, 26, 32—34, 38—42, 47, 49, 50, 54—56, 58, 60—66, 78, 81, 84, 91, 95, 96, 99, 108, 109, 140, 141, 174, 183, 192, 193, 199, 201—210, 213—215, 238, 293, 296, 301, 306, 309—312, 316, 319—320, 325, 331, 333

activism, 行为主义，138, 169, 178, 186

actor, 演员，210—214, 249

acuity, 敏锐度，84, 111, 113, 120, 148, 292, 307

Adorno, Theodor W., 西奥多·阿多诺，127, 164, 165

advertising, 广告，109, 183, 239, 244, 324

Aeschylus, 埃斯库罗斯，68

aesthesis, 感觉，103, 111, 113, 141 , 183, 188

aesthetic attitude, 审美态度，2, 133

aesthetic experience, 审美经验，2, 3, 5, 6, 8, 19, 21, 45, 133, 135, 138—140, 143, 145, 147, 148, 150, 161, 163—165, 171, 176, 181, 241—244, 246, 251, 252, 256, 258—267, 269, 275, 302—304

Aesthetic judgment, 审美判断，2, 132, 162

Aesthetics, 美学 3, 145

analytic, 分析美学，19, 125—127, 128, 130, 131, 134, 135, 139

appreciation, 鉴赏美学，1, 14, 27, 46, 133, 176, 182, 183, 259, 275, 303—304

everyday, ordinary, 日常生活美学，295, 303—306, 313

history of, 美学史，128

affect, 影 响，64, 82, 85, 133, 147, 151, 153, 159, 190

age, 寿命，年龄，273—275, 323

agent, 媒介，施动者，16, 53

Alexander, Frederick Matthias, 弗雷德里克·马蒂亚斯·亚历山大，11, 14, 37, 43, 56, 62—64, 87, 89, 205

America, 美国，110, 128, 168, 180, 186,

288, 297, 301, 308, 315
amusements, 娱乐，281
Ananga Ranga,《五彩缤纷的性高潮》，276—278, 282, 284—285
anatomy, 解剖学， 42, 142
Ando, Tadao, 安藤忠雄，227
angle, 角度，15, 49, 112, 116, 251
animals, 动物，29, 30, 96, 152, 191, 277, 281
Apollo, 阿波罗，68, 69, 86
appearance, 外貌， 表面，5, 7, 11, 15, 27, 44, 86, 132, 133, 140, 149, 210—212, 214, 233, 236, 321, 323, 326, 333—335
appetite, 食欲，109, 263, 300—301
Arbus, Diane, 戴安·阿勃丝，81, 245
archery, 箭术，206
architecture, 建筑， 20, 219—238, 277。另见 building
arm, 手臂，98, 108, 112, 117, 262, 278
aroma, 香气，109, 328, 329
arousal, 唤醒，刺激，164, 279
ars erotica, 情色艺术，262—287
art, 艺术，9, 10, 15, 140
concept of, 艺术概念，134, 137, 140
contemporary, 当代艺术，10, 137, 139, 164, 171, 304
definition and theories of, 艺术定义与艺术理论，2, 134—135, 137, 139, 171, 233, 241
fine, 美的艺术，2, 3, 20—22, 130, 140, 171, 226, 277, 283, 305, 315, 319, 329
identity and authenticity of, 艺术的特性与本真性，126, 135
institutional theory of, 艺术习俗论，135—136
ofliving, 生活艺术，3, 5, 21 , 141, 171, 185, 189, 288—314
popular, 通俗艺术，139, 141, 171 , 182
art world, 艺术界，134—137
artha, 利益，277
artificiality, 矫揉造作，321
artist, 艺术家，9—10, 21, 37, 45, 131 , 145, 165, 241, 243, 254, 260, 264, 293, 321—322
artistry, 艺术性，21, 140, 193, 266, 268—269, 277, 286, 309, 312
artwork, 艺术品，133—135, 336
Asia, 亚洲，11, 20—22, 34, 84, 115, 190, 200, 227—228, 262—287, 336
Asian *ars erotica,* 亚洲情色艺术，269—271, 286
askesis, 苦行，17, 71, 257, 294, 305, 336
association (of ideas), （观念）联想，59—60, 81, 121, 159, 160
athletics, 田径，45—46, 140, 192
atmosphere, 氛围，20—21, 210, 220, 223, 226, 229, 231—238, 257, 289, 293, 295
attention , 注意力，专注，3, 17—18, 38—44, 49, 56, 61—65, 74, 77—78, 84,

87—89, 95, 99, 103, 107—109, 115—121, 147, 149, 164—165, 198, 200, 203—210, 215, 231, 234—238, 245, 250, 297—300, 303—313, 321

attitude, 态度，姿态， 89, 107, 145, 214, 228—230, 258, 301, 317, 319, 333

audience, 听众，105, 131, 136, 165, 175, 193, 210—213

auditory, 听觉，109, 305, 326—328

Augustine, Saint, 圣・奥古斯丁，294

aura, 光环， 光晕，25, 233, 234, 236, 253—260, 318, 332

Austin, John Langshaw, 约翰・朗肖・奥斯丁，53, 256

authority, 权威，96, 98, 167, 236

Avedon, Richard, 理查德・艾夫登，246

awakening, 唤醒，21, 288—314

awareness, 觉察，3, 15—16, 18, 20, 28, 30, 34, 37—39, 43, 46, 61, 63, 86, 92, 105—107, 111, 113—118, 144, 158, 165, 187—191, 194, 197—199, 204, 214, 235, 237—238, 292—293, 295—299, 301—305, 309—312

axis, 轴线，47, 95, 102

back, 后面，背部，95, 98, 101, 103, 105, 108, 112, 115—120, 161, 211, 212

background, 背景， 47—67

environing conditions, 环境条件背景，55, 65

fringe, 边缘背景， 57—58

qualitative, 特质背景，57—58, 61

balance, 平衡，6, 40, 43, 133, 147, 178, 181, 198, 210, 213, 226, 235, 244—245, 280, 330

Balanchine, George, 乔治・巴兰钦，99

Barthes, Roland, 240, 247—248, 251, 257, 258

Bataille, Georges, 乔治・巴塔耶，143, 192

Baudelaire, Charles, 夏尔・波德莱尔，251—252

Bauhaus, 包豪斯， 220

Baumgarten, Alexander, 亚历山大・鲍姆加登，1, 2, 7, 19, 129, 140, 141, 148

Beardsley, Monroe, 门罗・比尔兹利，131, 132, 134, 135

beauty, 美，2, 3, 5, 14, 21, 22, 27, 42, 129—130, 133, 145—146, 148, 151—152, 155—158, 163—165, 189, 263—265, 268, 280, 283, 290, 293, 305, 309, 317, 319, 336—337

bodily, 身体美，5, 152, 189

Beethoven, Ludwig van, 路德维希・凡・贝多芬，192

behavior, 行为，4, 17, 18, 27, 29—30, 57, 61, 113, 141, 156, 162—163, 174—175, 191, 200, 205—206, 208—209, 235, 237, 305, 319—320, 324, 327, 331, 333

belief, 信念，信仰，19, 51 , 53, 147, 164, 166, 172, 190—191, 194, 292

Benjamin, Walter, 瓦尔特・本雅明，

164, 233, 234, 236—238, 240, 252—254
Bergson, Henri, 亨利·柏格森，35, 194
Bharata Natya Sastra, 《戏剧论》，282
bias, 偏见，26, 105, 138, 145
blood, 血液，46, 89, 147, 204, 289, 313, 333—335
Bloom, Harold, 哈罗德·布鲁姆，177—178, 181
body, 另见 somaesthetics
ambiguity, 身体的歧义性，16, 28, 32, 35, 173, 222
as background, 身体背景，47—67
as center, 身体中心，33, 94, 305
contextuality, 身体语境，17, 50, 52, 58—59, 96, 325, 332
as distraction, 身体干扰，38, 150, 209, 310
as expression, 身体表现，15, 35, 151, 326
as external form, 身体的外部形式，44, 50, 111, 113
feeling of continuity, 连续性的身体感受， 93
and freedom, 身体与自由，16, 32, 35
as instrument or medium, 身体工具或媒介，1, 3, 9, 16, 26, 28, 31—37, 41—43, 45, 63, 108, 149, 156, 164, 203, 227, 265, 275, 277—278, 282, 285, 289, 295, 315, 316
as intentionality or subjectivity, 身体意向性或主体性，5, 28, 141, 160—161
as machine, 身体机器，161 , 286
norms, 身体规范，5, 9, 32, 42
as physical object, 作为物理对象的身体，1, 4, 6, 16—17, 28, 32—33, 35, 111, 313
as point of view, 身体视角，33, 94, 224
role in aesthetic experience, 身体的审美体验功能，1, 19, 147—148, 161—165
role in cognition, 身体的认识功能，15, 41, 92, 140
role in emotion, 身体的情感功能，147
role in ethics, 身体的伦理功能， 32
role in perception, 身体的知觉功能，7, 8, 14
body parts, 身体部位，16, 27, 28, 43—44, 101, 119, 120—122, 205, 207, 244, 279, 292, 332
body scan, 身体扫描，13, 114—117, 120—122
seated, 固定的身体扫描，18
bodybuilding, 健美，14, 43—44, 336, 337
bones, 骨骼，43, 58, 89, 164, 289, 300, 331, 335
boundary, 界限，74, 127—133, 143
Bourdieu, Pierre, 皮埃尔·布迪厄，17, 31, 48, 53—54, 56, 127—128, 140, 178, 185

brain, 大脑，27, 52, 53, 85, 91 , 102, 207, 208, 213—215, 264, 273
breasts, 乳房， 262, 280
breathing, 呼吸，12, 27, 32, 34, 38—39, 43, 61, 65, 87—88, 101—102, 106, 112, 115, 118, 121, 143, 157, 161, 165, 197, 198, 206, 226, 234, 235, 259, 308, 312—314, 334
Buddha, 佛陀，89, 292
Buddhism, 佛教，89, 283, 293—294, 306
Buffon, Georges-Louis Leclerc, Comte de, 乔治·路易·勒克莱克·德·布封伯爵，320
building, 构 建，60, 72, 186, 187, 226, 228, 230, 232, 236
Burke, Edmund, 埃德蒙· 博克，19, 145—165, 264
buttock, 臀部，64, 116, 120

calligraphy, 书法，319
Cambridge University, 剑桥大学，317—318
camera, 摄像机，10, 239—261
Campanella, Tommaso, 托马斯·康帕内拉，149—150
Camus, Albert, 阿尔贝·加缪，185
Carlyle, Thomas, 托马斯· 卡莱尔，78—79
Catherine, Saint of Siena, 锡耶纳的圣·凯瑟琳，71
ceremony, 仪式，253, 267, 307
change, 改 变，82, 98, 102, 117—118, 130, 166, 169, 186, 335
chest, 胸腔，胸部，74, 118, 313
chewing, 咀嚼，108—109, 311, 327
child, 儿童，31, 97, 244, 259, 265, 271—273
China (and Chinese Culture), 中国（与中国文化）10, 20—21, 200—209, 227, 266, 270—271, 274—275, 282, 292, 305
choice, 选 择，32, 153, 249, 324—325, 328
chopsticks, 筷子，207, 310, 311
Christianity, 基督教，36, 47, 70, 71—78, 88, 184, 270, 336
Cicero, 西塞罗，70
clothes, 衣 服，98, 256, 259, 303, 306, 320—323, 326, 328, 332—333
cognition, 认知，认识，11, 14, 15, 21, 26, 73, 87, 92, 97, 99, 106, 121, 129, 143, 148, 150, 157, 159, 163, 173—174, 182, 236, 266, 284—287, 296, 301, 302, 330, 335
coitus, 性交，272—281, 284
reservatus, 不完全性交，273—274
Coleridge, Samuel, 塞缪尔·柯勒律治，75
common sense, 常识，291
commonplace, the, 老生常谈，251, 283, 299, 303
communication, 沟通，交流，243, 258, 260, 316, 321

community, 群体，社会，169, 184, 307
computer, 参见 human computer interaction
concentration, 专注，11, 38, 88, 108, 150, 210, 236, 24, 245, 307, 308, 312, 314, 337
concubine, 姬妾，情妇，272, 273
conditioning, cultural, 文化制约条件，29
conduct, 行为，277, 319
  oflife, 生活行为，3, 150, 289, 291
confession, 忏悔，83, 270
Confucius, 孔子，4, 20, 22, 31, 141, 168, 190, 200, 273, 319—320, 333
consciousness, 意识，73, 78, 198, 251
  body consciousness, 身体意识，9, 11, 15, 18, 20, 22, 48, 62, 86—89, 93, 114, 122, 183, 197, 200, 208, 294, 311—312
  explicit, 清晰意识，18, 30, 51, 57, 64, 99, 100, 108, 189, 235, 238, 312, 325
  reflective, 反省意识，18, 86, 161, 199, 208, 251
  stream of, 意识流，57
constipation , 便秘，74
consummation, 完满终结，171, 266, 267, 278
contemplation, 静观，2, 46, 71, 78, 203, 236, 237, 263, 282, 289, 290, 295, 308, 309
content, 内容，50—52, 57, 59, 76, 113, 133, 147, 164, 266, 322, 333
context, 参见 background
contingency, 偶然性，137, 177, 178, 284
contraction , 紧张，收缩，38—41, 102—104, 108, 119, 144, 154, 155—163, 313
contrast, 反义词，对比，3, 5, 21 , 73, 119, 152, 174, 200, 234, 257, 270, 301, 322
conversation , 交流，对话，169, 183, 188
coordination, 协调， 209, 231 , 319
cosmetics, 化妆品，332, 336
countenance, 容貌，151, 319
creativity, 创造力，82, 208, 222, 243
criticality, 批判性，批评，219, 222—223, 228, 229—231, 233—236
critical distance, 批评距离，20, 222, 229
  immanent critique, 内部批判，20, 221, 231
  post-critical, 后批判，221—223, 228—230, 233
criticism 批评
  art, 艺术批评，131
  literary, 文学批评，131—132, 185
Croce, Benedetto, 贝奈戴托・克罗齐，130—131
cultivation , 修养，教化，4, 16, 36—37, 45, 111, 113, 166, 89, 202—203, 227 285—287
cultural politics, 18, 20, 166—196

culture. 另见 cultural politics
high, 高雅文化，10, 25, 182
popular, 大众文化，25, 182

dance, 舞蹈，8—9, 14, 43, 45, 107, 211, 226, 255—259, 281—283, 331
danger, 危险，149—160, 165
Dante (Durante degli Alighieri), 但丁，185
Danto, ArthurC., 阿瑟・丹托，7, 127, 134—137, 140
Daodejing, 《道德经》201, 203
Daoism, 道家，20, 200—204, 273, 292
darkness, 黑暗，160, 257
d'Avila, St. Juan (St. John of Avila), 圣・胡安・德维拉，71
death, 死亡，30, 32, 251
deconstruction, 解构，131
defamiliarization, 陌生化，304
definition , 定义，3, 84, 129—140, 171, 188, 219, 223, 224, 234, 248, 263, 265
Deleuze, Gilles, 吉尔・德勒兹，192
deliberation, 熟思，91, 92, 109, 174, 297
delight, 高兴， 2, 22, 147, 151—158, 165, 264, 279
Delphi, 德尔斐，68—78, 86, 90, 290
demeanor, 姿态，举止，31, 34, 96, 246, 319
democracy, 民主，10, 141 , 171 , 179, 219, 221
depression , 沮丧，17, 39, 62, 70, 71, 75, 76, 80—89, 111
Derrida, Jacques, 雅克・德里达，178
Descartes, Rene, 勒内・笛卡尔，72, 292
design , 设计，8, 9, 11 , 12, 221, 224—226, 233, 236, 238, 315
desire, 欲望，愿望，21, 30, 43, 49, 56, 71, 106, 140, 145, 146, 161, 247, 248, 267, 270, 278, 280, 284, 287, 290, 294, 295, 301, 324
despair, 绝望，71, 75, 76, 154
Dewey, John, 约翰・杜威， 7, 10, 54—64, 86—89, 92, 139, 168, 170, 171, 176—178, 180, 182, 183. 185—188, 192, 204, 205, 229, 288, 290
dharma, 达摩，277
Dickie, George, 乔治・迪基，135, 140
diet, 饮食，27, 43, 44, 175, 324, 328
difference, 区别，7, 28, 29, 35, 156, 170—172, 179, 181, 192, 265, 270, 277, 312, 322
dignity, 尊严，高贵，30, 35, 157
Diogenes the Cynic, 犬儒学派的狄奥根尼，190
disability (and dysfunctino) , 伤损（与残疾），37, 101
discipline, 训练，17, 27, 44, 85, 272, 286, 290, 294—295, 300, 305, 307, 337
discomfort, 纠结，不适，8, 44, 65—66, 74, 97, 101, 103, 106, 109, 110, 115, 153, 161, 207, 235, 247, 307
discourse, 说教，谈话， 4, 176, 192,

193, 195, 232, 270, 279
discursive, the, 推论，3, 27, 30, 142, 163, 176, 192—195, 229, 230, 234. 另 见 discourse
disinterestedness, 无利害性，2, 138, 145, 148, 152, 229, 230, 263—265
disposition , 性情，63, 74, 149, 324
distance, 距离，30, 107, 222, 224, 229—230, 237, 245, 251, 325—327, 333, 337
distinction , 区 别，5, 13, 43, 44, 59, 60, 65, 131—133, 136—137, 142, 173—174, 178—180, 192, 227, 242, 316, 320, 322, 323, 326, 329, 335
diversity, 多 样 性，5, 16, 70, 155, 158, 159, 228, 240, 243, 281, 283, 285
Dōgen, Zenji, 道元禅师，305
domination , 控制，5, 9, 32, 180
dramatization, 戏 剧 化，139, 241, 249, 281
dream, 梦，100, 174, 224, 292, 294
dress, 装饰，22 , 98, 99, 262, 306, 320—325
Dreyfus, Hubert, 休伯特·德莱弗斯，48
drink, 酒，6, 101, 108—110, 278, 300—302, 311, 328
drugs, 毒品，药剂，8, 11, 150, 192, 265, 294
dualism, 二元论， 5, 164, 193, 237, 314, 319
Duchamp, Marcel, 马塞尔·杜尚，136
Durkheim, Emile, 埃尔米·涂尔干，54
duty, 责任，31, 73, 75, 86, 177, 241, 251, 273, 277

ear, 耳朵，102, 117
eating, 吃饭，108—111, 162, 275, 300—302, 306, 309—311, 322, 325, 327
economics, 经济学，7, 38, 168, 272, 297
education , 教育，4, 7, 8, 9, 37, 99, 191, 237, 285, 286, 302, 305
effort, 努力，37, 49, 73, 91, 95, 107, 108, 118, 119, 150, 160, 235, 244, 246—247, 249, 259, 294—295, 323—324, 328
Eisenman, Peter, 彼得·埃森曼，222, 230, 233
ejaculation, 射精，272, 281
Eliot, T.S., 艾略特，126—127, 141
embodiment, 具身化，3, 5, 6, 11, 21, 29, 32, 36, 46, 47, 98, 111, 141, 197, 200, 275, 288
Emerson, Ralph Waldo, 拉尔夫·沃尔多·爱默生，5, 22, 36, 62, 185, 288—304, 315—316, 334
emotion, 情感，2, 3, 14, 39, 46, 49, 76, 81, 97, 147, 149, 150, 152, 155, 156, 164, 168, 181, 207, 268, 273, 275
emptiness, 空无，136, 314
ends, 目 的，2, 16, 28, 36—38, 40, 41, 44—46, 61, 64, 73, 77, 114, 152, 183, 205, 209, 316, 336
energy, 能量， 活力，9, 15, 27, 33, 35,

43, 44, 46, 141, 254—256, 258—260, 264, 297, 300, 307, 309
enjoyment, 享受，2, 109—110, 151, 193, 265, 275, 284—286
enlightenment, 启蒙，290, 302, 312
entertainment, 娱乐，72, 182, 278
environment, 环境，27, 29, 39, 55, 63—66, 121, 134, 162, 184, 189, 205, 210, 219, 226, 290, 324
epistemology, 认识论，16, 17, 32, 172, 194, 219
equilibrium , 平衡，35, 225, 226, 331
eroticism, 情色，性亢奋，21, 43, 140, 193, 262—287
essence, 本质，28, 129, 132, 135—138, 154, 177, 187, 195, 240, 257, 267, 268, 272, 314, 319, 320, 334
essentialism, 本质主义，5, 126, 131, 156, 158, 173, 175, 188
ethics, 伦理学，16, 19, 32, 41, 172, 219, 268, 295, 319
ethnicity, 种族， 5, 179
evaluation, 评价，126, 130, 142
Evans, Walker, 沃克・埃文斯， 246
evolution, 进化，12, 256, 297
excrement, 粪便，301, 336
exercise, 操练，训练，4, 27, 36, 39, 46, 72—74, 88, 114, 141, 147—149, 154—155, 159, 161, 167, 175, 190, 236, 288, 290
experience, 经验，体验，另见 acsthetic experience
limit-experience, 极限体验，143—144, 192
nonlinguistic, 非语言性经验，19
expression, 表现，表达，31, 81, 97, 130—131, 150—151, 156, 243, 245—247, 257, 318—321, 323—324, 326—328, 334
eye, 眼睛，15, 32, 38—39, 41, 42, 105, 154, 160, 212—214, 241, 278, 318

face, 面部， 28, 33, 71, 117, 149, 230, 237, 262, 278, 294, 310, 318, 332, 336
faith, 信念，71, 75—76, 87, 184, 320
fallibilism , 试错主义，78, 172
fashion, 时尚，8, 254, 315, 324—325, 328, 332
fatigue, 疲劳，37, 38, 61, 88, 108, 111, 165, 207, 257
feeling, 感受，情感，1, 3, 21, 30, 31, 38—41, 44, 45, 49, 57—58, 61, 64—66, 74, 81, 93, 96, 97, 101—104, 106, 109—112, 115, 117—121, 145—147, 150—159, 188—191, 226, 234—235, 237, 238, 248, 259, 263—265, 319, 330—334
feet, 脚，38, 40, 43, 64, 65, 101, 118, 198, 202, 210, 235, 308, 327
Feldenkrais, Moshe, 摩舍・费尔登克拉斯，11, 15, 43—44, 86, 115, 127, 205, 305
fetishism , 拜物教，138—139

fiction , 小说，6, 164, 268
film, 电影，21, 236—237, 239, 244, 255
另见 movie
fingers, 手指，28, 98, 108, 201, 207, 209, 230, 244, 250, 262, 272
fist, 拳头，119
fixity, 固定性，131, 248
flatulence, 胃肠胀气，74
flavor, 香料，301, 330
flesh , 肉 体，5, 27, 30, 58, 88, 89, 141, 147, 164, 197, 235, 289, 294, 300, 335
flexibility, 灵活性，42, 143
floor, 地 板，44, 45, 88, 112, 114, 119, 120, 309, 327
focusing, 专 注，15—16, 39, 44, 55, 60, 84, 87—88, 120, 122, 191, 200, 207, 237, 248, 252, 305, 308, 312
food , 食 物，101, 109—110, 134, 230, 301, 309—311, 328
foreplay, 前戏，273—275, 278—279, 284
form, 形式，2, 17, 29, 111, 129, 148, 225, 232, 233, 265, 303—304, 333, 335—337
Foucault, Michel, 米歇尔·福柯，31, 79, 80, 127, 143, 178, 185, 192, 269—271, 274, 290
foundationalism , 基 础 主 义，4, 93, 172—177, 191, 194, 195
fragrance, 香料，10, 315, 328—330, 337
frailty, 虚弱，16, 30, 35, 36
frame, 骨架，身体，39, 248, 253
France (and French culture), 法国（与法国文化），127—128, 168, 222, 256
freedom, 自由，2, 16, 32, 35. 63, 99, 141, 190, 220, 221, 325
Freud, Sigmund, 西格蒙德·弗洛伊德，100, 224
Fried, Michael, 迈克尔·弗雷德，261
Function, 功 能，18, 35, 51—52, 59, 65, 142, 176, 219, 231—232, 253, 270, 273, 283, 293, 300—301, 312

gain (versus loss), 得（与失），153, 238
gait, 步 态，29, 98, 107, 235, 303, 323, 325, 327
Gallese, Vittorio, 维托里奥·加莱塞，214
gender, 性别，5, 11, 25, 32, 36, 42, 169, 179, 282, 323
generalization, 归纳方式，97, 126, 132
genitals, 生殖器，264, 280
genius, 天才，293, 295, 301, 317, 322
genre, 类 型， 体 裁，7, 130, 131, 239, 243, 254, 262, 322, 323
Germany, 德国，168, 172, 179
gesture, 姿 态， 手 势，14, 21, 48, 107, 149, 151, 157, 175, 210, 211, 225, 245, 262, 267, 3 15, 318, 319, 321, 323, 326, 327, 331
Gibbon, Edward, 爱德华·吉本，319
God, 神， 上 帝，70—71, 75—76, 78, 276, 282, 292, 294, 299, 300, 336
Goethe, Johan Wolfgang van, 约翰·沃

尔夫冈·冯·歌德，77—79, 226
Goodman, Nelson, 纳尔逊·古德曼，127, 135
government, 政府，167, 169, 211, 214
grace, 优雅，6, 17, 71, 165, 210, 255, 309—311, 319, 331
Graham, Agnus Charles, 安格斯·查理斯·葛瑞汉，202
gravity, 重力，115, 161, 308
Greece (and Greek Culture), 古希腊（与古希腊文化），1, 4, 5, 7, 25, 34—36, 68—69, 184, 190, 223, 229, 231, 233, 255, 269, 270, 302, 336
Guanzi, 管子，203

habit, 习惯，15—18, 31—32, 37—38, 40—41, 43, 46, 50, 54—57, 60—66, 72, 73, 79, 82, 88, 92, 96—97, 103—105, 108—111, 143, 147, 161—163, 174, 192—193, 199, 205—209, 236—238, 291, 294, 298—301, 304, 310—313, 320, 323—325, 333—334
habitus, 习惯，53—54, 107, 128
Hadot, Pierre, 皮埃尔·哈东特，290
hair, 头发，29, 43, 89, 273, 278, 281, 283, 317, 324, 326, 330, 332
Hampshire, Stuart, 斯图亚特·汉普希尔，132
Han Dynasty, 汉朝，275
happiness, 幸福，46, 85, 111, 197, 285, 313
harmony, 和谐，28, 34, 43, 58, 171, 203, 205, 280, 284—285, 290, 319
Hays, Michael K., 迈克尔·海斯，222—223, 230
head, 头部，14 , 32—33, 37—38, 40—42, 95, 102—103, 120, 150, 202, 208, 213, 225, 313
health, 健康，8, 26, 33, 42, 45—46, 72, 74, 76, 85, 86, 153, 154, 161, 190, 271—275, 290
hearing, 听，6, 14, 102, 121 , 128, 202, 236, 286, 326, 327
heart, 心脏，49, 100, 157, 202—204, 313
heart and mind, 心脏与心灵，204, 307
heaven, 天，201, 206
hedonics, 快感，153
Hegel, Georg Wilhelm Friedrich, 格奥尔格·威廉·弗里德里希·黑格尔，2, 74, 127, 129—130, 180, 183
Heidegger, Martin, 马丁·海德格尔，48
Hemingway, Ernest, 欧内斯特·海明威，323
hermeneutics, 解释学，14, 126, 139, 172, 178, 181
Heyes, Cressida, 克里斯达·海耶斯，11
hip hop (and rap), 嘻哈艺术（与说唱艺术），9, 15, 127, 137, 139, 141, 182, 323
Hipple, Walter, 沃尔特·希普尔，146, 164
Hiroshima, 广岛，302, 305
history, 历史，25, 74, 128, 136—138,

142, 169, 175, 184, 188, 194, 251, 252, 263, 289, 299
Hobbes, Thomas, 托马斯·霍布斯，138
holiness, 神圣，71, 300
homosexuality, 同性恋，179, 269, 273
horror, 惊恐，151—152, 154, 155, 165
house, 房子，220, 224, 226
human nature, 人性，29, 162, 175, 177
human-computer interaction, 人机互动，12, 101
humanities, 人文学科，7, 16, 25, 26, 28, 35 37, 42
Hume, David, 大卫·休谟，159, 292
hunger, 饥饿，44, 110, 144
Husserl , Edmund, 埃德蒙德·胡塞尔，48
Huston, Anjelica, 安杰丽卡·休斯顿，328
hypertension, 高血压，104, 161
hypochondria, 忧郁症，17, 39, 62, 73, 80, 83—84, 86—87

idea, 观念，99, 183, 312, 317。另见 associationof ideas
idealism, 理念论，3, 19, 130, 336
identity, 身份，同一性，特性 7, 93, 101, 104, 134, 248, 256—259, 335
of artwork, 艺术作品的特性，126, 135
identity politics, 身份政治，168—169, 178—179
ideology, 意识形态，13, 32, 98, 126, 167—168, 188, 192, 228, 232
ignorance, 无知，蒙昧，16, 30, 32, 35, 42, 69, 77, 79, 146
image, 形象，29, 57, 70, 162, 169, 179, 184, 207, 209
of actor in performance, 演员表演形象，210—214
photographic, 照片形象，240, 247, 250, 260, 261
imagination, 想象，51, 148, 153, 168, 169, 178, 183, 191, 213, 257, 267, 279
immediacy, 直接性，231, 262, 309
immediate quality, 直接特质，58—59
immortality, 不朽，71, 77, 88, 273
incarnation, 化身，54, 228, 336
incorporation, 合并，融入，31, 53, 56, 103, 106, 107
independence, 独立，133, 229, 231, 288
India (and Indian culture), 印度（与印度文化），21, 276—286, 301
individual, 个人的，53, 78, 89, 161, 184, 189, 295—296, 322—324, 334
individuality, 个性，89, 155, 166, 182, 184, 196, 226, 234
infancy, 婴儿期，29, 97
information, 信息，11, 95, 168, 213
inhibition, 抑制，63, 64
injury, 伤害，损伤，40, 44, 65, 78, 108, 150, 205
inner/outer, 内部 / 外部，44, 77, 210,

335, 337
insomnia, 失眠，144
inspiration, 灵感，启发，170, 178 , 181, 288, 296, 298, 317
installation, 装置，10, 257
instinct, 本能，直觉，88, 108, 152, 161, 164, 245, 257, 264, 277, 312, 321, 324
institution, 习 俗，20, 135, 136, 167, 177—179, 186—188, 222, 228
instruction, 指 导，112—115, 122, 193, 308, 311, 320
instrument, 工具，1, 16, 26, 28, 33, 35—37, 41—43, 45, l08, 203, 278, 282, 285, 315
instrumentality, 工 具 性，16, 28, 36, 37, 63, 265
intelligence, 智慧，36, 92 , 107, 175, 221
intensity, 强 度，51, 139, 140, 143, 155, 235, 246, 270, 280, 305
intention (and the intentional), 意图（与意向），50—52, 63, 131
interaction, 相 互 作 用，11, 12, 21, 33, 55, 66, 97, 106, 185, 243, 244, 311, 312, 335, 337
intercourse, 交 往， 性 交， 参 见 lovemaking
interdisciplinarity, 跨学科，1, 7, 8, 25—27, 92, 111, 140, 142, 184, 186, 188
interest, 兴趣， 利益，2, 17, 33, 75, 80, 88, 117—121, 138, 144, 145—146, 152, 229, 245, 264—265, 281, 285
internet, 网络，239
interpersonal, the, 人 际 之 间，18, 21, 96—98, 106—107
interpretation , 阐 释，14, 19, 29, 50—52, 65, 66, 70, 125, 126, 136, 172—175, 181, 182, 224, 234
intersomatic, the, 身体之间，96—97
intimacy, 亲 密 关 系，58, 93, 102, 246, 265, 325
introspection, 内 省，38, 39, 61—62, 72—73, 87, 117—122, 150, 313—314
intuition, 直觉，130—131
Israel, 以色列，98, 107, 115, 128, 170

James, Henry, 亨利 · 詹姆斯，182
James, William, 威 廉 · 詹 姆 斯，5, 33, 38—41, 48, 49, 54—55, 61—64, 78—82, 87, 88, 92, 93, 101—102, 118, 121, 149, 164, 185, 191—192, 204, 207, 288, 317
The Principles of Psychology, 《心理学原理》，55, 57, 79, 80, 93, 102
Jameson, Fredric, 弗雷德里克 · 詹姆逊，165
Japan, 日本，9, 15, 20, 22, S8, 128, 20 1, 227, 253, 288, 290, 300, 302—314, 328, 329
Jay, Martin, 马丁 · 杰伊，9—10
jewelry, 珠宝，277, 315, 327, 332
Jews, 犹太人，128, 179
joy, 快乐，187, 192—193, 202, 275, 314

judge, 判断，116, 151, 158, 229, 335
judgment, 判断力，1, 2, 19, 33, .58—60, 106, 126, 129, 132, 148, 153, 162, 229, 263, 294, 327
justice, 公正，141, 197

Kakutani, Masanori, 角谷正则，302, 306, 313
Kama Sutra, 《欲经》，276—286
Kant, Immanuel, 伊曼努尔·康德，1, 2, 38—39, 48, 62, 73—74, 84, 86, 87, 140, 145, 159, 187—188, 219, 263—264, 282, 292
Keaton, Buster, 巴斯特·基顿 , 244
Kido, Inoue (Roshi), 井上城（大师），303—314
Kierkegaard, Soren, 索伦·克尔凯郭尔，76
kinesthesis, 动觉，6, 259, 330—331
kiss, 吻，281, 283, 313
knee, 膝盖，28, 101, 112, 116
knowledge, 知识，认知，16—17, 26—27, 30, 32—35, 42, 46, 54, 69, 71—72, 106, 129, 133, 138, 147, 166, 172, 174, 176, 183, 194, 197, 201, 264, 266, 270, 282. *See also*self-knowledge
Koka Shaslra, 《科迦论》，276—278, 280—284, 286
Koolhaas, Rem, 雷姆·库哈斯，230
Kristeva, Julia, 茱莉娅·克里斯蒂娃，76
language, 语言，17, 19, 27—29, 37, 50—51, 121, 122, 130—131, 173—176, 180, 303
  body, 身体语言，39, 107, 122, 245, 317
Laozi, 老子，202
law, 法律，法则，31, 78, 110, 143, 168, 301, 337
leg, 腿，112, 116
Leib, 身体，17
Libet, Benjamin, 本杰明·里贝，63—64
Liezi, 列子，201—206
life, 生活，288—314. 另见 art of living
  philosophical, 哲学生活，11, 45, 80, 290—291
light, 光，157, 160, 202, 220, 233, 235, 239, 249, 252, 255, 256, 257, 259, 260, 262, 291, 332
Liji (Li-chi), 《礼记》，273
Lim, Youn-Kyung, 林润京，12
limit-experience, 极限体验，143—144, 192
lips, 嘴唇，109, 230, 247, 262, 313, 327, 331, 332
literature, 文学，7, 37, 81, 84, 125—126, 140, 169, 171, 173, 178, 181—182, 184—185, 187, 191, 228, 269, 271, 283
Locke, John, 约翰·洛克，138, 160
locomotion, 运动，移动，14, 32, 35, 94, 224—225
logic, 逻辑，18—20, 34, 41, 66, 71, 73,

74, 117, 125—126, 129, 132, 142, 219, 272
looks, 外观，参见 appearance
love, 爱，31, 46, 107, 140, 152, 155, 156, 262—287, 290, 294
lovemaking, 做爱，16, 21, 262—287
lover, 情人，36, 69, 96, 107, 121, 175, 268—285, 313
Lucretius, 卢克莱修，185
lust, 性欲，152, 294
lying, 平躺，96, 112, 114—115, 120, 137, 189, 226, 278

magic, 巫术，252—253
magnitude, 大小，154, 156—157
martial arts, 武术，8, 34, 45, 142
Marx, Karl, 卡尔・马克思，219
massage, 按摩，43, 278
mastery, 掌握，3, 26, 50, 63, 84—85, 98—99, 165, 203, 209, 211, 270, 277—278, 285—287
material, 材料，3, 5, 16, 22, 37, 46, 56, 133, 174, 189, 220, 225, 227, 233, 235, 265, 289, 299, 309, 315, 332—333, 335, 337
materiality, 物质，225, 233, 315
meals, 膳食，275, 297, 306, 309—312
meaning, 意义，3, 29, 33, 50-.53, 55, 57, 100, 130, 133, 134, 139, 174—175, 211, 242, 249, 257, 265, 275, 282, 296, 299, 301
means, 手段，16, 28, 32, 36—38, 40—41, 45—46, 50, 64, 150, 168—169, 183, 190—191, 199, 205—207, 209, 272, 294, 315—316
mechanism, 机制，150, 156—159, 163
media, 媒介，11, 27, 137, 229, 232, 258
medicine, 药品，10, 273
meditation, 冥想，34, 85—88, 121, 185, 201, 292, 305—314
medium, 媒介，3, 9, 31, 164, 227, 289, 295
melancholy, 忧郁，17, 76, 80, 89, 154
meliorism, 社会向善论，3, 8, 19, 20, 21, 27, 35, 41, 79, 106, 111, 113, 150, 167, 182, 193, 220, 229, 294—296, 299, 304
memory 记忆
implicit, 内隐记忆，18, 91—111
motor, 自动记忆，91—92
muscle, 肌肉记忆，18, 46, 64, 91—111
procedural, 程式化记忆，91, 98, 108, 205
Mencius, 孟子，34, 141, 190, 200, 300, 320
Mencken, Henry Louis, 亨利・路易斯・门肯，334
Merleau-Ponty, Maurice, 莫里斯・梅洛－庞蒂，3—4, 48—52, 92, 99, 195, 198, 207, 208, 256
metaphysics, 形而上学，3, 19, 171, 172, 177, 219
method, 方法，8, 42, 72, 117, 200, 203,

296—298, 311, 313
Mili, Gjon, 琼恩・米利，255
mind, 心灵，26—27, 33, 35, 36, 38, 47, 55—56, 72—75, 84, 86—89, 91, 147—150, 197, 200—208, 211, 213—214, 227
body-mind, 身心，27—28, 34, 42—43, 62, 74, 115, 150, 164, 188—189, 301—302
philosophy of, 心灵哲学，3, 5, 7, 16, 54—55, 61, 66—67
mindfulness, 正念，21, 89, 92, 293, 300—302, 305—307, 309—313
minorities, 少数，169, 178—179
mirror, 镜子，71, 75, 137, 213—214, 247, 331
mise-en-scene, 场面调度，243, 246, 249, 250, 253, 256, 257, 259
modernism, 现代主义，219, 222
moksha, 解脱，277
monotony, 单调，118, 131, 281, 284
Montaigne, Michel de, 米歇尔・德・蒙田，36, 72, 78, 79, 86, 87, 147, 153, 185, 296, 302
mood, 心境，情绪，79, 84, 191, 193, 232, 235, 329, 332
moon, 月亮，278—280
Moore, G.E., 乔治・爱德华・摩尔，317, 337
morality, 道德，30—31, 73, 190. 另见 ethics
morbidity, 病状，74, 76—77, 81—82 , 84, 86, 88, 114
morning, 早晨，293, 298, 307, 326
mortality, 死亡，35, 69, 74—75, 251
mouth, 嘴巴，4, 32, 108—109, 117, 118, 235, 273, 280, 301, 311, 315, 330, 331
movement, 运动，8—9, 15, 29, 32, 35, 37, 39—40, 46, 49—51, 59, 61—64, 87, 95, 98, 103, 108, 162, 175, 190, 202—203, 206—211, 213—214, 226, 235, 238, 248, 257, 259, 275, 279, 285, 302, 309—313, 319, 323, 326, 331, 333
movie, 电影，104, 168. 另见 film
Mullis, Eric, 埃里克・穆利斯，8
muscle, 肌肉，6, 14—15, 18, 37—39, 42—44, 46, 64, 91—111, 119, 121, 154, 156, 160—162, 164, 210
music, 音乐，9, 14, l5, 31, 45, 50—51, 135, 139, 182, 187, 193, 277—279, 283, 319—320
myth (of the given), （给定的）神话，19—20, 176

nails, 指甲，43, 89, 280, 281
namelessness, 无名，18, 34, 另见 non linguistic
narrative, 叙述，52, 93, 100, 137, 299
neck, 脖颈，37, 102—104, 108, 117, 280, 313
nerves, 神经，146, 154—160
nervous system, 神经系统，27, 29, 38, 53, 91, 208, 330

neuron, 神经元，213, 214, 238, 331
neuroscience, 神经病学，6, 20, 63, 85, 142—143, 164, 212
New York, 纽约，15, 244, 246, 326
Nietzsche, Friedrich, 弗里德里希·尼采，19, 42, 78—79, 83, 86, 87, 100, 127, 145—146, 172, 230, 264, 302
Nō Theater, 能剧，9, 20, 209, 212
Noelen-Hoeksema, Susan, 苏珊·诺伦－霍克西玛，84
noise, 噪音，154, 249
nonlinguistic (and non-discursive), 非语言性的（与非话语性的），14, 19, 141, 158, 175—176, 187, 193—195, 320
norms, 规范，5, 9, 30—32, 53, 113, 143, 177, 179, 188, 222, 324, 337
novelty, 新奇，181, 240, 267, 269

obesity, 肥胖，109—111, 144
object, 对象，16—17, 28, 77, 117—118, 131, 134, 139, 157, 173, 197—198, 234, 241—242, 247—252, 265, 301, 303—305, 309
objectivity, 客观，54, 57, 93, 126, 134, 173, 223, 229, 234, 248
odor, 气味，参见 scent
ontology, 本体论，存在论，3, 16—17, 126, 139, 148, 194
orality 口头，125, 174, 283, 315. *See also* voice
order, 秩序，命令，20, 54, 168, 229, 304
organ, 器官，35, 94, 333
orgasm, 性高潮，272, 273, 274
orientational bias, 取向偏差，104—105
Oxford University, 牛津大学出版社，125—126, 128, 132, 170—171

pain, 痛苦，6, 18, 37, 38, 40—41, 44, 48, 88, 99—101, 103, 108, 144, 149—161, 165, 207, 230, 235, 237, 331
painting, 绘画，1, 15, 43, 45, 134, 187, 193, 236, 251—252, 255, 262—263, 322
Paris, 巴黎，10, 21, 29, 104, 136, 168, 252, 254, 256, 329
Pascal, Blaise, 布莱士·帕斯卡，72, 321
passion, 149—150, 152, 154, 337
passivity, 55, 78, 84—86, 114, 149, 266
Passmore, John, 约翰·帕斯莫尔，132
past, the, 流逝，240, 251, 296, 298—299, 312
pathology, 病理学，103—110
Patou, Jean, 让·巴杜，328
pattern, 模式，29, 91, 97, 102, 157, 163, 208
Paul, Saint, 圣·保罗，30, 223—224, 336
peace, 平和，37, 85, 273, 275, 313
Peng, Feng, 彭锋，10
performance, 行为，表演，8—10, 13, 14, 17, 20, 26, 27, 28, 61, 91—92, 99, 142, 169, 185, 188, 193, 199—216, 233, 238, 239—261, 268—270, 274, 278—284, 289, 310—311

perfume, 香水，328—329。另见 scent
person, 人，29, 30, 43, 93—94, 101—102, 200, 227, 320, 334—335
personality, 个性，97, 107—108, 187, 305, 317—322, 324, 328, 330, 332—333, 334, 336
persuasion, 说服力，191, 317
phenomenology, 现象学，17, 48, 194
Philadelphia, 费城，326
Philosophy 哲学
  analytic, 分析哲学，2, 17, 48, 49, 53, 125—128, 130—135, 139, 170—171, 186, 247, 256
  of art 131, 艺术哲学，176。另见 aesthetics
  continental, 欧洲大陆哲学，126—127
  as cultural politics, 文化政治哲学，166—196
  of language, 语言哲学，3, 131
  of mind, 心灵哲学，3, 5, 7, 16, 54—61, 66
pragmatist, 实用主义哲学，参见 pragmatism
  as a way of life, 作为生活方式的哲学，140—142
photography 摄影
  as performative process, 作为行为过程的摄影，10, 239—261
  versus photograph, 与照相相比的摄影，21, 240—244, 248—253
  techniques, 摄影技术，239, 244, 255
physiology, 生理学，18, 19, 42, 53, 142, 157, 161, 163, 188
piano, 钢琴，91, 99, 296
Picasso, Pablo, 巴勃罗·毕加索，255
picture, 图画，照片，168, 244, 250, 254, 277, 289, 293, 295
Plato, 柏拉图，33, 69, 70, 138, 141, 185, 223—224, 282, 290, 336
  Alcibiades, 《阿尔基比亚德篇》，69
  Apology, 《申辩篇》，69, 290, 292
  Charmides, 《卡尔米德篇》，69
  Crito, 《克力同篇》，290
  Corgias, 《高尔吉斯》，290
  Phaedo, 《斐多篇》，33, 141, 336
  Phaedrus, 《斐德罗篇》，69
  Republic, 《理想国》，290
platonism (and neoplatonism), 柏拉图主义（与新柏拉图主义），71, 73, 75, 86
play (an instrument), 演奏（一种乐器），205, 277, 285
pleasure, 愉悦，1—2, 6, 10, 14, 16, 21, 27, 43, 48, 72, 85, 87, 107, 113, 143, 145, 148—153, 155, 156, 158, 162, 237, 259, 263—264, 265, 267, 269—270, 274—282, 284—286
positive versus relative, 绝对愉悦与相对愉悦，151—153, 156
Plessner, Helmuth, 赫尔穆特·普莱斯纳，162
Plotinus, 普罗提诺，71, 336

pluralism，多元论，13, 128, 172, 181, 261
poet, 诗人，75, 81, 89, 283, 293
poetry, 诗歌，125, 276, 283, 319
politics, 政治，政治学，9, 10—11, 138, 139, 141，166—172, 178—190, 219, 221—222, 229, 236, 268, 275
cultural versus real, 文化政治学与现实政治学，178—179
polygamy, 一夫多妻，284
Pope, Alexander, 亚历山大・蒲柏，76
Porter, Katherine Anne, 凯瑟琳・安・波特，334
portrait, 肖像，21, 239, 253, 319
pose (posing), 姿势（摆姿势），245—249, 254, 256, 258, 260
positivism, 实证主义，130
postmodernism, 后现代主义，165, 171, 221
posture, 姿势，8, 14，40—41, 66, 87, 96, 98, 102—108, 112, 206, 212, 214, 225, 229, 230, 235, 244, 245, 250, 257—259, 262, 281, 307, 318, 323, 325—331
power, 力量，30, 35, 50, 56, 84—85, 130, 147, 148, 152-153, 156, 157, 163, 167—169, 178—179, 199, 235, 272, 315, 331
pragmatism, 实用主义，37—38, 48, 54—55, 61, 65—67, 137, 138—140, 166—196, 204, 268, 286
and meliorism, 实用主义与社会向善论，3, 35, 167
and pluralism, 实用主义与多元论，173
and somaesthetics, 实用主义与身体美学，3, 42—45, 140, 142, 188—196
Prakriti, 自性，282
praxis, 实践，185—187, 305
prejudice, 偏见，11, 30, 66—67, 97, 106, 179, 189, 265
preperception, 预觉，121
present, the, 当前，298—299, 309—312
pressure, 压力，102, 103, 108, 116, 120, 248, 330, 331
Proclus, 普罗克洛斯，71
progress, 进展，28, 79, 183, 191, 219, 222, 270, 282, 310, 313
properties, 特性，12, 133—136, 157, 160, 265
propositions, 主张，56, 60, 234
proprioception, 本体感受，6, 40—41, 46, 110, 112, 115, 120, 147, 210, 212—215, 224, 226, 235—236, 238, 247, 259, 330—331
prostitution, 卖淫，268
protest, 反对，9, 32, 275
psychology, 心理学，19, 57, 66, 70, 81, 85, 142—143
public, the, 公众，168, 187, 237, 248
versus the private, 公众与个人，179—180, 184
purification (and purity), 净化（与纯洁），71, 74, 88, 300, 301, 308, 317, 330

purpose, 意图，60, 173
Purusha, 神我，282

quality, 特 质，27, 55, 58—60, 66, 119, 148, 153, 231—235, 245, 252, 255, 260, 265, 275, 289, 295, 301, 303, 305, 315, 332
quantity, 数量，82, 270, 301

race, 种族，11, 25, 66, 130, 179, 189
rap, 说唱艺术，参见 hip hop
rationality, 合 理 性，30, 138, 158, 190, 192, 219, 220
Ray, Man (Emmanuel Radnitzky), 曼・雷（曼纽尔・拉德尼茨基），255
reading, 阅读，37—38, 45, 99, 140, 181, 187, 192, 288, 296
reality, 现实，74, 89, 136—137, 166, 175, 177, 194, 249, 268, 283, 299, 309, 312, 313, 333
reasoning, 推论，7, 126, 127, 158—159
reflection, 反思，14 , 18, 33, 38, 45, 49, 50, 61—65, 70—90, 92, 94—95, 137—138, 158, 163, 174, 182, 198—211, 227, 231, 294, 296
rehearsal (mental or imaginative), （内心或想象中的）排练，208, 213, 266
relation, 关 系，58—60, 66, 77, 97, 118, 225, 270
relaxation, 放 松，104, 106, 119, 121, 154—158, 163, 165
religion, 宗教，178, 184—185, 187—188, 224
Renaissance, 文艺复兴，42, 72, 142, 223
reproduction, 繁 殖，35, 237, 240, 249, 252, 253
resilience, 恢复力，85, 87, 104
resistance, 阻 力，28, 30, 221, 228, 233, 262, 266
respect, 尊重，30—31, 310
rest, 休息，154, 155, 320
revolution, 革命，129, 137, 220
rhetoric, 修辞，131, 300
rhythm, 节 奏，109, 147, 162, 210, 235, 270, 275, 313
  breathing rhythm, 呼吸节奏，27, 31, 50, 51, 107, 121, 143
ribcage, 胸腔，40, 42, 103, 108
ritual, 仪 式，31, 34, 140, 168, 233, 240, 247, 252, 253—258, 275, 282, 300, 319
robotics, 机器人，11
Rohe, Ludwig Mies van der, 路德维希・密斯・凡德罗，220, 223
role playing, 角色扮演，248, 259
Rome, 罗马，4, 25, 68, 223, 269
Rorty, Richard, 理查德・罗蒂，19—20, 127, 167—196
rotation, 循环，42, 142, 238
Rousseau, Jean-Jacques, 让-雅克・卢梭，36
routine, 常规，54, 66, 246, 292, 306, 324
Royaumont Abbey, 若约芒阿比修道院，

256—258
rules, 规则，50, 130, 133, 179, 226, 269, 275, 284, 334
rumination , 内省，17, 81—87
running, 跑，99, 192
Ruskin, John, 约翰·罗斯金，76
Russell , Bertrand, 伯特兰·罗素，317—318
Russia, 俄罗斯，168

sadomasicism (S/ M), 两相情愿同性恋（性虐待），269
satisfaction, 满足，51, 87, 110, 151, 189, 263, 267, 272, 276, 278, 280, 285, 301, 311
scent (smell), 香味（气味），6, 96, 235, 259, 327—330
schema, motor, 运动图式，91, 96, 97, 199, 333
Schiphorst, Thecla, 塞克拉·施普霍斯特，12
Schlemmer, Oskar, 奥斯卡·施莱默，220
Schopenhauer, Arthur, 亚瑟·叔本华，78, 140, 145, 176, 263—264
science, 科学，1, 2, 7, 25—26, 42, 69, 129, 142, 148, 177—179, 183—188, 270, 271, 274, 277
screen, 屏幕，101, 209, 245
script, 脚本，18, 114, 250, 268, 269
sculpture, 雕塑，1, 9, 15, 275, 283, 293, 336
Searle, John, 约翰·塞尔，49—53
seduction, 诱惑，262—263
self, the, 自我，40, 55, 68—90, 94, 113—115, 143, 155, 177, 189—190, 201—209, 247—248, 258, 267, 332—336
self-care, 自我照护，18, 40, 72, 113
self-consciousness, 自我意识，74, 81, 85, 87, 201, 211, 246, 248, 285
self-control, 自控，68—69, 86, 89, 286
self-cultivation, 自我修养，修身，11, 21—22, 34, 69—83, 113—114, 180, 295, 335
self-examination, 自省，17, 68—90, 112, 200—204, 231
self-fashioning, 自我塑型，21, 27, 41 , 83, 111, 113, 142, 182—183, 188, 258, 286, 289
selfishness (and self-absorption), 自私自利（与自我沉迷），17, 75, 86, 90, 180, 190, 201
self-knowledge, 自我认识，17—18, 68—90, 106, 113—114, 143, 197, 199, 202—203, 266, 286, 290, 296, 335
self-loathing, 自暴自弃，70, 73, 75, 88, 104
self-preservation, 自我保护，自卫，152—155, 164
self-stylization, 个人风格，11, 13, 21 , 285, 323—324, 336

self-use, 自 用，34, 37, 41—42, 62, 89, 165, 197, 199, 204, 244
semen, 精子，272—273
sensation, 感 觉，2, 148, 150—151, 160, 226, 235, 259, 265, 284, 305, 313
senses, 感 知， 感 觉，1, 6, 10, 16, 22, 33—34, 36, 46, 77, 87, 136, 149, 164, 226—227, 235—236, 257, 278, 285—286, 292, 300, 316, 326—332
sensibility, 敏感性，28, 38, 46, 129, 148, 191, 233, 238, 260, 287
sensuality (and the sensual), 肉体享受（与感官愉悦），145, 187, 192, 237, 263—264, 277—278, 285—286, 289, 300—301, 335, 337
Seoul, 首尔，328
sex (and sexuality), 性（与性感），146, 152—153, 179, 187, 191, 193, *See also* eroticism
sexual performance, 性 行 为，265, 266, 268, 277—282, 286
Shaftesbury, Anthony Ashley-Cooper, 3rd 安东尼·阿什利 - 库珀·夏夫兹博里三世
Earl of, 夏夫兹博里伯爵，140, 148, 263
Shakti, 性力女神，282
shintai, 神体，227
Shiva, 湿婆，276, 282
Shklovsky, Viktor, 维克托·什克洛夫斯基，304
Shorinkutsu, 少林窟，305
shoulder, 肩，103—104, 108, 112, 117—120
Sibley, Frank, 弗兰克·西布利，133
simplicity, 简单，220, 288, 296—299, 309
simulation, 模仿，213, 267—268
simultaneity, 即时性，33, 43, 120—121, 209, 236
sitting, 坐，18, 64, 104—105, 114, 115, 201, 305—309。另见 *zazen*
situation, 情 境，12, 58—60, 231 , 234, 243—245, 248—249, 255—258
size, 大小，133, 175, 280
skill, 技巧，1, 34, 42 , 45, 61, 63, 64, 91—92, 99, 101, 109, 165, 193, 205—212, 244—240, 249, 266, 270, 280, 285, 315
skin, 皮肤，6, 29, 43, 235, 237, 328, 330, 332, 334
sleep, 睡 觉，101, 121, 231, 197—198, 289—294, 297
slowness, 缓慢，37, 296—298
smell. 气味，参见 scent
social hope, 社会希望，183, 189, 191
social roles, 社会角色，18, 98, 107
social status, 社会地位，36, 86, 128, 169, 284
society, 社 会，31, 54, 56, 152, 155, 159, 169, 180, 182, 184, 188—191, 196, 220, 222, 230—231, 290
Socrates, 苏格拉底，17, 33, 68—72, 82, 219, 263, 290—294

solidarity, 团结，15, 190
soma, 身体，3, 5, 6 , 8, 9, 12, 16, 18, 28, 33, 38, 46, 47, 62, 65, 92, 94, 96, 106—107, 111, 141, 188, 189, 198, 223—227, 230, 235, 259, 287, 300, 307, 312, 314, 319, 330, 337
somaesthetic perception, 身体感知，92, 105, 111, 199
somaesthetic reflection, 身体反省，61, 88, 118, 199—200
somaesthetic system, 身体感觉系统，6
somaesthetics, 身体美学
  analytic, 分析性身体美学，42, 142, 188
  branches and dimensions, 身体美学的分支与维度，5, 8, 13—15, 20, 22, 41—45, 111, 141—142
  critiques of, 身体美学批评，6, 13—15, 19, 169—170, 194
  experiential, 体验性身体美学，44—45, 113—115
  genealogy, 身体美学谱系，125—128
  origin of, 身体美学的起源，5, 6, 125
  performative, 行为身体美学，45
  practical, 实践性身体美学，45, 113, 142, 188, 256
  pragmatic, 实用性身体美学，42—43, 45, 142, 188
  representational, 表象性身体美学，44, 336
  as theory and practice, 作为理论与实践的身体美学，3, 10, 27, 67, 111, 113, 115, 227, 286, 302
somatic cultivation, 身体修养，4, 14—16, 33, 140
somatic style, 身体风格，4, 14, 22, 315—338
Sontag, Susan, 苏珊・桑塔格，242, 245—246, 249, 251
soul, 灵魂，16, 36, 69—88, 283, 286, 290, 293, 299, 301, 319, 321, 333, 335
sound, 声音，284, 313, 327
  love sounds, 叫床声，279, 281。另见 noise
Sousa, Ronald de, 罗纳德・德・苏萨，266—268
space, 空间，94—96, 104—106, 220, 224—226, 232, 234—235
  verusplace, 空间与位置，94—96
Speaks, Michael , 迈克尔・斯皮克，221
species, 种类，28, 29, 162
speech, 言说，31, 46, 92, 192, 322, 327
speed, 速度，38, 109
spine, 脊椎，40, 42, 103, 238
spirit, 精神，22 , 26, 74, 76, 87, 201 , 206, 210, 227, 293, 299—301, 334, 330—337
sports, 运动，8, 15, 101, 168, 175, 323, 331
stage 阶段，舞台
  temporal, 现阶段，20, 99, 197, 204—205, 208—209, 221, 223, 284, 291
  theatrical, 戏剧舞台，8, 249, 258, 275,

277—279, 309
stairs, 阶梯，235, 259, 291
Stanhope, Philip Dormer (LordChesterfield), 菲利普・多默・斯坦诺普（查斯特菲尔德男爵），320
statue, 雕像，206, 289, 295, 336
Steinberg, Saul, 索尔・斯坦伯格，7
stereotypes, 成见，5, 14, 183, 291
Stern, Daniel , 丹尼尔・斯特恩，97
stimulation, 刺激，110, 115, 143—144, 213—215, 245, 285
Stolterman, Erik, 埃里克・斯托尔特曼，12
stress, 压力，11, 33, 96, 103, 115
posttraumatic stress disorder, 外伤后应激障碍，100
structure, 结构，29, 41, 48, 52—54, 55—58, 66, 125, 128, 132, 136, 142, 147, 158, 179, 188, 210, 222—224, 231—232, 250, 265, 278
struggle, 奋争，125, 130, 138, 244
style, 风格，另见 somatic style
ambiguities of, 风格的多义性，22, 321
and character, 风格与人，319—321, 324, 328, 333—337
and spirit, 风格与精神，334, 336—337
Styron , William, 威廉・斯泰伦，81, 84
subject, 主体，28, 35, 46
photographic, 摄像主体，21, 241—260
subjectivity, 主体性，4—6, 10, 15, 16, 22, 28, 45, 94, 143, 161, 250, 257, 269, 330, 337
sublime, 崇高，19, 83, 145—165, 233, 299, 303, 317
substance, 实质，22, 73, 231, 234, 321, 333, 335
suffering, 痛苦，29, 149, 153—154, 179, 292, 336
suicide, 自杀，76, 80—81
Sullivan, Shannon, 香农・沙利文，10
surface, 表面，22, 43—44, 50, 132, 328, 330, 332, 333, 337
surgery, 外科手术，43, 324
survival, 幸存，155, 162—163
swallowing, 吞咽，101, 108—109, 310, 311
sweating, 出汗，100, 325
symbol, 符号，30, 32, 35, 50, 78, 223—224, 227, 262, 280, 282, 297
symmetry (and asymmetry), 对称（与非对称），95, 153, 224, 225, 227

tactile, the 可触性，12, 112, 215, 221, 235—238, 330. *See also* touch
Tadanoumi, 忠海町，305
Taine, HippolyteAdolphe, 伊波利特・阿尔道夫・泰纳，130
Tale of Genji, 《源氏物语》，329
target, 靶标，38, 61, 88, 205—206, 209, 242—244, 260

taste, 趣味，味道，1—2, 6, 102, 109—110, 129, 133, 148, 159, 162, 198, 275, 301, 323—324, 328, 330
teaching, 教学，10, 16, 18, 44, 113—115, 122, 215, 302, 305
technology, 技术，8, 11—12, 232, 244
tectonics, 构造学，223, 232
teeth, 牙齿，51, 156, 230
Tel Aviv, 特拉维夫市，107, 309
temple, 寺庙，68, 86, 224, 225, 282 , 283, 289, 306, 335—336
tennis, 网球，101
tension, 张力，39—40, 43—44, 103—105, 117, 119, 152—164, 210—211, 259
terminology, 术语，5—8
terror, 惊恐，149—159, 163, 165
textualism, 文本主义，166, 175—176, 178, 185
texture, tog, 衣服结构，110, 308
theatre, 剧院，8—9, 20, 168, 209—215, 252, 267
theory, 理论，126—127, 137, 139
transformational, 理论转变，139—140
  wrapper, 理论包装，134, 139
therapy, 疗法，11, 100, 125, 282, 290
Thoreau, Henry David, 亨利·戴维·梭罗，5, 22, 288—314, 316, 321, 335—337
throat, 喉咙，61, 102
TiantongRujing (T'ien-t'ungJu-ching), 天童如净大师，305
Tokyo, 东京，302
tolerance, 容忍，30, 97, 166, 196
Tolstoy, Leo, 列夫·托尔斯泰，76, 304
Toma, Yann, 扬·托马，10, 21, 243, 254—260
tone (of muscle), 色调（肌肉的），104, 144, 154, 160, 161
tongue, 舌头，101, 108, 207, 226, 230, 317, 331
tool, 工具，26, 31, 33, 36, 41—45, 62—63, 224, 315, 335
touch, 接触，6, 12, 235—238 , 259, 330
tranquility, 宁静，37—38, 151, 155, 157, 163, 203
transcendentalism, 先验论，22, 58, 61, 79, 296, 310—317
transgression, 穿越，128, 143, 192
transition, 转变，59, 98, 118—119
transmodal perception, 多重知觉，10, 212—213, 238, 259, 328
Trauma, 创伤，99—100
truth, 真理，2, 134, 138, 147, 164, 270, 291
Twiggy (Lesley Lawson), 崔姬（莱斯利·劳森），323

understanding, 领悟
  non-linguistic, 非语言性领悟，174—175
  versus interpretation, 与阐释性领悟相对，173—175

union, 结合，另见 unity
of body and mind, 身心结合，27, 188, 227
of human with divine, 天人合一，71, 73, 282—283
sexual, 性交，278, 280, 282—283
unity, 统一，27, 58—61, 93, 102, 149, 266, 283—284, 319—320, 322
urbanism, 都市生活，230
Urmson, James Opie, 詹姆斯・奥佩・厄姆森，132, 256
utopianism, 乌托邦思想，184, 220—221, 299

value, 价值
aesthetic, 审美价值，135, 147, 171, 242, 275
cult, 膜拜价值，240, 252—253
exhibition, 展示价值，240, 252—253
Van Gogh, Vincent, 文森特・凡・高，81
Van Gulik, Robert, 罗伯特・高罗佩，270—275
Van Honthorst, Gerrit, 赫里特・凡・洪特霍斯特，262—263
variety, 多样性，8, 13, 16, 150, 156—157, 281—285, 322
Vatsyayana, 婆蹉衍那，276, 281—283
Venice, 威尼斯，10
vertebra, 脊椎，102—103, 120
verticality, 垂直状态，225
vestibular system, 前庭系统，102, 213
Vienna, 维也纳，262
violence, 暴力，143, 155
violin, 小提琴，108
virtue, 美德，31, 32, 34, 206, 290, 295, 319, 336—337
Vishnu, 毗湿奴，281
vision, 视觉，幻象，15, 33, 42, 102, 212, 213, 237—238, 257, 326
visuality, 可视性，7—9, 10, 15, 115, 120, 212—214, 235—237, 254, 326—327
vitality, 活力，272
Vitruvius, 维特鲁威，223—225
voice, 声音，315—316, 320—327
volume, 体积，94, 225
voluntary action, 自主行为，32, 49—50, 56, 63, 95, 316, 324, 325

walking, 散步，64, 91, 99, 105, 198, 225, 235, 297—299, 300, 309, 322—323, 327
Warhol, Andy, 安迪・霍沃尔，135—137
weakness, 弱点，16, 30, 35, 71, 73—75, 83—87, 114
Weber-Fechner law, 韦伯 - 费希纳定律，110, 143
weight, 重量，64, 116
Whiting, Sarah, 萨拉・怀汀，230, 233
whole/part, 整体 / 部分，12—14, 43, 49, 58—60, 101—102, 118—119, 136, 155—157, 162, 176, 196, 224, 225, 227, 268—269, 285, 313, 318
will, 意志，参见 voluntary action
wisdom, 智慧，34, 69
Wittgenstein, Ludwig, 路德维希・维特

根斯坦，31, 37, 49—53, 79—81, 83, 225, 323, 318—320, 322, 334

woman, 女性，36, 227, 262, 272—273, 275, 279—280, 285, 327

Wotton, Henry, 亨利 · 沃顿，223

Xenaphon, 色诺芬，33

Xunzi, 荀子，200, 205

Yeats, William Butler, 威廉 · 巴特勒 · 叶芝，45

yoga, 瑜伽，11, 43, 44, 87, 337

Young, Edward, 爱德华 · 杨格，75

zazen, 坐禅，87, 201, 306—307, 309—310

Zeami, Motokiyo, 世阿弥 · 元清，20, 209—215

Zen, 禅，禅宗，22, 34, 88, 212, 288, 290, 300, 302—303, 305—307, 308, 311—312, 314

Zeus, 宙斯，68

Zhuangzi, 庄子，201—203, 206, 292